图解景观生态规划设计手法

岳邦瑞 等著

中国建筑工业出版社

图书在版编目（CIP）数据

图解景观生态规划设计手法 / 岳邦瑞等著 . — 北京：
中国建筑工业出版社，2019.12（2022.5 重印）
ISBN 978-7-112-24515-4

Ⅰ . ①图… Ⅱ . ①岳… Ⅲ . ①景观生态环境 – 生态
规划 – 图解 Ⅳ . ① X32 – 64

中国版本图书馆 CIP 数据核字（2019）第 283482 号

　　本书是《月饼宝盒系列丛书》的第二册，旨在做出一部设计师的"手法菜单"和"成语词典"，解决景观生态规划的"落地性"，让读者迅速查阅并分门别类加以应用。本书的写作风格力求贴近 90 后、00 后读者的阅读习惯、内容偏好，刻意舍弃理论著作的庞大臃肿、刻板严肃，形成了"专题化""图解化""成语化"3 大特点。全书有 29 个专题、共 1400 多幅专业图表：包括 300 余个案例解析，700 余组手法图示及 400 余幅框图与表格。

　　本书可供高等院校风景园林学、城乡规划学、环境艺术设计等专业师生使用，能够服务于多尺度、多类型的本科规划与设计训练课程，成为教师的案例库与学生的参考书。本书亦可供广大技术人员参考使用，大量手法能够"即插即用"地服务于各类生态实践项目。

责任编辑：张　建
书籍设计：费　凡
责任校对：王　烨

图解景观生态规划设计手法
岳邦瑞　等著
*
中国建筑工业出版社出版、发行（北京海淀三里河路9号）
各地新华书店、建筑书店经销
北京中科印刷有限公司印刷
*
开本：889毫米×1194毫米 1/20 印张：17⅜ 字数：562千字
2019年12月第一版　　2022年5月第二次印刷
定价：168.00 元
ISBN 978-7-112- 24515 -4
（35182）

《月饼宝盒系列丛书》寄语

起初，上帝创造天地
后来，你们茁壮自然
献给亲爱的
90后00后读者们

吴明珠

二O一O年六月

作 者 简 介

岳邦瑞，1973年生，陕西西安人；西安建筑科技大学教授，博士生导师，风景园林学科学术带头人，西北脆弱景观生态规划研究团队负责人。1995年毕业于西安建筑科技大学建筑系并留校任教。自2003年以来，一直关注西北脆弱生态区景观生态规划理论与方法、西部乡土景观生态智慧、大秦岭生态保护等研究领域；同时，专注于探索生态学原理空间化应用途径等生态规划基础理论研究。

迄今为止，负责国家重点基础研究发展计划（973计划）项目1项，主持国家自然科学基金2项，参与科技支撑计划等国家重大课题10项。发表文章50余篇，出版《绿洲建筑论——地域资源约束下的新疆绿洲聚落营造模式》《大秦岭绿道网络规划与建设》《图解景观生态规划设计原理》等著作。主讲"景观生态规划理论与实践""景观生态学基础""乡土景观研究"等课程。倡导"彰天赋、追天命"的教育理念，践行"生态打底、人文造境"的设计思想。

前　　言

我今年 47 岁了，越活越明白：写作之于我，是以梦为马，追随天命的方式。

一

2010 年冬天，博士论文做完，专著即将出版，老贺问我还有什么"遗愿"。我眯着眼睛说："我憧憬这样的时刻，我伫立在普利兹克建筑奖的颁奖典礼上。在接过奖杯的那一刻，我对着全世界说，其实我的梦想是当一个作家"。

之后的 3 年，我意识到普利兹克建筑奖如此遥远，但当个作家却可以近在咫尺。我和上帝研讨了多次，认真思考了这辈子的天命，答案就是两个字："秀才"——这辈子嘛，就做个读书人，心有所悟的时候就提笔码字；其余时间，当然还要做些科研与项目，履行职责养活家人。我跟自己的哥儿们说：40 岁之前是"尽人事，听天命"，40 岁之后应该"听天命，尽人事"了。我跟自己的学生说：教育的最高境界就是"彰天赋，追天命"。我跟 40 岁的自己说："潇洒人生，追随天命"。

我明白，梦想是一码事，天命是一码事，能把梦想和天命合二为一是一码事。我终于找到了将作家梦与职业天命合二为一的方式：学术小品文。我的学术小品文是篇幅短小、文辞精练的学术散文或随笔。在风格上追求易读且隽永，简约却深邃，字里行间流淌着景观之美，寻常时日散发出学术之味。

二

2017 年底，《图解景观生态规划设计原理》出版了。这是"月饼宝盒系列丛书"的第一部，也是我追随梦想与天命的第一步。

这是月饼宝盒"品质景观"的首部代表作品。它以"学术小品文"的方式做成 32 讲，每一讲都修改过上百遍，历时 7 年，集中百人的智慧写就。在 2017 年 11 月 5 日的首发式上，我回顾了 7 年来的历程：2011 年是我的学术转型年，正式将景观生态规划设计作为主攻方向；2012 ~ 2014 年的教学探索，通过本科生 2008 ~ 2010 级课程"景观生态学基础"及研究生课程"景观生态学原理及规划应用"的专题研究，积累了数百个 PPT，并萌生写教材的打算；2015 年 5 月正式启动写作，以月饼宝盒 2014 级硕士生为主要撰写人员，逐步明确了 TPC（Theory-Pattern-Case）的写作思路和"90 后""零基础""用户体验"的定位；2016 年年底由 2014、2015 两级研究生完成初稿写作，其间经过本科生 2012 级的图解提升；2017 年更换出版社，最终在 2017 年 11 月由中国建筑工业出版社出版发行。

读者的回应给了我们很大的鼓舞。象伟宁教授在"生态智慧"微信群中写道："我感觉这是一本难得的以'麦克哈格范式'写成，面向规划实践者、学生、学者，同时也适于对规划有兴趣的生态学者的好书。字里行间洋溢着一位有情怀的学者对学术、专业和教育的热忱。全力向大家推荐"。俞孔坚教授在朋友圈推荐："好多年没有看到这样好的教材了，景观设计专业学生和教师必读！"还有学生留言："《图解景观生态规划设计原理》……真乃风景园林学界的《孙子兵法》！"

三

2019 年年底，《图解景观生态规划设计手法》终于得以付梓。这是"月饼宝盒系列丛书"的第二部，也是我追随梦想与天命的第二步。

本书在第一本《原理》的基础上，重点解决景观生态规划设计的"落地性"。我们期望将生态学原理与真实案例相结合，做出一本生态设计的"手法菜单"和"成语词典"，能够"即插即用"地对接各类生态实践项目，能够服务于多尺度、多类型的本科规划与设计训练课程，成为教师的案例库与学生的参考书。

Reader-Centered（用户体验）是团队贯穿始终的核心宗旨。我们刻意贴近90后、00后读者的阅读习惯、内容偏好，刻意舍弃理论著作的庞大臃肿、严肃刻板，形成了"专题化""图解化""成语化"3大特点。

29个专题形成全书的五大部分。第一部分是基础理论与方法综述，涉及生态手法、生态目标、空间机制和案例分析4讲内容。第二部分~第五部分对接各类生态实践项目，涉及园林要素、城市类项目、乡村与区域类项目、专项规划设计共25讲，均采用TCM（Theory-Case-Manner）的写作框架，通过个案与跨案例结合的"案例解析"，将言简意赅的"基础理论"与实用落地的"手法集合"进行不锈钢式的光滑衔接，力求抵达理论与实用的"黄金分割点"。

全书共1400多幅专业图表，包括：300多个案例解析、700余组手法图示及400余幅框图和表格。对每一幅图、表，都会应用"月饼宝盒"独到的"作图3×3法则"进行数十次修改：首先，在画图前清晰回答3个问题：什么图？要说明什么？如何去说明？其次，注意推敲制图3要素：图名、图例和图形。最终，必须做到"准、达、美"的3字标准："准"是内容准确、规范统一；"达"是表达到位、逻辑清晰；"美"是图面美观、令人愉悦。

生态手法的"成语化"是本书的终极追求。成语是古代汉语词汇中特有的一种长期沿用的固定短语，来自于古代经典、著作或历史故事。生态手法是指能够达到特定生态目标的景观单元或园林要素的基本空间组合法则与模式，其"成语化"要求手法指向的空间单元组合法则必须具备源于实践案例、结构固定、意义完整、能够长期适用等特点。我们通过TCM途径解析了300多个实践案例并提炼相关法则与模式，在每一讲的最后都建立了"手法汇总"表格以及"典型手法组合"图。希望通过分门别类、精心编码、整齐排列的700组手法图，做出一部设计师的"成语词典"，让读者迅速查阅。

但我要郑重声明：我更希望本书是一本"设计菜谱"。设计师能够利用这些原理、案例与手法的原料，烹饪出属于每个场地特有的"生态佳肴"，而不是拘泥于已有的一道道"设计菜品"。我最担心的是书中各种手法摇身一变，变异成具有高度传染性的"冠状病毒"，通过规划设计者之手在神州大地上肆意扩散，最终导致每一块土地的设计僵化雷同、失去生机！我坚信，广大读者能够将手法的"普适性"与场地的"唯一性"充分结合，使生态手法在医治当下中国存在的各种"生态病"与"环境病"时，发挥出应有的作用。

四

到2023年，我就50岁了。我打算在知天命之年完整兑现我的梦想与天命，完成"月饼宝盒系列丛书"（共4部）。前两部已经完成，其后将每两年完成1部。

第三部是《图解景观生态规划多学科知识》，它将是景观设计师的一部自然科学知识词典。我们会立足于景观设计师的视角，将生态学、地理学、环境学等自然科学中的基本知识进行全面梳理并重新整合，通过案例剖析来回答"科学知识是如何介入空间规划的"。

第四部是《图解景观生态规划设计读本》，它将全球景观生态规划设计大师的著作共70余部，最本真地呈现给大家。现在看到的外文书籍门槛很高，没有导读就很难理解到位。我们希望回到经典的源头，把生态规划设计的发展脉络梳理清晰，把很多好的思想显发出来，启发读者体悟书中所蕴含的智慧。

从 2020 年开始，90 后步入而立之年，00 后则开启弱冠之年。希望我的书能够陪伴你们一路前行，帮助你们一路追随自己的梦想与天命。假如你们还瞧得起我，我愿意俯下老迈的身躯，以"Orz"的姿势，做你们忠实的"学术仆人"！

五

本书自 2017 年起笔，至今已逾 3 年。特别感谢月饼宝盒 2018 级博士生费凡，作为组长带领各级研究生完成了图书撰写的所有重要工作；非常感谢 2018 级研究生黄曦娇、觅聚欣、梁锐、聂移同、王梦琪、王楠、于玲、周雅吉，你们承担的专题初撰为本书打下了坚实的研究基础；非常感谢 2019 级研究生胡根柱、刘彬、李思良、唐崇铭、王佳楠、颜雨晗，你们完成了图解深化与排版定稿工作，在 29 个专题的结尾读者能够看到他们的具体贡献和个人风采。

感谢月饼宝盒 2015 ～ 2019 级所有博士生和 2017 级硕士生，你们全面参与了"月饼宝盒系列丛书"的书籍设计和各种问题的讨论；感谢参与本科课程"景观生态学基础"的风景园林 2014、2015 级本科生，以及参与研究生课程"景观生态学原理及规划应用"的所有建筑学院与艺术学院的博士生、硕士生，你们的专题研究、课堂讨论和挑错修正工作，对我们帮助很大。在付梓之际，还要特别感谢中国建筑工业出版社张建及黄习习两位编辑的辛苦工作。

本书借鉴了大量的国内外学术文献及实践案例，在各讲"参考文献"及"案例来源"中均予以注明。我们对所有的案例图纸均予以重绘和改绘，并在"附录"的"图表来源"部分尽可能对原始出处全部予以标注，但仍然难免挂一漏万。若涉及版权问题，请与笔者本人联系，我们会及时修正，在此一并致谢！

2020 年 2 月 12 日于古城西安

目　录

PART I

第一部分
基础知识
BASIC KNOWLEDGE

生态手法

景观师的设计成语

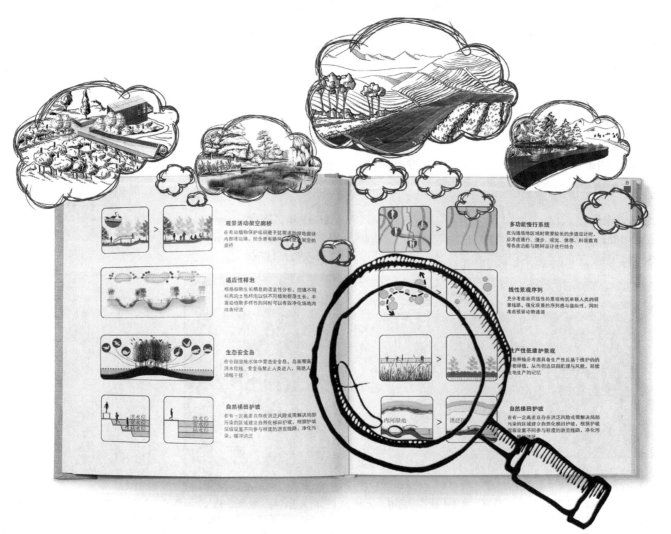

观景活动架空廊桥

在有动植物保护或观景避干扰需求的绿地地块内部或边缘，结合原有路网可布设架空的廊桥

适应性样泡

根据植物生长情息的适宜性分析，挖填不同标高的土地样泡以饲不同植物群落生长，丰富植物多样性的同时可以有效净化场地内地表径流

生态安全岛

在公园湿地水体中营造安全岛，岛面需高于洪水位线，安全岛禁止人类进入，隔绝人类消极干扰

自然梯田护坡

在有一定高差且存在洪泛风险或需解决局部污染的区域建立自然化梯田护坡，根据护坡坡度设置不同参与程度的游览线路，净化污染，缓冲洪区

多功能慢行系统

在沟造场地区域时需要较长的步道设计时，应考虑通行、漫步、观光、休憩、科普教育等各类功能与路网设计进行结合

线性景观序列

充分考虑运用线性的景观构筑串联人类的视觉线路，强化观景的序列感与借向性，同时考虑预留动物通道

生产性低维护景观

在绿植种植应考虑具备生产性且易于维护的的植物群，从而创造回田肌理与风貌，延续土地生产的记忆

自然梯田护坡

在有一定高差且存在洪泛风险或需解决局部污染的区域建立自然化梯田护坡，根据护坡坡度设置不同参与程度的游览线路，净化污染

内河湿地 > 洪泛

明代《园冶》云："夫借景，林园之最要者也"；自此"借景"这种造园手法流行了近400年，并衍生出对景、夹景、框景、隔景、障景、泄景、引景、分景、藏景、露景、影景、朦景、色景、香景、景眼、题景、天景等大量组景手法。今天，生态设计中的很多手法，也一定会像"借景"一样流行起来，变成景观师口口相传的"设计成语"！

　　"手法"在词典中泛指作品的创作技巧、应付人事的手段，其强调对过往方法技艺的规则凝练与延续传达（《辞海》，1979）。在空间设计领域，"设计手法"则是指设计要素或空间单元的组合法则。设计手法缘起于我国古代营建工艺，并于明代与林园营造产生交集，自此广泛流行并得以延续。发展到近现代，建筑设计领域的研究更进一步地拓展其概念并使其取得长足发展。至今，设计手法仍是空间设计研究领域中不可或缺的一部分，其具体发展源流见图1.1。

中国古代营建中的"手法"

特征

中国古代营建中的"手法" 主要表现了由技术规范向设计方法过渡的特征；另外，手法的知识均源自实践经验的归纳与整合，具备初级成语凝练的特征。

1103年，宋代
相关名词出处：《营造法式》
代表人物：李诫

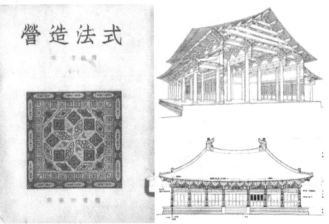

　　"法式"一词是手法的发展雏形，在宋代官方文件中被普遍运用，凡是有明文规定或成法的都可以称之为法式；

　　《营造法式》全书34卷，357篇，3555条，是当时建筑设计与工程经验的集合与总结；梁思成先生指出其性质类似于今天的设计手册加建筑规范；它是政府针对建筑工程所制定的在实际工作中必须遵循的法规，而不是没有约束力的技术性著作；总体而言，其一方面强调"执行规范"，同时也体现了古代营建领域的经验已初步开始集成

1631年，明代
相关名词出处：《园冶》
代表人物：计成

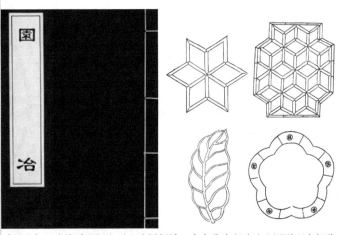

　　《园冶》正式将手法概念引入造园领域；全书分为兴造论和园说两个部分；兴造论被看作是整本书的总论，是作者造园观点的整体体现；园说则具体划分了相地、立基、屋宇乃至选石、借景10个篇章；全书论述了宅园营建的原理和具体手法，总结了造园经验，反映了古代造园成就；

　　该时期吸取了《营造法式》经验集合的设计手册特点（总分结构、分要素阐述、图文结合等），同时也是自发的技术性著作渗入园林的起点；其弱化了技术规范而强调设计理念与方法，是造园领域手法研究的启蒙之作

▲图1.1 设计手法的源流

近现代建筑设计中的"设计手法"

特征

这一阶段提出的设计手法在继承营造手法的基础上，进一步强调了对空间的解构与重构，引出了空间要素的概念，空间特征开始被重视。

始于 1960 年

相关名词出处：建筑设计手法主义
代表人物：矶崎新

矶崎新作为建筑设计领域手法主义的代表人物，通过隐喻拼贴的设计手法将西方文化含蓄地融入日本本土，为建筑领域设计手法的研究与发展探索了新的途径

1998 年

相关名词出处：《建筑空间组合论》
代表人物：彭一刚

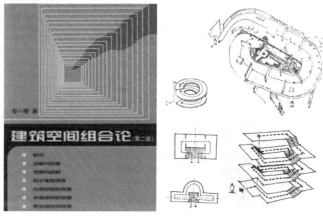

将建筑设计领域中的设计手法正式表述为一种方法和规范

1999 年

相关名词出处：《现代建筑理论：建筑结合人文科学自然科学与技术科学的新成就》 代表人物：刘先觉

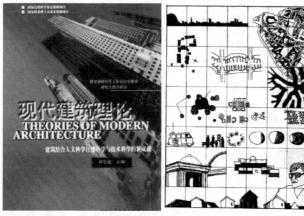

将手法一词翻译为英文 Manner，翻译同义词为"技巧"或"技法"，强调了手法的可操作性

1999 年

相关名词出处：《建筑设计手法》
代表人物：沈福煦

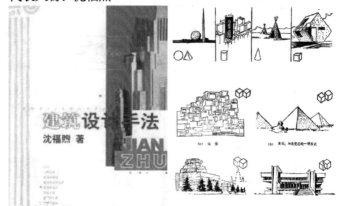

将手法应用与成语引用作类比，并强调手法是要落实于空间中的，需通过对许许多多的建筑实例进行语言化、符号化转译，从而得出一种众所周知的共识性符号，犹如文章中的成语引用

▲图 1.1 设计手法的源流（续）

近现代建筑设计中的"设计手法"

2004 年

相关名词出处：《建筑构成手法》
代表人物：小林克弘

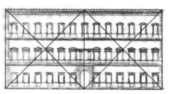

将设计手法界定为建筑构成的设计手法；建筑构成就是确定各个要素的形态与布局，并把它们在三维空间中进行组合，从而创作出一个整体；本书重点阐释了建筑设计手法的解构性与重构性，同时也强调了设计手法作为工具的操作性

2012 年

相关名词出处：《西方当代建筑设计手法剖析与研究》
代表人物：池丛文

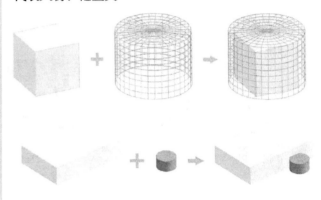

将建筑设计手法定义为一种落实设计构思、解决设计矛盾的技巧或手段

近现代景观规划设计中的"设计手法"

18 世纪

代表人物：兰斯洛特·布朗（Lancelot Brown）

斯陀园　　　　布伦海姆风景园　　　　查兹沃斯风景园

布朗灵活运用自然曲线，拒绝人工过度干预；排除了几何形式，中轴对称等设计手法；终其一生完成了 200 余项实践项目，被称作"万能的布朗"

21 世纪

代表人物：俞孔坚

秦皇岛汤河公园　　　哈尔滨群力国家城市湿地公园

俞孔坚的土人设计作为现代景观生态规划设计的先驱，在项目中反复运用的"红飘带""湿地泡""架空廊"等手法被广泛效仿

20 世纪

代表人物：克里斯托福·唐纳德（Christopher Tunnard）

本特利树林（Bentley Wood）住宅花园

唐纳德将透视线框景、视线间断种植等手法灵活应用于景观空间的塑造，以营造三维的流动空间，并成为众多设计师的思想启蒙者

21 世纪

代表单位：阿普贝思联合设计机构

阿普贝思雨水花园　　　　万科雄安雨水街坊

阿普贝思在雨水设计方面强调"可复制海绵体"概念，并多次运用相似手法参与生态设计项目实践

▲ 图 1.1 设计手法的源流（续）

FEATURE
生态手法的特征

■ 生态手法的定义

　　"生态手法"是景观生态规划设计手法的简称，是设计手法与景观生态规划设计结合的产物，笔者将其定义为：在景观生态规划设计实践中，能够达成生态目标的景观单元或园林要素的基本空间组合法则与模式（图1.2）。

■ 生态手法的特征

　　生态手法具备5个基本特征：成语性、空间性、尺度性、类型性、生态性（表1.1）。

要素1：地形

要素2：水体

要素3：植被　　＋要素4：道路

乡土植被　　净水植被

手法：适宜性梯田驳岸

目标：净化水质、避免洪泛、提升参与性

▲图1.2 生态手法内涵的举例图解

表 1.1　生态手法 5 大特征

特征	图解
1. 成语性 指生态手法具备结构定型、意义完整、长期习用的成语化特点，能够被简单易懂的专业术语命名，被新的设计实践模仿与传承，指导新的设计实践达成特定的设计目标	应用1：新加坡加冷河将渠化的硬质河道改造为近自然的蜿蜒河道以缓解洪泛 应用2：美国弥尔河将垂直的混凝土河道改造为近自然的蜿蜒河道以缓解洪泛 ……　　…… 长期习用 经验总结 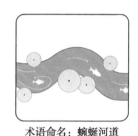术语命名：蜿蜒河道
2. 空间性 指生态手法表现为一种固定的空间组合模式，能够准确表达规划设计中不同位置、形状、大小、数量、类型的园林要素或景观单元的空间配置关系	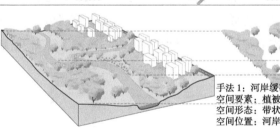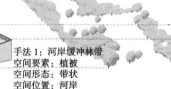手法2：河口湿地 空间要素：湿地 空间位置：河口 手法1：河岸缓冲林带 空间要素：植被 空间形态：带状 空间位置：河岸 手法3：河漫滩湿地 空间要素：湿地 空间位置：河漫滩
3. 尺度性 指生态手法符合特定空间尺度下的基本特征及多尺度之间的嵌套转换关系；在宏观上能够表现景观单元组合的特定空间格局，在微观上能够表达园林要素组合的特定空间布局	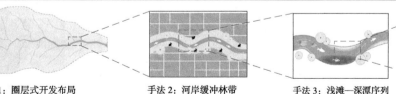手法1：圈层式开发布局　　手法2：河岸缓冲林带　　手法3：浅滩—深潭序列　　手法4：阻流石块 宏观尺度 ◀——————————————————————————————▶ 微观尺度

特征	图解
4. 类型性 指生态手法具备不同项目场地的类型特征，能够在应用过程中根据不同项目、不同场地特征、不同目标进行结合，以实现因地制宜、因时制宜、因人制宜	手法原型：一般性渗水单元 蓄水层　覆盖层　种植土层　砂层　砾石层　溢流管　穿孔管　应用情境1：道路　应用情境2：庭院 特征：硬质面积大的植被隔离带　生态目标：调蓄路面积水 特征：与建筑相邻的绿地面积多　生态目标：吸收屋面等各类雨水
5. 生态性 指生态手法指向特定的生态目标（详见第02讲），能够解决现实生活中明确的生态问题；生态手法能否实现生态目标，可以通过规划设计实践和相关理论进行验证	手法：适应性湿地泡群 达成目标1：净化水质 成群的湿地样泡通过增大边缘长度，以便最大限度地净化地表径流 达成目标2：增加动植物多样性 不同深度的样泡会根据其特性种植不同植被，而不同植被产生的生境又会吸引更多类型的动物

GRAPHIC
图解生态手法的基本规则体系

■ 图解生态手法的总体方法与规则

　　图解是最为恰当的生态手法表达手段，其关键是揭示空间的典型组合方式（空间变量）所导致的生态效益（目标变量）的差异。笔者借鉴《景观设计学和土地利用规划中的景观生态原理》中的对比性图解形式（图1.3），以便清晰识别变量之间的关系，提出了7条基本规则，用以详细分析生态手法的图解表达（表1.2）。

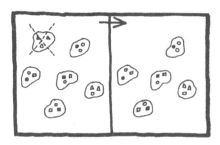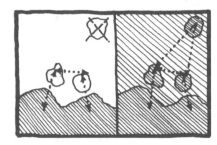

▲图1.3 转换图、对比图的表达方式

表 1.2 图解生态手法的基本规则

规则名称	规则内容	规则图解
1. 图文并茂	设计手法的内容以"文本 + 图像"的方式图解，手法图示使用平面图示、剖面图示或三维图示，表达园林要素或景观单元的空间组合，通过简练的文字注释加以说明，使文字和图解信息共同起作用	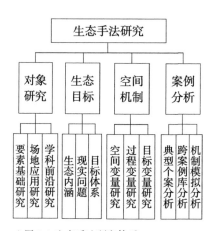
2. 抽象简明	设计手法图解具有抽象简明性，削去一切不必要的细部，突出画面的焦点	
3. 特定内涵	手法图示符号具有相对固定的内涵，通常由空间变量、目标变量和过程变量三类图形构成，通过左右对比能明确看到空间变量改变所导致的过程及目标的变化	
4. 空间变量	指园林要素或景观单元的空间组合方式，其中要素或单元数量不超过 5 类	
5. 目标变量	目标变量重点描述通过设计改变生境因子或环境组分的变化程度及其造成的结果，有时可辅助使用数学、物理、化学等专用符号	
6. 过程变量	过程变量用于揭示空间变量与目标变量之间的内在作用关系；表达过程变量一般使用明确的关系符号，如带线条的箭头表示单向关系、一个趋势或者事物的运动；不同的关系可由多种类型的线条表示	
7. 表意单元	一层含义或情景表达在一个圆角框内代表一个表意单元；多个表意单元构成复杂表意时，在圆角框之外表达单元之间的关系，例如：框之间的 ">" 表达手法优选，即左侧优于右侧	

■ 图解生态手法的研究体系

为了完整描摹生态手法的研究全貌，进一步阐明其作用规律，笔者认为需要从生态手法的本体特征出发，建构完整的研究体系及其知识对应关系（图 1.4）。其中，对象研究是生态手法类型性研究的基础，生态目标是识别手法生态性的关键，案例分析是归纳手法成语性的必要途径，空间机制则是链接空间性、尺度性与生态性的科学纽带。

对上述四大知识板块进行展开，对象研究指在厘清风景园林要素基本生态功能的基础上，对城乡区域及当前热点前沿领域展开的类型性研究，旨在为提炼不同场地生态手法奠定类型性特征的基础。生态目标则要通过界定本研究语境下的生态内涵，结合实践中的生态问题建立完整的目标体系，用于识别手法达成的具体生态功能。空间机制用于揭示特定景观特定层级的格局与过程（空间变量）与特定生态功能（生态变量）之间的因果关系，从而为生态手法提供内在的科学依据（详见第 03 讲）。案例分析则要将既有的一般案例分析方法与手法研究建立联系，通过特定的流程完成同类设计手段的抽象普适与归纳总结（详见第 04 讲）。综上，笔者将于之后章节进行具体阐述。

▲图 1.4 生态手法研究体系

■ 参考文献

辞海编辑委员会 .1979. 辞海 [M]. 上海 : 上海辞书出版社 .

彭一刚 . 1998. 建筑空间组合论 (第二版)[M]. 北京 : 中国建筑工业出版社 .

刘先觉 . 1999. 现代建筑理论 : 建筑结合人文科学自然科学与技术科学的新成就 [M]. 北京 : 中国建筑工业出版社 .

沈福煦 . 1999. 建筑设计手法 [M]. 上海 : 同济大学出版社 .

（日）小林克弘 . 2004. 建筑构成手法 [M]. 北京 : 中国建筑工业出版社 .

池丛文 . 2012. 西方当代建筑设计手法剖析与研究 [D]. 杭州 : 浙江大学 .

■ 思想碰撞

　　本讲强调生态手法的成语性。生态手法被认为是能够反复运用的空间组合规则与模式，其强调的核心是普适性。但有部分学者认为设计强调的却是唯一性，不能照抄照搬。那么生态手法追求的"普适性"是否与"唯一性"相背？生态手法的传播是否会像病毒一样使设计趋同？

■ 专题编者

岳邦瑞　　　　　费凡　　　　　梁锐　　　　　王楠

生态目标

手法指向的靶心

> 自打主人来以后，生活倍儿滋润嘿！

> 我要回家！我要妈妈！

> 他要是再叫别人来，我就要连水果都吃不上了！

《鲁滨逊漂流记》是 1719 年出版的小说；讲述了鲁滨逊在航海途中遭遇风暴，只身漂流到无人荒岛上，开始在岛上种植大麦和稻子，自制木臼、木杵、筛子，加工面粉，烘出了粗糙的面包。他捕捉并驯养野山羊，制作陶器，还建了"乡间别墅"和养殖场，凭着强韧的意志生存下来。但他一直没有放弃寻找离开荒岛的办法，28 年后最终得偿所愿，返回故乡英国。很多人认为鲁滨逊的生存方式是非常生态的，那他为什么要放弃孤岛返回城市呢？他的生活是真正生态的吗？

■ 生态学的发展历程

生态"eco"一词源于希腊文"okios",原意指"住所"或"栖息地",一般理解为生物栖息地环境;19世纪中叶以来被赋予了科学含义。《现代汉语词典》对"生态"的定义是:生物在一定的自然环境下生存和发展的状态,也指生物的生理特性和生活特性。但随着世界现代化进程及各类环境问题的接踵而至,"生态城市""生态建筑""生态设计"等词汇层出不穷,生态的内涵和外延不断扩展,导致其含义日益模糊,出现了一系列生态"泛化"和"异化"现象。要全面、科学地理解生态的内涵,就必须追溯生态学作为一门独立学科的形成与发展过程,这一过程可大致分为4个阶段(图2.1)。

生态学的发展历程(张雪萍,2011)

生态学萌芽阶段(16世纪前)

生态内涵:生态 = 生物 + 环境

古代的生态意识逐渐形成,表现为对动、植物活动规律及环境的初步认识。

公元前13世纪

代表作品:《尔雅》

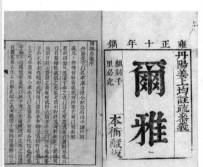

《尔雅》节选

《尔雅》著有草、木两章,记载了176种木本植物和50多种草本植物

公元前5世纪~前4世纪

代表作品:《论空气、水和环境》
代表人物:希波克拉底(Hippocrates)

希波克拉底

《希波克拉底文集》封面　　亚里士多德

希波克拉底著《论空气、水和环境》,注意到植物与季相变化的关系;亚里士多德(Aristotle)描述了生物与环境之间的相互关系及生物之间的竞争

公元前3世纪

代表作品:《管子地员篇》

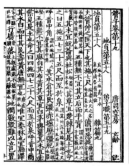

《管子地员篇》节选

《管子地员篇》记载江淮平原沼泽植物沿水分梯度的带状分布与水文土质环境的生态关系

▲图2.1 生态学的发展历程

生态学建立阶段（17 ~ 19 世纪）

生态内涵：生态 = 生物在自然环境中的状态

生态学作为生物学的分支科学正式诞生，"生态"内涵指向纯自然状态下生物及其栖居环境之间的关系。

1859 年

代表作品：《物种起源》
代表人物：达尔文

《物种起源》封面

达尔文

达尔文（Darwin）在《物种起源》中提出"适者生存"（It is not the strongest of the species that survive, but the one most responsive to change）

1866 年

海克尔（Haeckel）提出"生态学"（ecology）的定义（生态学是研究动物有机体与周围环境之间相互关系的科学），标志着生态学的诞生

海克尔

1877 年

苗比乌斯（Mobius）提出"生物群落"（biocoenose）其内涵指在一定地理区域内，生活在同一环境下的各种动物、植物、微生物等的种群相互作用下组成的具有独特成分、结构和功能的不同种群集合体

陆地群落

1896 年

斯洛特（Schroter）提出"个体生态学"（autoecology）和"群体生态学"（synecology）

森林群落

生态学巩固阶段（20 世纪初 ~ 20 世纪 50 年代）

生态内涵：生态 = 生态系统的状态

受生态系统思想的影响，"生态"内涵指向群落及其环境的整体系统状态，即生态系统的内部关系（结构）及系统与环境的关系（功能）。

1913 年

谢尔福德（Shelford）出版《温带美洲的动物群落》，提出"谢尔福德耐受性定律"（Shelford's law of tolerance）；此后，生态演替观念、动物行为学、动物群落学、种群生态学逐步确立与发展，标志着动物生态学体系的形成

1923 年

坦斯利（Tansley）出版《实用植物生态学》，其后克莱门茨（Clements）出版《植物生态学》，最终形成植物生态学的 4 大学派：英美学派（重视群落演替），法瑞学派（植被等级分类），北欧学派（群落分析）及苏联学派（植被生态和植被地理）

1933 年

利奥波德（Leopold）提出"大地伦理"（land ethic）思想，认为人类与其他生物与非生物环境之间的关系是平等的

1935 年

坦斯利提出"生态系统"（ecosystem）的概念（即生物群落及其环境相互作用的自然系统），标志着现代生态学的诞生

利奥波德 谢尔福德

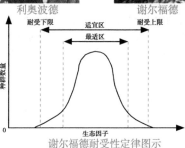

谢尔福德耐受性定律图示

▲ 图 2.1 生态学的发展历程（续）

现代生态学阶段（20世纪60年代至今）

生态内涵：生态 = 全球人类生态系统 + 自然生态系统的状态

随着全球生态学、人类生态学及环境运动的兴起，"生态"内涵指向全球尺度上人类生态系统与自然生态系统的内部及其之间的和谐关系。

系统生态学成为主流

奥德姆与《生态学基础》　　《系统分析及其在生态学上的应用》封面

现代生态学以整体观和系统观为指导，突出生态系统结构、功能及调控的研究，如奥德姆（Odum）1953年《生态学基础》，杰弗斯（Jeffers）1978年《系统分析及其在生态学上的应用》，舒加特（Shugart）1979年《系统生态学》

应用生态学迅速发展

帕克　　　　　　密茨

应用生态学迅速发展；生态学与环境问题的结合促成污染生态学、保护生态学、生态工程、生态建设及生态管理等概念，如帕克（Park）1980年《生态学与环境管理》，安德森（Anderson）1981年《环境科学中的生态学》，密茨（Mitsch）1989年《生态工程》

宏观与微观生态学扩展

福尔曼与《景观生态学》　　《景观与恢复生态学》封面

宏观生态学研究从生态系统扩展到景观生态学和全球生态学，如理查德·福尔曼（Richard Forman）1986年《景观生态学》，莱比尔（Rambler）1989年《全球生态学：走向生物圈科学》，奈维（Naveh）2010年《景观与恢复生态学：跨学科的挑战》

人类生态学兴起

王如松与《城市生态调控原则与方法》　　《人类生态学》封面

生态学向人类主体、自然科学与人文科学融合的方向发展，出现人类生态学、生态伦理、可持续发展等概念，如王如松1988年《城市生态调控原则与方法》，National Physical Planning Agency(NPPA)1991年《生态城市：生态健康的城市发展战略》，马尔腾（Marten）2012年《人类生态学：可持续发展的基本概念》

▲图2.1 生态学的发展历程（续）

■ 生态内涵三层次

"生态"的内涵变化与生态学学科发展是相辅相成的。回溯生态学的发展阶段及其主要研究内容，可看出生态内涵的3次演变，即生物生态→系统生态→整体生态3

个层次（表 2.1）。由此可见，我们在讨论各类生态问题的时候，一定要区分是在何种层次使用和理解"生态"这个概念的。例如，如果是在"生物生态"层次上，我们说这个规划设计作品是"生态的"，则意味着通过规划设计能够营造良好的生境，从而让特定的生物个体、种群或群落的生存与发展状态良好；如果在"系统生态"层次，"生态的"规划设计则意味着特定自然、半自然或人工生态系统的整体健康，即特定生态系统的结构和功能状态良好；若在"整体生态"语境下说"生态的"，则意味着全球尺度生态系统层面上人类与自然的和谐，即自然、经济、社会、文化、技术等所有方面复杂关系的和谐状态。

表 2.1 生态内涵三层次

生态层次	生态指向的对象	生态内涵及生态学研究重点	生态规划的追求目标	应用原理及主要用途
生物生态	"生物"的生态	生态：生物在一定的自然环境下生存和发展的状态；生态学研究：自然界中的动植物与其生境的关系	生物个体、种群或群落的健康状态	应用"生物生态"思想可达到对生物个体、种群及群落状态的控制，例如：应用个体生态学原理，以抑制蓝藻爆发为目标建立人工生态浮岛；应用种群生态学的原理，以焦点物种种群规模恢复为目标建立自然保护区；采用群落生态学原理，对受到人工干扰的自然区域进行植被群落修复
系统生态	"生态系统"的生态	生态：生态系统在一定环境中的状态；生态学研究：特定自然、半自然或人工生态系统结构与功能状态	特定自然、半自然或人工生态系统的健康、平衡与协调状态	应用"系统生态"思想可达到对特定自然、半自然或人工生态系统的控制，例如：应用生态系统的整体效应和循环再生原理，优化农业资源配置和系统耦合，以实现农业生态系统健康；应用系统生态学等方法，以生态—社会—经济协同为目标，对城市生态系统等进行调控的生态工程
整体生态	"整体人类生态系统"的生态	生态：全球生态系统的状态；生态学研究：全球尺度上人类与自然相互作用方式及全球生态系统结构与功能状态	全球尺度生态系统层面上人类与自然的和谐，即自然、经济、社会、文化、技术等所有方面复杂关系的和谐状态	整体人类生态系统（total human ecosystem）是在全球尺度上人类与自然协同进化形成的整体，即地理—生物—人类构成的整体生态系统，该理论被用于应对气候变化、臭氧层破坏等大尺度、全球性问题

GOALS
生态目标及其构建原则

■ 本研究中的生态内涵

本研究主要应用"系统生态"的思想，将规划设计对象视为多种类型的生态系统，包括城市、乡村和荒野，以生态系统的观点来看就是人工生态系统、半自然生态系统和自然生态系统 3 类。

生态系统（ecosystem）是指在一定的空间中，共同栖居着的所有生物（生物群落）与其环境由于不断地进行物质和能量的交换而组成的一个统一整体（石门，2005）。

生态系统是由非生物成分和生物成分构成。非生物成分又称无机环境，包含各种无机物质、有机物质及气候因素等；生物成分又称有机环境，是由生产者、消费者及分解者构成（图2.2）。生物群落同其生存环境之间以及生物群落内不同生物之间不断进行着物质交换和能量流动，并处于互相作用和互相影响的动态平衡与演化之中。

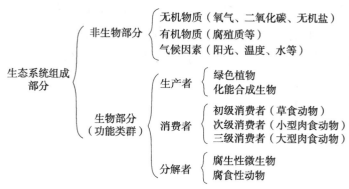

▲ 图2.2 生态系统的构成

目前地球上各种类型的生态系统是经过长期演化而来的。麦克哈格提出了著名的"千层饼模式"（图2.3），将地球生态系统演化的时间顺序进行层叠梳理。从地球45亿年的演化过程看，大致可以分为物理环境形成演化阶段（约45亿年前至今），生命形成演化阶段（约36亿年前至今），人类形成演化阶段（约1000万年以前至今）。这种"非生物—生物—人类"三段式演化，可以帮助我们理解地球如何从自然生态系统演化出乡村生态系统并走向城市生态系统的。因此，从演化的角度来看，我们可以认为今天的地球生态系统就是由"物理—生物—人类"三大系统构成的，这一点为生态规划设计的目标层次分析建立了基础。

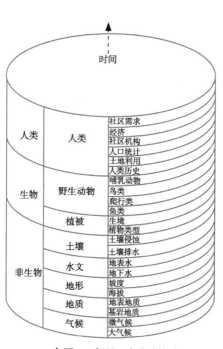

▲ 图2.3 伊恩·麦克哈格（Ian Lennox McHarg）"千层饼模式"

■ 生态目标的内涵

20世纪80年代，可持续发展（Sustainable development）概念出现，很快成为引领全球大多数国家发展的主导理念，并影响到人与自然关系的方方面面。在此背景下，生态系统可持续性（Ecosystem sustainability）被研究者提出，成为生态管理的总体目标。生态系统可持续性是指生态系统持久地维持或支持其内在组分、组织结构和功能动态健康及其进化发展的潜在和显在能动性的总和（胡聃，1995）。在生态系统可持续的基础上，生态系统健康的概念应运而生，并被认为是环境管理的终极目标（刘焱序等，2015）。在生态系统管理与人类福祉关系的研究中，生态系统服务理论因与可持续发展理念相符也逐步被运用在景观生态规划与设计实践中。

目前，景观生态规划的很多研究从生态系统内部健康价值（内评价）与外部服务价值（外评价）的角度，探索了景观生态规划的空间绩效（预期目标）测度。内评价指向生态系统健康概念，是指一个生态系统所具有的稳定性和可持续性，其在时间上具有维持其组织结构、自我调节和对胁迫的恢复能力（马克明 等，2001）。外评价指向生态系统服务功能概念，是指自然生态系统及其物种所提供的能够满足和维持人类生活需要的条件和过程（辛琨，肖笃宁，2000）。可将其分为供给服务、调节服务、支持服务和社会服务 4 大类（谢高地 等，2008），主要内容包括大气调节、水文调节、废物处理、环境净化、维持生物多样性、初级产品提供等（图 2.4）。

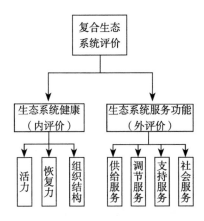

▲图 2.4 复合生态系统评价

　　基于上述围绕生态系统管理与生态规划目标的认识，笔者将生态目标定义为：通过生态规划设计途径，达到提升生态系统可持续性、维护生态系统健康与保障生态系统服务功能的预期结果。其中，生态系统的健康评价与功能评价体系，能够为生态目标测度提供指标参考。

■ 目标体系的构建原则

　　结合生态规划研究与实践，可以揭示生态目标、生态手法、生态问题三者的关系，如图 2.5 所示。生态目标对生态手法应用具有导向性及验证性作用，是贯穿景观生态规划设计过程的行动指南。生态手法明确"做什么""要解决什么问题"，而生态目标则明确"要做到什么""如何解决问题"。要构建匹配于景观生态规划设计应用的生态目标体系，必须遵循如下 4 个原则：

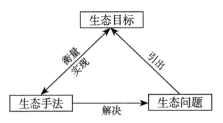

▲图 2.5 生态目标、生态手法、生态问题关系图解

　　第一，空间指向性原则。生态目标均能通过空间手段去达到，景观生态规划设计的核心操作对象即空间要素，如果生态目标无法通过空间手段解决，就势必缺失了生态手法的空间性特征。

　　第二，问题导向性原则。规划的最终目的是解决现实问题，生态目标体系应针对城市、乡村中存在的各类具体的生态与环境问题，建立尽可能详尽的具体目标与指标体系，并通过现实问题是否解决到位来验证目标体系及手法有效性（图 2.6）。

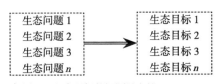

▲图 2.6 生态目标的问题导向性

　　第三，体系完整性原则。生态系统可持续性思想为生态规划提供了总体目标；麦克哈格提出的"物理—生物—人类"三要素，为生态规划设计的二级目标分层建立了基础；景观生态规划空间绩效测度的内评价与外评价体系，以及生态规划实践中亟待解决的现实问题，为生态指标选择与细分提供了准则与依据。采用层次分析法整合上述内容，得到了生态目标的多层次完整体系（图 2.7）。

　　第四，一般通用性原则。生态目标体系是基于风景园林学科实践角度建立的，生态系统涵盖的内容较多，体系庞杂，而学科实践面对的场地类型也十分广泛，重点要解决的生态问题也不尽相同。因此，考虑到生态系统的尺度、区位、类型的多样性，

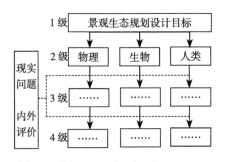

▲图 2.7 生态目标的体系完整性

不同项目情境下的生态目标体系是具备灵活性的，并非一成不变。但与此同时，生态问题影响范围广泛，不会因为空间不同而导致问题本质产生变化。例如，当洪涝灾害发生时，湿地、农田、城市建成区均会受到影响，无一幸免。因此，我们构建的生态目标首先应具有通用性和普遍性，在此基础上再去结合具体项目的特殊性调整目标体系（图2.8）。

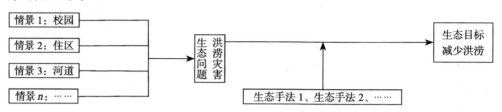

▶图2.8　生态目标通用性

SYSTEM
生态目标的体系构建

　　根据前面的各种工作，笔者最终建构了综合性的生态目标体系，将提升生态系统的可持续性作为一级目标，并进一步分解为3个二级目标，10个三级目标，28个四级目标（表2.2）。本书各讲所涉及的不同项目类型，在此基础上针对项目特点确立其更为具体的生态目标。

　　1. 非生物层面——生境修复与改善

　　生境（habitat）也称栖息地，是生物的个体、种群或群落所在的具体地域环境，生境内包含生物所必需的生存条件以及其他的生态因素。生境是由生物和非生物因子综合形成的，本书重点探讨非生物因子构成的生境。结合具体生态规划实践，生境修复与改善是该层次中的总体目标，又可细分为气候、土壤、水文、能量及资源5个三级目标，再进一步细分为18个四级目标。

　　2. 生物层面——生物保护与发展

　　生物是自然界中有生命的物体，生物学家根据生物之间的相似程度，即根据形态结构，把生物划分为植物、动物和微生物三大类。生物多样性是衡量生物生态特征的最重要指标，而生物保护与发展是实现生物多样性的核心诉求。结合具体生物分类及现实问题，可得到3个三级目标和7个四级目标。

　　3. 人类层面——人类安全与健康

　　人类的需求层次极为丰富，从最基本的生理需要、安全需求，直到自我实现需要；这些需求显然是生态规划设计难以全部实现的。基于目前中国社会发展现状中的普遍问题，笔者聚焦于人类人身安全与身心健康2个三级目标层面，并细分为3个四级目标。

表 2.2 景观生态规划设计的生态目标体系

一级目标	二级目标	三级目标	四级目标
E 提升生态系统的可持续性	EE 生境修复与改善	EE1 调节气候	EE11 调节温度
			EE12 调节湿度
			EE13 维持碳氧平衡
			EE14 调节风速
		EE2 保护土地	EE21 减少土壤资源破坏
			EE22 保护原有地貌
			EE23 减少水土流失
			EE24 减少污染物
		EE3 调蓄水文	EE31 净化水质
			EE32 调节水量
			EE33 减少洪涝灾害
			EE34 涵养水源
		EE4 调控能量	EE41 减少噪声
			EE42 调节太阳辐射
		EE5 节约资源	EE51 节约化石能源
			EE52 提高土地利用率
			EE53 利用风能、太阳能
			EE54 收集与利用雨水
	EB 生物保护与发展	EB1 改善植物多样性	EB11 增加植物多样性
			EB12 提高植被覆盖率
			EB13 维护作物生产力
		EB2 改善动物多样性	EB21 增加动物多样性
			EB22 保护动物栖息地
		EB3 改善微生物多样性	EB31 调节微生物类型
			EB32 均衡微生物分布
	EH 人类安全与健康	EH1 保障人类安全	EH11 调节人与生物、环境的冲突
		EH2 促进人类健康	EH21 规避损害人类健康的环境因素
			EH22 引导、促进人类活动

注 :E 指 Ecological goals（生态整体目标）;EE 指 Ecological goals of environment（生境修复与改善的生态目标）;EB 指 Ecological goals of biology（生物保护与发展的生态目标）;EH 指 Ecological goal as of human(人类安全与健康的生态目标）。

■ **参考文献**

张雪萍 .2011. 生态学原理 [M]. 科学出版社 .

石门 .2005. 生物与生态 [M]. 呼和浩特：远方出版社 .

胡聃，王如松，杨志强 .1995. 天津旧城改造的生活质量研究——人类生态比较分析与规划对策 [J]. 城市环境与城市生态 ,(03):19–24.

刘焱序，彭建，汪安，谢盼，韩忆楠 .2015. 生态系统健康研究进展 [J]. 生态学报 ,35(18):5920–5930.

马克明，孔红梅，关文彬，等 .2001. 生态系统健康评价：方法与方向 [J]. 生态学报 ,21(12).

辛琨，肖笃宁 .2000. 生态系统服务功能研究简述 [J]. 中国人口·资源与环境 ,(S1):21–23.

谢高地，甄霖，鲁春霞，等 .2008. 生态系统服务的供给、消费和价值化 [J]. 资源科学 ,(01):93–99.

■ **思想碰撞**

　　本讲引言部分提出一个问题：鲁滨逊的荒岛生存方式是真正生态的吗？这个问题最初是一位本科生在课堂上提出来的，引起了多轮激烈的争论。持肯定观点的同学认为：他的生存方式对整个岛屿生态系统没有造成威胁，甚至增加了岛屿上的生物多样性。否定者认为：就其本人的生存和发展状态来看，他非常不满意才会想方设法离开孤岛；还有人说：他一个人对岛屿生态系统不会构成干扰，但如果有成千上万个鲁滨逊都如此生活在岛上，那么岛屿的生态系统最终也会崩溃的。读者朋友，你怎么看？

■ **专题编者**

　　岳邦瑞　　　　　　费凡　　　　　　黄曦娇　　　　　　聂移同

空间机制

手法生成的因果关系

03 讲

"打雷要下雨，雷欧，下雨要打伞，雷欧"这是动画片《海尔兄弟》主题曲的第一句，至今仍有不少90后记忆犹新。简单的歌词揭示了一种现象：打雷了，今天出门要带伞。原因是：雷电一般产生于对流发展旺盛的积雨云中，积雨云则是阵风和暴雨的直接诱因；人被雨淋后水蒸发会带走热量，此时人体免疫力下降，容易感染病毒，引发疾病，而伞能够遮风避雨。以上"打雷—下雨—打伞—不生病"因果关系的解释就是"打雷带伞"的机制分析。那么，在景观生态实践中，空间形式与功能之间是否存在着此类机制呢？本讲将作出解答……

(a) 沙利文，纽约布法罗担保大厦，"形式追随功能"

(b) 密斯，范斯沃斯住宅，"功能追随形式"

▲图 3.1 "形式—功能"争论

■ 空间机制的内涵分析

　　形式与功能之间存在着奇妙的关系，反映在各种现象当中。在自然界，长颈鹿有着奇特而高挑的颈部，能够帮助它吃到更高的树叶，也是很好的降温"冷却塔"，使其适应非洲草原炎热的环境。在人类中，从事各种项目的运动员会有不同的身材要求，篮球手通常有着高大的身躯和巨大的双手，足球运动员则有着粗壮的下肢和灵活的双脚。在建筑设计中，从路易斯·沙利文（Louis H.Sullivan）的"形式追随功能"到路易斯·康（Louis Kahn）的"形式引起功能"，从弗兰克·劳埃德·赖特（Frank Lloyd Wright）的"形式和功能一体两面，不可分割"再到密斯·凡·德·罗（Ludwig Mies Van der Rohe）的"功能追随形式"，"形式—功能"关系一直是设计师争论不休的核心问题。在设计领域其关系研究虽然极其重要，但人们的探讨仅仅止步于不同思想观念的碰撞，而缺乏自然科学式的本质性研究与揭示（图 3.1）。

　　对于景观规划设计师而言，"格局—功能"关系的解答则是另一个不可回避的焦点问题。例如在公园设计中，一个训练有素的设计师会恰当地运用地形、植物、铺装、园路等设计要素，按照一定空间组织与排布关系形成公园的空间格局，最终为城市居民建设具备休息、游览、锻炼、交往等功能的公园景观。这其中会发生一些奇妙的事情：当地形、植物等要素按照恰当的方式形成格局之后，休息、游览等功能就突然呈现在我们眼前了！我们不禁要问：当设计师将各种要素组合在一起时，要素和要素之间到底发生了什么匪夷所思的事情，才使得特定的功能突然呈现？要破解"格局—功能"之间的神秘关系，就必须求助于自然科学式的"空间机制"分析（图 3.2）。

地形要素　　铺装要素　　植物要素　　园路要素

休息功能　　游览功能　　锻炼功能

▶图 3.2 公园中的形式与功能

　　空间机制是在特定的景观规划设计对象中，特定空间格局与特定功能之间存在的因果关系。从因果关系的思维看，规划设计过程就是通过塑造空间格局（"原因"）来获得特定功能的实现（"结果"）。空间机制分析就是要找出格局与功能之间必然的、稳定的"因果关系"。如果用函数 $y=f(x)$ 来表示两者的对应关系，那么 x 是空间变量（自变量），即各种规划设计要素的类型、大小、数量、位置、形状等的空间组合方式，x 的不同集合将形成各种空间格局；y 是目标变量（因变量），即规划设计所要达成的生态修复与改善、生物保护与发展、人类安全与健康等多层次目标；f 是因果关系（对应法则），即特定的空间变量集合（格局）与特定的目标变量集合（功能）之间的因果关系集合（图 3.3）。显然，寻找格局—功能之间的"因果关系 f"，才是空间机制研究中最关键的问题。

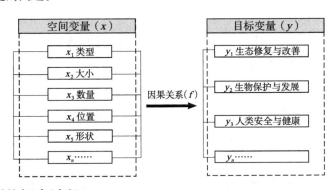

▲图 3.3 空间变量与目标变量的因果关系

■ 空间机制的探索过程

长久以来，景观规划设计师一直在探索格局—功能之间的因果关系，并形成了一些有效的空间机制分析方法。早在 19 世纪末，弗雷德里克·劳·奥姆斯特德（Frederick Law Olmsted）与查尔斯·艾利奥特（Charles Eliot）进行纽约中央公园、大波士顿地区公园系统规划时，就已经开始注意运用空间中各个相互作用因素之间的关系，将城市空间系统的结构规划设计同生态功能联系在一起。沃伦·曼宁（Warren Manning）在此基础上首创叠图分析方法（The Overlay Method）与系统生态规划方法，为规划设计提供了一种实践的工具（于冰沁 等，2013）。20 世纪中叶之后，受生态系统理论与生态学对规划设计的影响（于冰沁，2012），彼得·谢菲尔德（Peter Shelpheard）、布朗·海科特（Brian Hackett）、劳伦斯·哈普林（Lawrence Halprin）等人，相继提出对空间结构与自然过程之间关系的研究方法，引发了对景观中各空间要素的排列组合方式与相互作用关系的研究（于冰沁 等，2012）（图 3.4）。

19 世纪末

运用空间中的各个相互作用因素之间的关系，将城市空间系统的结构规划设计同生态功能联系在一起

奥姆斯特德　艾利奥特

20 世纪初

首创叠图分析方法与系统生态规划方法

沃伦·曼宁

20 世纪中叶之后

相继提出对空间结构与自然过程之间关系的研究方法，引发了对景观中各空间要素的排列组合方式与相互作用关系的研究

劳伦斯·哈普林

▲ 图 3.4 空间机制的探索过程 1

20 世纪 60 年代末，伊恩·麦克哈格提出设计遵从自然的思想，认为"自然现象是相互作用的、动态的演进过程，是各种自然规律的反映，而这些自然现象为人类提供了使用的机遇和限制"，提出规划布局的前提是要理解自然过程并遵从自然演变过程中的规律，并开创性地提出揭示空间要素之间作用"机制"的"千层饼模式"（Layer-cake Model），为"空间机制"的分析应用提出了方法论模型（刘勇 等，2003）。20 世纪 80 年代后，卡尔·斯坦尼兹（Carl Steinitz）、弗兰德里克·斯坦纳（Frederick Steiner）等人进一步完善了"空间机制"在规划设计中的应用途径，使景观中格局、过程与功能之间的关系达到了成熟（卡尔·斯坦尼兹 等，2003）。同一时期内，景观生态学家基于对岛屿生物地理学中空间斑块的形态与物种丰度之间关系的研究，促进了映射性的"空间机制"的发展。理查德·福尔曼（Richard T.T.Forman）在此基础上总结了空间形式与功能之间的强弱关系，最终形成了因果映射式的"空间机制"（福尔曼，2018）（图 3.5）。

METHOD
空间机制分析在生态手法研究中的应用路径

■ "因果映射"式空间机制分析法

"映射"概念源于数学中对于两个非空集合关系的描述。如果两个非空集合 A 与 B 间存在着对应关系 f，而且对于 A 中的每一个元素 x，B 中总有唯一的一个元素 y 与它对应，则将该对应关系称为"A 到 B 的映射"，记作 $f: A \rightarrow B$。在探讨"格局—功能"因果关系中，借用此概念形成如下定义：在景观规划设计对象中，如果特定格局 A 依据某种对应法则 f，总会得到某种特定功能 B，则称 A 格局与 B 功能之间存在因果映射关系。在这种情况下，A 与 B 之间的因果映射关系是靠因果映射法则 f 来保证的，f 的获得通常基于自然科学中的相关原理。在各类空间机制研究中，因果映射关系本身在不探究更深层机制的情况下完全是一个"黑箱"，只能表述"A 会导致 B"，但无法进一步解释"A 如何导致 B"的问题（刘骥 等，2011）。

"因果映射"机制不仅能够揭示出生态手法背后的自然科学原理，还能够挖掘出大量蕴藏于自然科学原理中的空间机制，能够寻找到对应特定生态功能的特定空间格局。例如，在对自然保护区规划手法提取中，其原理源自岛屿生物地理学的经典理论。该理论早期通过"物种—面积"理论模型，用以揭示岛屿面积 A 与物种丰度 S 之间的函数关系 $S=CA^z$，随后"均衡理论"通过"面积效应"与"距离效应"，从动态层面完善了物种丰度与面积、景观单元隔离程度之间的因果关系。在此基础上，生态学者戴蒙德（Diamond）1975 年通过一组保护区设计的几何模型（图 3.6），

20 世纪 60 年代末

伊恩·麦克哈格
为"空间机制"的分析应用提出了方法论模型

提出设计遵从自然的思想，规划布局的前提是要理解自然过程并遵从自然演变过程中的规律，并开创性地提出揭示空间要素之间"机制"的"千层饼模式"（Layer-cake Model）

20 世纪 80 年代

卡尔·斯坦尼兹
进一步完善了"空间机制"在规划设计中的应用途径

使景观中格局、过程与功能三者之间的关系达到了成熟；同一时期内，景观生态学家基于对岛屿生物地理学中空间斑块的形态与物种丰度之间关系的研究，促进了映射性的"空间机制"的发展

20 世纪 80 年代

理查德·福尔曼

总结了空间形态与功能之间的强弱关系，最终形成了因果映射式的"空间机制"

▲ 图 3.5 空间机制的探索过程 2

直接揭示出 6 种保护区斑块形式与物种丰度的因果映射法则，并通过对 6 种基本形式的组合与修正，形成了两种保护区基本手法（详见第 20 讲）（岳邦瑞 等，2017）。

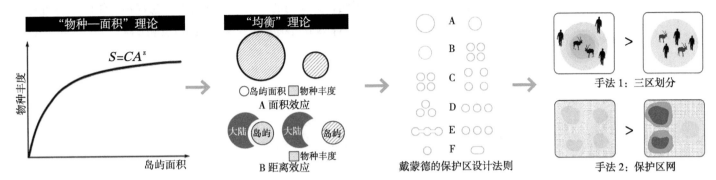

▲图 3.6 "因果映射"在保护区设计中的应用

■ "因果链条"式空间机制分析法

"因果映射"机制形成格局与功能的直接关系：A → B，是一种极为简化的因果关系分析。在真实世界中，从格局抵达功能的过程是各种事件交织的复杂"因果链条"：即 A →? → B。"因果链条"空间机制分析会将横亘于 A → B 之间的这个"？"打开来，让所有人能够看到这个"黑箱"中发生的因果事件与过程。幸运的是，景观生态学关于"景观过程"的研究成功打开了"黑箱"，形成了"景观格局—景观过程—景观功能"的分析路径（图 3.7）。这一"因果链条"式的空间机制分析路径，已在景观生态规划研究与实践中发挥出巨大作用（傅伯杰 等，2008）。

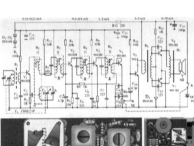

▲图 3.8 收音机电路与元器件布局

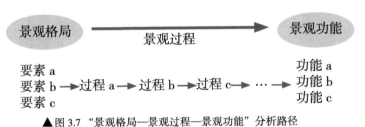

▲图 3.7 "景观格局—景观过程—景观功能"分析路径

"景观过程"是景观单元之间物质、能量、信息的流动与迁移转化过程的总称（吕一河，2007），上述过程被形象地称为"景观流"。景观中"格局—过程—功能"的关系就像一个收音机的元器件布局—电流过程—广播功能之间的关系（图 3.8）。当按下收音机的电源开关，电流顺着电路开始穿行于各种元器件之间，天线将接收到的高频信号经检波解调还原成音频信号，送到耳机或喇叭变成音波就形成广播功能。当元器件出现故障或其布局方式错误就会形成断路，那么电流将无法在元器件之间正常穿行，收音机也就无法发出声音。"景观流"与收音机电流类似，在流过

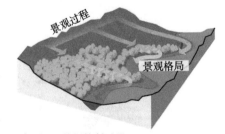

▲图 3.9 格局控制过程

景观单元时会受到景观格局的控制并最终影响到景观功能，即"格局控制过程"（图3.9）；但景观与收音机的不同之处在于，景观中的"流"还会改变与重塑景观格局，即"过程塑造格局"。因此，景观中的格局与过程始终存在着相互作用并共同造就了功能，应用这一空间机制能够分析很多景观现象（Ian L.McHarg，2006）（图3.10）。

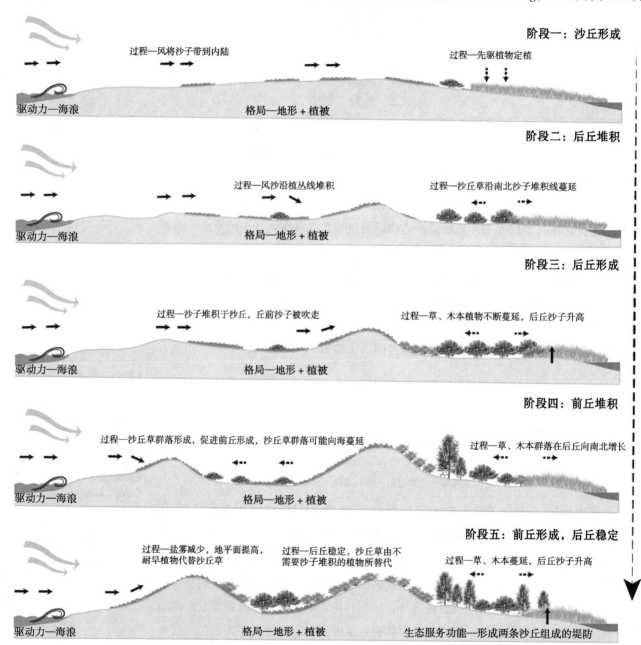

▲图 3.10 新泽西海岸沙丘形成过程中的"格局—过程—功能"相互关系

APPLICATION
应用空间机制检验与发现生态手法

　　生态手法是通过设计案例的分析归纳形成的，其信度与效度有待更深层次的科学理论与内在机制的检验。空间机制中的"因果映射"与"因果链条"分析方法，能够将案例分析获得的空间手法与理论中蕴藏的科学原理进行有效链接。应用"因果映射"法，可挖掘潜藏在科学原理中的一般性格局—功能映射关系，通过与特定场地设计手段的直接比对完成检验；应用"因果链条"法，基于相关自然科学原理，对场地中的具体设计手段进行格局—过程—功能的模拟分析，能够为手段有效性提供可靠的检验。应用空间机制不仅能够检验从案例中提炼的手法，而且有时还能够发现隐藏在科学原理中的空间模式，从而为最终发现新手法带来意外收获。此外，尽管两种空间机制分析存在路径上的差异，但是在应用其检验、发现生态手法时殊途同归，两者常常可以结合使用。

　　结合第 28 讲"河流生态修复"，本书对空间机制分析方法的应用路径如下：①案例分析：通过案例分析途径对河流生态修复中的有效实践案例进行比对分析，包括宁波生态走廊、迁安三里河绿道、德国伊萨赫河修复、美国圣安东尼奥改造等案例，从中提炼出多尺度、多层级的具体设计手段集合；②原理归纳：全面梳理河流生态修复的相关原理，寻找其中能够揭示空间机制的相关概念、理论与模型，包括涉及河流景观格局—过程—功能关系的河流景观生态学原理，以及涉及河流空间格局—生态功能关系的生态水力学原理等，寻找出有意义的概念、理论模型主要有 10 种（王敬儒 等，2019）；③情境模拟：将可空间化的河流生态学原理筛选出来，分析单一变量影响关系 $y=f(x)$ 并推测情境模拟的设计法则或者空间格局，并将其与案例中的设计手段进行空间因子及相关生态功能的分析比对，完成检验；④手法提炼：将通过检验的设计手段结合场地特征，凝练生态手法（详见第 04 讲）。

　　以"生态河床"手法的提炼过程为例（图 3.11）。首先就德国伊萨赫河床修复项目进行分析，比对改造前后的差异。然后根据河流四维连续体概念可知，河流是具有横向、纵向、竖向和时间尺度的四维生态系统，它是流动的、连续的、独特而完整的系统。当河床被硬化时，河流的物质能量交换就会受到阻隔，由此引发了生物多样性低的问题。随后，根据原理建立空间关系 y（物质能量交换）$=f$（+横向连通性；+纵向连通性；+竖向连通性）并模拟设计导则图示，根据格局、过程与功能变化比对案例，发现二者相符即通过检验。最后，提炼出"生态河床"的手法，表明其促进了河床横向、竖向上的物质能量交换，从而提高了河流的生物多样性。

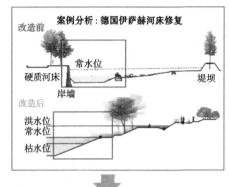

案例分析：德国伊萨赫河床修复

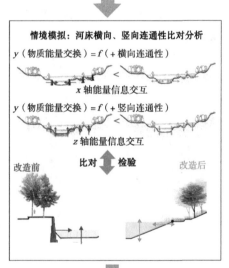

原理归纳：河流四维连续体概念
河流是具有横向、纵向、竖向和时间尺度的四维生态系统，它是流动的、连续的、独特而完整的系统

情境模拟：河床横向、竖向连通性比对分析
y（物质能量交换）$=f$（+横向连通性）

x 轴能量信息交互

y（物质能量交换）$=f$（+竖向连通性）

z 轴能量信息交互

比对　检验

改造前　　改造后

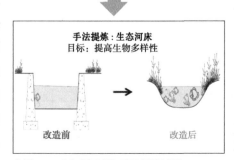

手法提炼：生态河床
目标：提高生物多样性

改造前　　　改造后

▲图 3.11 "生态河床"手法提炼过程

■ 参考文献

于冰沁，田舒，车生泉 .2013. 从麦克哈格到斯坦尼兹——基于景观生态学的风景园林规划理论与方法的嬗变 [J]. 中国园林 ,29(04):67-72.

于冰沁 .2012. 寻踪——生态主义思想在西方近现代风景园林中的产生、发展与实践 [D]. 北京林业大学 .

于冰沁，王向荣 .2012. 生态主义思想对西方近现代风景园林的影响与趋势探讨 [J]. 中国园林 ,28(10):36-39.

刘勇，刘东云 .2003. 景观规划方法 (模型) 的比较研究 [J]. 中国园林 ,(12):36-40.

卡尔·斯坦尼兹，黄国平 .2003. 论生态规划原理的教育 [J]. 中国园林 ,(10):14-19.

（美）理查德·T.T. 福曼 . 土地镶嵌体：景观与区域生态学 .2018.[M]. 北京：中国建筑工业出版社 .

刘骥，张玲，陈子恪 .2011. 社会科学为什么要找因果机制——一种打开黑箱、强调能动的方法论尝试 [J]. 公共行政评论 ,4(04):50-84+179.

岳邦瑞 等 .2017. 图解景观生态规划设计原理 [M]. 中国建筑工业出版社 :217-222.

傅伯杰，吕一河，陈利顶，等 .2008. 国际景观生态学研究新进展 [J]. 生态学报 ,(02):798-804.

吕一河，陈利顶，傅伯杰 .2007. 景观格局与生态过程的耦合途径分析 [J]. 地理科学进展 :26(3):1-10.

Ian L.McHarg .2006. 设计结合自然 [M]. 芮经纬译，天津：天津大学出版社 .

王敬儒，岳邦瑞，兰泽青 .2019. 从自然科学技术原理向风景园林设计语言转译——河段尺度下的生态设计手法研究 [J]. 风景园林：(8).78-82.

■ 思想碰撞

空间机制揭示了特定格局与功能之间的因果关系。那么，在规划设计实践中，如果完全遵照空间机制来进行布局，就一定能够实现特定功能吗？比如遵照动物迁徙的空间机制，在破碎化景观中设计出一定数目、宽度、长度、连通度的廊道，能否保证斑块间物种的迁移率，促进不同斑块间同一物种个体间的交流呢？空间机制应用是否存在非空间条件的限制？

■ 专题编者

岳邦瑞　　　　　费凡　　　　　兰泽青

案例分析 04讲
手法寻踪的显微镜

　　在生物学临床研究中，显微镜是一种常见的分析工具，它能够帮助研究者洞察隐藏于事物表层背后的深层组织结构。那么在景观生态规划设计领域，是否存在同样的"显微镜"，帮助我们更精准地捕捉隐藏在身边的生态手法？案例研究方法将为你揭示答案……

■ 案例研究方法的基础理论

1. 案例研究方法的内涵与分类

案例是人们在生产生活当中所经历的典型的、富有多种意义的事件陈述（辞海，1979）。统计学中认为样本是受审查客体的反映形象或其自身的一部分，具有代表性和广泛性，与其不同的是案例更具有典型性，而案例研究则是一种运用历史数据、档案材料、访谈、观察等方法收集数据，并运用可靠技术对一个事件进行分析从而得出带有普遍性结论的研究方法（张梦中，2002）。

案例研究一般具备3个维度的分类方式：案例的数量、案例的层级、案例的目的。案例的数量包括单案例或多案例；案例的层级分为单层次或多层次分析；案例的目的则强调研究性质，分为探索性、描述性或解释性案例（汪婷，2014）。在具体应用中，研究者常将不同分类维度组合运用，以便为研究对象提供更精准的分析（表 4.1）。

表 4.1 不同维度案例研究的分类

分类维度	具体内容
案例数量；案例的层级	单层次单一案例、单层次多案例；多层次单一案例、多层次多案例
案例数量；案例的目的	单一案例探索性、单一案例描述性、单一案例解释性；多案例探索性、多案例描述性、多案例解释性
案例的层级；案例的目的	探索性单层次、描述性单层次、解释性单层次；探索性多层次、描述性多层次、解释性多层次

2. 案例研究方法的适用范围

早在数百年前，案例研究方法就在法学领域和医学领域得到了广泛的应用，到 20 世纪，经济学和管理学领域也开始尝试运用案例研究方法进行研究。罗伯特·K. 殷（Robert K.Yin）博士的"案例研究两部曲"（《案例研究：设计与方法》《案例研究方法的应用》）被认为是案例研究方法的两部奠基之作（陈春花，刘祯，2010）。他认为，每一种研究方法都有其优点和缺点，都有其适用范围；并提出 3 个基本条件，作为判断研究方法的依据：①研究问题的类型；②研究者对行事的控制程度；③研究对时下事件的聚焦程度，（Robert K.Yin，2010；陈春花，2010）详见表 4.2。另外，对案例研究方法自身的适用条件也有学者曾展开研究，如余菁曾分析其在医学和法学科研领域的发展必要性：①该科研领域的专业性、知识权威在很大程度上必须表现为令人信服的经验性判断；②正确的经验性判断必须来源于对以往的历史事件的认识和积累；③案例研究方法在专业知识、经验的积累传承过程中，起着其他研究方法不可替代的作用（余菁，2004）。

表 4.2 不同研究方法的适用情形

方法	研究问题的类型	是否要求对行事可控	是否聚焦时下事件
实验法	怎么样，为什么	是	是
调查法	什么人，是什么 在哪里，有多少	否	是
档案分析法	什么人，是什么 在哪里，有多少	否	是 / 否
历史分析法	怎么样，为什么	否	否
案例研究法	怎么样，为什么	否	是

笔者认为案例研究方法适用范围内的学科需要具备如下两个基本特征：①面向复杂的现实情况，即研究对象涉及现实中各类多因素构成的背景、情境等复杂情况；②高度依靠经验性判断,即拟应对的问题不能依靠单一的逻辑性分析或理论推导来解决。基于此，笔者将案例研究法的学科适用范围主要集中在社会科学、人文科学领域内，如社会学、管理学、经济学、医学、设计学等。

景观生态规划设计作为风景园林学的细分学科方向,充分具备上述两类基本特征。首先，作为空间实践性学科，景观生态规划设计需要高度依赖经验的集成，以重复应对各类典型的现实问题；另一方面，景观生态规划设计研究与实践的对象是复杂的生态系统，其正常运作或异常现象的出现都受到多种因素影响，其背后的原因及机理迄今也并未被完全揭露出来。综上所述，笔者认为案例研究方法高度适用于景观生态规划设计领域的研究与实践，且具备亟待开发的潜力。而生态手法作为景观生态规划设计的实践工具，继承了上述特征，同样适用于案例研究方法。

■ 案例研究方法的操作流程

1. 案例研究方法的一般流程

Yin 认为案例研究是一个线性的、反复的过程，总结了多案例研究的步骤（图 4.1），同时，Yin 提到案例研究设计需要考虑 5 个要素：要研究的问题、理论假设、分析单位、连接资料与假设的逻辑、解释研究结果的标准。而斯坦福大学 Eisenhardt 教授提出了案例研究的一般步骤，郑伯埙等对其研究成果作了进一步的归纳，将 8 个基本步骤归纳为 3 个阶段（图 4.2）（Kathleen M. Eisenhardt，1989）。案例研究可划分为 4 个阶段：①开放式搜集（即案例研究的资料收集来源分为文件、档案记录、访谈、直接观察、参与式观察和物品 6 种）；②重点突破（即案例研究分析，重点是对案例资料进行分析，并提出一些假说，再设法验证）；③成果写作；④检查阶段（张梦中，2002）。

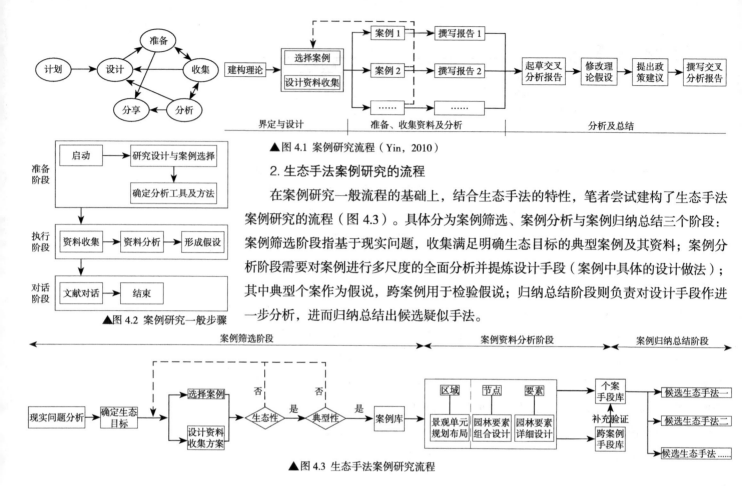

▲图 4.1 案例研究流程（Yin, 2010）

▲图 4.2 案例研究一般步骤

2. 生态手法案例研究的流程

在案例研究一般流程的基础上，结合生态手法的特性，笔者尝试建构了生态手法案例研究的流程（图 4.3）。具体分为案例筛选、案例分析与案例归纳总结三个阶段：案例筛选阶段指基于现实问题，收集满足明确生态目标的典型案例及其资料；案例分析阶段需要对案例进行多尺度的全面分析并提炼设计手段（案例中具体的设计做法）；其中典型个案作为假说，跨案例用于检验假说；归纳总结阶段则负责对设计手段作进一步分析，进而归纳总结出候选疑似手法。

▲图 4.3 生态手法案例研究流程

APPROACH
基于案例研究方法的生态手法获取途径

通过生态手法的案例分析流程，能够归纳总结出同类型场地下的若干候选手法，但要获取科学性更严密、传达与操作性更精准的图解生态手法则还需要通过空间机理的验证及空间信息的图解转译。因此研究提出了 3 模块和 5 步骤的图解生态手法获取途径。3 模块指案例分析模块—机理验证模块（经由空间机理分析判断候选手法的准确性）—图解传达模块（通过图解方法转译关键信息）；5 步骤则指手段提炼—机理分析—手法生成—手法图解—典型组合（图 4.4）。

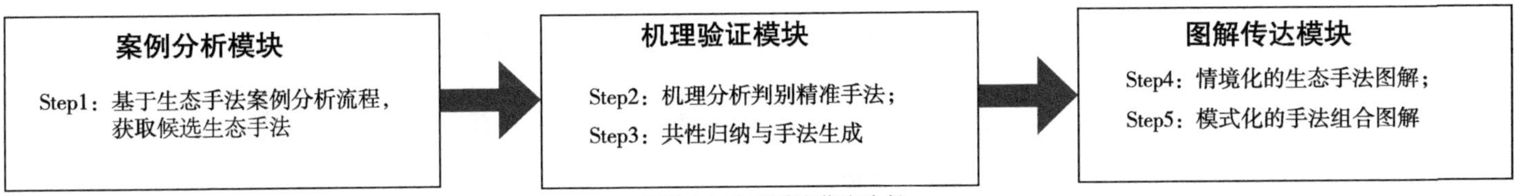

案例分析模块		机理验证模块		图解传达模块
Step1：基于生态手法案例分析流程，获取候选生态手法	→	Step2：机理分析判别精准手法； Step3：共性归纳与手法生成	→	Step4：情境化的生态手法图解； Step5：模式化的手法组合图解

▲图 4.4 生态手法获取途径

■ 案例分析模块

案例分析模块是指通过生态手法的案例分析流程，提取出针对特定场地类型、处于清晰场地层级且满足特定生态目标的候选生态手法集合。基于这一目的，笔者进一步建立了 G–C–M 设计手段分析框架，以便更清晰地进行案例分析，具体指建立一个关于"生态目标"（Ecological Goals）—设计程序性相关内容（Design Programme Content）—生态设计手段（Ecological Design Means）的分析矩阵（图 4.5）。

关于 G（生态目标）的获取详见第 02 讲所述的生态目标体系。需要注意的是，在使用 G–C–M 分析框架时，应直接对应第四级目标，以保证研究精度。

关于 C（设计程序性相关内容），通常是在研究过该项目类型的设计一般程序后得到的。通常包括项目选址—规划分区（功能分区、生态分区等）—系统组织或要素分解（道路系统、绿色空间系统、建筑系统、水系统、地形地貌系统等）—要素设计等层次。每一层次涉及的空间生态影响因子均体现出不同的层级内容。

关于 M（生态设计手段），可以通过案例和理论两个层面代入图 4.5 的研究矩阵，进行提取。案例层面可以指已建成的优秀案例，也可以是公认较优的景观生态规划设计方案；理论层面则指通过科学原理（各类能够指导生态实践的自然科学基本原理）对象化的推导、场地既有的生态规划设计方法或理论以及公共部门出台的业已证实有效的各类设计规范。当某一设计手段能够在案例和理论层面均得到体现时，就能够进入个案手段库；若只能满足其中一类，则进入跨案例手段库，进而等待进一步检验并提炼上升为候选生态手法（图 4.6）。

综上，通过 G–C–M 的矩阵框架分析，能够获取大量基于特定场地类型、处于清晰场地层级且满足特定生态目标的候选生态手法，为景观生态规划设计手法的归纳提炼提供充分的基础材料。

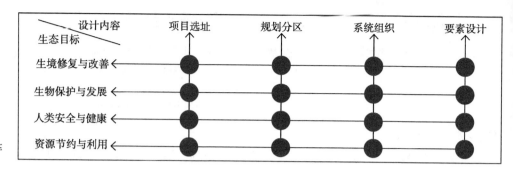

● 设计手段集合

▶图 4.5 "G-C-M" 研究矩阵

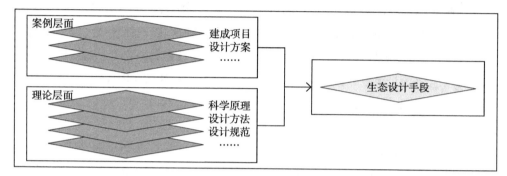

▶图 4.6 生态设计手段的生成来源

■ 机理验证模块

机理验证模块主要包括两部分内容：机理分析与手法生成。

机理分析是生态手法研究中链接特定场地尺度下的特定空间组合，达成特定生态目标的科学纽带，能够大大提升手法的信度与效度。具体指经由"因果映射法"或"因果链条法"，对候选手法产生的空间机理进行分析，判别空间变量、过程变量、目标变量之间的达成关系，具体方法详见第 03 讲。

手法生成则是将通过验证的候选手法作进一步地提炼整合，以生态手法的 5 大特性为标尺，提炼出有效的生态手法，并根据规则进行命名、说明及阐释。

■ 图解传达模块

此模块包括生态手法图解与典型组合图解两部分内容，均需要通过生态手法的图解规则，对提炼的手法进行不同指向的空间转译（图解规则见第 01 讲）。

生态手法图解：将空间进行情境化、对象化的转化，使其适用于具体类型的场地（如公园、校园等），并运用图解生态手法的固定规则进行空间表达。

典型组合图解：将同一类型场地中获取的各类手法图解，依据案例中常见的组合方式，进行普适性组合，从而获取更具工具性的典型空间组合图解。

■ 生态手法获取途径示例

以生态手法"湿地泡群"为例，展示此方法的具体操作步骤及具体情况（表4.3）。

表4.3　3模块5步骤的生态手法获取途径示例

模块	步骤	示例
案例分析模块	Step1: 分析提炼 基于生态手法案例分析流程，获取候选手法	典型案例： 天津桥园 哈尔滨群力湿地公园 美国北格兰特公园 生态目标：净化水质 手段：场地中心湿地根据物理及化学特性挖填样泡
机理验证模块	Step2: 机理检验 通过空间机理，分析判别候选手法的精准性	空间机理关系分析： y（净化水质）=f（+边缘长度，+入水口宽度，+边缘形状，+植被净化功能） 机理假设格局（pattern）： 长边缘　+　宽入口　+　多边界　+　串联模式　=
	Step3: 手法生成 已通过验证的手法的进一步共性归纳与解释	手法名称：湿地泡群（在公园有净化保育需求的湿地区域挖掘适应性样泡群） 手法描述：根据植物生长栖息的适宜性分析，挖填不同标高的土地样泡，以供不同植物群落生长；同时生态洼地还能够对雨洪径流进行有效的汇集净化，在其进入湿地之前，有效降低水流中的泥沙含量、拦截营养物及重金属
图解传达模块	Step4: 手法图解 情境化图解手法空间变量、过程变量与目标变量	湿地泡群（在公园有净化保育需求的湿地区域挖掘适应性样泡群）
	Step5: 典型组合 基于案例与机理分析，进一步图解潜在的组合模式	公园滨水保育区域生态设计： （a）自然化河道驳岸 +（b）生态安全岛 +（c）适应性样泡群 +（d）架空观景廊桥

■ 参考文献

辞海编辑委员会 .1979. 辞海 [M]. 上海：上海辞书出版社 .

张梦中，马克·霍哲 . 2002. 案例研究方法论 [J]. 中国行政管理 , (1):43–46.

罗伯特·K. 殷 .2010. 案例研究：设计与方法 [M] 周海涛，史少杰译 . 5 版 . 重庆大学出版社 .

陈春花，刘祯 . 2010. 案例研究的基本方法 —— 对经典文献的综述 [J]. 管理案例研究与评论 , 3(2):175–182.

余菁 . 2004. 案例研究与案例研究方法 [J]. 经济管理 ,(20):24–29.

Kathleen M. Eisenhardt. 1989. Building Theories from Case Study Research[J]. The Academy of Management Review, 14(4):532–550.

王金红 .2007. 案例研究法及其相关学术规范 [J]. 同济大学学报 (社会科学版),(03):87–95，124.

■ 思想碰撞

　　案例研究法也曾被形象地称为"解剖麻雀"，即通过对一个单一个体深入、全面的研究，来取得对一般性状况或普遍经验的认识（王金红，2007）。作为一种从经验事实走向一般理论的研究工具，在不脱离现实的基础上，更易被人接受。但是多数学者对案例研究法的严格性提出了质疑，认为其科学性、有效性不强，其结果很大程度上依赖研究者的能力。本书使用案例研究法作为主要研究方法，是否也存在这样的问题，你怎么看？

■ 专题编者

岳邦瑞　　　　　费凡　　　　　梁锐　　　　　王楠

PART II
第二部分
园林要素中的生态手法
ECOLOGICAL MANNER IN BASIC ELEMENTS OF LANDSCAPE

地形 05讲
起伏的躯干

不同地形营造出的风景真是有天壤之别!

在园林设计中，地形具有很重要的意义，其他园林要素都与地形有密切的联系。在设计上，可以将地形作为园底及其他地形要素衬托其他园林要素，包可作为园景层次而出现。此外，地形的生态功能也需要被我们重视。地形对我们的日常生活中对小气候和环境的影响十分显著。

植物 06讲
季节的眼睛

铺装 08讲
呼吸的地表

城市广场、建筑、道路等设施内的城市下垫层代替了大自然原有的森林、绿地和田野，形成了"城市荒漠"，传统相石、混凝土等铺装方式阻断了土壤与水体间的交换和循环，水、陆生物失去生存，铺垫场；城市地表被不透水的混凝土路面和钢筋混凝土建筑所覆盖，水分难以下渗；城市地表温度升高，退此将不利有效的调节，园林铺装作为城市道路与广场的"皮肤"，其生态性受到越来越广泛的关注。

水体 07讲
流淌的船歌

水是万物的生命之本，自水中有，入园林水景观，营科林溪与水为水景观设计的重要手法之一。古时园林凿池水，小不题"水木清华"，流淌着水的优美特色的诗意栖息的山水之意境，绕色蜿蜒流水，以滋润着水水景象的增加设计，赋予水体以生命之水的诗意栖息为人与自然融洽生之息场所。

地形 [05讲]
起伏的躯干

> 不同地形营造出的风景真是有所不同啊！

    在园林设计中，地形具有很重要的意义，其他园林要素都与地形有密切的联系。在功能上，通过改造地形能改变人们在园林中的空间感受以及场地的美学特征。在设计时，可以将地形作为图底关系中的底来衬托其他园林要素；也可作为图，营造灵动的地形景观。此外，地形的生态功能也需要被我们重视；地形在我们的日常生活中对小气候和环境的影响十分显著。

■ 地形的内涵与分类

诺曼·K. 布思 (Norman K. Booth) 所著的《风景园林设计要素》一书中对地形有如下描述："地形是地貌的近义词，是指地球表面三度空间的起伏变化"。简言之，地形就是地表的外观。就地理区域范畴而言，地形包括山谷、高山、丘陵、草原以及平原等，这些地表类型一般被称为"大地形"（诺曼·K. 布思,1989）。从园林范畴来讲，地形包括平地、土丘、谷地、斜坡和台地等，这类地形统称为"小地形"。起伏最小的地形叫"微地形"，它包括微弱的起伏或波纹，连道路上石头和石块的不同质地变化也可算作微地形（图 5.1）。 本专题从园林设计范围对小地形营造中的生态手法展开研究（表 5.1，图 5.2）。

(a) 大地形

(b) 小地形

(c) 微地形
▲ 图 5.1 大、小、微地形

表 5.1 地形的分类

类型	概念	景观特征	生态特征
平地	指高度上无显著变化的地面，即使有微小的坡度或轻微起伏，也都包括在内	外向性空间，地形开敞平坦，空间比较容易处理	平坦地形具有多风向性以及透水性，有助于通风和雨水下渗，补充地下水
土丘	土丘是地面向上凸起的一片空间	有 360° 全方位景观，外向性；顶部有控制性，适合设标志物	合理组织土丘地形可以达到组织风场、日照以及调整汇水分区的作用
谷地	谷地是向下凹的一片空间，它在景观中可被称为碗状洼地	部分封闭，有内向性；易产生保护感、隔离感	调节场地日照、风速以及控制声音传播
斜坡	斜坡在视觉造型上可以分为三大类：地貌形状造型、建筑构造造型、自然主义造型	属单面外向性空间，景观单调、变化少，空间难组织，需分段由人工组织空间，使空间富于变化	合理利用坡地能够创造具有差异性的风场，并使场地获得充足的日照
台地	多指顶面具有平地特征的凸地，也可以是坡地半腰的平地或呈阶梯状的地形	多属外向性空间，视野开阔，可多向组织空间；景观单一，需创造竖向景观	台地经太阳辐射能够产生聚热效应，还具有雨洪管理的作用

(a) 平地

(b) 土丘

(c) 谷地

(d) 斜坡

(e) 台地

▲ 图 5.2 地形的分类

■ 地形设计的生态目标

在园林设计的范围内，通过对地形的设计能够营造良好的小气候，提供舒适的人居环境。地形对环境中的声因子、光照因子、水因子、气流因子的影响较为显著，通过改变园林中地形的特性，能够营造适宜的水文环境、风环境、日照环境和声环境。根据相关理论，可建立以下生态目标体系（刘硕，2018）（表 5.2）。

表 5.2 地形设计的生态目标

一级目标	二级目标	三级目标	四级目标
提升生态系统的可持续性	生境修复与改善	改善水文	减缓地表径流
			保护水岸生境
			增加场地湿度
			季节性防洪
		改善风环境	调节强风
			夏季营造微风
			冬季躲避寒风
		改善日照环境	减弱夏季日照
			增加冬季日照
			延长日照时长
		改善声环境	阻隔噪声
			增加回声
	生物保护与发展	改善动植物多样性	增加植物多样性
			增加动物多样性

■ 地形生态设计的空间机制分析

在运用地形生态设计手法时，需要掌握地形空间变量 —— 材质、朝向、体量、高差、布局、坡度、种植搭配，以达到改善水体、改善风环境、改善日照环境、改善声环境以及改善动植物多样性等三级生态目标，以保证设计的合理性（图 5.3）。在本专题中，我们重点谈其中较为重要的 5 点相关原理（表 5.3）。

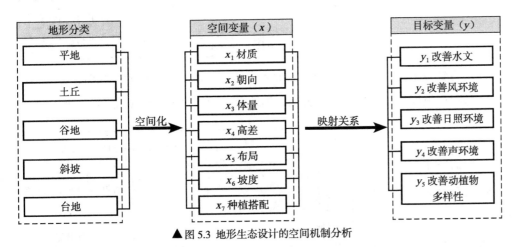

▲ 图 5.3 地形生态设计的空间机制分析

表 5.3 地形生态设计的相关原理（傅抱璞 等，1994；王宏刚，2008；G.Z. 布朗 等，2008；史文珍，2013)

空间变量（x）	目标变量（y）	映射法则	图　示
x_1 材质	y_2 改善风环境	风经过粗糙不平的地表面，受到摩擦力的作用，风速不断减小；由于地表粗糙程度不一，摩擦力的大小不同，风速减小的程度也就不同；摩擦力不仅会削弱风速，同时也干扰了风向，可以使经过场地的风力变小，从而调节场地风环境	

空间变量（x）	目标变量（y）	映射法则	图示
x_3 体量	y_4 改善声环境	声波在行进中遇到障碍物无法穿越，而返回原介质的现象，称为反射，这种声波反射现象也称为回声；因此通过不同体量的地形阻挡或围合，可以对削减噪声、增加场地声效果起到重要作用	
x_4 高差	y_2 改善风环境	白天坡地表面因受日照，坡顶气温很快升高，而坡底气温较低，形成了自下而上的局部环流；夜晚坡地表面通过辐射和对流大量散热，温度下降很快，坡顶附近气温变得比坡底气温低，形成了自上而下的局部环流，通过局部环流可以改善风环境	
x_5 布局	y_2 改善风环境	气流由开阔地带流入由地形构成的两个连续凸地的夹缝时，由于空气不能大量堆积，会加速流过夹缝，使风速增大，当流出夹缝时，空气流速又会减缓以此来调节微气候	
x_7 种植搭配	y_5 改善动植物多样性	结合植物的多样性，不同生态位的植物对地形的选择也不同，例如喜阳植物多生长于高地和地形向阳面，喜水湿植物多生长于湿度大的地势低洼处；通过营造丰富的地形可以形成不同的小环境，以此来满足不同生物的栖息需求，营造丰富的动植物种群	

MANNER
地形设计的生态手法集合

　　笔者针对平地、土丘、谷地、斜坡和台地 5 种地形，从材质、朝向、体量、高差、布局、坡度、种植搭配 7 个方面归纳地形设计的生态手法（表 5.4 ~ 表 5.8）。

表 5.4　平地地形的生态手法集合

布局	1. 通风平地 平地特征的城市广场会与街道一起形成带状城市风道，增强城市通风，改善城市空气质量	平地开阔场地	**卢森堡 Lux-city 城市广场设计** 连续的带状城市广场为该市区提供了一条开敞的城市通风道，为市区居民提供了良好舒适的休闲场所，同时调节了城市的通风环境
材质	2. 透水平地 透水铺装的平地可增加雨水下渗，减缓地表径流，补充地下水，同时增加场地湿度	平地透水铺装	**美国格林斯堡市中心主街街景** 设置平地透水铺装，该项目采用了大量的透水铺装来应对城市洪涝问题；平地透水铺装使得场地内的降水几乎完全被吸收
种植搭配	3. 疏风平地 以平地为基本特征的场地可以让空气自由流动，让风场的利用率最大；配以树荫，能够提供凉爽的风环境	水面降温	**美国莱斯大学 Brochstein 亭** 平地，植物对于该风场起到了促进作用，水面具有给气流降温和加速的作用，给校园带来一丝凉爽

表 5.5 土丘地形的生态手法集合

朝向	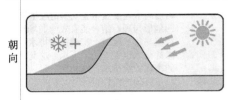	**1. 阴阳土丘** 体量大的凸地可划分不同的日照区，创造各坡向不同的日照条件，在炎热的夏季能够提供阴影区散射空间		**苏州狮山公园** 设置条状凸地将日照分成了山脊线东南侧的高日照区和西北侧的低日照区；不同的场地光照条件为两个区域的活动提供了不同的气候环境
体量	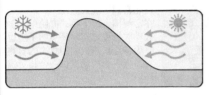	**2. 风场土丘** 较大体量的凸地会区分不同的风场，为不同季节提供趋利避害的风环境		**北京颐和园** 来自西北方向的寒风被山体凸起的地形削减，使得东南方向背风面避免寒风的直接影响；同时形成不规则的湍流，为万寿山东部场地提供了一个冬季躲避寒风的微气候环境
	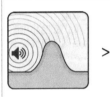	**3. 阻噪土丘** 在噪声源与安静的休息区之间设置适当体量的实体地形，可阻碍声波的传播		**西安大慈恩寺遗址公园** 公园设置带状石墙作为外立面，阻隔了外部交通噪声对内部休憩活动的影响；同时丰富了公园的高差设计，增加了体验乐趣
材质		**4. 多孔土丘** 多孔假山地形能够产生多个方向的狭管效应，从而为其内部提供狭管风，创造适宜的风场		**苏州狮子林** 假山夹裹的步行道形成有效的通风道，是一种狭管风的效应，蜿蜒的形态又不至于使得风速过大；借用这样的微气候环境，假山中常常会打造一些停歇的场所
高差	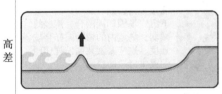	**5. 防波土丘** 设置略高于水面的凸地可以防止波浪破坏水岸生境，创造沿岸的安全屏障，可达到季节性防洪的目标		**秦皇岛滨海景观带** 利用局部凸地带状延伸形成的防波堤，将海水与海岸湿地分开，形成了不同汇水区；凸地结合滨海步行道，形成穿越湿地水景的通道
种植搭配	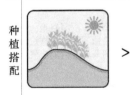	**6. 朝阳土丘** 凸地形更容易受到光照，能够为喜阳植物的生长提供更多的光照量，从而为动植物营造适宜的生境		**天津桥园** 园内设置了大小高低各不相同的地形，为植物生长提供了多样的生境条件；在填埋垃圾的土堆上，种植了一些阳生的本土植物
布局	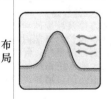	**7. 迎风土丘** 在来风处设置土丘可调整风的强度，从而为场地活动营造局部弱风场，以达到避免强风的目的		**纽约 Long Dock 码头公园** 坡度较缓的扶壁能够降低河面风的强度，使得局部风场更加稳定；扶壁与周围树林系统调节形成局部弱风场，减弱了来自哈德逊河的强风

表 5.6 谷地地形的生态手法集合

材质	> 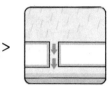	**1. 集水谷地** 沟渠汇集地表径流并增加雨水下渗面积，延长渗水时间；可以将沟渠内地形改造为砾石铺面或植物表面，增强渗水能力和场地湿度	 **希腊阿卡迪亚温嫩登气候适应型社区** 凹地形与砾石结合能有效沟通场地径流与集水区域，实现快速排水，下渗的雨水也能补给地下水，这与常规的市政管线排水方式相比，延续了自然过程的连续性特征 集排水沟
高差	 > 	**2. 聚热谷地** 下沉空间可以阻挡冷空气，利用土层保温及内部多次反射辐射的原理，在下沉空间中产生聚热效应，冬季可为这一区域升温	 **陕北窑洞下沉式庭院** 在窑洞围合的下沉式庭院中，这种被动取得稳定空间环境的手法也能够为场地聚热，利用黄土的蓄热能力，为冬季活动提供一个相对温暖的环境 下沉凹地冬季聚热
	 >	**3. 降温谷地** 有较大落差的凹地可提供较多的日照散射空间，形成低日照区，对盛夏的炎热气候具有阳伞效应	 **陕北窑洞下沉式庭院** 在夏季，窑洞下沉式庭院提供阴影空间，下沉凹地利用侧面斜坡能够创造更多的低日照区，为庭园内部提供阴凉之所 凹地空间夏季遮阴
	> 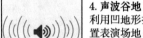	**4. 声波谷地** 利用凹地形折射声音的原理设置表演场地；围合声的传播，在减少对外界干扰的同时，有效改善场地声效	 **唐山师范学院** 校区内设置大型休闲演艺广场，可容纳较多人数使用，满足师生室外教学活动需求；同时下沉广场能够充分发挥收声作用，减少噪声干扰 下沉广场
	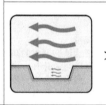 >	**5. 阻风谷地** 盆地能够减弱顶部的强风，给场地活动提供弱风场，在寒冷的冬季能够有效阻挡寒风	 **北京大兴公园（二期）** 下沉广场因四周围合，流经的气流会减弱，场地内的植物同样会减弱气流强度；这些要素共同发挥作用，为人们提供舒适的空间 衰减气流
种植搭配	 > 	**6. 阴湿谷地** 由于凹地形更容易集聚雨水并遮挡阳光，因此能够为耐水湿植物的生长提供适宜的生境并增加动植物多样性	 **天津桥园** 园内设置多个小面积阴湿谷地，用来收集雨水，补给地下水；这样设置可以改善生境，调节场地内的小气候 小面积阴湿谷地

表 5.7 斜坡地形的生态手法集合

朝向	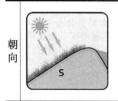 > 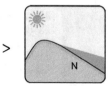	**1. 南向坡地** 南向坡地会获得较长的日照时间，促进植物生长；在冬季能够获取充足日照并充分延长日照时长	 **北京大兴公园（社区公园）** 选择适合坡地方位及坡度的地形，抬升让地形拥有较长的日照时间，为植物提供更充足的日照，促进植物生长；由坡地辅助植物材料阶段性围合的慢行道空间，增加人们游憩的舒适度 南向坡地 慢行步道

坡度		**2. 直射坡地** 与阳光成 90° 的坡地能够获得比平地更多的太阳辐射量，可提高太阳辐射的利用率	 坡地阳光草坪	**美国哈德逊河公园** 太阳垂直入射光线可以使坡地在一天内接受更长时间的光照，形成一处温暖的日光浴场所，在冬季获取充足日照并充分延长日照时长
		**3. 缓坡坡地** 缓坡坡地能够引导并减缓地表径流，同时配以植物，能够使地表有效存储水分	 缓坡坡地　湿地化水岸	**浙江永宁公园** 原先的渠化水岸加剧洪水泛滥，同时割断了市民和自然景观的联系；湿地化的水岸采用坡地地形并大量种植水生植物，来解决雨洪问题，增强了永宁江的防洪能力
高差	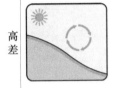 	**4. 凉风坡地** 在早晚不同时段，坡地位置会形成不同风向的地形风，从而为场地活动营造差异性的风场	 坡地调节小气候	**美国布法罗绿道项目** 由于早晚气流的方向不同，在晴朗的夏季清晨能够更好地利用从坡地下方向上传导的凉爽气流，提供凉爽的微风；而在晚上，这个风场的环流呈逆时针方向，微风从坡顶传向坡底
材质	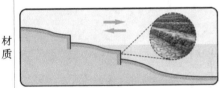	**5. 石笼坡地** 利用石笼等水工构筑围堰改造的坡地可以削减冲向水岸的洪水，有利于水岸的水土保持，以应对季节性洪水	 水流势能 石笼坡	**新加坡碧山宏茂桥公园** 拥有巨大能量的洪泛进入这种水工构筑物之后，会迅速衰减为能量较小的漫溢水体；该手法能有效降低洪水对沿岸的影响

表 5.8 台地地形的生态手法集合

布局	 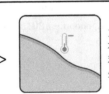	**1. 聚热台地** 在冬季，台地位置会获得更多利于人们活动的太阳辐射，产生聚热效应	 建筑"围墙"聚热	**意大利波焦·托尔塞利别墅** 阳光台地通常是朝南的，是建筑三面围合的空间；阳光台地在接受阳光照射的同时，又避免了北风的侵袭
坡度	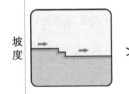	**2. 缓流台地** 平地与阶地结合可产生多级平地，相对坡地可以进一步减缓地表径流，从而有秩序地进行雨洪管理	 雨水逐级下渗	**英国夏洛特·布罗迪探索花园** 将地形改造为由台阶和挡土矮墙连接形成的台地，这种将坡改平的做法，有效减缓了地表径流的流速，从总体上提升了场地全局地形的滞水及蓄水能力
高差	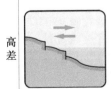 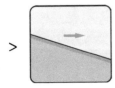	**3. 雨洪台阶** 分阶台地能够形成向上的分层挡水立面，分级管理雨洪；从而形成不同水位的景观，同时保护水岸生境	 台阶分级管理雨洪	**浙江金华燕尾洲公园** 台地结合石砌护岸的水工构筑物，实现了分层进行不同雨量的雨洪管理目的；这一手法既可以保护岸上的游人，又能够创造丰富的植物种植基盘

■ 参考文献

诺曼·K.布思.1989.风景园林设计要素[M].曹礼昆,曹德鲲译.北京:中国林业出版社.

刘硕.2018.响应微气候因子的地形设计手法图解研究[D].西安建筑科技大学.

史文珍.2013.浅谈摩擦力在日常生活中的作用[J].中小企业管理与科技(上旬刊),(07):294-295.

王宏刚.2008.地理效应知多少[J].中学地理教学参考,(Z1):31.

傅抱璞,翁笃鸣,虞静明.1994.小气候学[M].北京:气象出版社.

G.Z.布朗,马克·德凯 著.2008.太阳辐射·风·自然光:建筑设计策略[M].常志刚等译.北京:中国建筑工业出版社.

■ 案例来源

刘硕.2018.响应微气候因子的地形设计手法图解研究[D].西安建筑科技大学.

苏振鹏,韩凌.1999.关于恢复清漪园时期绿化布局的探讨[J].北京园林,(03):30-36.

Elliott N,牟誉(翻译).2009.莱斯大学Brochstein馆[J].景观设计,(3):46-51.

TLS景观设计事务所.2018.苏州狮山公园[J].城市建筑,2018(06):76-83.

刘凡祯.2019.唐大慈恩寺遗址公园景观设计探索[J].产业与科技论坛,18(01):65-66.

郑春烨.2013.苏州狮子林之叠山研究[D].浙江大学.

俞孔坚,凌世红,刘向军 等.2010.再生设计 秦皇岛海滨景观带生态修复工程[J].风景园林,(03):80-83.

崔胜菊.2017.基于生态系统健康评价的人工湿地泡空间格局探究[D].西安建筑科技大学.

德国戴水道设计公司.2013.阿卡迪亚温嫩登气候适应型社区[J].景观设计,(5):54-59.

严鹤.2014.纽约哈德逊河岸公园[J].园林,(07):54-57.

于伟.2012.浅析美国东海岸城市绿道建设——以纽约城市绿道建设为例[J].建筑学报,(S2):5-8.

俞孔坚,刘玉杰,刘东云.2005.河流再生设计——浙江黄岩永宁公园生态设计[J].中国园林,(05):1-7.

德国戴水道设计公司.2013.新加坡碧山宏茂桥公园与加冷河修复[N].中华建筑报,06-04(012).

俞孔坚,俞宏前,宋昱,周水明.2015.弹性景观——金华燕尾洲公园设计[J].建筑学报,(04):68-70.

AllesWirdGut,Lux-city城市广场设计,2015.https://www.gooood.cn/lux-city-square-development-alleswirdgut.htm.

BNIM Architects,美国格林斯堡市中心主街街景,2011.https://www.gooood.cn/greensburg-main-street.htm.

Reed Hilderbrand LLC Landscape Architecture,纽约Long Dock河岸公园,2014.https://www.gooood.cn/2015-asla-long-dock-park-by-reed-hilderbrand-llc.htm.

BAM,北京大兴公园,2016.https://www.gooood.cn/daxing-park-phase-i-and-ii-by-bam.htm.

■ 思想碰撞

本讲围绕地形设计的生态功能提出24条手法,主要针对园林尺度的局地小气候调节,涉及水分、光照、大气等各类气候因子。但是,小气候必然会受到大气候的决定性影响,而大气候在不同地区具有显著的差异。那么,在不同的气候分区中,这些手法是否都能适用?

■ 专题编者

岳邦瑞　　　　费凡　　　　觅聚欣　　　　李思良

46

植物 06 讲
季节的眼睛

　　宋代诗人叶绍翁曾在《游园不值》中描写春日游园之感："应怜屐齿印苍苔，小扣柴扉久不开。春色满园关不住，一枝红杏出墙来"。诗人从一枝越墙盛开的红杏花中领略到满园浓郁、绚丽的春光，春色"关不住"而"出"。字里行间反映出小小的园林青苔铺满地面，杏树花繁叶茂，一派生机勃勃，令人无限向往。本讲将带你走进植物的世界，了解这一有生命的设计要素的生态之美。

■ 植物的内涵与分类

植物要素在自然界中扮演着重要的角色。一方面，植物是生物界的生产者，在生态系统中对生态平衡起着重要的调节作用。另一方面，在风景园林领域，植物具有空间构筑功能、美化装饰功能、实用功能和生态功能。其次，区别于其他要素，植物要素是有生命的要素，正如《风景园林设计要素》一书中写到的："植物是变化的，它们随季节和生长的变化而在不停地改变其色彩、质地、叶丛疏密以及全部特征"（诺曼·K.布思，1989）。笔者从造园尺度入手，依据生物学特性，将植物划分为木本植物（乔木、灌木、藤本）和草本植物（草本花卉、地被和草坪）两大类别，探讨植物要素设计中的生态手法（表6.1）。

表 6.1 植物的分类（关文灵，2013）

类型		概念	景观特征	生态特征
木本植物	乔木	乔木是指树身高大的木本植物，由根部生发独立主干，树干和树冠有明显区分；乔木通常高达六米至数十米，根据高度划分为伟乔（31m以上）、大乔（21~30m）、中乔（11~20m）、小乔（6~10m）	乔木是园林中的主体树种，多数乔木在色彩、线条、质地和树形方面会随着时间产生丰富的季节性变化，在空间和艺术形式上起着主导作用	乔木冠大荫浓，夏季可营造凉爽舒适的小环境，在雨季作为屏障；在冬季，常绿乔木能形成防风屏障，减少寒风侵扰；落叶乔木在冬季创造温暖的树下空间
	灌木	灌木是指树体矮小、主干低矮或无明显主干、分支点低的树木，灌木通常在6m以下；按高度划分为大灌木（3~4.5m）、中灌木（1~2m）、矮灌木（1m以下）	灌木颜色丰富，叶形小而密、耐修剪，在景观设计中常用做造型搭配，还可起到丰富空间层次性、连接和过渡软硬质景观等作用	灌木根系繁盛，生长速度快，抗逆性强，可在短时间内迅速发挥生态效益
	藤本	藤蔓植物是指自身不能直立生长，需要依附其他物体生长的植物，包括蔓性和攀缘性藤本	藤本植物用以装饰建筑、亭廊、山石等，常形成形体不定的线条感和季相变化的花、果、叶景观	藤本植物具有强大的吸附及固定能力，在地震灾害发生时，可有效地防止墙面剥离坠落；覆于构筑物上，遮挡阳光，降低室温
草本植物	草本花卉	草本花卉是指具有观赏价值的草本植物，包括一二年生花卉和多年生花卉	花卉具有绚丽的花色或叶色，可以装点园林色彩、烘托氛围，常用作花坛、花径等	草本花卉依据其景观特征和生理特性在改善身心健康方面具有重要意义
	地被	地被植物是指那些株丛密集而低矮、经简单管理即可用于代替草坪覆盖在地表、具有一定观赏和经济价值的草本植物	地被植物色彩丰富，覆盖于地表可形成整洁、美丽的景观，丰富植物群落景观层次	地被植物覆盖在地表，管理简单，具有防止水土流失、吸附尘土、净化空气、减弱噪声、消除污染等功能
	草坪	草坪植物指园林中用以覆盖裸露地面的低矮植物，主要包括禾本科草坪草等	草坪能为游人的露天活动提供视野开阔、面积较大、略带起伏的场所，使其成为可供体育、集会等休闲活动使用的开阔空间	草坪覆盖裸露地表，有利于防止地表暴晒和水土流失，改善小气候和丰富生物多样性等

■ 植物设计的生态目标

在风景园林领域，通过对植物要素的合理配置，能够缓解或解决具有针对性的城市生态问题（如热岛效应、水土污染等），从而实现生境修复与改善、生物保护与发展、人类安全与健康三大生态目标，并据此建立以下生态目标体系（表6.2）。

表 6.2 植物设计的生态目标

一级目标	二级目标	三级目标	四级目标
提升生态系统可持续性	生境修复与改善	调节小气候	调节温湿度
			净化空气
			改善风环境
		调控能量	调节太阳辐射
			降低噪声污染
		调蓄雨洪	净化水质
			缓解内涝
		保护土壤	减少土壤污染物
			加固土壤
	生物保护与发展	丰富物种多样性	改善动物栖息空间
			调节微生物数量与分布
	人类安全与健康	防灾减灾	阻火避险
			阻挡坠落物
		调节人类健康	改善身心健康

■ 植物生态设计的空间机制分析

不同的植物配置具有不同的生态效益。在阐述植物设计的生态手法时，运用植物空间变量——搭配比例、竖向结构、平面结构、植物种类，以达到调节小气候、调控能量、调蓄雨洪、保护土壤、丰富物种多样性、防灾减灾、调节人类健康 7 个三级生态目标（图 6.1）。在本专题中，重点谈空间变量（x）和目标变量（y）的映射关系中较为重要的 8 点相关原理（表 6.3）。

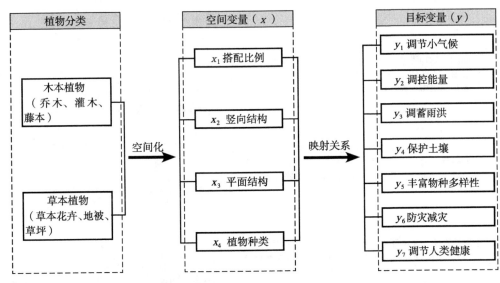

▲ 图 6.1 植物生态设计的空间机制分析

表6.3 植物生态设计的相关原理（毕江涛 等，2009；巩爱娜，2011；李飞，2013；崔海南，2014；张高超 等，2016；柳东菊，2017；米勇 等，2019）

空间变量（x）	目标变量（y）	映射法则	图示
x₁ 搭配比例	y₁ 调节小气候	乔木分支点高，冠大荫浓，调节光照和调节风环境效果较好；而灌木、地被等对于调节湿度效果较好；在不同季相条件下，不同的乔、灌、草群落会产生不同的小气候效应	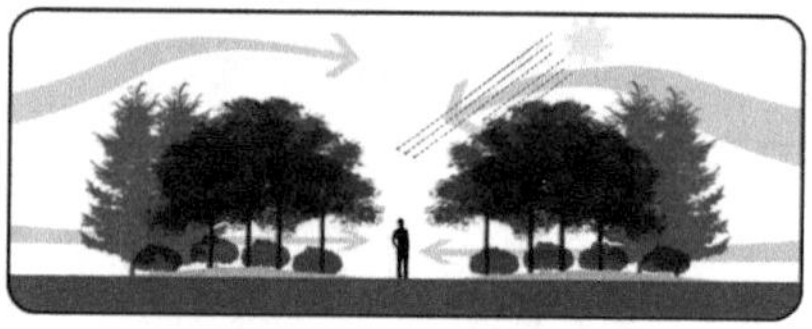
x₂ 竖向结构	y₂ 调控能量	噪声的传播过程会受到障碍物的影响，植物群落竖向结构的高度和密度可在一定程度上起到影响噪声传播的作用；不同的植物群落竖向结构，会形成不同的竖向屏障，对阻挡、吸收、反射噪声起到不同的作用	
	y₅ 防灾减灾	成熟乔木体型高大、枝干粗壮、缓冲和支撑能力强；因此，具有适宜竖向结构的乔木群落可在人体活动区域上方和紧急避险场所四周形成具有支撑力的保护屏障；灾害发生时，可以降低灾害源（坠落物、火焰）对人体造成的伤害	
x₃ 平面结构	y₃ 调蓄雨洪	不同植物对雨洪径流产生的效应不同，对水分的适应性也不同；因此将不同习性的植物依照其特性种植于不同的平面区域，对于阻滞水流、消纳、净化具有重要的作用	
x₄ 植物种类	y₄ 保护土壤	植物粗壮且密集的根系对于加固土壤意义重大；因此应选择适宜的植物种类，利用其生理习性和根系效应，去更好地保护和加固土壤	
	y₅ 丰富物种多样性	不同的植物种类适应和稳定土壤环境效应的能力不同，从而会形成不同的土壤环境和地上空间环境，影响生物的空间分布和生物多样性	
	y₆ 防灾减灾	植物体内所含油分及水分的比例不同，决定了植物抗火性能的高低；油分含量高而水分含量低的植物抗火性差，甚至易燃；而油分含量低、水分含量高的植物抗火性能强	
	y₇ 调节人类健康	不同植物的景观特征（色彩、形态）和生理特性（挥发物、食用和药用价值）对于改善人类身心健康具有积极意义	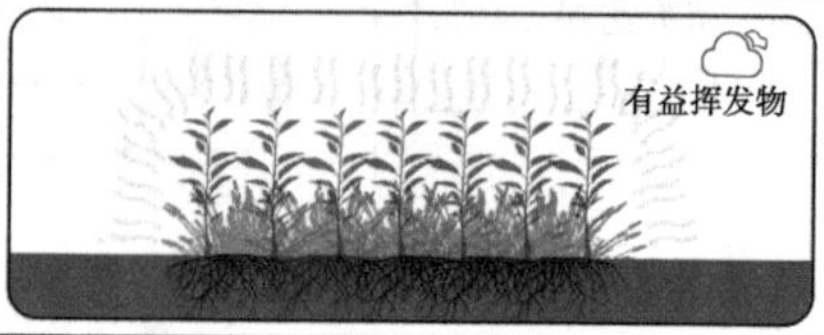

MANNER
植物设计的生态手法

通过对 14 个案例的分析，共提炼出 22 条手法，按照植物设计的 7 类生态目标，顺序汇总如下（表 6.4）。

表 6.4 特定生态目标下植物要素的生态手法汇总

生态目标			生态手法	案例应用
保护土壤	减少土壤污染物		**1. 重金属耐性群落** 重金属耐性植物群落对重金属污染物的吸收、挥发、根滤、降解、固定具有重要的生态作用，并且具有适应性强、无二次污染的修复优点；常根据不同场地的污染物种类，选择针对性的植物种类，实现土壤重金属污染的净化	**美国 AMD&ART Park- 煤矿废水处理艺术公园** 公园在 6 座联通性废水处理池周边种植了红枫、白蜡等 13 种乡土乔木（石蕊花园），并结合 3 个湿地种植池（菖蒲等），来吸附水中铝等重金属元素，从而降低了土地废水酸性污染 湿地种植池　石蕊花园
			2. 高抗逆乡土植物群落 乡土植物对本土环境具有较强的适应性，加之其植物根系与微生物群落共同作用，实现了植物对土壤有机类污染物的吸收、降解和转化	**德国鲁尔工业区生态恢复** 鲁尔工业区注重保留、恢复、增强工业遗址中的植被，特别是抗污染能力强、生命力旺盛的乡土植物；从而对净化土壤污染物起到了重要作用 保留植被　修复植被
	加固土壤		**3. 多根系复层群落** 利用乔、灌木密集的根系可以保水、固土；利用草本植物可以减轻雨水对地表的直接冲击，加快生态恢复；通过选择根系发达的植物种类并搭配其比例，因地制宜地建立乔-灌-草立体生态系统	**河北坝上地区风电场水土保持项目** 坝上地区风电场为应对地区恶劣气候与严重的土地沙化，在植物种类选择上注重配置当地适生的沙棘、柠条、披碱草等 18 种抗寒、耐旱、防风的乔、灌、草植物种类，建立以灌-草为主的立体生态系统，实现短期内迅速发挥保持水土和加固土壤的生态效益 灌-草立体群落
调蓄雨洪	净化水质		**4. 高抗逆净水群落** 氮、磷　重金属 利用植物自身的净化能力，筛选抗逆性强的植物种类，并搭配其比例，建立抗逆性强的净水植物群落	**上海世博会后滩湿地公园** 公园在植物种类选择上，选用莎草、梭鱼草、荷花、香蒲等湿生、净水植物品种，将来自黄浦江的劣五类水，通过由沉淀池、叠瀑、梯田等不同深度和不同植物群落的净化区构成的带状人工湿地净化系统，转化为三类净水，从而实现了水质净化 内河植物净化带

51

生态目标		生态手法	案例应用
调蓄雨洪	缓解内涝	 **5. 耐淹－湿生－耐旱竖向结构** 根据场地的平面和竖向结构布局，利用植物对水分的适应习性，筛选耐淹、湿生、耐旱植物种类，适配长期水分饱和区域、季节性或短期饱和区域和较不饱和区域，从而缓解季节性雨洪内涝 **6. 多根系草灌群落** 利用灌木和草本植物具有更发达的根系的特点，筛选植物种类和搭配比例，建立多根系草灌群落，增加植物对雨洪的吸蓄利用能力	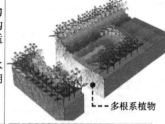 **西安曲江金地·湖城大境居住区雨水花园** 住区雨水花园在植物种类选择上：以多根系草灌的条带式搭配为标准，上层台地紧靠建筑，以耐旱喜阴的八角金盘为主；中层为台地净化区，种植湿生为主的净水植物，如黄菖蒲、玉簪等；集水区和集水中心是长期的积水区域，适宜栽植根系稠密的耐淹植物，如马蔺、花菖蒲等；最终成功地利用该雨水花园缓解了小区的雨洪内涝
调控能量	调节太阳辐射	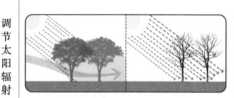 **7. 增大绿化覆盖面积** 在夏季，利用大冠幅阔叶乔木以及屋顶和垂直绿化可以消耗、阻挡较多太阳辐射的特点，选择植物种类和搭配比例，增大绿化覆盖面积，从而调节太阳辐射	 **苏州留园** 对留园西北部夏季小气候营造调查发现，在植物种类选择上，留园利用桂花、南紫薇、榔榆等阔叶乔木群植、列植和孤植，形成丰富的树荫空间，另外配合竹林密植，消耗、阻挡了太阳辐射，从而营造适宜的小气候
调控能量	降低噪声污染	 **8. 针、阔叶混合种植** 阔叶植物对高频噪声有很好的衰减效果，而针叶类对低频噪声有很好的衰减效果，故常把针叶、阔叶植物搭配种植，从而减弱各频段噪声   **9. 高密度低分枝乔灌群落** 利用枝叶密度高的植被降噪效果更明显的特点，常选择阔叶类乔木和低分枝的灌木高低搭配种植，并配植浓密绿篱，提高群落密度，从而有效减弱噪声 **10. 阶梯状复层群落** 利用阶梯状群落比平板状群落阻挡噪声效果更好的优势，搭配植物种类和比例，并结合竖向结构设计，建立阶梯状的异龄乔－灌－草或者绿篱复层群落，从而更好地发挥植物降噪作用	 **哈尔滨蓝岸青城小区** 蓝岸青城小区隔离绿带设计在植物搭配上，主要选用高密度、低分枝树种和针、阔叶植物（主要有青扦云杉、复叶槭、垂柳、金银忍冬、水蜡、大花萱草等），并通过乔灌草合理的比例配置，从而加强降噪效果；在竖向结构设计上，采用由道路一侧低过渡到小区一侧高的绿篱—林带阶梯状结构，从而降低道路噪声污染  

生态目标	生态手法	案例应用

<table>
<tr><td rowspan="5">调节小气候</td><td>调节温湿度</td><td>

11. 季相性群落结构
在春秋季，乔灌草复层结构的群落降温增湿效益最显著；在夏季，绿量大的乔草双层型结构的群落降温效益最明显，乔木单层型群落的增湿效益最好；在冬季，阔叶树落叶后的透阳效果较好，能提高冬季场地的温度</td><td>

南京滨江公园
公园江滨部分绿地景观在植物选择和比例搭配上，乔木以绿量大的垂柳、香樟、英桐为主，搭配草坪草；在群落竖向设计中，配置乔草双层型结构；这样既营造了良好的树下活动空间，又在夏季形成很好的降温增湿效果</td></tr>
</table>

调节碳氧浓度

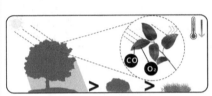

12. 增大绿量
利用植物光合作用能够固定碳元素，释放氧气的特性，增大树木的种植比例，以增大绿量，从而调节碳氧浓度

内蒙古乌兰浩特珲乌高速公路沿线林带设计
高速公路沿线林带在植物搭配上，种植松属、冷杉属、云杉属植物；在平面结构上，设置顺风向的南、北侧的大面积多行林带；在群落竖向结构上，林带树木的枝下高随着风向而逐级递减梯度排列，风向前后各设一排灌木，阻止气流迅速流出；最终实现了高速公路夏、冬季的空气净化和污染物阻滞

净化空气

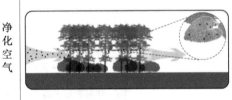

13. "半透风"净化群落
半透风群落通过搭配净化植物种类并设计竖向结构；既能保证良好通风，又能利用植物阻挡污染气体的迅速扩散和滞留空气污染颗粒，实现空气净化

改善风环境

14. 高分枝点乔木
在夏季，常选择通风效果较好的高分枝点乔木来改善场地风环境

南京瞻园扇亭
扇亭位于瞻园中高约10m的西假山顶端，占据全园制高点；在植物种类和搭配比例上，亭旁群植梧桐、女贞、槐树等高分枝点乔木，在夏季形成树荫下微风；亭前西假山迎风坡种植低分枝、多叶面的油松、紫薇等植物，在冬季，与高分枝点乔木一起构成保护层，起到挡风御寒的作用

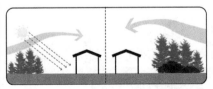

15. 低分枝、多叶面乔灌群落
在秋冬季，常选择分支点低、叶面积指数大的常绿松柏类植物和大灌木，有效阻挡寒风的侵扰

生态目标		生态手法	案例应用
丰富物种多样性	改善动物栖息空间	**16. 多类型植物生境** 在陆生和水生环境中，结合场地动物习性和栖息空间，打造不同层次和类型的生境：乔木林生境、灌木生境和草本生境，为各种动物提供良好的栖息空间	**北京莲石湖公园** 莲石湖公园的设计，一方面，改善滨水环境，补植挺水、浮水、沉水植物等湿生植物（芦苇、香蒲等），为鸟类、鱼类等动物提供良好、连续的滨水栖息空间；另一方面，优化林地生境，在原有林地之上补植食源树种和其他乡土树种（桑树、山楂、柿树等）；优化植物群落竖向结构，丰富鸟类的食物链，以改善鸟类的生境空间
	调节微生物数量与分布	**17. 富集植物群落** 配置具有既能通过根系分泌物来富集偏好微生物，又能通过改善土壤条件富集微生物的特性的植物种类，并搭配其比例，实现调节土壤微生物数量与分布的目的	**辽宁锦州太和区女儿河乡土壤改良试验** 该土壤改良试验在植物种类的选择上，选择生物量高、生长快的狼尾草，利用狼尾草既能富集土著菌，减弱土壤铬的生物毒性迁移能力，又能对铬有较高的耐性和富集、转运能力，实现六价铬污染的土壤修复
防灾减灾	阻火避险	**18. 含油低、含水高植物群落** 配置含水量较高（60%以上）、含油低（0.1%以下）的植物种类，并搭配其比例，有利于减缓或阻止火势蔓延	**长沙市中建·桂苑居住小区** 住区在植物防灾配置模式中：利用含油低、含水高的植物（主要包括杨梅、女贞、黄杨、冬青、八角金盘等），并搭配形成高密度复层群落，从而在灾害发生时形成安全屏障；利用高遮蔽率的女贞、法桐等乔木形成安全屏障，可有效阻挡高层下坠物以及地震引起的墙皮剥落；利用耐践踏能力强的草坪形成紧急避难空间
		19. 高密度复层群落 对于应急避难绿地四周区域和消防疏散通道两侧，常选择常绿阔叶的防火植物，并搭配其比例和设计竖向结构，配置成列植复层的乔灌草群落，建立防火阻热屏障	
		20. 乔草双层群落 对于开阔避难场所，常选择抗震防倒伏的树种和耐践踏的草坪草种类，并搭配其比例和设计竖向结构，配置成舒朗的乔草双层群落，形成开放性的应急避难空间	
	阻挡坠落物	**21. "乔木+藤本"植物屏障** 对于建筑物周边绿地，常选择深根、抗压的高大乔木和强大攀缘吸附能力的藤本植物种类，并搭配其比例；可在遇险时起到防止墙皮剥离脱落、阻挡缓冲坠落物的作用	

生态目标		生态手法	案例应用
调节人类健康	改善身心健康	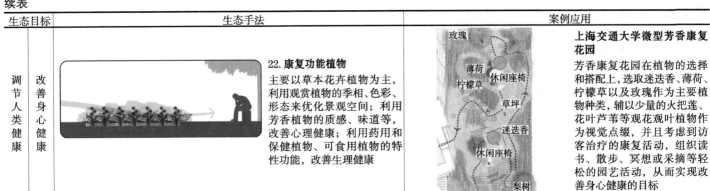**22.康复功能植物** 主要以草本花卉植物为主，利用观赏植物的季相、色彩、形态来优化景观空间；利用芳香植物的质感、味道等，改善心理健康；利用药用和保健植物、可食用植物的特性功能，改善生理健康	**上海交通大学微型芳香康复花园** 芳香康复花园在植物的选择和搭配上，选取迷迭香、薄荷、柠檬草以及玫瑰作为主要植物种类，辅以少量的火把莲、花叶芦苇等观花观叶植物作为视觉点缀，并且考虑到访客治疗的康复活动，组织读书、散步、冥想或采摘等轻松的园艺活动，从而实现改善身心健康的目标

■ 参考文献

诺曼·K. 布思 .1989. 风景园林设计要素 [M]. 中国林业出版社 .
关文灵 .2013. 园林植物造景 [M]. 中国水利水电出版社 .
李飞 .2013. 园林植物景观设计对微气候环境改善的研究 [D]. 西南交通大学 .
崔海南 .2014. 城市带状绿地植物配置模式的降噪效应研究 [D]. 天津大学 .
巩爱娜 .2011. 城市居住小区绿地防灾避险规划研究 [D]. 中南林业科技大学 .
柳东菊 .2017. 对雨水花园中植物的选择与设计探讨 [J]. 居舍 ,(24):77.
米勇 , 米秋菊 , 王洁 , 等 .2019. 坝上地区风电场水土保持植物措施筛选研究 [J]. 海河水利 ,(03):24–26.
毕江涛 , 贺达汉 .2009. 植物对土壤微生物多样性的影响研究进展 [J]. 中国农学通报 ,(09):252–258.
张高超 , 孙睦泓 , 吴亚妮 .2016. 具有改善人体亚健康状态功效的微型芳香康复花园设计建造及功效研究 [J]. 中国园林 ,32(06):94–99.

■ 案例来源

杨震宇 .2015. 工业遗址改造中的景观设计研究 [D]. 北京林业大学 .
米勇 , 米秋菊 , 王洁 , 等 .2019. 坝上地区风电场水土保持植物措施筛选研究 [J]. 海河水利 ,(03):24–26.
俞孔坚 .2010. 后滩公园 [J]. 风景园林 ,(02):30–33.
弓亚栋 .2015. 建设海绵城市的研究与实践探索 [D]. 长安大学 .
柳东菊 .2017. 对雨水花园中植物的选择与设计探讨 [J]. 居舍 ,(24):77.
徐远洋 , 蒋榕 , 李冠衡 .2018. 浅析城市雨水花园植物景观现存问题及解决策 [J]. 现代园艺 ,(13):110–112.
连先发 .2017. 苏州古典园林微气候营造分析研究 —— 以留园为例 [D]. 苏州大学 .
明雷 .2012. 绿化带对临街建筑声环境影响的实验研究 [D]. 重庆大学 .
崔海南 .2014. 城市带状绿地植物配置模式的降噪效应研究 [D]. 天津大学 .
李爽 .2014. 基于生态技术的哈尔滨市居住小区景观规划设计研究 [D]. 东北农业大学 .
卫笑 , 张明娟 , 魏家星 , 等 .2018. 春夏秋三季不同类型植物群落的温湿度调节效应研究 —— 以南京滨江公园为例 [J]. 中国城市林业 ,16(03):21–25.
李飞 .2013. 园林植物景观设计对微气候环境改善的研究 [D]. 西南交通大学 .
赵彦博 , 孙明阳 .2019. 基于净化空气功能的珲乌高速公路沿线林带设计研究 [J]. 西北林学院学报 ,34(04):262–267.
熊瑶 , 金梦玲 .2017. 浅析江南古典园林空间的微气候营造 —— 以瞻园为例 [J]. 中国园林 ,(4):35–39.
马嘉 , 高宇 , 陈茜 , 等 .2019. 城市湿地公园的鸟类栖息地生境营造策略研究 —— 以北京莲石湖公园为例 [J]. 中国城市林业 ,17(05):69–73.
封保根 .2019. 用于植物修复典型铬污染场地的富集植物筛选研究 [D]. 吉林大学 .
毕江涛 , 贺达汉 .2009. 植物对土壤微生物多样性的影响研究进展 [J]. 中国农学通报 ,(09):252–258.
巩爱娜 , 胡希军 .2011. 基于防灾避险功能的居住小区绿地植物配置探讨 [J]. 北方园艺 ,(09):106–111.
巩爱娜 .2011. 城市居住小区绿地防灾避险规划研究 [D]. 中南林业科技大学 .
张高超 , 孙睦泓 , 吴亚妮 .2016. 具有改善人体亚健康状态功效的微型芳香康复花园设计建造及功效研究 [J]. 中国园林 ,32(06):94–99.

■ 思想碰撞

　　《风景园林设计要素》一书中提到"风景园林设计师不仅要注意到植物的近期设计效果，而且还必须注意远期的设计效果，并向工程委托人说明初植树与成年树的差别"。这说明，随着植物的生长，其产生的效果会发生巨大变化。本讲中论及的手法适用于一定时期的植物群落。那么，为了实现持续长久的生态效益，应如何使建设初期的群落向成熟期群落转变呢?

■ 专题编者

岳邦瑞　　　　　费凡　　　　　周雅吉　　　　　李思良　　　　　胡根柱

水体 07讲
流淌的船歌

　　水是万物的生命之源。古往今来，人们依水而居，农林牧渔等活动也都离不开水。古代的园林营造几乎是"无水不园"，园林景观常用平静深邃的水面营造自然山水之意境。现代景观设计中，不仅重视水体要素的景观特征，还更加重视水体要素的生态特征，使它为人与自然提供长久的生态效益。期待在未来，水影摇曳、波光粼粼，水与人类一起奏响悦动的自然旋律！

■ 水体的内涵及类型

诺曼·K.布思所著的《风景园林设计要素》一书中写道："水是整个设计要素中最迷人和最激发人兴趣的要素之一"。首先，水作为造景的元素，可塑造性强，能形成不同的景观形态，如平展如镜的水池、流动的溪涧和跃动的喷泉。其次，水还有许多生态功能，如营造小气候、降低噪声，营造生境等。所以，在现代人居环境建设中，水体不仅是不可或缺的物质资源，更是美化环境形象，调节生态平衡不可替代的要素。

根据水体的状态不同，可将水分成两大类：静水（平静少动）和动水（流动变化），在静水和动水两种类型下，依据形态特征将其分为水池、水塘、流水、落水和喷泉；每种类型对应的景观、生态特征如下（表7.1，图7.1）。

表 7.1 水体的分类及特征（江建军，2006）

类型		概念	景观特征	生态特征
静水	水池	水池是人工材料修建，具有防渗作用；属深度较浅的人工水景类型；一般依据平面形态，可以分为规则型和流线型	能增强空间感，澄澈而涵虚；虚实相映，形成丰富的景观层次	具有调节场地小气候、调蓄雨洪的作用，还能给人以平静舒适的感受
	水塘	水塘是自然形成、面积较小的湖泊；是一种形态柔和的自然水景类型	既能与山石、植物结合布景，增强观赏性和趣味性；又能丰富景观内容，展现自然之美	具有调节小气候、调蓄雨洪的作用，还能为生物提供更多的生存空间，利于丰富物种多样性
动水	流水	流水是指水依靠重力作用而产生的具有运动性、方向性的线性水景类型；一般包括人工型（水渠、河道）和自然型（河流、溪）两种基本类型	流水具有动态美和引导性，有助于组织视线和空间序列；布置在边缘地带，有利于暗示空间边界；此外，常结合落水，营造声景	具有调节水环境（富氧、净化水污染）、调节温湿度、调节声环境的作用
	落水	落水是指水流凭借高差，从高处跌落而产生不同形态的水景类型；依据不同的高度和跌落方式分，可分为落水（瀑布）、跌水（水梯）等类型	落水能够丰富水景垂直面的空间形态，造型突出，易形成焦点，画龙点睛	具有调节温湿度、调节声环境的作用
	喷泉	喷泉是一种将水经过一定压力后，通过喷头喷洒出来而具有特定形状的人工水景类型	丰富城市动态水景，活跃环境氛围，引导视觉焦点；也常与声效、光效配合使用，形式变化多样	喷泉使水体以柱状、雾状等形式出现，具有调节小气候，降温增湿的作用

(a) 水池

(b) 水塘

(c) 流水

(d) 落水

(e) 喷泉

▲ 图 7.1 水体类型

■水体要素的生态目标

水体要素的生态设计以达到气候调节与改善、生物保护与发展两方面为主要目标，以缓解城市热岛、空气污染、噪声污染、水体污染、水生生物多样性锐减等生态问题，以此建立生态目标体系（表7.2）。

表7.2 水体要素的生态目标

一级目标	二级目标	三级目标	四级目标
提升人类生态系统可持续性	气候调节与改善	调节小气候	调节不同季节的温度
			调节空气湿度
			改善风环境
		调节水环境	改善水体污染
		改善空气质量	改善空气质量
	生物保护与发展	调节声环境	缓解噪声
		丰富生物多样性	丰富水生生物多样性

■水体生态设计的空间机制分析

在运用园林水体生态设计手法时，需要掌握水体空间变量——水体形状、面积、深浅、宽窄、流速以及高差的变化，达到调节小气候、调节水环境、改善空气质量以及调节声环境等三级目标的相关原理，以保证设计的合理性（图7.2）。在本专题中，我们重点谈其中较为重要的7点相关原理（表7.3）。

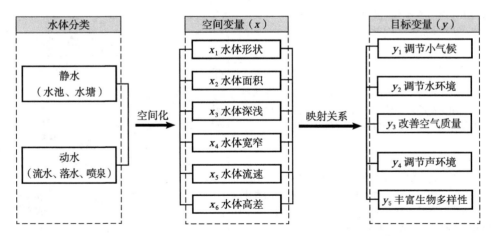

▲图7.2 水体生态设计的空间机制分析

表 7.3　水体生态设计的相关原理（周璐瑶，2017；余超，2010）

空间变量（x）	目标变量（y）	映射法则	图示
x_1 水体形状	y_5 丰富生物多样性	蜿蜒状水岸线能形成多个凹凸空间：凹面减少流水冲击，为生物幼体提供安全的栖息环境；流水与凸面撞击产生水花，增加水体含氧量，丰富生物多样性	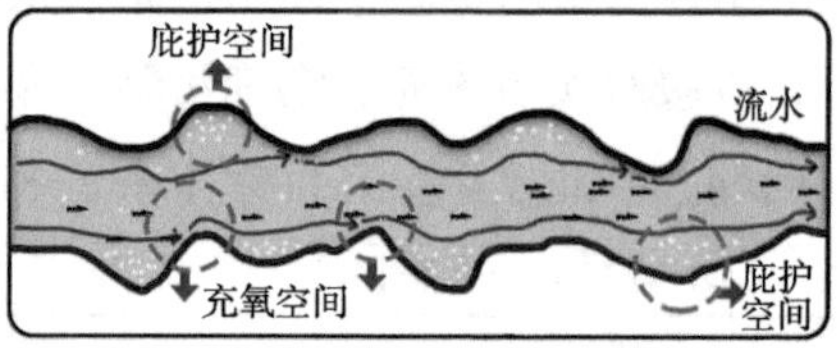
x_2 水体面积	y_1 调节小气候	相较于其他下垫面类型，水体比热容较高且表面更为光滑，所以在夏季水体能吸收并储存大量热能，起到"热汇"作用；在冬季，通过热交换作用，又将蓄积的热能释放出来，起到"热源"作用，加之水体对风环境的调节，从而调节了场地的小气候；不同面积的水体对于局部小气候效应起到的作用不同	
	y_3 改善空气质量	水体蒸发产生大量的白色小水珠（雾气），既能缓解城市热岛效应，又能利用水珠吸附空气中的灰尘；再随着雨水或风的作用降尘，归于水体，从而改善空气质量	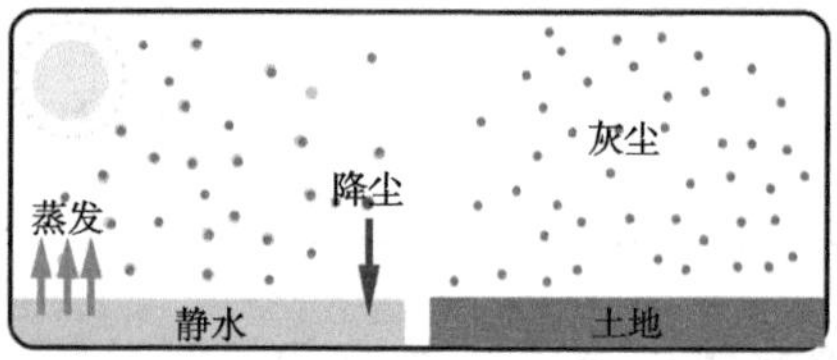
	y_4 调节声环境	当声波传播经过水体表面时，一部分被表面反射，一部分被消纳吸收；面积越大的水体，吸声效果越好	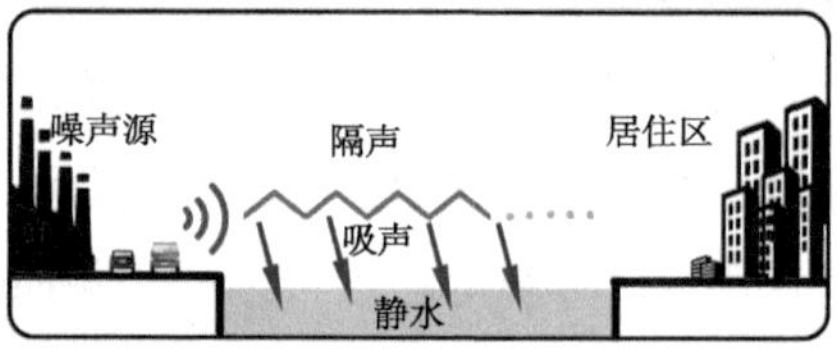
x_3 水体深浅	y_5 丰富生物多样性	不同的水生生物对水体的温度和深度要求存在差异；较深的水体能为更多不同需求的水生生物提供多样的栖息环境，从而丰富生物多样性	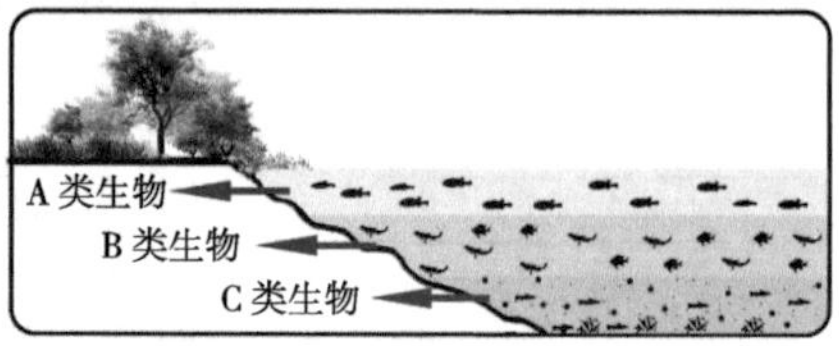
x_5 水流速度	y_2 调节水环境	水流在流动过程中一方面将水体中的污染物冲散稀释，另一方面流动的水体使活跃的水生生物分解水中污染物的能力增强；从而净化水污染，改善水环境	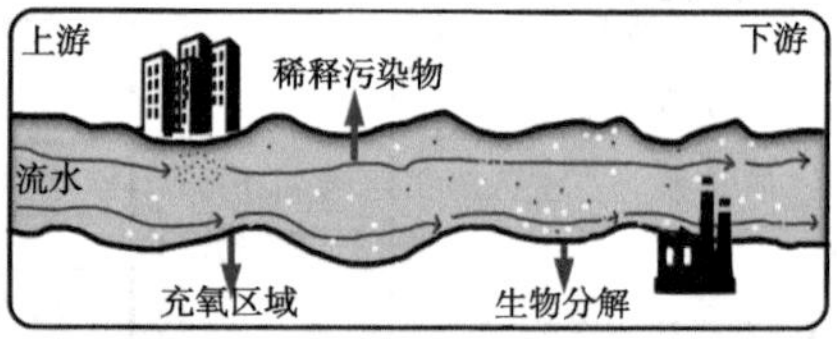
x_6 水体高差	y_4 调节声环境	水流从高处落下时，与实体相撞发出声响；一方面，利用悦耳的水声（也常常结合音乐）来减弱嘈杂的噪声，另一方面，下落的高度越高，声响越大，掩盖、减弱噪声的效果越好；从而达到调节声环境的作用	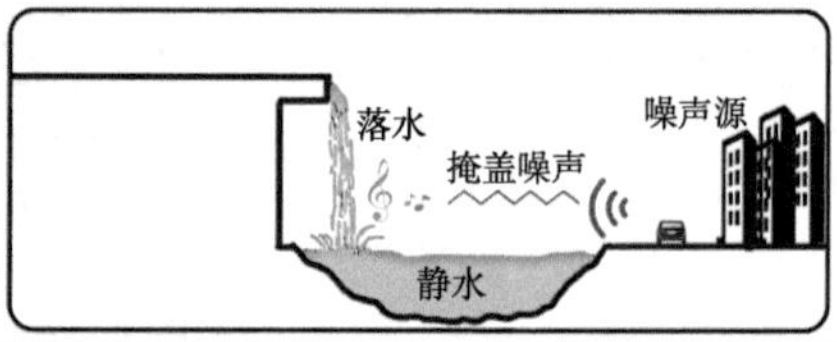

MANNER
水体设计的生态手法集合

结合相关理论研究,笔者分别针对静水和动水两大类型,从水体的形状、面积、深浅、宽窄、流速和高差这些空间变量中,归纳水体设计的生态手法,并举例展示(表7.4、表7.5)。

表7.4 静水水体的生态手法汇总(张烜之,2013;曹加杰 等,2018)

水池、水塘	形状	> 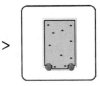	**1. 蜿蜒塘岸** 水塘蜿蜒的水岸线形态凹凸多变,为水生生物提供了多样的生存空间,从而丰富了物种多样性	 丰富的岸线形态 **苏州留园** 蜿蜒的水岸线形成许多凹进、凸出的空间,为许多水生生物提供生存空间
		>	**2. 凹凸塘底** 凹凸不平的自然淤泥水底,减少了人工干扰,为水生生物提供了优越的生境	 自然蜿蜒的塘底 **新加坡碧山宏茂桥公园** 与水泥材质的水池相比,淤泥的水体底部更有利于水生生物的生存与繁衍
	面积	> 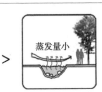 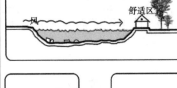 	**3. 宽阔塘面** 一方面,夏季大面积水体与大气之间进行热量和水分交换更加活跃,对于降温增湿、缓解热岛效应具有明显效果;另一方面,大面积的水体能形成平滑的开敞空间,更易增加风速,改善风环境,且面积越大,调节效果越好	 水体蒸发吸热 **河北承德避暑山庄** 避暑山庄就是利用蒸发吸热的原理,在夏季营造山庄烟雨楼凉爽舒适的小气候 广阔的水面空气流动性好 **北京颐和园** 昆明湖的大水面通风和降温增湿效果较好,提升了以佛香阁为主的万寿山建筑群的舒适度 大面积自然水体 **西安大唐芙蓉园** 园内的水体面积约占总面积的一半,对造景、调节小气候和为生物提供更优的生存空间意义重大
	深浅	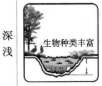 > 生物种类丰富 生物种类稀少	**4. 增加塘深** 不同深度的栖息环境会提供给不同的水生生物以不同的栖息环境,丰富生境层次,从而有利于丰富生物多样性;但水深大于3米,会导致水质恶化	 原有浅滩 湿地水塘恢复 **咸阳渭柳湿地公园** 对河滩进行改造,恢复湿地水塘,增加水深,补植乡土水生植物,从而修复和营造动物生境

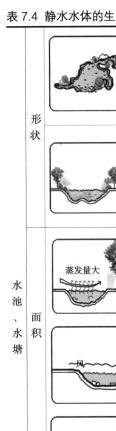

水塘、水池	宽窄	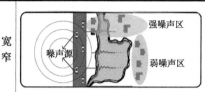	5. 扩大塘宽 水面较宽的水体能与噪声源产生一定的隔离空间；同时水体本身具有吸声的作用，从而达到阻隔噪声的作用	 西安曲江遗址公园 水体通过把噪声源与建筑物分隔的方式，减小车辆鸣笛产生的噪声对人们的困扰

表 7.5 动水水体设计要点（耿成月，2014；周璐瑶，2017）

	形状	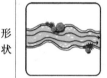 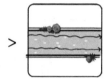	1. 曲折岸线 蜿蜒状的水体凹面为生物幼体提供安全的栖息环境，减少流水对幼体的冲刷和撞击，为水生生物提供优越的生境	 新加坡碧山宏茂桥公园 设计基于河漫滩的概念，改造原有的人工河道断面；拓宽改造后的河道蜿蜒曲折、宽窄不一，如同自然河流般拥有着多样化的流动形式与流速；塑造出自然、多元化的栖息地，为生物多样性奠定了基础
流水	宽窄	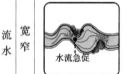 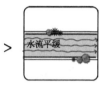	2. 宽窄水道 水体由宽阔的区域经过狭窄的位置时，水流溅起水花，强化池水的充氧作用，为水体生物提供充足的氧气	
	流速	 	3. 陡坡水体 水体的高差大，水流速度较快，能够增强水的自净能力，降低水中的污染物	 深圳禾塘湿地公园 水体高度的差异导致水流速度的增快，使水中污染物快速转移
	形状	 	4. 阶梯落水 台阶式的落水，使水流在逐层跌落的过程中与台阶撞击形成水花和悦耳的水声，减弱周边环境的嘈杂声	 美国 Tongva 公园 公园中的台阶式落水，有效地为水体周围的游客缓解了嘈杂声
落水	宽窄		5. 宽幅落水 宽阔的水流从高处落下时，与其他物体的撞击面越大，声音也就越大，缓解噪声的作用也就越强	 美国佩雷公园 水声掩盖嘈杂声，降低噪声，为口袋公园的使用者提供更加舒适的声环境
	高差	 	6. 高差落水 当水体下落时，下落高差越大，声音也就越大，掩盖噪声的效果越好；同时溅起的水珠或水雾为周围的环境增加湿度	 山东泰山景区 水体从相对较高的位置下落到地面，产生的声响悦耳动听，四溅的水雾湿润了空气

落水	高差	>	**7. 落水击石** 水从高处落下，与坚硬物体碰撞，产生大量的水花，水声尤为突出，能够减弱噪声		**广州火车站** 通过水体下落与实体相撞击产生的较大声响，在较为嘈杂的环境中，起到降噪作用
喷泉	高差		**8. 喷雾喷泉** 喷出雾状般水流，以少量水喷洒到大范围空间内，起到加湿空气、除尘的作用		**美国唐纳喷泉** 水雾使周围环境降温增湿，环境舒适度提升
			**9. 旱喷泉** 旱喷泉喷出的水柱通过铺装孔喷出，下落后，水与地面产生撞击，发出声响的同时，又能降温增湿		**宝安中心区四季公园** 广场有多处旱喷泉，一方面增加了活动空间，另一方面增加了空气湿度，缓解噪声
		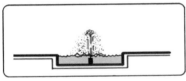	**10. 充气喷泉** 充气式喷泉水柱较高，喷水时产生湍流水花和水雾，调节小气候；下降时，与静水或硬质铺装相互碰撞，产生悦耳的水声		**西安大雁塔广场** 利用充气式喷泉使水柱快速上升下落，产生的水珠带走空气中的灰尘，净化空气

■ 参考文献

诺曼·K.布思.1989.风景园林设计要素[M].北京科学技术出版社.

江建军.2006.园林中的水[J].技术与市场(园林工程),(11):29-31.

余超.2010.城市公共空间人工水体景观设计与生态策略探究[D].西安：西安建筑科技大学.

周璐瑶,陈菁,陈丹,孙伯明.2017.河流曲度对河流生物多样性影响研究进展[J].人民黄河,39(01):79-82+86.

耿成月.2014.水声在水体景观中的塑造原则及其塑造方法[C].中国创意设计年鉴论文集,426-430.

张烜之.2013.景观设计对降低小区环境噪声的实效研究[D].南昌大学.

曹加杰,余军军,吴向崇,等.2018.基于生态服务功能的城市公园水体景观营造方法探讨[J].中南林业科技大学学报,38(08):103-108.

■ 思想碰撞

　　水塘与水池都属于基本封闭的水系统，水体平稳静止且自净能力差，随着外来物质输入和时间推迟，容易产生富营养化，水体混浊不堪，甚至发臭、发黑。你认为本讲针对水塘、水池的5条手法，能否解决上述问题？能否找到更为有效的技术措施？

■ 专题编者

岳邦瑞　　　　费凡　　　　秦鸿飞　　　　胡根柱

铺装 08讲

呼吸的地表

　　包括城市广场、建筑、道路等设施在内的城市下垫层代替了大自然原有的森林、绿地和田野，形成了"城市荒漠"。传统砌石、混凝土等砌筑方式阻断了土壤与水体间的交换和循环；水、陆生物丧失了生存、栖息的场所；城市地表被不透水的混凝土路面和钢筋混凝土建筑所覆盖，水分难以下渗；城市地表温、湿度得不到有效的调节。园林铺装作为城市道路与广场的"脸面"，其生态性受到了越来越广泛的关注。

■ 铺装的内涵与类型

园林铺装是指在园林道路（园路）、庭院及各种休憩、活动等场地，运用自然或人工的铺地材料，按照一定的方式铺设于地面形成的地表形式。《风景园林设计要素》阐述了基本的铺装材料类型、功能和构图作用（诺曼·K. 布思，1989）。本专题在该书的基础上，重点探讨如何选择铺装材料和铺砌方式，来实现铺装的生态性设计，以解决各种生态问题。《风景园林设计要素》一书根据材料性状的不同，将铺装材料划分为松软的铺装材料、块料的铺装材料和黏性的铺装材料三类。笔者在此铺装材料分类的基础上，按照面层材料做法的不同，又将其划分为整体铺装、块料铺装、碎料铺装三种类型，各类铺装的具体含义及其景观、生态特征概述如下（图 8.1，表 8.1）。

表 8.1 铺装的分类及特征（杨鎏，2013）

类型	概念	景观特征	生态特征
整体铺装	整体铺装是指长度和宽度与所在场地保持一致，将场地整体性覆盖的铺装面；包括沥青路面、塑胶地面、各种艺术地坪（如彩色混凝土铺装）等	适用于主要道路、机动车道以及运动场地；整体铺装具有较强的可塑性，但观赏性不强，色彩单调，形式呆板	传统整体铺装本身的透水性、透气性能差；而随着透水沥青、透水混凝土的普及，整体铺装的生态性日益凸显
块料铺装	块料铺装是指运用各种天然的或人工的块料，铺砌而成的铺装面；其材料形状以正多边形为主，规格统一，易于模数化铺砌；包括砖材、石材、混凝土预制砌块、橡胶地垫、嵌草砖、植草格及木材砌块等	适用于人行道、小型车辆的行车道以及人流量较大的休闲娱乐空间；块料铺装具有坚固、平稳等特征，适用于人行道及广场	块料铺装的块材本身具有一定的透水性、透气性，且块材的排布方式也可以实现铺装整体的透水性
碎料铺装	碎料铺装一般是指运用卵石、碎石等规格较小、需要聚集起来铺设的材料形成的铺面；铺装材料包括砾石、砂石、雨花石、水洗石、碎瓦片等	适用于庭院及各种休憩、散步的游步道；碎料铺装具有疏松、质地粗糙等特征，可形成自然朴素的景观效果，往往给人以悠闲自在的感觉	碎料铺装的生态性体现于因材料疏松的特质而实现的透水性、透气性；此外，碎料与其他材料组合运用，也可实现铺装整体的透水性

(a) 整体铺装

(b) 块料铺装

(c) 碎料铺装

▲ 图 8.1 不同铺装类型

■ 铺装要素的生态目标

园林铺装的生态设计以资源节约利用、生境修复改善、维护人类安全与健康三方面为主要目标，通过合理的铺装设计，以实现铺装材料在耗材及能源上的低碳循环利用，以及对地表径流、面源污染、铺装光污染、地面热辐射、车辆和人流等交通噪声污染、广场和道路扬尘等问题的有效解决（表8.2）。

表 8.2 铺装设计的生态目标

一级目标	二级目标	三级目标	四级目标
提升生态系统的可持续性	资源节约与利用	节约自然资源	节约能源
			节约耗材
		资源循环利用	可再生能源利用
			可再生材料利用
	生境修复与改善	调蓄水文	调节水量
			净化水质
			城市防涝
			涵养地下水
	人类安全与健康	调节光环境	减少眩光
		调节声环境	降噪
		改善空气质量	降尘
		调节小气候	调节温湿度

■ 铺装生态设计的空间机制分析

在运用园林铺装生态设计手法时，需要掌握铺装空间变量——面层排布形式、材料选择、材料组合运用，达到调蓄水文、调节光环境、调节声环境、改善空气质量、调节温湿度等三级目标的相关原理，以保证设计的合理性（图8.2）。在本专题中，我们重点谈其中较为重要的7点相关原理（表8.3）。

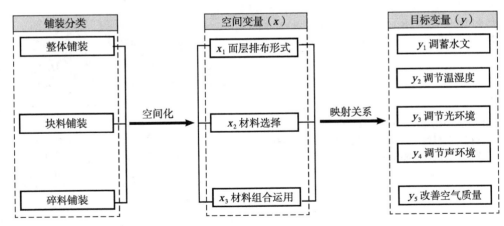

▲ 图 8.2 铺装生态设计的空间机制分析

表 8.3 铺装生态设计相关原理（王波 等，2002）

空间变量（x）	目标变量（y）	映射法则	图示
x_1 面层排布形式	y_1 调蓄水文	雨水可通过面层材料之间的空隙顺利达到结合层与基层，因此，当面层材料不透水时，可在面层材料之间预留缝隙，实现铺装整体的渗水效果	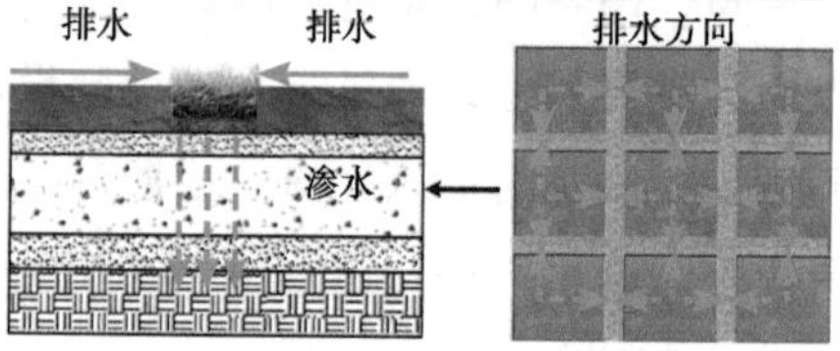
x_2 材料选择	y_2 调节温湿度	多孔构造的吸水性和保水性地面，在被雨水充分浸润后，土基及垫层中蒸发丰富的水分，吸收大量的热能，有效降低地表温度；此外，多孔性材料可利用自身孔隙通风换气，通过每组对流和传导作用吸收和排放热量，达到调节地表与地下土层温度的作用	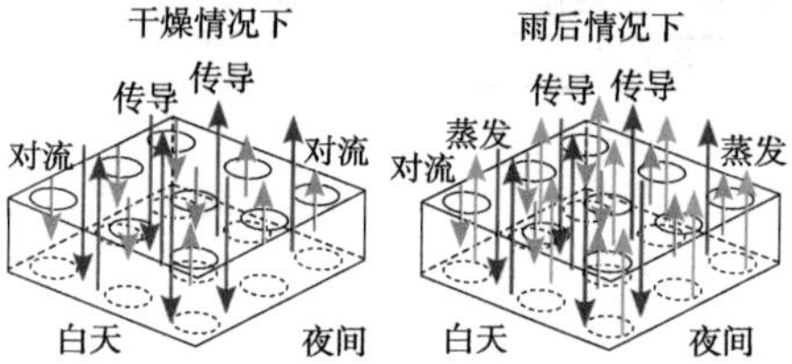
	y_1 调蓄水文	透水铺装材料的透水性能主要由连通孔隙形成，材料本身与铺地下垫层相通的渗水路径将雨水直接渗入下部土壤，有效补充地下水，如透水砖；此外，有些材料是依靠铺装材料的间隙进行透水的，如砾石	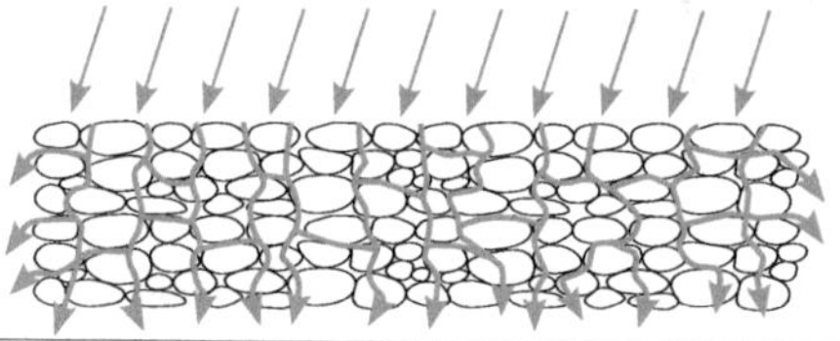
	y_3 调节光环境	光线投射到地表积水或水膜上，易发生定向反射；投射到粗糙的地面上，易发生漫反射；故应避免雨天形成地表积水或水膜，且宜采用粗糙铺地，避免镜面反射形成眩光	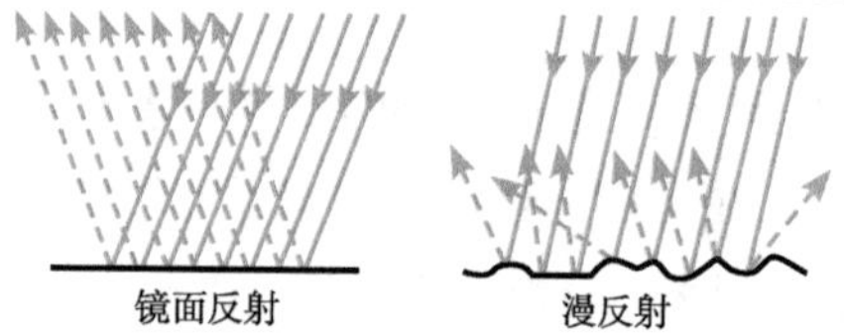
	y_4 调节声环境	汽车行驶在地面时，多孔性铺装材料使轮胎胎面与路面间受挤压的空气，有了更好的宣泄空间，从而在源头上抑制了噪声的产生，起到很好的降噪作用	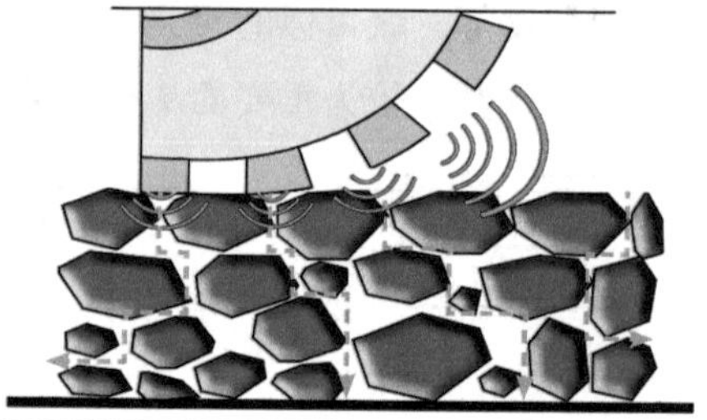
	y_5 改善空气质量	如同水的净化过程，多孔隙材料就是空气的过滤层；当空气在多孔材料中通过时，灰尘与材料孔隙碰撞，大部分灰尘将被孔隙吸收滞留，从而降低扬尘	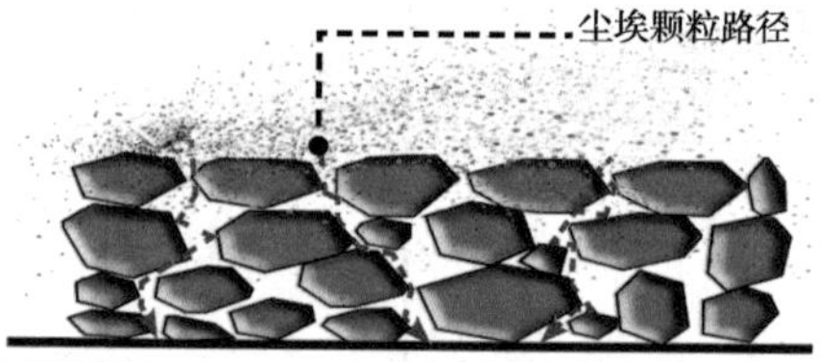
x_3 材料组合运用	y_1 调蓄水文	不透水的铺装材料与透水的铺装材料结合使用，可使雨水通过透水材料渗入基层，改善铺装整体的透水效果	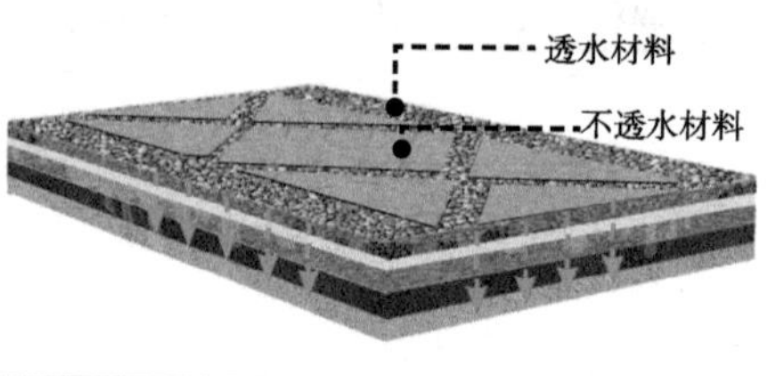

MANNER
铺装设计的生态手法

  笔者分别针对整体铺装、块料铺装、碎料铺装 3 种铺装类型，从铺装材料的选择、面层排布形式、材料组合运用 3 个方面归纳铺装设计的生态手法，并举例展示每个手法的适用场地类型（表 8.4 ~ 表 8.6）。

表 8.4　整体铺装的生态手法汇总（关彦斌 等，2007；郭慧军，2010；吴雪凌 等，2012）

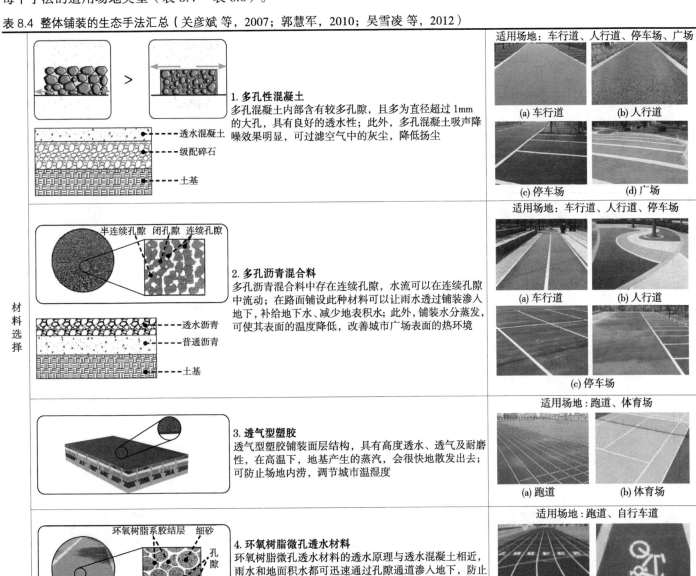

材料选择

1. 多孔性混凝土
多孔混凝土内部含有较多孔隙，且多为直径超过 1mm 的大孔，具有良好的透水性；此外，多孔混凝土吸声降噪效果明显，可过滤空气中的灰尘，降低扬尘

适用场地：车行道、人行道、停车场、广场
(a) 车行道　(b) 人行道　(c) 停车场　(d) 广场

透水混凝土　级配碎石　土基

2. 多孔沥青混合料
多孔沥青混合料中存在连续孔隙，水流可以在连续孔隙中流动；在路面铺设此种材料可以让雨水透过铺装渗入地下，补给地下水、减少地表积水；此外，铺装水分蒸发，可使其表面的温度降低，改善城市广场表面的热环境

半连续孔隙　闭孔隙　连续孔隙
透水沥青　普通沥青　土基

适用场地：车行道、人行道、停车场
(a) 车行道　(b) 人行道　(c) 停车场

3. 透气型塑胶
透气型塑胶铺装面层结构，具有高度透水、透气及耐磨性，在高温下，地基产生的蒸汽，会很快地散发出去；可防止场地内涝，调节城市温湿度

适用场地：跑道、体育场
(a) 跑道　(b) 体育场

4. 环氧树脂微孔透水材料
环氧树脂微孔透水材料的透水原理与透水混凝土相近，雨水和地面积水都可迅速通过孔隙通道渗入地下，防止场地洪涝

环氧树脂系胶结层　细砂　孔隙

适用场地：跑道、自行车道
(a) 跑道　(b) 自行车道

表 8.5 块料铺装的生态手法汇总（张忠，2014）

<table>
<tr><td rowspan="5">材料选择</td><td>

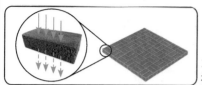

1. 透水砖
透水砖内部孔隙可以使雨水或积水顺利渗入地下或存于路基、吸收或排放热量、吸附粉尘，同时凹凸不平的砖体可以减少反光，避免由于眩光问题给行人带来困扰

透水砖
中粗砂
透水混凝土
粗砂
土基

</td><td>

适用场地：人行道、园路

(a) 人行道

(b) 园路

</td></tr>
<tr><td>

 +

2. 孔型混凝土砖
孔型混凝土砖铺设地面，砖孔中可用腐殖质拌土填上，杂草生长于其中形成植草砖铺装；嵌草铺装可模糊铺装和周围环境的差别，减少物种交流阻碍，有利于地面排水；还可以在孔中撒入小卵石或碎石，形成孔型加碎石铺装，这种地面不生杂草，但可使雨水顺利渗透

</td><td>

适用场地：停车场、园路

(a) 停车场　(b) 园路

</td></tr>
<tr><td>

3. 防腐木制板
木地板路面透水性强，但不耐腐蚀，需做防腐处理；木质材料有较大的比热容，散热性较石头和混凝土好，可缓解太阳辐射的影响

</td><td>

适用场地：园路、平台

(a) 园路　(b) 平台

</td></tr>
<tr><td>

 >

4. 麻面石板
麻面石板由于面层凹凸不平产生漫反射，可有效减少周围自然光或人工照明可能产生的镜面反射，从而避免了眩光问题给行人带来的困扰

</td><td>

适用场地：园路、广场

(a) 园路　(b) 广场

</td></tr>
<tr><td>

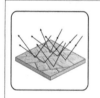

5. 卵石
卵石是纯天然材料，不仅具有耐磨性好、耐腐蚀、防滑等优点，而且无污染，对自然环境影响较小，是理想的铺装材料；由于卵石之间的缝隙较大，可达到很好的透水效果

</td><td>

适用场地：园路、广场

(a) 园路　(b) 广场

</td></tr>
<tr><td>面层排布形式</td><td>

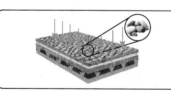

6. 块石之间留宽缝隙
在不透水块石之间留出一定空隙，供草生长，形成块材嵌草铺装，缝隙之间可填充卵石、碎石等具有透水性、透气性的大颗粒材料；此种面层排布方式既有良好的景观效果，又能达到有效的渗水目的，还具有铺装路面的通行功能

</td><td>

适用场地：园路、小场地

(a) 园路　(b) 小场地

</td></tr>
</table>

| 面层排布形式 | 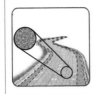 > 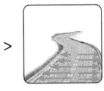 | **7. 碎石、卵石、砂石镶边**
若块状材料不透水，可在铺装边缘采用砂石、砾石、卵石进行镶边或设置砂石、砾石、卵石覆盖式的明沟，使雨水从铺装边缘渗入地下 | 适用场地：园路

(a) 园路 |
| | 明沟
 | **8. 缝隙式明沟盖板**
在具有排水需求的地块内设置 10 ~ 15mm 的缝隙，缝隙下设置一定容量的渗水沟，通过缝隙将水排到渗水沟中，再通过基层的透水混凝土，使雨水向地下渗透；缝隙式明沟盖板可实现不透水材料的透水问题 | 适用场地：园路

(a) 园路 |

表 8.6 碎料铺装的生态手法汇总

材料选择		**1. 青瓦碎片** 青瓦碎片铺装由于瓦片间可存留的缝隙较大，因此具有极强的透水性，雨水能够很快渗入土中，可有效减少地表径流	适用场地：园路、小场地  (a) 园路　　(b) 小场地
	 散铺砾石　散铺砂石　散铺雨花石	**2. 砂石、砾石、雨花石、破口石** 砂石、砾石会形成疏松多孔隙的面层，具有极强的透水性；因此，可实现雨水的快速下渗，同时也可保持园路清洁，不会造成泥泞	适用场地：园路、小场地  (a) 园路　　(b) 小场地
材料组合运用	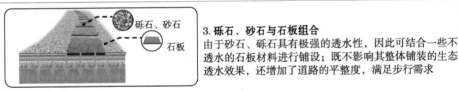砾石、砂石 石板	**3. 砾石、砂石与石板组合** 由于砂石、砾石具有极强的透水性，因此可结合一些不透水的石板材料进行铺设；既不影响其整体铺装的生态透水效果，还增加了道路的平整度，满足步行需求	适用场地：园路  (a) 园路
	砾石、砂石 石块	**4. 砾石、砂石与石块组合** 砂石、砾石结合一些不透水的天然石块材料进行铺设，既可改善整体铺装的生态透水效果，也可满足行人步行的需求	适用场地：园路 (a) 园路
	砾石、砂石 砖块	**5. 砾石、砂石与砖组合** 透水砖或者不透水砖材料结合砂石、砾石进行铺设，既改善整体铺装的生态透水效果，又可满足行人步行需求	适用场地：园路、小场地 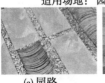 (a) 园路　　(b) 小场地

■ 参考文献

诺曼·K.布思.1989.风景园林设计要素[M].北京科学技术出版社.

杨耸.2013.园林景观铺装类型及其景观效果分析[D].内蒙古农业大学.

王波,李成.2002.透水性铺装与城市生态及物理环境[J].工业建筑,(12):29-31.

关彦斌,王连俊,孔永健.2007.城市广场透水性沥青铺装的设计研究[J].中国园林,(07):91-94.

郭慧军.2010.田径场透气型塑胶面层不同成分配比的性能研究[D].首都体育学院.

吴雪凌,刘骏.2012.浅析透水性铺装在城市中的应用[J].福建建筑,(01):100-103.

张忠.2014.生态型透水性铺装的特点及应用形式探研[J].广州建筑,42(05):30-35.

■ 思想碰撞

砾石、砂石等碎料铺装,虽然能够发挥良好的生态效益,但是对于穿高跟鞋或行动不便的人行走起来很不舒适;同时,在扫除落叶时,也极易将剥落的碎料一起带走。那么,应如何使用碎料铺装才能扬长避短?能否使其既发挥生态效益,又方便行走及清扫?

■ 专题编者

岳邦瑞 　　　费凡 　　　王梦琪 　　　王佳楠

PART III

第三部分
城市类项目中的生态手法
ECOLOGICAL MANNER IN CITY PROJECTS

城市生态花园
重归伊甸园　09讲

城市生态公园
我与自然
点头问候　10讲

城市生态校园
象牙塔中一盏茶　11讲

城市生态广场
送别夏天里的一把火　12讲

城市生态住区
诗意地栖居
在大地上　13讲

城市滨水空间
飞鸟与鱼的相遇　14讲

城市道路网络
摆脱自然屠夫之名　15讲

城市绿地系统
执子之手天人相携　16讲

城市生态花园

重归伊甸园

　　《圣经·旧约·创世纪》中描述了人类最初对于天堂的美好幻想：上帝在东方的伊甸为亚当和夏娃造了一个乐园——伊甸园。那里地上撒满珠宝，树木丰茂，开满奇花异卉，河水淙淙流淌，滋润大地。河水分成四道环绕伊甸，分别是幼发拉底河、底格里斯河、基训河和比逊河。伊甸园成为人类生命与精神的孕育之地。在快速发展的 21 世纪，人类为富足的物质生活而努力，忘却了自然生态环境对于人类生存的重要意义，由此引发了一系列生态问题……

■ 城市生态花园的内涵与类型

1. 城市生态花园的内涵

传统的花园是指栽植丰富花木以供人游玩休息的场所。城市花园则是面积不超过 $1hm^2$ 的城市绿地，主要由两部分构成：私家花园和小型公共绿地。其中，私家花园主要指别墅花园、私家屋顶花园等不对公众开放的绿地，属于我国城市绿地分类中的居住绿地；小型公共绿地则属于公园绿地（韩丽莹 等，2014）。

综上所述，将城市生态花园定义为：在面积不超过 $1hm^2$ 的公园绿地和附属绿地中，以保护环境与减少资源消耗为设计目标的游憩场所。城市生态花园区别于传统花园和一般城市花园，更侧重生态效益。

2. 城市花园的类型

笔者对城市花园分类如下（表9.1）。其中生态花园主要按照生态功能的差异划分为雨水花园、生境花园、气候花园、康复花园，限于篇幅本讲对其中三类进行详细研究。

表 9.1 城市生态花园分类

分类依据		分类结果
依据建园基址分类		地面花园
		屋顶花园
依据权属关系分类		私家花园
		公共花园
依据生态性分类		普通花园
	生态花园	雨水花园（雨水收集与利用型花园）
		生境花园（改善生物多样性型花园）
		气候花园（改善小气候型花园）
		康复花园（改善人类身心健康型花园）

■ 城市生态花园的发展历程与生态目标

1. 城市生态花园的发展历程（表9.2）

表 9.2 城市生态花园的发展历程（苑克敏，2009；闫荣 等，2011；倪祥保，2016；李瑞雪，2018）

发展阶段	代表事件	具体内容
萌芽阶段（18世纪初之前）	·空中花园和柱廊园出现 ·中国古典园林兴盛发展	·古巴比伦的空中花园和古希腊的柱廊园均是早期庭院私园农作和改善宜居气候的代表； ·中国古代园林兴建受到皇权、儒、释、道等多元文化影响，园主人多以园林寄心养身，贴近自然，改善居住环境
探索阶段（18~20世纪）	·18世纪初戈雷卡迪对精神病患者施以园艺栽培训练 ·1959年现代屋顶花园出现	·戈雷卡迪（Dr. Goreqadi）将园艺运用于精神病患者的治疗，开启了园艺治疗的先河，多样康复性景观营造兴起； ·1959年，美国奥克兰凯瑟办公楼屋顶花园的建成，开创了现代屋顶园建设的先河，花园的功能开始向环境改善的方向转变
发展阶段（20世纪末至今）	·20世纪末雨水花园出现	·20世纪90年代，美国一名房地产开发商在建住宅区时，使用生态滞留与吸收雨水的场地来代替传统的雨洪最优管理系统（BMPs），高效而又节约，由此真正意义上的雨水花园开始出现并发展至今

2. 城市生态花园的生态目标

从花园生态设计发展历程中可以看出，设计针对的目标随着人类需求的演变而演变。早期人类或崇尚自然景观或渴望控制自然，花园建造以游憩、观赏、彰显权利为主要目标。后由于城市的发展而导致环境恶化，在生态意识形成时期，花园以改善人居环境、促进人类健康舒适为主要目标。

目前，花园主要面临两类问题：城市环境问题与具体设计问题。一方面，随着城市化进程的高速推进，城市出现热岛效应、动植物多样性降低等一系列生态问题；另一方面，随着人类生活水平的提升，人们越来越重视精神追求，城市生态花园作为微小的特殊载体，其景观设计可在改善环境（图9.1）、改善生物生境（图9.2）、改善人类身心健康（图9.3）三个方面发挥作用，由此展开生态目标体系（表9.3）。

(a) 城市内涝　　(b) 城市雾霾　　(a) 生境破坏　　(b) 植被破坏　　(a) 花园休闲娱乐　　(b) 花园舒缓身心
▲图 9.1 各类城市环境问题　　▲图 9.2 各类生物生境问题　　▲图 9.3 花园与人活动的关系

表 9.3 城市生态花园规划设计的生态目标

一级目标	二级目标	三级目标	四级目标	对应生态问题
提升人工生态系统可持续性	调蓄水文	净化水质	净化来自道路、屋顶的雨水	城市道路、屋顶雨水受到多种污染
		调蓄水文	减缓雨水径流速度	雨水汇集成集水区，容易产生局部内涝
			避免形成集水	
		涵养水源	雨水的循环利用	雨水资源未得到充分利用
			补充地下水	多种不透水下垫面阻碍雨水的自然下渗
	改善小气候	调节温度	夏季降温，冬季升温	夏热冬冷的城市气候
		调节湿度	增加空气湿度	城市气候干燥，空气湿度低
		调节风速	提高夏季通风，减弱冬季寒风	城市夏季闷热少风，冬季寒风侵扰
		降低噪声	阻挡外界噪声	城市噪声污染严重
		净化空气	降低空气灰尘	城市空气含有大量污染颗粒物和有害气体
			净化有害气体	
		调节日照因子	夏季增荫，冬季透阳	夏季暴晒酷暑，冬季日照不足而阴冷
	改善生物多样性	增加植物多样性	丰富植物物种多样性	植物物种丰富度较低，多样性较低
			丰富植物形态美	
		增加植物群落稳定性	适地适树	缺少乡土植物稳定群落
		提高植被覆盖率	提高植被覆盖率	城市绿化面积不足，整体绿量较小
		营造动物栖息地	改善动物生境	城市中鸟类等动物生境受到破坏
	改善人类身心健康	引导、促进人类活动	提高道路及活动场地的引导性	城市道路与活动场地设计缺少人文关怀
			强化景观氛围的营造	
		规避损害人类健康的环境因素	避免种植有毒、有刺、易过敏植物	绿化植物种类不利于城市居民的身心健康
			避免引起不良情绪的景观	
		优化服务设施	提高设施的安全性	设施的安全性和舒适性有待提升
			提升服务设施舒适度	

■ 城市生态花园的设计框架

由于城市生态花园尺度较小，因而花园的设计主要对园林要素密度、布局形式及各要素间的组合方式等进行考虑。为全面有序地进行花园设计，笔者参考传统城市公园规划设计步骤，结合城市花园设计特点，从空间角度得出如下规划设计步骤与研究框架（图9.4），用以指导城市生态花园设计实践及研究。

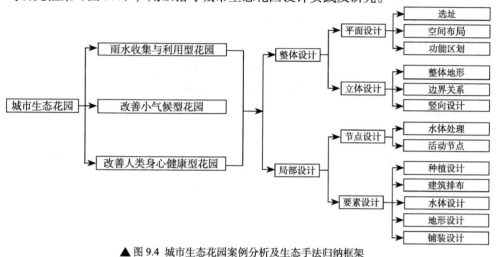

▲ 图 9.4 城市生态花园案例分析及生态手法归纳框架

CASE
城市生态花园的案例剖析

■ 雨水收集与利用型——阿普贝思雨水花园、万科雨水街坊

通过对阿普贝思雨水花园、万科雨水街坊的分析（图9.5、图9.6），得知在平面设计方面，两者主要通过组织场地雨水路径，有效延长雨水径流时间，延后雨水达到峰值流量的时间；同时净化雨水，实现雨水的循环利用（图9.7、图9.8，表9.4）。

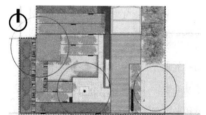

▲ 图 9.5 阿普贝思雨水花园平面图

▲ 图 9.6 万科雨水街坊平面图

▲ 图 9.7 阿普贝思雨水花园雨水路径分析

▲ 图 9.8 万科雨水街坊雨水路径分析

表 9.4 雨水花园平面设计手段分析

平面设计手段	案例解析	生态目标
结合场地设计多功能的雨水路径	如图 9.7 所示,屋顶雨水经落水管进入弃流池初步沉淀后,一部分进入循环水景,另一部分通过层层台地滞留、净化、下渗,径流部分获得最长线的行走距离,汇入中心下沉花园;同时,道路雨水从开口道牙经过台地净化后,也汇入下沉花园;过多的雨水通过溢流装置进入地下贮水池,或泵送回第二层台地用于植物浇灌、洗车等;如图 9.8 所示,万科雨水街坊的雨水路径也可被简单概括为雨水在雨水花园里为实现其管理目标而被组织和管理的足迹;通过设置五彩台地花园、多个溢流口以及架空格栅平台,实现雨水路径的组织	·净化从屋顶与道路收集的雨水; ·延长径流时间; ·补充地下水

从立面角度分析,针对两个案例总结出两条具体生态设计手段(表 9.5,图 9.9、图 9.10)。

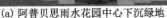
(a) 阿普贝思雨水花园中心下沉绿地

(b) 阿普贝思雨水花园路缘石

▲图 9.9 阿普贝思雨水花园立面分析图

(a) 万科雨水街坊下沉绿地

(b) 万科雨水街坊路缘石

▲图 9.10 万科雨水街坊立面分析图

表 9.5 雨水花园立面设计手段分析

立面设计手段	案例解析	生态目标
在花园中设置中部凹陷、四周凸起的地形	如图 9.9(a) 所示,阿普贝思雨水花园中心下沉,形成洼地,可使雨水短暂停留,花园四边以台地的形式逐级抬高,整体形成类似于碗状的地形,有利于雨水汇集;如图 9.10(a) 所示,万科雨水街坊的地形为中心下沉、南侧抬高,抬高部用来收集建筑的雨水,并通过逐级台地流入下洼地形,其余边界收集的雨水亦流入下洼地形	·调节场地雨水径流路径; ·下沉场地净化水质
花园与道路交界处根据路缘石高度打通路缘石	如图 9.9(b) 所示,阿普贝思雨水花园的路缘石高于路面,对雨水流通产生阻碍;通过局部断开路缘石来打通雨水流通路径,使路面雨水顺利流入花园;如图 9.10(b) 所示,万科雨水街坊相邻道路的路缘石与场地齐平,雨水流入场地时毫无阻碍	·调节道路雨水径流路径; ·减少道路积水

在节点设计方面,笔者经分析,总结了 7 个相关的生态设计手法(表 9.6,图 9.11、图 9.12)。

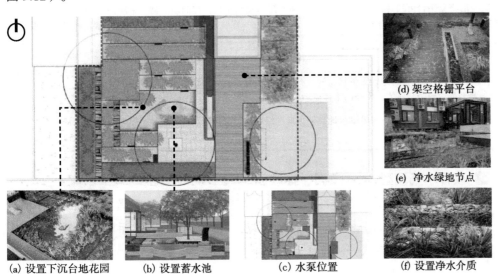

(d) 架空格栅平台

(e) 净水绿地节点

(a) 设置下沉台地花园　　(b) 设置蓄水池　　(c) 水泵位置　　(f) 设置净水介质　　◀图 9.11 阿普贝思雨水花园节点图

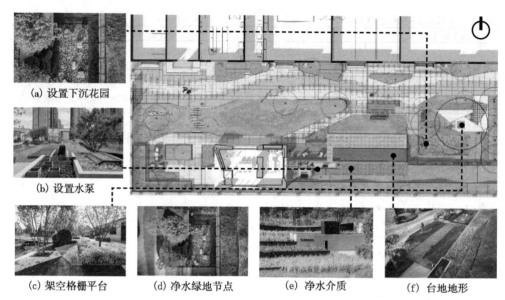

(a) 设置下沉花园

(b) 设置水泵

(c) 架空格栅平台　　(d) 净水绿地节点　　(e) 净水介质　　(f) 台地地形

▲ 图 9.12 万科雨水街坊节点图

表 9.6 雨水花园节点设计手段分析

节点手段	案例解析	生态目标
场地中心设置下沉式花园	如图 9.11(a) 所示，阿普贝思雨水花园在场地最低处设置下沉花园，用于收集来自屋顶与地面的雨水，通过层层过滤、净化，最终汇入花园，补给植物用水； 如图 9.12(a) 所示，万科雨水街坊于场地中心处设置两个深度不一的溢流点，通过地下装置进行雨水引导，对周边雨水进行收集净化，下沉空间用石块铺砌，满足全区 70% 雨水缓存，平时作为交流场所	·提高植被覆盖率； ·增强植物群落稳定性； ·保护野生动物栖息地
集水区下设置蓄水池	如图 9.11(b) 所示阿普贝思雨水花园，当雨水量超过设计容量时，过多的雨水通过溢流装置进入地下贮水池（约 4.5m³），雨后泵送回第二层台地循环净化，或用于植物浇灌、洗车等，场地内部雨水自行消解	·调节水量； ·雨水的收集与利用
在场地集水区设置水泵	如图 9.11(c)、9.12(b) 所示，场地利用水泵将超量雨水抽至高层台地，后回流至蓄水池，增加雨水容纳量的同时，多次净化雨水；利用水泵将溢出的雨水抽至上层台地，再次经过多级净化	·调节水量
场地活动区铺设架空格栅	如图 9.11(d)、9.12(c) 所示，架空的格栅平台可快速渗透雨水，其中孔隙不阻碍植物生长，在低矮植物上采用架空的格栅平台，增加游憩空间的同时，不妨碍雨水的下渗	·增加植物多样性； ·提高植被覆盖率
场地周边依据汇水路径设置净水绿地	如图 9.11(e)、9.12(d) 所示，在场地周边汇水处设置净水绿地节点，雨水流经植被与其他介质时被过滤，除去了水中的杂质	·调节雨水径流
在种植台地上设置净水介质	如图 9.11(f)、9.12(e) 所示，结合逐级下沉的种植台地设置带状石笼，石笼长边平行于台地，在雨水流动过程中进一步净化水质；在下沉台地最低处设置带状石笼，作为雨水径流净化的最后一步	·净化水质
在花园中利用开挖土方堆砌台地	如图 9.11(a)、9.12(f) 所示，利用挖掘下凹洼地的土方来堆砌台地，使台地层级增多，延长雨水径流路径，促进水质净化	·净化水质； ·调节水流速度

■ 改善小气候型 —— 留园、拙政园

　　通过对留园夏季、冬季冷热区及相关内容进行分析，以及留园、拙政园平面和立体布局、要素组合分析，得到古典园林营建的若干生态设计手段。如图 9.13 ~ 图 9.17，对应手段的深入分析及其生态目标详见表 9.7 ~ 表 9.9。

▲ 图 9.13 夏季留园冷热区划分图

▲ 图 9.14 冬季留园冷热区划分图

表 9.7 古典园林平面设计手段分析

平面设计手段	案例解析	生态目标
协调冷热区，合理选择要素比例	如图 9.13、图 9.14、图 9.16 所示，在留园中，山石约占整个园林面积的 20%，水域约占整个园林面积的 6%；建筑约占整个园林面积的 19%，园路约占整个园林面积的 18%，植物约占整个园林面积的 30%。在夏季，图中的天蓝色、绿色、湖蓝色、黄色四个区域为舒适区域；其中天蓝色区域为建筑阴影下的区域，绿色的为林荫覆盖的区域，湖蓝色为水面区域，黄色为阴影覆盖下的道路和置石区域；而红色和橙色区域则是太阳辐射直接照射的热区域，为不舒适区域	· 夏季降温，冬季升温； · 夏季遮挡太阳辐射； · 带来舒适的环境体验
考虑季风，在夏季风方向理水，冬季风方向堆山	如图 9.15 所示 (a)、(b)，拙政园西部补园堆筑假山，山上栽植大量乔木，中部顺夏季风方向，以大型的水景为中心，水面有聚有阔，在水池视野辽阔区域，以远香堂为中心，形成一个视野开阔的临水空间； 如图 9.16(a)、(b) 所示，苏州地区夏热冬冷、湿度较大，夏季主导来自东南的夏季风，冬季为来自西北向的寒风；留园的中心景观区开凿水池，西北堆山，形成了以水池为中心，西北两侧为山林，东南两侧为建筑围合的格局，主要的起居建筑布置在水池的东侧和南侧	· 遮挡寒风、减缓风速； · 增加空气湿度
为了营造不同的气候环境，将空间进行"园中园"格局处理	如图 9.15 所示，枇杷园位于拙政园的东南角，四周由围墙、地形、植物围合；园中心以建筑玲珑馆为主，北面是假山配以茂林竹丛为屏障，西侧云墙起伏，与假山相连，东、南两侧，均以高大的院墙相隔； 如图 9.16 所示，留园中部的空间处理方式为园中园格局，留园可划分为石林小院、冠云峰庭院、中心水景区域等 9 个园中园；园中园的微气候环境不同，中心水景区开敞通透；石林小院是相对封闭的空间，风小舒适；冠云峰是庭院景观，水面小有置石，气候也舒适宜人；西部的山林区域植被茂密	· 形成局部微气候； · 维持园内气候平衡

(c) 远香堂前开阔的水面

(d) 建筑南侧假山与植被

(a) 留园西北迎风向假山　(b) 留园顺风向水景

(a) 拙政园西北部山林区

(b) 拙政园中部水景区

▲ 图 9.15 拙政园平面布局及立面分析图

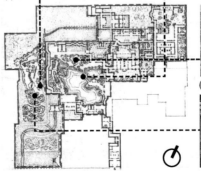

▲ 图 9.16 留园总体平面布局与立面分析

(c) 留园可亭旁植物种植

(d) 留园西北假山

表 9.8 古典园林立面设计手段分析

立面设计手段	案例解析	生态目标
结合地形，常绿植物种植于建筑西北侧	如图 9.16(a) 所示，留园西北区以山景为主，在冬季能遮挡来自西北方向的寒风；假山的东南侧临水，在夏季来自东南的夏季风有利于把水上湿润凉爽的空气带入山林；中部园中园景区西北堆筑假山，临水池的假山用太湖石间以黄石堆筑为土石山，山北建六方形的"可亭"，可亭北侧种植常绿植物，遮挡冬季的寒风；同时假山白天可以吸收并储存热量，夜间或者降温时将热量释放出来，又能增温	· 降低温度； · 增加空气湿度； · 降低风速
考虑建筑距离，临近水池的建筑东南侧种植两层植被	如图 9.16(b) 所示为留园中水景、建筑和植被组合景观，建筑东南侧可种植两层植物，一层落叶大乔木高度为12~16m，明显高于建筑，夏季用于满足广场遮阴，冬季给庭院提供良好太阳辐射；另一层常绿小乔木高度为2~6.5m，与建筑相差不大，遮挡来自水面的风且考虑与建筑之间的距离，这就给建筑的采光又提供了条件； 如图 9.15(c) 所示，拙政园中，远香堂南侧设置入口水池，考虑到遮挡来自水面的风，设置与建筑高度相当的假山，旁边种植高大落叶乔木，用于遮阴	· 夏季降温、冬季升温； · 调节湿度； · 降低风速； · 调节日照因子
建筑设置于山水对面，水域开阔之地	如图 9.16(b) 所示，留园大部分主要的厅堂建筑都是居于山水对面，留园中部水面较大，产生池塘水汽，夏季受东南风影响，在园中心布置水，能使得靠近水体周边的区域形成一个微气候区域，可以纳凉。在白天，由于陆地的气温比水面高，来自水面的冷空气吹向陆地，形成湖风，给陆地带来降温增湿的效应；夜晚，由于水散热慢，比陆地气温高，风由陆地吹向水面，形成陆风； 如图 9.15(b) 所示，拙政园中部主要为水景区，远香堂临水设置，面向开阔的水面，不仅有良好的观景效果，陆地与水面形成的水陆风还能改善周围环境的小气候	· 增加空气温、湿度； · 局地环流形成水陆风

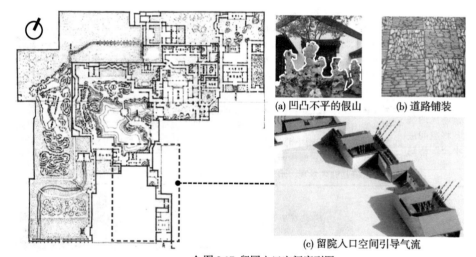

(a) 凹凸不平的假山　(b) 道路铺装

(c) 留院入口空间引导气流

▲ 图 9.17 留园入口空间序列图

表 9.9 古典园林要素组合设计手段分析

要素组合手段	案例解析	生态目标
考虑气压差，设置表面凹凸不平的太湖石	如图 9.17(a) 所示，太湖石自身的凹凸肌理感以及堆砌成的假山中存在着许多石洞，会导致受热不均，易产生局部气压差；其次，留园西部、中部假山大面积的运用山石，白天可以吸收并储存热量，夜间或降温时将热量释放出来，又能增温	· 调节温度； · 增加空气湿度； · 有效降低风速
引导气流，设置不同形态的地形，形成山谷风	留园西部的地形对风有着引导作用，既能阻挡风，也能改变风的路径，将风引入；在山地上，由于山坡和山谷上的太阳辐射总量有差异，气流方向也会不同，因此形成了山谷风；白天由于向阳坡接受的太阳辐射量多，气温高于山谷，气流上升快，因此是沿着坡面从山谷向山坡上吹的谷风；晚上由于山坡的降温比山谷快，温度低，山谷气流上升快，因此是沿着坡面向山谷吹的山风	· 调节温度； · 夏季增加湿度； · 减小风速、引导风向； · 冬季增加太阳辐射

要素组合手段	案例解析	生态目标
建筑方位以东、南方向为主	留园中的住宅建筑大多坐北朝南，在建筑密度较大的空间里，寻求较好采光，同时利于空气的流通，将风引入建筑；由于我国地处北半球，一年四季阳光主要由南向射入，朝南的房子便于采光，故冬暖夏凉	·夏季室内凉爽，冬季可接收阳光而保持恒温
选择"冷"型和透水性的铺装	如图9.17(b)所示，留园道路约占整个园林面积的15%~21%，这样就减少了园林中的蓄热材料的使用，利于温度的降低；其次，要选择"冷"型和透水性的铺装，如热物理性能较低的铺装、如天然石材之类；冬季有利于对太阳辐射的吸收，阴雨季则有利于雨水的渗透；道路旁种植落叶大乔木，在夏季能遮阴，冬季能有太阳光照入	·降低温度； ·减少地面雨水径流
建筑空间引导气流，形成过堂风	如图9.17(c)所示，留园的空间处理充分利用其狭长、封闭的特点，布置了一系列幽深曲折的前导空间，并通过适当的开合，到达一个带天井的庭院；留园的入口门厅为空间高敞的厅堂建筑，在炎热的夏天，室内阴凉，加之建筑南北面接受太阳辐射热量的差异和北面为狭长的曲廊，受到的遮挡较多，致使北部空间温度较低，而前后的温差引发了空气的对流，产生了南北向明显的循环气流，即借助"狭管效应"来形成"过堂风"	·引导风向、调节风速； ·降低温度

■ 人类身心健康型 —— 伊丽莎白与诺那·埃文斯康复花园、俄勒冈州波特兰烧伤中心治疗花园、金斯山丰盛生命中心花园

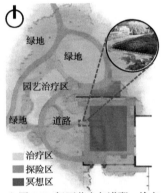

▲ 图9.18 伊丽莎白与诺那·埃文斯康复花园

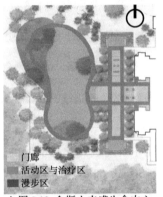

▲ 图9.19 金斯山丰盛生命中心花园

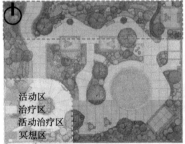

(a) 分隔积极活动区域与消极活动区域

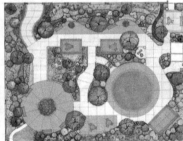

(b) 活动场地采用简单空间形式

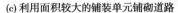

(c) 利用面积较大的铺装单元铺砌道路

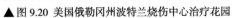

▲ 图9.20 美国俄勒冈州波特兰烧伤中心治疗花园

通过对以上3个案例的分析总结（图9.18~图9.20），在平面设计、立面设计以及节点设计方面，提出相关的生态设计手法。在平面设计方面，通过分析花园选址、功能区划分、铺装设计、道路设计等，总结出5个相关的生态设计手段（图9.21，表9.10）。

表 9.10 康复花园平面设计手段分析

平面设计手段	案例解析	生态目标
选址于自然环境良好的地区	如图 9.18 所示，花园选址于克利夫兰植物园内，项目强调自然环境对人类的康复作用；园内的多年生植物成为建造康复花园的条件，花园东南与就餐露台和图书馆结合，人在室内也可欣赏园内景观	·营造氛围
分隔积极活动区域与消极活动区域	如图 9.18 所示，将冥想空间等进行消极活动的区域置于场地中心，将进行交往等积极活动区域置于场地边界； 如图 9.19 所示，花园根据使用功能被分为 3 个主要部分：门廊、活动区与治疗区、漫步区； 如图 9.20(a) 所示，根据使用者需求将空间分为 4 个区域，分别是进行消极活动的冥想区，进行积极活动的活动区、治疗区以及活动治疗区	·优化服务设施
活动场地采用简单空间形式	如图 9.18 所示，花园利用园路与植物分隔出简洁、明确的空间； 如图 9.19 所示，整体空间组织非常简单，以免让容易迷失方向的使用者感到困惑；包括一个中心主轴、一个与主轴垂直交叉的副轴和一条可以环绕主入口的小径； 如图 9.20(b) 所示，花园采用圆形、方形、半圆形的简单空间形式；空间简洁，便于病人的方向识别和看护	·优化服务设施； ·减少精神压力
利用面积较大的铺装单元铺砌道路	如图 9.18 所示，道路采用面积较大的大石板铺路，减少路面铺装的连接点，使道路相对平缓，方便轮椅的行进，同时利于盲人行走； 如图 9.20(c) 所示，除鹅卵石康复道路外，花园采用大面积地砖铺设场地，并结合混凝土材质铺设道路	·优化服务设施
园路采用简明的主路，减少支路	如图 9.18 所示，在园内道路的设计上，尽量避免迂回和令人失去方向感的支路；复杂路网会增加使用者识别方向的压力，易形成焦躁情绪和紧张感； 如图 9.19 所示，弯曲的园路、简单的路径分级、园路设计成环路，避免可能使认知功能障碍患者倍感压力的尽端路和令人困惑的交叉口	·优化服务设施； ·减少精神压力

在立面设计方面，花园主要通过强化功能区的边界来实现生态目标；经案例剖析发现 2 个相关的生态设计手段 (图 9.21 ~ 图 9.23, 表 9.11)。

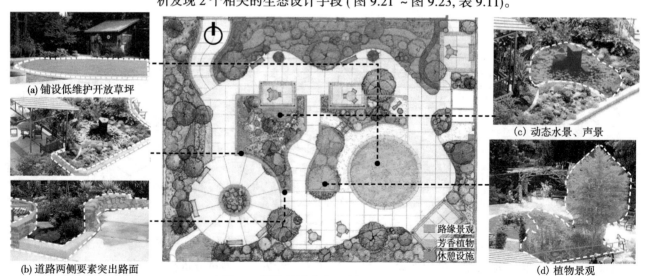

(a) 铺设低维护开放草坪

(b) 道路两侧要素突出路面

路缘景观
芳香植物
休憩设施

(c) 动态水景、声景

(d) 植物景观

▲图 9.21 俄勒冈州烧伤中心治疗花园立面和设施分析

表 9.11 康复花园立面设计手段分析

立面设计手段	案例解析	生态目标
利用低维护植物铺设开放式草坪	如图 9.21(a) 所示，乘坐轮椅的人或采用助行器的人都可以到达草坪，草坪无须使用内置支撑结构便可提供力量和稳定性；同时，无边界的草坪设置使得盲人进入场地时无障碍； 如图 9.23 所示，花园设置草坪作为患者习步的康复训练道路，草坪与四周的道路平齐，便于患者进入，支持球类、投掷类的体育活动和其他体能锻炼性运动	· 优化服务设施； · 促进人际交往； · 辅助治疗与康复
将道路两侧要素凸出路面	如图 9.22(a) 所示，花园道路两侧景观要素凸起，高于路面，使得道路走向更明确，对使用轮椅、助行器、拐杖的人和婴幼儿起到一定的引导作用； 如图 9.21(b) 所示，道路两侧的种植池设有高于路面的围合砖石，中心种植池的部分边界采用矮墙围合	· 优化服务设施

(a) 两侧要素凸出路面

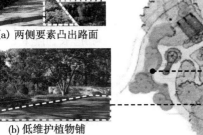

(b) 低维护植物铺设开放式草坪

(c) 利用动态水景制造自然声响

(d) 根据患者需求栽植芳香植物

▲图 9.22 伊丽莎白与诺那·埃文斯康复花园立面和节点分析

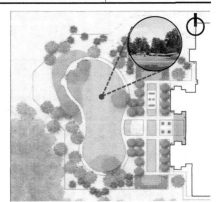

▲图 9.23 金斯山丰盛生命中心花园

　　在节点设计方面，通过对案例的分析，可以发现花园通过植物品种的选择、景观的营造及动态水景的设计来营建花园环境。经总结提炼可得出 3 个相关的生态设计手段（图 9.22、图 9.23，表 9.12）。

表 9.12 康复花园节点设计手段分析

节点设计手段	案例解析	生态目标
利用动态水景制造自然声响	如图 9.22(c) 所示，花园中部利用收集的降水形成中心喷泉景观； 如图 9.21(c) 所示，水流从石墙上流入下面的小溪，汇入一座浅水池，动态的水景产生轻快活泼的水流声，弱化了附近的噪声，营造氛围的同时，使得盲人可通过听觉来感受花园	· 减少噪声； · 减少精神压力
根据患者的需求栽植芳香植物	如图 9.21 所示，花园罗勒类植物大量种植；该类植物所散发的气味具有调节情绪、安神的作用，也使盲人通过嗅觉感受花园 如图 9.22(d) 所示，在治疗活动区设置芳香园，与康复路面相结合，患者在进行康复练习时，便可得到植物气味的治疗；同时，植物分泌的物质可起到杀菌的作用	· 辅助治疗与康复
以植物为主的花园景观	如图 9.21 所示，治疗区以种植池、花钵以及座椅构成；植物为景观的主体，无抽象景观要素 如图 9.22 所示，园艺治疗区西侧设有种植墙；此外，全部为植物营造的景观；植物景观的设置可最大限度地调节患者情绪	· 减少精神压力

通过上文对案例的筛选与剖析，挖掘各案例的设计手段，归纳出雨水花园、气候花园及康复花园的生态手法集合（表 9.13 ~ 表 9.15）。

表 9.13 雨水花园整体、局部设计生态手法集合

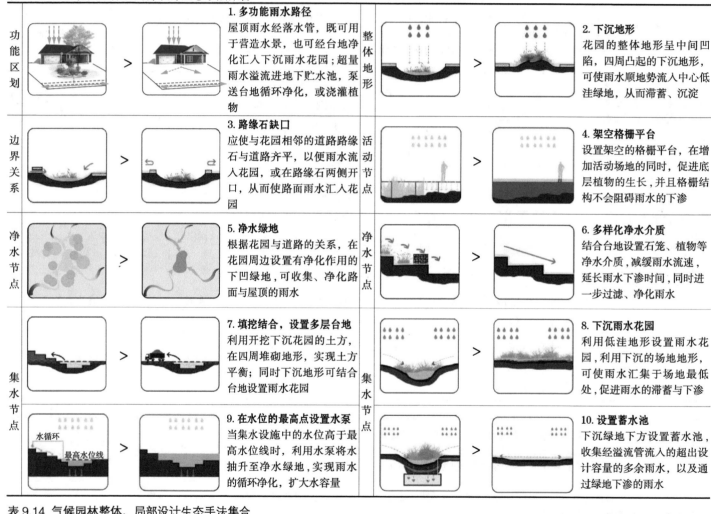

功能区划	1. 多功能雨水路径 屋顶雨水经落水管，既可用于营造水景，也可经由地净化汇入下沉雨水花园；超量雨水溢流进地下贮水池，泵送到地循环净化，或浇灌植物	整体地形	2. 下沉地形 花园的整体地形呈中间凹陷，四周凸起的下沉地形，可使雨水顺地势流入中心低洼绿地，从而滞蓄、沉淀
边界关系	3. 路缘石缺口 应使与花园相邻的道路路缘石与道路齐平，以便雨水流入花园，或在路缘石两侧开口，从而使路面雨水汇入花园	活动节点	4. 架空格栅平台 设置架空的格栅平台，在增加活动场地的同时，促进底层植物的生长，并且格栅结构不会阻碍雨水的下渗
净水节点	5. 净水绿地 根据花园与道路的关系，在花园周边设置有净化作用的下凹绿地，可收集、净化路面与屋顶的雨水	净水节点	6. 多样化净水介质 结合台地设置石笼、植物等净水介质，减缓雨水流速，延长雨水下渗时间，同时进一步过滤、净化雨水
集水节点	7. 填挖结合，设置多层台地 利用开挖下沉花园的土方，在四周堆砌地形，实现土方平衡；同时下沉地形可结合台地设置雨水花园	集水节点	8. 下沉雨水花园 利用低洼地形设置雨水花园，利用下沉的场地地形，可使雨水汇集于场地最低处，促进雨水的滞蓄与下渗
集水节点	9. 在水位的最高点设置水泵 当集水设施中的水位高于最高水位线时，利用水泵将水抽升至净水绿地，实现雨水的循环净化，扩大水容量	集水节点	10. 设置蓄水池 下沉绿地下方设置蓄水池，收集经溢流管流入的超出设计容量的多余雨水，以及通过绿地下渗的雨水

表 9.14 气候园林整体、局部设计生态手法集合

总体布局		1. 南厅北山，隔水相望 起居建筑布置在山脚下的水边或山水的南侧，西北面的地形和植被屏障有利于遮挡冬季寒风，春秋两季日照充足，夏季能够接受到来自东南水面的凉爽微风	总体布局		2. "园中园"格局 将山体、植物、建筑等结合成天然屏障，根据使用功能形成"园中园"，独立封闭的空间能有效屏蔽外界气候的干扰，促进小气候的形成

续表

要素比例	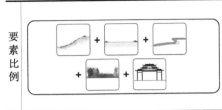	**3. 合理搭配多要素比例** 协调冷热区比例，山石的面积比例约为15%~20%，建筑约为12%~30%，水域约为8%~20%，道路约为15%~20%，林荫约为50%~70%
要素组织		**4. 落叶树、常绿树搭配** 对于邻近水面的建筑，不仅要考虑夏季遮阴，而且需考虑遮挡来自水面的冷风，选择落叶大乔遮阴，与建筑近高的常绿乔木挡风
要素组织		**5. 迎风种植植物** 高密度植物配置构成保护层，夏季树荫能遮挡大部分太阳辐射且提升空气湿度
要素节点		**6. 线性空间顺应风向** 沿风向布置一系列前导性建筑空间，夏季形成过堂风，有效降温，形成舒适小气候
要素节点	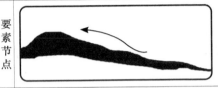	**7. 地形营造** 利用山石堆砌的假山地形产生阴坡和阳坡，由于太阳辐射的不均等导致了气压差、温度差，形成小气候
要素节点		**8. 建筑坐北朝南** 建筑大多坐北朝南，在建筑密度较大的空间里，寻求较好的采光，使其冬暖夏凉
要素节点		**9. 凹凸不平的构筑物** 假山石凹凸的肌理与孔洞，导致热的不均匀，易产生局部气压差；土石材料在白天可以吸收储存热量，到了夜间再缓慢释放	—

表9.15 康复花园整体、局部设计生态手法集合

选址	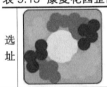	**1. 选址于自然环境良好区域** 花园选址于植物园内，强调自然环境对人类的康复作用；园内的多年生植物成为建造康复花园的条件
空间布局		**2. 简单空间组合** 花园利用园路与植物，分隔出简洁、明确的活动空间；复杂空间容易形成紧张感
空间布局		**3. 动静分区** 消极活动的区域与积极活动的区域分区布置；消极空间一般进行休息、冥想、漫步等活动，积极空间一般进行交谈、园艺等活动
道路设计		**4. 减少园路交叉点** 园路设计应尽量避免迂回的、令人失去方向感的复杂路网，应避免使人产生识别方向的压力和紧张焦虑的情绪
道路设计	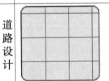 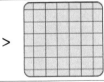	**5. 大面积铺装单元** 同等面积下，大面积铺装单元相比小面积的铺装单元，有更少的铺装连接点，可使道路相对平整
绿化边界	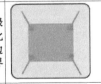 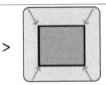	**6. 开放式草坪** 应选择种植低维护的草坪植物；草坪边缘与硬质铺装平齐，不设维护设施，便于特殊人群进入草坪
硬质边界	 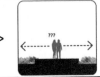	**7. 路旁要素引导** 道路两侧的景观要素高于路面，凸出部分使道路走向更明确，对使用轮椅、拐杖的人起到一定的引导作用
活动节点		**8. 动态水景** 利用动态水景制造自然声响；水声可营造轻松的氛围，也可掩盖场地周边的噪声

■ 参考文献

韩丽莹，王云才 .2014. 服务于城市花园景观的生物多样性设计 [J]. 风景园林 , (1):53-58.

苑克敏 .2009. 疗养院康复性环境景观设计研究 [D]. 西南交通大学 .

闫荣，万晓林 .2011. 商务办公环境中的屋顶花园 —— 北京华业国际中心屋顶花园设计与施工 [J]. 中国园林 ,27(04):97-100.

倪祥保 .2016. 苏州古典园林营建中的生态意识 [J]. 南京艺术学院学报 (美术与设计),(03):93-96.

李瑞雪 .2018. 西安地区雨水花园的生态应用研究 [D]. 西安建筑科技大学 .

■ 案例来源

邹裕波，蒙小英 .2016. 海绵城市落地 —— 阿普贝思雨水花园实践 [J]. 建设科技 (1):39-41.

李瑞雪 .2018. 西安地区雨水花园的生态应用研究 [D]. 西安建筑科技大学 .

蒙小英，邹裕波，赵雯 .2018. 雨水花园设计的生态表达 [J]. 风景园林 ,25(01):45-51.

连先发 .2017. 苏州古典园林微气候营造分析研究 [D]. 苏州大学 .

陈坚 .2014. 苏州传统私家园林气候设计的历史经验研究 [D]. 西安建筑科技大学 .

布莱恩·E. 贝森，佘美萱 .2015. 美国当代康复花园设计 : 俄勒冈烧伤中心花园 [J]. 中国园林 , 31(1):30-34.

戴维·坎普，杜雁，达婷 .2015. 时间的校验 : 应对渐进性疾病危机 —— 为艾滋病和痴呆症患者而建的两座康复花园 [J]. 中国园林 ,31(01):12-17.

梅瑶炯 .2008. 儿童乐园设计 —— 自发空间与儿童型互动园林 [D]. 上海交通大学 .

郭庭鸿 .2013. 现代康复花园理论与实践初探 [D]. 西南交通大学 .

■ 思想碰撞

　　传统园林是反映人类精神与自然观念的艺术形式，在本质上是指向人文性和艺术性维度的。"雨水花园"概念的出现，挑战了人们对园林本质的理解，将其生态性与技术性放大，花园成为解决城市雨洪问题的一种设施，其形式也和传统园林大相径庭。你认为雨水花园和传统花园在本质上有区别吗？园林或花园在本质上应该是什么？

■ 专题编者

| 岳邦瑞 | 费凡 | 周雅吉 | 王楠 | 聂移同 | 胡根柱 |

城市生态公园

我与自然
点头问候

10讲

　　"公园的一大目的，就是为成百上千没有机会在乡间度过夏天的疲劳的工作者提供一个本应属于他们的天造之境的仿本，不需太高花费。"繁忙的生活中，我们寻觅那一抹绿色，它不如原野那么远阔，也不像盆中花草那般局促。那是一处神奇的地方，置身其中，我们似乎暂时忘却了生活的忙碌，享受着惬意的清风、新鲜的空气，向着自然挥手致意……

■ 城市生态公园的内涵与类型

1. 城市生态公园的内涵

城市生态公园是发展中的公园类型，在社会与生态效益方面已得到了广泛认同，但对于"城市生态公园"概念的探讨，学界还未形成一致结论。通过对相关概念的廓清及其发展的回顾，结合学者们的研究探索（邓毅，2007；张庆费，2002；周波等，2003），笔者将城市生态公园的概念集中在"城市""生态""公园"三个方面进行界定，城市指目标是对自然属性和社会属性进行综合的地域的界定；生态指目标要满足不同层面的生态性标准；公园则指目标应基于城市公园的场所本质，创造人与自然和谐共生的场所。综上，本文将城市生态公园概念界定为：城市生态公园是位于城市市区或近郊，具备多层次的生态保护效益且满足人类游览、休憩、实践活动的公共园林场所。城市生态公园与传统公园对比，异同如下（表10.1）。

表 10.1 城市生态公园与传统公园对比（邓毅，2007）

	项目	城市生态公园	传统城市公园
空间和功能	基本目标	保护、修复区域性生态系统	提供优美的休憩、娱乐场所
	基本功能	生态效益、娱乐游憩、自然生态教育与体验	娱乐游憩、生态效益
	空间布局	从满足生态系统的要求出发，是景观生态格局	从满足人的体验要求出发，是景区、景点格局
	活动功能	人的活动协调、服从于生态保护和修复的要求	创造环境满足人的活动
	体验特性	自然、多样、健康、科学理性	美观、整洁、统一、有序、诗情画意
	环境建构	保留或模仿自然生境为主	半人工或人工环境为主，改造自然生境，以适应人的需求
生态特性	生物群落	接近自然群落，引进野生生物，生物多样性高	以观赏植物为主，生物多样性较差
	生态稳定性	生态健全、高抗逆性、自我维持为主	生态缺陷、低抗逆性、人工维持为主
	生态结构	自然的或向自然演替的自组织状态和结构	"被组织"的状态和结构
	养护管理	动态目标、低强度管理、投入低、管理演替	景观目标、高强度管理、投入高、抑制演替
	能源利用	生态系统的自我维持能力高，可减少不可再生能源消耗，尽量采用太阳能、风能、水能或生物能等可再生能源	生态系统的自维持能力低，对能源输入量要求高，较多消耗不可再生能源
	建造材料	无毒、低能耗、可再生，考虑材料从制造到使用终结的全过程对局域生态系统和全球生态系统的影响	基于经济、美学因素，会考虑对环境的影响，但较少考虑对全球生态系统的影响
	生态效益	保护和改善自身，城市和全球三个层面的生态系统	主要作用在城市生态系统层面
文化特征	哲学观	生态中心主义	人类中心主义
	价值观	自然界的多样性有自身价值，不完全等同于对人类的价值	自然界的多样性作为一种资源，对人类是有价值的

2. 城市生态公园的类型

传统城市公园一般从规模和功能进行区分，这种分类方法从满足市民各类文娱活动的角度出发，主要考虑公园的社会属性。而城市生态公园规模跨度在数公顷到数百公顷之间，且其生态属性与规模联系紧密。在自然条件下，$1hm^2$、$10hm^2$、$100hm^2$ 可以作为几个门槛值（Carolyn et al.，1995），这种等级性的生态特征差异代表了保护和改善生态系统的不同潜力（表10.2）。为方便研究，一般从规模上将

表 10.2 城市生态公园的规模分类

类型	规模
小型城市生态公园	$1\sim10hm^2$
中型城市生态公园	$10\sim100hm^2$
大型城市生态公园	$>100hm^2$

城市生态公园分为三类。从功能上，结合实践、基底原始条件和主要营建手段，将城市生态公园分为保护型、修复型、改善型、综合型四类（邓毅，2007）（表10.3）。

表 10.3 城市生态公园的功能分类

类型	保护型	修复型	改善型	综合型
特征	基地原有的自然生态环境良好或者具有重要生态意义，主要通过保护、利用原有生态系统来实现改善城市环境、保护生物多样性等目的	原有的自然生态环境遭到严重污染或破坏，主要通过系统的生态手段修复受损生态系统来实现其功能的城市生态公园	基地原有的自然生态环境一般，既没有遭到严重污染破坏，也没有需要特别保护的生境，主要通过改善生境，营建具有地域性、多样性和自我演替能力的生态系统来实现其功能的城市生态公园	基地条件比较复杂，包含了以上多种情况，需要采取综合营建手段实现其多样化功能的城市生态公园
示例	(a) 保护型：哈尔滨群力公园	(b) 修复型：辰山矿坑花园	(c) 改善型：上海后滩公园	(d) 综合型：衢州鹿鸣公园

■ 城市生态公园的发展历程与生态目标

1. 城市生态公园的发展历程

城市生态公园是基于城市公园发展的产物，其发展大致可以分为萌芽阶段、探索阶段以及发展阶段（表10.4）。

表 10.4 城市生态公园规划设计的发展历程

发展阶段	代表事件	具体内容
萌芽阶段（19世纪末~20世纪中）	·西蒙兹（John O.Simonds） ·色南德（Rutger Sernander）	设计适应当地自然条件，运用乡土植物的新设计概念，体现了朴素的生态观念，为城市生态公园发端揭开了序幕；对特有环境和地貌给予了特别关注，在保留原本形式的基础上，创造了区域性特色景观和多样生态系统
探索阶段（20世纪中~20世纪末）	·人与生物圈计划 ·伦敦 William Curtis 生态公园	通过在小尺度的场内为物种提供了多样的生境，也为城市居民提供了接触自然、感受生态的有效场所，表明了在小块空地建造生态公园的可行性（赵振斌等，2001）；该阶段城市生态公园的建设在内容、建设程序和设计方法上逐渐形成了一些模式
发展阶段（20世纪末至今）	·伊恩·麦克哈格的《设计结合自然》出版 ·多伦多外港区汤普森公园 ·德国杜伊斯堡景观公园	城市生态公园从形式到内容都得到了较大发展，城市生态公园因其具备的不同生态效益体现出了不同的特色与设计方法；如通过设计将原有的废弃地环境改造成良性发展的动态生态系统，或在公园设立或大或小不受人工干扰的自然保护地，在保护生态环境与生物多样性的同时，向公众展示城市环境中的自然生态价值

2. 城市生态公园的生态目标

现今，城市生态公园规划设计主要面临两类问题。一类以生境、生物为利益主体，包含各类环境修复与生物保护问题；另一类则以人类为利益主体，包含人类自身健康与有限资源的利用问题（图10.1）。根据对这两类四个方面的基本问题进行详细梳理，结合整体人工生态目标体系与城市生态公园本身特性，笔者进行了体系化、多层次的归纳总结，从生境修复与改善、生物保护与发展、人类安全与健康、资源节约与利用四个方面梳理了城市生态公园规划设计的生态目标体系（表10.5）。

(a) 环境污染　　(b) 丧失栖息地

(c) 缺乏康健场地　　(d) 自然资源浪费

▲图 10.1 生态公园的各类生态问题

表 10.5 城市生态公园规划设计的生态目标

一级目标	二级目标	三级目标	四级目标	现状问题
提升生态系统可持续性	生境修复与改善	调节气候	调节温度、缓解热岛效应	城市热岛效应显著，传统公园收效不足
			调节风速、减少风害	沙尘灾害频发，空气质量较差，传统公园难以应对
		保护土壤	降低土壤污染、减少土壤资源破坏	城市工业使土壤遭到严重破坏，公园选址面临挑战
		调蓄水文	净化水质、调节水量、减少河流洪泛	传统公园中的绿植不能充分发挥其自身的水净化功能
		调控能量	降低噪声污染	人工构筑物环绕的公园无法应对外来干扰
	生物保护与发展	改善植物多样性	增加植物多样性	人工培育的公园绿植生命力弱、养护成本高、品种单一
			增加植物群落稳定性	绿植得不到合理演替，有限资源无法合理分配
			提高植被覆盖率	各类公园为谋求盈利，植被覆盖率不达标，脱离了公园的本质特征
		改善动物多样性	增加动物生境多样性	动物生境遭到人工干扰或破坏
			增加动物多样性	动物缺少栖居场所，物种多样性减弱
			保护野生动物栖息地	人类侵袭动物栖息地，严重破坏动物生态系统的合理运转
	人类安全与健康	保障人类安全	提高道路交通安全性	以游览为主的传统公园路网系统无法满足现代游客对多种游览活动体验的需求
			调节人类体感舒适度	满足人类感知系统（温度、触觉、嗅觉等）的设计不完备
		促进人类健康	创造交流体验空间	公园活动空间功能单一，无法激发自主体验
		提升舒适体验	增强自然归属感	公园人工痕迹严重，脱离公园亲近自然的本质特征
	资源节约与利用	促进自然资源节约	节约耗材	大规模的兴建和拆除造成严重的原材料浪费
		提升循环利用效率	促进资源的可持续利用	缺乏资源可持续利用的构建意识

■ 城市生态公园的设计程序与研究框架

　　笔者将传统城市公园规划设计步骤与既有研究中的城市生态公园规划设计程序进行结合，得出如下规划设计程序（图 10.2），与本文生态手法相关的内容主要包括前期策划研究中的选址、规模，规划布局研究中的景观格局和功能结构规划，以及详细设计中有关园林要素空间组织的所有内容。并以该程序为主，结合城市生态公园的类型、要素，制定了城市生态公园规划设计案例解析及生态手法归纳研究框架（图 10.3）。

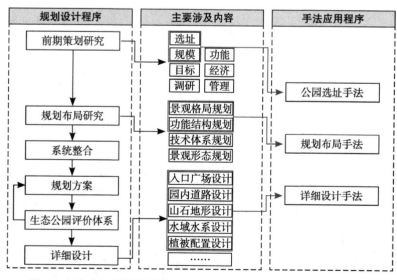

▲ 图 10.2 城市生态公园的规划设计程序（改绘自邓毅，2007；李铮生，2006）

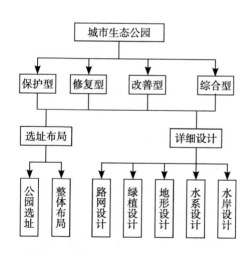

▲ 图 10.3 城市生态公园规划设计的研究框架

CASE
城市生态公园案例解析

■ 保护型城市生态公园 —— 哈尔滨群力湿地公园个案解析

　　群力湿地公园地处哈尔滨群力新区中心，面积 34hm²，属中型城市公园，雨洪控制、湿地及动植物保护等生态效益均达到较高水准。分析后我们发现如下 4 个生态选址布局手段、3 个生态详细设计手段（图 10.4、图 10.5，表 10.6、表 10.7）。

表 10.6 哈尔滨群力湿地公园选址布局手段分析

选址布局手段	案例解析	生态目标
基于周边同类生境形成团聚保护进行选址	如图 10.4(a)，群力湿地公园与周边的群力体育公园、金河公园以及雨阳公园多个绿地斑块互呈团聚之势，这一举措使得各个绿地斑块之间增强了联系，为野生动物的栖息提供了更为安全的场所；同时，在调节区域小气候方面能够发挥更大的效能	·保护野生动物栖息地； ·缓解热岛效应
在城市基质中公园整体形态集中且接近圆形	如图 10.4(b)，群力湿地公园整体形态接近圆形且斑块集中，这一方面能够促进动物的向内迁徙；另一方面也与场地内部的核心保护生境相结合，为动物提供了丰富多样的栖息地	·增加动物多样性； ·保护野生动物栖息地
在自然斑块内部进行选址	如图 10.4(b)，群力湿地公园场地原为一块区域湿地，在此基础上进行设计，既可以减少工程量，又能繁育本土自然景观，保证植物群落的自然演替，增加植物多样性，提高该区域的植被覆盖面积	·增加植物多样性； ·提高植被覆盖率
基于不同生境功能进行分层，增过过渡人工湿地，并进行核心保护	如图 10.5(a)，群力湿地公园从整体形态上被分为了三个圈层，各个圈层具有不同的功能与活动限制；内部核心区完整并避免干扰；围绕湿地的环状人工湿地区供游人游憩的同时，也在一定程度上隔绝了外界的干扰；最外围区域则开放部分建设功能，加强了场地内外过渡与联系；该策略能够有效地对内部核心区域进行保护，为动植物营造良好生境，维护内部群落稳定性，从而有效增加场地动植物的多样性	·促进交流体验空间； ·增加植物多样性； ·增加动物多样性

(a) 同类生境间的团聚保护

(b) 接近圆形且集中的自然斑块

▲ 图 10.4 哈尔滨群力湿地公园景观单元布局分析

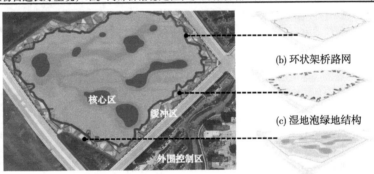

(a) 哈尔滨群力公园的圈层保护形态

(b) 环状架桥路网

(c) 湿地泡绿地结构

(d) 整体下凹地形

▲ 图 10.5 哈尔滨群力湿地公园园林要素组织分析

表 10.7 哈尔滨群力湿地公园详细设计手段分析

详细设计手段	案例解析	生态目标
绿化上方根据游人的游览需求架空环状廊桥	如图 10.5(b)，群力湿地公园以廊桥为载体，充当园路的基本功能，架空的廊桥一方面满足了游人观赏、游览的基本需求；另一方面也降低了人为活动对场地动植物的不良干扰，优化了体验路径的同时，也保护了野生动物栖息地	·保护野生动物栖息地； ·创造交流体验空间
在绿化圈层，结合原生湿地挖掘多样湿地泡	如图 10.5(c)，群力湿地公园沿场地四周通过挖填方的平衡技术，创造出一系列深浅高低不一的土坑与山丘，作为雨水净化的过滤带，也是城市与湿地之间的缓冲带；沿湿地四周布置雨水进水管，收集新区的雨水，使其经过沉淀和过滤后进入核心区的自然湿地；而不同深度的水泡也为乡土水生和湿生植物群落提供了多样的栖息地，通过自然演替能够有效提升植物多样性及其覆盖率	·净化水质、调节水量； ·增加植物多样性； ·提高植物覆盖率
在公园核心区根据圈层保护模式，保留下凹式多样地形	如图 10.5(d)，湿地公园核心区内整体呈下凹状，这一设计更有利于湿地对水资源的吸收与涵养，同时也对雨洪灾害有一定的控制效果；此外，局部多样的地形设计为动植物提供了多样丰富的栖息场所	·净化水质、调节水量、减少河流洪泛； ·增加动植物生境多样性

公园选址于以杨树、枫杨为优势种的原有群落的三角洲区域

▲图 10.6 金华燕尾洲公园景观单元布局分析

■ 改善型城市生态公园 —— 浙江金华燕尾洲个案解析

　　金华燕尾洲公园由北京土人景观与建筑规划设计研究所设计，位于浙江省金华市金华江、义乌江与武义江三江交汇处，规模 26hm²。项目充分考虑市民的休闲娱乐，对城市景观、生态、防洪等需求进行设计。通过分析我们可以得到以下 2 个生态选址布局手段、3 个生态详细设计手段（图 10.6、图 10.7，表 10.8、表 10.9）。

表 10.8 金华燕尾洲公园选址布局手段分析

选址布局手段	案例解析	生态目标
依据可选用地的自然资源丰富度对公园进行选址	如图 10.6，公园处于河流交会的三角洲地带，该类型地域的物种丰度最高，自然资源非常丰富；园内受季风气候影响，每年受洪水淹没，形成了以杨树、枫杨为优势种的丰富植物群落，对原有乡土植被的保留，能够促进场地植物群落的稳定性，同时在较低的成本下最大化场地的植被覆盖率	·提高植被覆盖率； ·增加植物群落稳定性； ·保护野生动物栖息地
公园场地内部根据现状划分为自然保育和人工活动两类生境	如图 10.7(a)，设计根据现存的场地高差及其生境服务对象，将公园整合为自然保育生境与人为活动生境；自然保育生境地势低凹，以耐水湿植被以及乡土植物为主，形成了多样的生境条件，为动植物提供了较为安全的生境；另一方面，场地东侧在计算洪泛高度后，在安全区域整合建设了人为活动生境，该生境能够满足人类的各类游览休憩需求，丰富体验路径，改善人类身心健康	·增加动物生境多样性； ·创造交流体验空间； ·调节人类体感舒适度

自然保育生境　　人为活动生境

海拔（m）
34.00—34.99
35.00—35.99
36.00—36.99
37.00—37.99
38.00—38.99
39.00—39.99
40.00—45.99

(a) 燕尾洲公园高程与生境分析

(b) 生态安全岛与浮岛

(c) 梯田状坡地设计

(d) 适应洪水的步行桥

▶图 10.7 金华燕尾洲公园园林要素组织分析

表 10.9 金华燕尾洲公园详细设计手段分析

详细设计手段	案例解析	生态目标
在洪水淹没区域，设置生态安全岛和浮岛	如图 10.7(b)，保留原有植被，在原有坑塘和地势的基础上稍加整理，形成生态安全岛，岛面高于洪水位，在洪泛期为鸟类等动物提供临时栖息场所；通过植物根系吸收过滤水中的有机物，改善水质，调节微气候	·保护野生动物栖息地； ·增加动物生境多样性； ·净化水质
在原防护堤处，根据洪水位线建立梯级生态护坡	如图 10.7(c)，园内去除了原有的水泥防护堤，通过就地平衡土方的"填-挖"策略，建立梯级生态护坡，形成了洪水缓冲区；该设计一方面能够使景观最大化，同时减少河流洪泛，另一方面也能够对面源污染发挥一定的净化效用；同时，自然化的驳岸系统也增加了植被的覆盖率	·降低土壤污染； ·净化水质、减少洪泛； ·提高植被覆盖率
在洪泛区，结合梯田系统设置与洪水相适应的栈桥	如图 10.7(d)，与洪水相适应的栈桥（5 年一遇的洪水位高度）与梯田系统相互结合，能够在避免洪泛危险的前提下形成游客的空间体验系统，与自然亲密接触	·减少河流洪泛； ·创造交流体验空间； ·增强自然归属感

　　由于本讲篇幅有限，下述案例不再展开叙述，转以列表形式综述各案例及其手段（表 10.10）。

表 10.10 城市生态公园案例研究汇总

类型	名称	图纸	具体设计手段	解析 + 目标
保护型	哈尔滨文化中心湿地公园 118hm²（大型）		①公园西侧搭配合理的植被，设置生态沼泽	·沼泽地表面低洼，经常成为地表径流和地下水汇集之处，搭配合理的植被能够有效减缓径流速度； ·调节水量
			②临水区域设置与水岸分离的高架模板路	·使桥与水岸相分离，供市民游赏；它们组合成了景观，并在不同季节提供欣赏美丽而脆弱的滨水景观的路径；同时不干扰植被的生长与动物的活动； ·增加植物群落稳定性
			③公园南侧设置呈系列的生态洼地	·呈系列的生态洼地能够将雨洪径流有效汇集净化，在其进入湿地之前，降低水流中的泥沙含量、拦截营养物及重金属； ·降低土壤污染
			④河岸两侧依据不同季节的水位高差配置适应性驳岸植被	·通过配置适应性植被，使水岸绿化能应对旱季和雨季的不同水位差；水位线以上采用放任自然的管理，较高的地带则在配置的乡土树丛之间种植人工草甸，提高植物群落丰富度； ·增加植物群落稳定性、提高植被覆盖率
			⑤园内道路结合本土渗透性材料进行铺地	·设计采用了当地出产的具有透水特性的火山沙作为步行道铺地，形成了生态友好的游览网络，节约资源； ·调节水量，促进资源可持续利用，节约耗材
	美国橘子郡大公园 5.5hm²（小型）		①公园结合三种净水方式，营造天然净水系统阵列	·利用多孔道行道和渗透装置进行初步渗透，再利用生态沼泽在景观区的渗透、析出、截止功能进行再次过滤，最后进行净水湿地下游水的留存，减少洪水流出，增加地下水留存； ·减少河流洪泛、净化水质
			②公园东侧，根据当地动物活动塑造野生动物走廊	·公园塑造了一条野生动物走廊，该走廊不对公众开放，仅为动物的活动保留，为公园提供了重要的生态支柱，并成为海岸和橘子郡中心地区现有自然区域的重要生物连接通道； ·保护野生动物栖息地，改善植物多样性
	天津桥园 22hm²（中型）		①临近立交桥一侧，结合原有地形设置边缘隔离带	·公园西北侧濒临立交桥，噪声和视觉干扰都比较大，而且远离社区居民；故结合地形设计绿化隔离带，该举措可有效隔离噪声，缓冲外部干扰； ·降低噪声污染
			②场地中心根据物理及化学特性挖填样泡	·由林网围合成多个泡状空间（可称为样泡），每个空间都有不同的标高，高差变化以 10cm 为单位；因而会有不同的水分和土壤的物理、化学特性，适宜不同植物群落的生长； ·增加植物多样性、增加植物群落稳定性、降低土壤污染
改善型	苏州真山公园 43hm²（中型）		①贯通南北向，适应净水需求，建设人工湿地系统	·公园的核心是一个带状、具有水净化功能的人工湿地系统，它吸纳来自场地及周边地块的雨水，通过沉淀以及长达 1km 的湿地净化后，流入末端水质稳定区，水质得到有效净化； ·净化水质
			②基于乡土肌理，结合功能需求，打造生产性田园景观	·保留现状的田园肌理与风貌，让市民在精致的步道中体验田园风光，使其成为包含生产性、可参与性、观赏性、科普性、经济性等多功能于一体的大地景观，延续土地记忆； ·提高植被覆盖率，丰富体验路径
			③临近湿地，结合道路与座椅，建设多功能慢行系统	·公园整体以一条长约 1km 的慢行系统贯穿南北两大片区，联系各功能区；慢行系统由钢格栅栈道及红色玻璃钢座椅组成，提供观光、休憩、科普教育等功能体验； ·丰富体验路径，提高道路交通安全性

续表

类型	名称	图纸	具体设计手段	解析＋目标
改善型	美国布鲁克林桥公园 33hm² （中型）	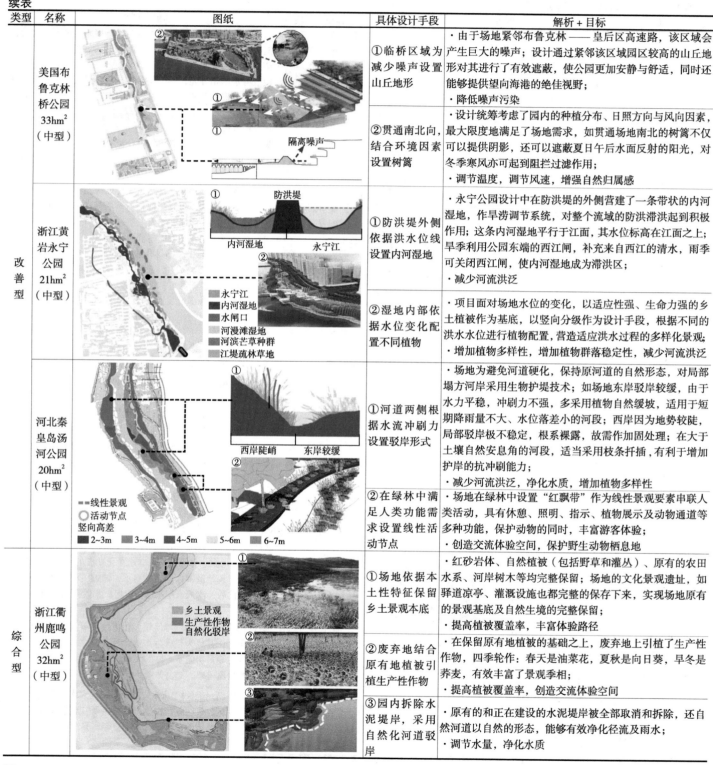	①临桥区域为减少噪声设置山丘地形	·由于场地紧邻布鲁克林——皇后区高速路，该区域会产生巨大的噪声；设计通过紧邻该区域园区较高的山丘地形对其进行了有效遮蔽，使公园更加安静与舒适，同时还能够提供望向海港的绝佳视野； ·降低噪声污染
			②贯通南北向，结合环境因素设置树篱	·设计统筹考虑了园内的种植分布、日照方向与风向因素，最大限度地满足了场地需求，如贯通场地南北的树篱不仅可以提供阴影，还可以遮蔽夏日午后水面反射的阳光，对冬季寒风亦可起到阻拦过滤作用； ·调节温度，调节风速，增强自然归属感
	浙江黄岩永宁公园 21hm² （中型）		①防洪堤外侧依据洪水位线设置内河湿地	·永宁公园设计中在防洪堤的外侧营建了一条带状的内河湿地，作旱涝调节系统，对整个流域的防洪滞洪起到积极作用；这条内河湿地平行于江面，其水位标高在江面之上，旱季利用公园东端的西江闸，补充来自西江的清水，雨季可关闭西江闸，使内河湿地成为滞洪区； ·减少河流洪泛
			②湿地内部依据水位变化配置不同植物	·项目面对场地水位的变化，以适应性强、生命力强的乡土植被作为基底，以竖向分级作为设计手段，根据不同的洪水水位进行植物配置，营造适应洪水过程的多样化景观； ·增加植物多样性，增加植物群落稳定性，减少河流洪泛
	河北秦皇岛汤河公园 20hm² （中型）		①河道两侧根据水流冲刷力设置驳岸形式	·场地为避免河道硬化，保持原河道的自然形态，对局部塌方河岸采用生物护堤技术；如场地东岸驳岸较缓，由于水力平稳，冲刷力不强，多采用植物自然缓坡，适用于短期降雨量不大、水位落差小的河段；西岸因为地势较陡，局部驳岸极不稳定，根系裸露，故需作加固处理；在大于土壤自然安息角的河段，适当采用枝条扦插，有利于增加护岸的抗冲刷能力； ·减少河流洪泛，净化水质，增加植物多样性
			②在绿林中满足人类功能需求设置线性活动节点	·场地在绿林中设置"红飘带"作为线性景观要素串联人类活动，具有休憩、照明、指示、植物展示及动物通道等多种功能，保护动物的同时，丰富游客体验； ·创造交流体验空间，保护野生动物栖息地
综合型	浙江衢州鹿鸣公园 32hm² （中型）		①场地依据本土性特征保留乡土景观本底	·红砂岩体、自然植被（包括野草和灌丛）、原有的农田水系、河岸树木等均完整保留；场地的文化景观遗址，如驿道凉亭、灌溉设施也都完整的保存下来，实现场地原有的景观基底、自然生境的完整保留； ·提高植被覆盖率，丰富体验路径
			②废弃地结合原有地植被引植生产性作物	·在保留原有地植被的基础之上，废弃地上引植了生产性作物，四季轮作：春天是油菜花，夏秋是向日葵，早冬是荞麦，有效丰富了景观季相； ·提高植被覆盖率，创造交流体验空间
			③园内拆除水泥堤岸，采用自然化河道驳岸	·原有的和正在建设的水泥堤岸被全部取消和拆除，还自然河道以自然的形态，能够有效净化径流及雨水； ·调节水量，净化水质

类型	名称	图纸	具体设计手段	解析＋目标
综合型	美国伊利西安公园 2.4hm²（小型）	 ① 多浆及仙人掌类／橡树和枫树／稀有植物／混种树林／棕榈树林／橡胶树林／溪流区域／针叶林 ② 本土树种／混种树林／外来树种	①园内合理构建分区并根据特性进行适宜性种植	·规划将公园进行分区，并对每个分区进行特性分析，以确定哪些物种是适宜种植的，同时，明确了一系列不允许被践踏或参与的植物，以及制定系列措施来保护它们，保证植物生长； ·增加植被群落稳定性、增加植物多样性
			②园内以乡土植物为主搭配外来种植被	·公园方案预期构建一个以乡土植物占主体的公园，这样可以使公园在很长一段时间内维持自身的发展及群落的稳定；同时在提供景观特征环境的基础上减少养护成本；保留了外来树种，并逐步恢复和改善了乡土植被群落； ·增加植被群落稳定性、增加植物多样性
修复型	美国纽约清水湾公园 8.8hm²（小型）	 原有植被／增植林带／垃圾山体／线模式／面模式／簇模式／草皮／沼泽／草甸／灌木丛／演替性草甸／休憩草坪 ③封场前 ③封场后	①建设区域周边为适应缓冲需求扩大林地面积	·公园内四座山体周边的林地面积得到了一定程度的扩大，这些林地主要是草地及新群落建设地等区域的周边林地，便于提供缓冲带；公园内部形成林地廊道网络，将公园周边及其内部的自然系统联系起来； ·增加植物群落稳定性、增加植被覆盖率
			②依据线、簇（孤岛）、面模式配置植物	·该模式有利于生物的迁徙、种子的传播，同时保证人的移动；线模式能引导场地的物质流、水流和能量流，将新物种引入同质化区域，主要包括沼泽地边线、小径、林荫道、线性灌木丛等；簇模式主要是为自然资源保护区及人类活动密集区等区域提供一系列"保护巢"；面模式就是创造一个大面积的、类似于斑块的渗透层镶嵌体，目的是创造自我维持的表层，控制土壤侵蚀，营造本土栖息地，包括湿地、林地等； ·保护野生动物栖息地，增加植物群落稳定性，减少土壤资源破坏
			③垃圾山体依据分层处理手段封场垃圾	·公园山体主要由垃圾填埋而成，封场就是将垃圾封存起来，以减少水体渗透，控制侵蚀，为下部固体垃圾和土层上部环境之间建立一道屏障；对垃圾进行分层处理，不但可以降低对土壤的污染，也可以为生物提供良好的生存环境； ·降低土壤污染，增加动物多样性
	加拿大多伦多安大略公园 374hm²（大型）	 消极（沙滩活动）／消极（划船）／积极（娱乐休闲）／消极（水上运动）／栖息地自然区 生物多样性增加，公众活动强度递减 ③湿地水道 堂河绿道 汤米·汤普森公园 ④	①基于土地类型，依据能量消耗界定积极、消极利用类型和栖息地自然区	·积极土地利用类型主要包括能量消耗较高的区域，如活动场地，多用途区域；消极土地利用类型主要包括开放草坪、步行道等；栖息地自然区则包括恢复区、野生林地区、草地及湿地区等，不同土地类型对应不同分区，实现资源的有效利用； ·保护野生动物栖息地，增加动物生境多样性，增强自然归属感
			②园内依据生态网络模式构建绿色廊道	·构建了一条可持续绿色湖滨，实现了堂河绿道与汤米·汤普森公园之间的连接，规划期望公众活动强度不断递减，与具有荒野特征及功能的区域相协调； ·增加植物群落稳定性，保护野生动物栖息地
			③公园根据场地水系统建立湿地水道	·公园规模较大且被水体环绕，湿地众多，故计划以改善栖息地为目标，建造一条较浅线性的水道，以方便游客到达各个湿地； ·保护野生动物栖息地，创造交流体验空间
			④公园坝区利用大地艺术覆盖和土壤填运组织区域框架	·采用大地艺术覆盖及土壤填运的组织框架，由小山丘及山谷构成新景观，并结合草地及林地营造各类自然区；同时，为游客提供不受风影响的运动游憩区域； ·调节风速，减少风害，创造交流体验空间，增加植物多样性

通过上文对案例的剖析与验证，本部分将对其中的具体设计手段作进一步的提炼与归纳，提出城市生态公园规划设计中的生态手法集合（表10.11、表10.12）。

表10.11 城市生态公园选址与布局生态手法汇总

公园选址	 > 	**1. 选址于自然斑块内部** 生态公园应尽量选址于原有自然斑块内部，从而有效利用现有乡土植被资源，构建稳定的植物群落	> **2. 选址于资源丰富区域** 尽量选址于场地现存植被、水体、生物、湿地等各类资源丰富的区域，以求通过设计对其进行最大化的保护与利用
	> 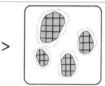 **3. 周边绿地形态团聚** 公园规划时应注意区域内多个公园绿地之间尽量整合或使其距离接近，从而形成组团状聚集形态，以增强相互联系		> > **4. 自然斑块联通体系** 选址时应充分考虑各绿地斑块之间的联通性，优先考虑设置廊道或踏脚石进行连接，为动物迁徙与栖居提供更多可能性
整体布局	> **5. 整体形态集中整合** 公园整体形态相对集中，形态集中的公园相比分散的公园拥有更多的物种，且物种存活率高		> 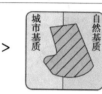 **6. 形态与基质相契合** 靠近城市基质的公园接近圆形，促使物种向内迁徙；靠近自然基质的依情况向外指状延伸，与周边绿地连成绿网，有助于物种扩散和稀物种生存
	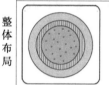 > **7. 生境分层核心保护** 根据不同生境功能对公园进行分层布局，从内向外依次划分为保护、缓冲、人工生境，对生态脆弱区进行核心保护		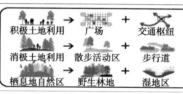 **8. 划定土地利用类型** 根据场地特征及区域功能界定积极、消极土地利用类型以及栖息地自然区
	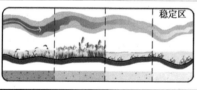 **9. 带状核心湿地** 在自然资源允许的情况下，若场地有较强降雨或净水需求，应考虑设置带状的核心湿地，使水流有足够的空间得到沉淀与净化，从而流入稳定区		> 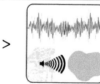 **10. 边缘隔离带** 若场地周边存在较大噪声源（如立交桥、闹市等），应充分考虑采用地形设计或绿化隔离带设计对噪声进行有效阻隔

表10.12 城市生态公园详细设计生态手法汇总

路网设计	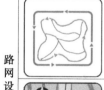 > 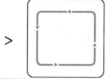 **1. 多级多功能路网** 根据场地的区域功能塑造多级、多功能路网系统，如运动道宽阔平滑，游览道精致曲折等，丰富体验路径，并做到人车分离，保证游客安全		>  **2. 观景活动架空廊桥** 在有动植物保护或规避干扰需求的绿地斑块内部或边缘，结合原有路网走向塑造架空廊桥
	>  **3. 多功能慢行系统** 在沟通场地区域时，当需要较长的步道设计时，应考虑将通行、漫步功能与观光、休憩、科普教育等各类功能相结合		> 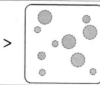 **4. 线性景观序列** 充分考虑运用线性的景观构筑串联人类的观景线路，强化观景的序列感与指向性；同时考虑预留动物通道

5. 生产性低维护景观
场地种植应考虑具备生产性且易于维护的作物绿植，从而创造田园肌理与风貌，延续土地生产的记忆

6. 保留乡土景观本底
对场地原有的景观基底（如岩体、植被、农田水系、文化遗址）及自然生境进行充分保留，通过适当改造恢复景观活力

绿植设计

 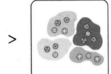

7. 划分植被适宜区域
公园规划时应注意区域内多个公园绿地之间尽量整合或使其距离接近，从而形成组团状聚集形态，以增强相互联系

乡土树种
外来树种 → 外来树种
乡土树种

8. 选择种植乡土树种
构建一个以乡土植物占主体的公园，在提供景观特征环境的基础上，减少养护成本

 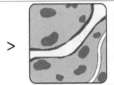

9. 线、簇、面种植模式
该模式有利于生物的迁徙、种子的传播，同时保证人的移动（具体模式做法详见清水湾公园案例分析）

 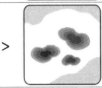

10. 扩大联通周边林地
局部区域外围适当扩大其林带面积，提供缓冲带，公园内部形成林地廊道网络，与周边的自然系统相联系

11. 野生动物绿色走廊
公园内若有较强的动物栖息地营造需求，可采用野生动物走廊的设计，该走廊不对公众开放，仅为动物的活动保留

12. 植物微气候效应
设计应统筹考虑公园内的种植分布、日照方向与风向因素，提供舒适的环境

地形设计

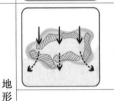

13. 局部生态沼泽
若公园场地降水量较大或容易造成洪泛，可考虑局部营造生态沼泽；沼泽表面低洼，经常成为地表径流和地下水汇集之处

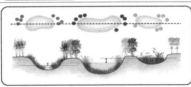

14. 适应性样泡群
根据植物生长栖息的适宜性分析，挖填不同标高的土地样泡，以供不同植物群落生长

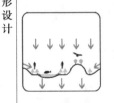 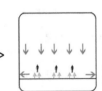

15. 局部多样地形
充分利用原有复杂地形，同时根据区域的划分，在具备生物多样性保护条件的区域，加强地形营造的丰富度

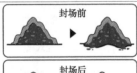 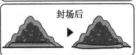

封场前 ▶
封场后 ▶

16. 封场处理垃圾山
若原厂地存在较多垃圾，可改造为垃圾山形式，并对其进行封场处理；封场就是将垃圾封存起来，以减少水体渗透，控制侵蚀

水系设计

 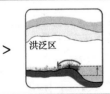

内河湿地 → 洪泛区

17. 内河湿地系统
在防洪堤外侧营建带状的内河湿地作旱涝调节系统；内河湿地平行于江面，而水位标高在江面之上，旱季打开河道水闸补充清水，雨季可关闭水闸

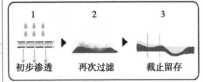

1　2　3
初步渗透　再次过滤　截止留存

18. 天然净水系统阵列
公园水系统应根据径流的方向营造天然净水系统阵列，通过多种方式进行净水

19. 线性湿地水道
当公园分隔成多块陆地或湿地时，应考虑建立人工较浅的线性水道来沟通多个场地

洪水位

20. 生态安全岛
在公园湿地水体中营造安全岛，岛面需高于洪水位线；安全岛禁止人类进入，隔绝人类的消极干扰

水岸设计	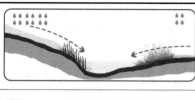 **21. 适宜驳岸形式** 根据水系流域节点的基本功能确定其主要形式（自然、半自然、人工），再根据局部区域的水流冲刷力、降雨量、坡度搭配驳岸要素	**22. 自然化河道驳岸** 若无特殊的游憩需求及安全性威胁，应尽量以自然化的河道驳岸形式为主；能有效净化径流及雨水，同时提升两栖动物繁衍的概率
	 **23. 乡土植被驳岸基底** 以适应性强的乡土植物作为自然驳岸的植被基底，考虑洪泛水位种植适应性的植物，从而营造多样的景观	**24. 自然梯田护坡** 在有一定高差且存在洪泛风险或需解决局部污染的区域建立自然化梯田护坡，根据护坡层级设置不同参与程度的游览线路，净化污染，缓冲洪泛

■ 城市生态公园的生态手法参考空间组合

城市生态公园的布局尺度以及合理的空间格局能够充分反映其生态和功能特性，但空间格局的归纳需要对相关要素进行抽象与概括。通过对城市生态公园类型的研究和景观生态学特性的分析，本文通过由核心、缓冲、使用斑块以及生态廊道共同构成的抽象格局进行表达（图10.10）。而在详细设计尺度，本文也以实践为基础，对不同小类的生态手法进行组合，总结出了3个能够达到明确生态目标且操作性较强的手法组合（图10.8～图10.11）。

单核心格局

1. 并列式格局

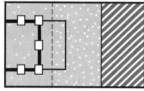

注：适用于中小规模，处于自然基质或大型自然斑块交接的情况

2. 环绕式格局

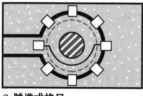

注：适用于中小规模，处于城市基质的情况

3. 隧道式格局

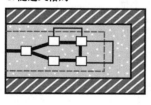

注：适用于中小规模，处于自然基质或大型自然斑块交接的情况

多核心格局

4. 非单元并列式格局

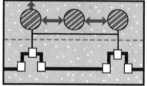

注：适用于中大规模，处于自然基质或大型自然斑块交接的情况

5. 非单元环绕式格局

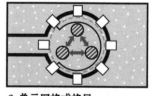

注：适用于中大规模，处于城市基质基地条件和功能复杂的情况

6. 单元网格式格局

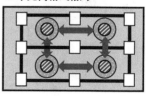

注：适用于中大规模，基地条件特别复杂的状况

▨ 核心生态斑块
▧ 缓冲生态斑块
□ 使用功能斑块
◆➤ 生态廊道
■ 主要交通廊道
— 次要交通廊道

▲ 图10.8 城市生态公园布局的空间格局

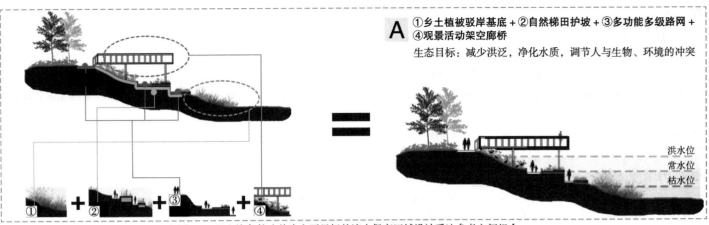

A ①乡土植被驳岸基底 + ②自然梯田护坡 + ③多功能多级路网 + ④观景活动架空廊桥

生态目标：减少洪泛，净化水质，调节人与生物、环境的冲突

洪水位
常水位
枯水位

▲图 10.9 以生境条件改善为主要目标的滨水保育区域设计手法参考空间组合

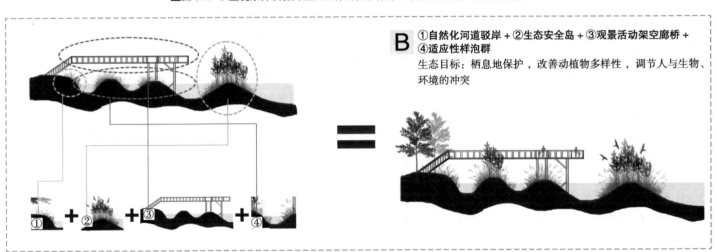

B ①自然化河道驳岸 + ②生态安全岛 + ③观景活动架空廊桥 + ④适应性样泡群

生态目标：栖息地保护，改善动植物多样性，调节人与生物、环境的冲突

▲ 图 10.10 以生物保护与发展为主要目标的滨水保育区域设计手法参考空间组合

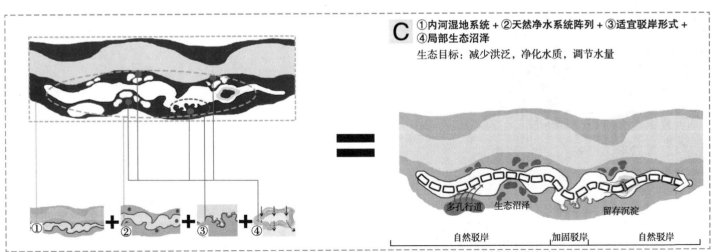

C ①内河湿地系统 + ②天然净水系统阵列 + ③适宜驳岸形式 + ④局部生态沼泽

生态目标：减少洪泛，净化水质，调节水量

多孔行道　生态沼泽　　　　留存沉淀

自然驳岸　　　加固驳岸　　　自然驳岸

▲图 10.11 以水质净化、减少洪泛为主要目标的滨河生态公园河岸设计手法参考空间组合

■ 参考文献

邓毅 . 2007. 城市生态公园规划设计方法 [M]. 中国建筑工业出版社 .

张庆费，张峻毅 . 2002. 城市生态公园初探 [J]. 生态学杂志 , 21(3):61-64.

周波，娄裔琳，金丽，等 . 2003. 城市生态公园 [J]. 生物学教学 , 28(11):54-55.

Carolyn Harrison,Jacquelin Burgess.1995.Accessible natural green space in towns and cities:A review of appropriate size and distance criteria[M].English Nature.

赵振斌，包浩生 . 2001. 国外城市自然保护与生态重建及其对我国的启示 [J]. 自然资源学报 , 16(4):390-396.

李铮生 . 2006. 城市园林绿地规划与设计（第2版）[M]. 中国建筑工业出版社 .

■ 案例来源

俞孔坚 . 2012. 建筑与水涝共生 —— 哈尔滨群力雨洪公园 [J]. 建筑学报 , (10):68-69.

岳邦瑞 等 . 2017. 图解景观生态规划设计原理 [M]. 北京：中国建筑工业出版社 .

俞孔坚 . 2015. 金华燕尾洲公园 [J]. 建筑学报 ,(04):66-67.

俞孔坚 . 2015. 哈尔滨文化中心湿地公园 水弹性绿地惊艳冰城 [J]. 城乡建设 (07):40-41+5.

王信权，汪四旺 . 融合地域特色 .2009. 塑造宜人环境 —— 天津桥园公园建设 [J]. 天津建设科技 ,19(02):41-42.

俞孔坚，刘玉杰，刘东云 . 2005. 河流再生设计 —— 浙江黄岩永宁公园生态设计 [J]. 中国园林 (05):1-7.

郑钢，彭琪 . 2005. 永宁江城区生态环境综合治理示范工程 —— 黄岩永宁公园工程建设漫谈 [J]. 技术与市场 . 园林工程 ,(08):20-23.

徐艳玲，李迪华，俞孔坚 . 2011. 城市公园使用状况评价应用案例研究 —— 以秦皇岛汤河公园为例 [J]. 新建筑 (01):114-117.

俞孔坚 . 2016. 以山水为画布：衢州鹿鸣公园 [J]. 景观设计学 (05):102-115.

王云才 . 2013. 景观生态规划设计案例评析：汉英对照 [M]. 同济大学出版社 .

■ 思想碰撞

　　生态公园在传统公园的基础上，增强了生境修复与改善、生物保护与发展等方面的作用，但建成后的一些项目却引发了褒贬不一的评价。有人认为大面积的自然驳岸杂草丛生，造成蚊虫叮咬问题严重；有人认为架空廊桥虽然能够减少人为干扰，但与自然的环境氛围极不协调；有人提出适应性样泡的大面积随意使用，与湿地的自然生态保护背道而驰。你怎么看？

■ 专题编者

费凡

颜雨晗

城市生态校园

象牙塔中一盏茶 | 11讲

　　大学校园，犹如象牙塔般单纯而又美好；在这里我们汲取知识，思考研究，这里是师生日常生活的主要场所。如今的校园不仅要具有学习的功能，还要满足师生娱乐、交流、休闲的需求。身处象牙塔中的莘莘学子，在优美的景色中，享受安静与清幽。捧一本书，于书中寻日月；斟一盏茶，清香扑鼻，轻酌慢饮，畅谈心语。知识与绿色相伴，生态的校园是我们的期许。如何营造如茶一般清幽的象牙塔成了我们需要探讨的话题……

■ 生态校园的内涵与类型

1. 生态校园的内涵

传统的校园是为达成教育目的而修建的教学活动场所，其空间领域包括全部建筑物、庭院、运动场地及附属设施（杜惟玮，2005）。今天，校园不仅是教学场所，更是作为一个功能相对完整并且独立的城市生态子系统，在城市中发挥着更多的生态效益。

生态校园是运用生态学的基本原理与方法规划、设计、建设、管理及运行的，人与自然关系和谐，各物种布局、结构合理且环境质量优良，物质、能量、信息高效利用且对环境友好的，集学习、工作、生活、休闲功能于一体的人工生态系统（臧树良 等，2004）。

2. 生态校园的类型

受制于地域、经济、人文风俗等因素，学校在进行生态建设时，常结合自身状况，有选择、有侧重地进行规划设计。依据其侧重点的不同，生态校园可分为生态景观型、生态技术型、生态教育型（表 11.1）。

生态技术型与生态教育型生态校园主要通过技术手段、管理条例与思想传播，实现生态效益，空间属性相对较弱。笔者主要以生态景观型生态校园为研究对象，对生态技术型仅做简要分析，而对生态教育型则不作探讨。

表 11.1 生态校园的类型（杜惟玮 等，2005）

生态校园类型	具体内涵
生态景观型	主要以校园整体规划格局与分区布局、自然生态系统的保护与恢复、生物多样性的改善、园林景观要素的设计为主要建设内容，以自然化的校园景观为核心
生态技术型	注重资源的节约与新能源的开发利用、中水处理系统与固体垃圾回收系统的建立、噪声与空气污染物的防治等，并利用仪器对校园的环境质量进行监测，强调生态技术的运用
生态教育型	注重通过开设课程普及师生的生态环保意识与可持续发展理念；通过多个学校开展生态技术学习与运用交流的形式，扩大生态理念的影响范围；广泛传播生态文化，熏陶、改变师生的生态观

■ 生态校园的发展历程与生态目标

1. 生态校园的发展历程

校园的生态规划设计大致经历了萌芽、探索和发展这三个发展阶段（表 11.2）。

表 11.2 生态校园的发展历程（陈志洁，2011；常俊丽，2013）

发展阶段	代表事件	具体内容
萌芽阶段 （19 世纪末～20 世纪 70 年代）	·奥姆斯特德自然式、公园式校园思想	从 19 世纪末开始，美国几乎每个州立学院均采用奥姆斯特德的规划思想，逐步形成了后期美国校园自由式布局的风格与特色；这种非对称式的校园布局有利于校内环境与周围环境相融合，便于发展与扩建
探索阶段 （20 世纪 70 年代～20 世纪 90 年代）	·1972 年在斯德哥尔摩召开的联合国人类环境会议提出"环境教育"的理念	传统学校开始加强关于健康环境的教育，"生态规划"的概念开始被引入学校建设，人们的环保意识和知识得到提升
发展阶段 （20 世纪 90 年代至今）	·2007 年美国"气候变化应对协议校长联盟"有 318 所院校加盟	充分发挥大学的作用，开展环境教育和校园示范，推动校园内外环境保护和可持续发展的进程

2. 生态校园的生态目标

近 20 年来，我国高校办学规模不断扩张，购置大批土地进行校园建设。校园选址一般位于城郊，占地规模较大，且与周边自然环境有着紧密联系；因此如果对生态问题不加以重视，易对整个片区甚至城市的自然环境产生难以恢复的负面影响。但由于大量校园遵循传统的校园建设模式，对生态环境问题缺乏关注与思考，导致现存校园存在生境破坏、与周边自然环境割裂、人类活动与自然环境冲突、过度消耗化石能源、垃圾废气的处理与排放不合理等问题。针对上述问题，笔者提出如下生态目标（表 11.3）。

表 11.3 生态校园的生态目标

一级目标	二级目标	三级目标	四级目标	现状问题
维持校园生态系统可持续性	生态修复与改善	调节气候	调节温度与湿度	传统校园的温湿度不宜人
			调节风速、减少风害	空气质量差，冬日常受寒风影响
		调蓄水文	净化水质，涵养水源，调节水量	绿植不能充分发挥其自身的水净化功能
	生物保护与发展	改善植物多样性	增加植物多样性	校园内植物品种丰富度低
			提高植被覆盖率	校园的建筑密度不断扩大，植被覆盖率低
		改善动物多样性	保护动物多样性	动物缺少栖息场所，多样性减弱
			保护动物栖息地	动物栖息地遭到人工干扰或破坏
	资源节约与循环利用	资源调控	节电、节热	资源利用率低，浪费严重
			减少土地资源破坏	过度开发造成土地资源浪费
		自然能源利用	风能、太阳能利用	对风能、太阳能等自然资源的利用率低下
			雨水收集利用	雨天地表径流量大，雨水不能有效循环利用
	人类健康促进与改善	保障人类安全与健康	规避损害人类健康的环境因素	校园设施存在安全隐患
		提升舒适体验	优化体验路径	校园内道路便捷度低、两侧景观美观度不足
			引导、促进人类活动	校园道路引导性差、活动空间功能单一
			优化基础设施	设施落后、舒适度低

■ 生态校园的设计程序与研究框架

笔者结合传统校园规划设计程序和既有研究中的生态校园规划设计步骤（张建平，2013），得出如下规划设计程序，用以指导生态校园的规划设计（图 11.1）。其中与本讲生态手法研究关联性较强的是规划布局中景观格局和功能格局的设置以及详细设计中园林要素的排布，并以此形成生态校园的案例研究框架（图 11.2）。

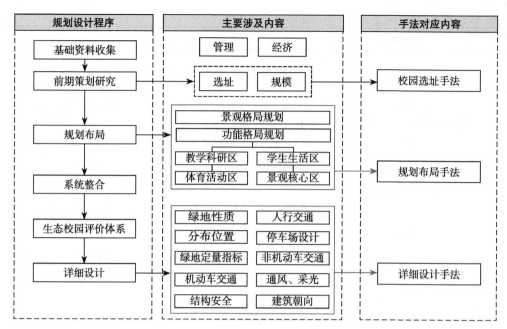

▲ 图 11.1 生态校园规划设计的程序

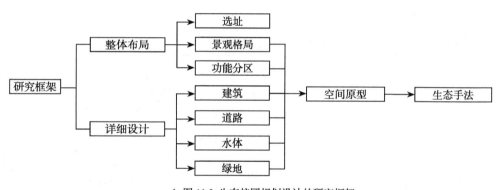

▲ 图 11.2 生态校园规划设计的研究框架

CASE
城市生态校园案例剖析

■ 英国诺丁汉大学朱比利校区个案解析

朱比利新校园的设计完成于 1996 年，诺丁汉大学的设计意图是将这一新校园塑造成为英国中部的一个可持续发展范例。2001 年，该项目成为英国皇家建筑师学会杂志的年度可持续发展奖得主。其核心思想是基于对建筑的可持续性与生态性考虑，将城市景观环境、建筑与技术有机地结合在一起，创造出新的生态建筑群。在整体布局方面，通过分析，笔者发现如下 2 个生态规划设计手段（图 11.3，表 11.4）。

(a) 选址于工业区上风向

(b) 选址于工业区上风向

(c) 西南侧林带阻挡冬季风

▲ 图 11.3 英国诺丁汉大学朱比利校区整体布局分析

表 11.4 英国诺丁汉大学朱比利校区整体布局手段分析

整体布局手段	案例解析	生态目标
选址于工业区上风向	如图 11.3(a)(b)，此地区主导风向为西南风，校区选址于工业厂房的西南侧(上风向)，可避免工业厂房的废气、废固体颗粒物随风扩散至校区，影响师生身体健康	·规避损害人类健康的环境因素
西南侧设置林带	如图 11.3(c)，在考虑优化朝向与视野的基础上，主要的教学建筑朝向西南主导风方向，以获得最大的风源与日照；夏季时，主导风经过湖面得到自然的冷却；冬季时，靠近住宅区的树林则成为有效的挡风屏障	·调节温度； ·调节风速、减少风害； ·规避损害人类健康的环境因素

在详细设计方面，笔者发现诺丁汉大学朱比利校区建筑周边设施、建筑朝向、校园道路的设计具备一定的生态特性，总结出了以下 3 个生态设计手段（图 11.4，表 11.5 ）。

(a) 车行道路连接建筑次入口

(b) 建筑朝向日照时间较长一面

(c) 建筑边缘设置排水设施

▲ 图 11.4 英国诺丁汉大学朱比利校区详细设计分析

表 11.5 英国诺丁汉大学朱比利校区详细设计手段分析

详细设计手段	案例解析	生态目标
车行道路连接建筑次入口	如图 11.4(a)，校区主要车行道路连接建筑次入口，人行道路连接建筑主入口，学校内行人多、车辆少，这样布置可在满足交通功能的同时，利用人车分流的方式，有效减少行人的危险因素	·规避损害人类健康的环境因素； ·优化基础设施
建筑朝向日照时间较长一面	如图 11.4(b)，校区教学楼朝向西南面，较长的日照时间与太阳能量辐射可以增加室内照明并提高室内温度，从而减少采暖、照明等对化石能源的消耗	·调节温度； ·节电、节热、太阳能利用
建筑边缘设置排水设施	如图 11.4(c)，沿校区建筑边缘设置水渠、水槽等排水设施，并且与校内人工湖连通；雨季收集净化雨水，作为景观用水或用于洗车、浇花等，实现雨水的收集与循环利用	·净化水质、调节水量； ·雨水收集利用

哈尔滨师范大学松北校区个案解析

哈尔滨师范大学松北校区位于哈尔滨西北部，松北区东部。其东部和北部为农业用地，南部与哈尔滨师范大学恒星学院相邻，西部与松北居住区相邻。松北校区建设用地面积 140hm²。

松北校区规划的核心思想是建构一个环境生态网络，着重在生态保护方面构思立意。该校区生态保护结合自然，并充分利用自然，对原有地形、水系、植物予以最大限度的保护。使人工秩序和自然秩序和谐叠加，将建筑群与原有景观有机结合，使校园公共生活空间与景观相互融合，创造生态化的校园环境。在整体布局方面，通过详细分析后，笔者发现了如下 4 个生态校园整体布局手段（图 11.5，表 11.6）。

表 11.6 哈尔滨师范大学松北校区整体布局手段分析

整体布局手段	案例解析	生态目标
学生生活区布置在安静区域，体育运动区紧邻主干道	如图 11.5(a)，校区西侧为利民大道，南侧为哈尔滨绕城高速，车流量较大，产生大量噪声，将体育运动区布置在靠近道路的西南侧，生活区布置在远离嘈杂的东侧，可最大限度减少噪声对师生日常生活产生的负面影响	· 规避损害人类健康的环境因素
与自然斑块相联通的校内绿地系统	如图 11.5(b)，将场地内原有的 3 条林地向外延伸，与郊野景观联系起来，形成 3 条绿色廊道，为物种的交流提供通道，保护动物多样性，保护现有林地，提高植被覆盖率	· 保护动物多样性； · 提高植被覆盖率
十字辐射状绿地布局	如图 11.5(c)，校区中央为水体与绿地结合的大型斑块，中心大型绿地斑块通过廊道连接其他中小型绿地斑块，呈十字辐射状，对校园内部物种起到重要的保护作用	· 保护动物多样性； · 保护动物栖息地

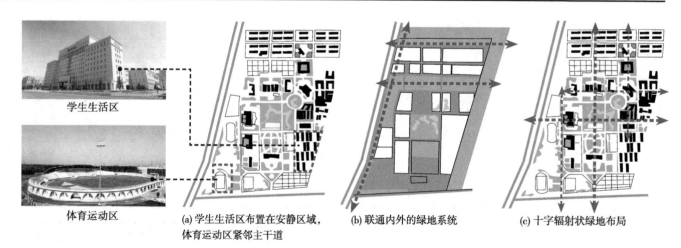

学生生活区

体育运动区

(a) 学生生活区布置在安静区域，体育运动区紧邻主干道

(b) 联通内外的绿地系统

(c) 十字辐射状绿地布局

▲ 图 11.5 哈尔滨师范大学松北校区整体布局分析

在详细设计方面，笔者发现其在绿地设计、建筑空间设计方面均具备一定的生态特征（图 11.6，表 11.7）。

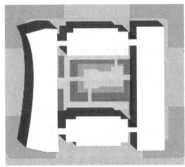
(a) 教学楼中庭设计

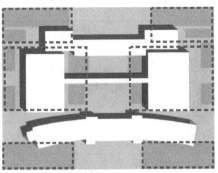
(b) 行知楼周边小块成组绿地

(c) 两用生态停车场

(d) 高郁闭度乔木围合水体

(e) 步行道边的非机动车位

▲ 图 11.6 哈尔滨师范大学松北校区详细设计分析

表 11.7 哈尔滨师范大学松北校区详细设计手段分析

详细设计手段	案例解析	生态目标
建筑设置中央庭院	如图 11.6(a)，哈尔滨师范大学松北校区教学建筑多采用中庭设计，沟通了建筑界面与建筑外部空间，起到交通作用的同时，兼顾展览、休息、观赏等功能，为校园人群营造了生态化、人文化的交往空间；中庭里的绿地斑块可以在动物迁徙过程中起踏脚石作用，为动物提供临时栖身场所	· 优化体验路径； · 引导、促进人类活动； · 保护动物栖息地
教学区建筑周边成组的小块绿地	如图 11.6(b)，教学区绿地大小受建筑间距影响，无法形成大型斑块时，可以用成组的斑块代替；一些广适性的物种能生存于大量毗邻的小型斑块内，这些单个斑块并不满足物种存活要求，但组合在一起却可以提供生境	· 丰富体验路径； · 保护动物栖息地； · 保护动物多样性
停车 – 活动两用生态停车场	如图 11.6(c)，停车场铺装主要由自然面花岗岩条石嵌草砖及卵石构成，可收集雨水，减少地表径流，增加地下水补给；机动车停车较多时，场地作为临时停车场，铺装按照停车位的尺寸设计，人们可以很方便地辨别停车位的位置；当寒暑假车辆较少时，场地可当作活动场地，供人们活动	· 优化体验路径； · 优化基础设施； · 雨水收集利用
高郁闭度乔木围合景观水体	如图 11.6(d)，校区景观水体面积较大，对水质要求高且距离机动车道路近，汽车尾气与固体颗粒物易扩散引起水体污染，种植高郁闭度乔木可以形成屏障，有效减缓污染物扩散，保护水质	· 净化水质； · 涵养水源
非机动车位设置在步行道周边	如图 11.6(e)，非机动车停车位多设计在三级道路及步行道路系统旁，避免与机动车的交通流线发生交插，且避免与机动车停车位相冲突，以及由此对师生安全造成的威胁	· 规避损害人类健康的环境因素

■ 多案例解析

通过对上述两个案例的详细剖析，得到选址、整体布局、详细设计方面的有效手段，证明该套案例研究方法能够有效地从各种生态校园案例中提取出不同层次的生态规划设计手段。本讲同时应用此框架再进行跨案例研究，对上述典型个案分析进行补充，以便获得更全面的生态手法集合（表 11.8）。

表 11.8 生态校园案例研究汇总

名称	图纸	具体设计手段	解析 + 目标
华中农业大学	①②	①选址背靠狮子山、面向野芷湖	·华中农业大学位于武汉市南湖西岸，南濒野芷湖，校园三面临水，北靠东西走向的狮子山，自然景观优越，冬季可阻挡南下的寒冷气流； ·调节风速，减少风害
		②山体与湖岸边界控制开发并设立缓冲地带	·沿湖生态多样性保护区、狮子山环境综合保护区和都市农业保护区，具有重要的生态多样性意义，在它们的边界设置缓冲地带可以为其提供保护； ·保护动物多样性，保护动物栖息地
福建农林大学	①②	①植物园式校园绿化	·福建农林大学内的中华植物园按照中国行政地图规划种植了 2.7 万余株特色植物，种类丰富，并结合配套设施形成了集教学、科研、生态、运动休闲、观赏等功能于一体的园林景观； ·增加植物多样性，丰富体验路径
		②观音湖、湿地公园、微中水处理站连通的水循环系统	·设立 5 个微中水处理站，处理校内生活污水后作为湿地公园用水，形成较完整的水循环系统，具有收集雨水、降解污染、净化水质、蓄洪防旱等功能； ·净化水质，涵养水源，雨水收集利用
辽宁公安司法管理干部学院新校区	①②③④	①外部道路行车，内部道路行人	·校园的中部核心区域为步行区域，车行和服务流线沿外围布置，人车分流，保障行人安全； ·优化体验的路径，规避损害人类健康的环境因素
		②蜿蜒曲折、通而不畅的车行道路	·将笔直的道路增加曲率，设计为曲线形道路，可以有效减缓行车速度，保障师生交通安全； ·规避损害人类健康的环境因素
		③保留中央冲沟地形和自然植被作为景观的核心区	·景观核心区设计充分利用场地中部原有植物和冲沟，利用地形使其形成逐渐跌落的水体景观，可以为师生提供亲近自然的景观体验； ·优化体验路径，保护动物栖息地，减少土地资源破坏
		④景观核心区分为广阔水面的观赏区与蜿蜒曲折的净化区	·景观核心区水体分为观赏区和净化区，蜿蜒曲折的水流在流动过程中与植物群落充分接触，进行水体净化，并与宽广水面的休闲观赏区直接连通，从而达到游览休闲的目的； ·净化水质，涵养水源，优化体验路径

名称	图纸	具体设计手段	解析 + 目标
重庆工学院花溪校区	① ② 教学区 宿舍区 运动区	①体育运动区、教学区、学生生活区成"品"字形布置	· "品"字形结构使得各个功能区之间的距离较短，方便师生日常交通使用； · 引导促进人类活动，优化体验路径
		②教学区建筑布局顺应山体的走势	· 建筑依山而建，结合坡地埋入或悬挑，尽可能把丘陵留出来作为景观元素，可在保护自然斑块的情况下，最大限度利用土地资源； · 保护动物栖息地，减少土壤资源破坏
华侨大学厦门校区	① 天马山 校区 杏林湾 ② 校内水体 杏林湾	①学校选址与东北方向的天马山和西南方向的杏林湾成团聚状生态网络	· 厦门校区在保留校区内湿地斑块的基础上，分析基地的生态脉络，与上游天马山湿地和下游杏林湾湿地连通，形成稳定的生态网络结构，为动物栖息及迁徙提供条件 · 保护动物多样性、保护动物栖息地
		②校内南部水体与杏林湾湿地公园连通	· 校园湿地水体与上下游水系连接，建立整体区域流动机制，起到排洪、滞洪的作用；通过调控措施强化湿地系统的廊道及斑块，在物质循环流动中保持水体洁净；生物链通过湿地廊道连接起来，有利于生物迁徙； · 调节水量，净化水质，保护动物栖息地
	④ ③ 一级原生湿地 一级原生林地 一级次生湿地 一级次生林地 二级原生湿地 二级原生林地 一级林地廊道 一级湿地廊道	③在教学楼上风向设置大面积的水体	· 校园内最大的湖面布置在教学楼上风向；夏季，风从水面吹来，水体蒸发带走热量，达到降温增湿的效果，离湖面最近的主楼，温度可降低 3℃以上，降温效果明显； · 调节温、湿度
		④校内多等级湿地斑块与林地斑块连通形成生态网络	· 校区内湿地斑块与湿地廊道有机连接，绿化斑块与绿化廊道自由连接；一级廊道衔接一、二级斑块生成生态主轴，二级廊道衔接各级各类斑块形成网络；斑块越大、越多越稳定，廊道越多、联系越多越稳定，有利于物种的空间运动和生存延续； · 保护动物多样性，保护动物栖息地
沈阳建筑大学	宿舍区 ① ② 教学楼	①校园核心景观区引入农田生态系统	· 校园核心景观区大量使用当地农作物、乡土野生植物，如蓼蓝、杨树等作为景观的基底，易于管理并且能形成独特的校园田园景观；在寒暑假期间，可为啮齿动物如鼠类或青蛙提供食物； · 保护动物多样性，保护动物栖息地
		②宿舍与教学楼之间采用直线道路连接	· 用直线道路连接宿舍、食堂、教室和实验室，遵从两点一线的最近距离法则，形成穿越稻田、绿地、庭院的便捷路网； · 优化体验路径

通过上文各步骤对案例的剖析与验证，本部分对其中的具体设计手段进行提炼与归纳，提出生态校园规划设计中的生态手法集合（表11.9、表11.10）。

表11.9 选址布局生态手法汇总

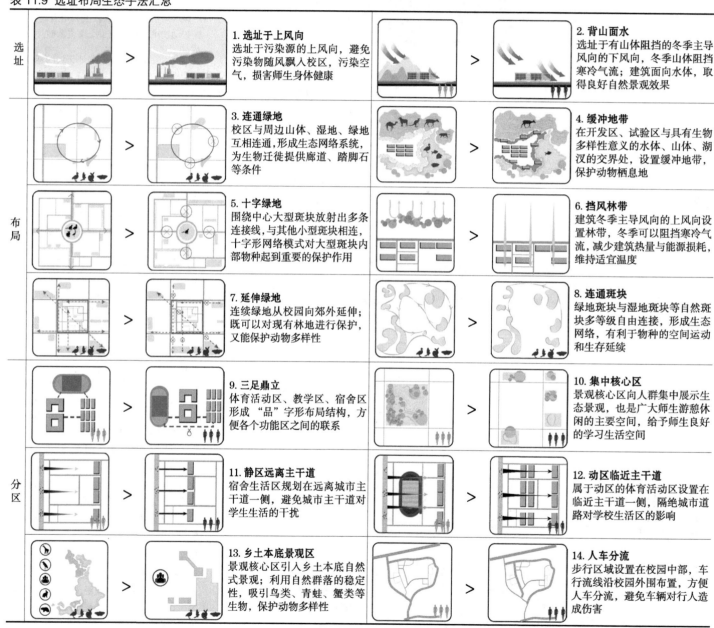

选址	**1. 选址于上风向** 选址于污染源的上风向，避免污染物随风飘入校区，污染空气，损害师生身体健康	**2. 背山面水** 选址于有山体阻挡的冬季主导风向的下风向，冬季山体阻挡寒冷气流；建筑面向水体，取得良好自然景观效果
布局	**3. 连通绿地** 校区与周边山体、湿地、绿地互相连通，形成生态网络系统，为生物迁徙提供廊道、踏脚石等条件	**4. 缓冲地带** 在开发区、试验区与具有生物多样性意义的水体、山体、湖汊的交界处，设置缓冲地带，保护动物栖息地
	5. 十字绿地 围绕中心大型斑块放射出多条连接线，与其他小型斑块相连，十字形网络模式对大型斑块内部物种起到重要的保护作用	**6. 挡风林带** 建筑冬季主导风向的上风向设置林带，冬季可以阻挡寒冷气流，减少建筑热量与能源损耗，维持适宜温度
	7. 延伸绿地 连续绿地从校园向郊外延伸；既可以对现有林地进行保护，又能保护动物多样性	**8. 连通斑块** 绿地斑块与湿地斑块等自然斑块多等级自由连接，形成生态网络，有利于物种的空间运动和生存延续
分区	**9. 三足鼎立** 体育活动区、教学区、宿舍区形成"品"字形布局结构，方便各个功能区之间的联系	**10. 集中核心区** 景观核心区向人群集中展示生态景观，也是广大师生游憩休闲的主要空间，给予师生良好的学习生活空间
	11. 静区远离主干道 宿舍生活区规划在远离城市主干道一侧，避免城市主干道对学生生活的干扰	**12. 动区临近主干道** 属于动区的体育活动区设置在临近主干道一侧，隔绝城市道路对学校生活区的影响
	13. 乡土本底景观区 景观核心区引入乡土本底自然式景观；利用自然群落的稳定性，吸引鸟类、青蛙、蟹类等生物，保护动物多样性	**14. 人车分流** 步行区域设置在校园中部，车行流线沿校园外围布置，方便人车分流，避免车辆对行人造成伤害

表 11.10 详细设计生态手法汇总

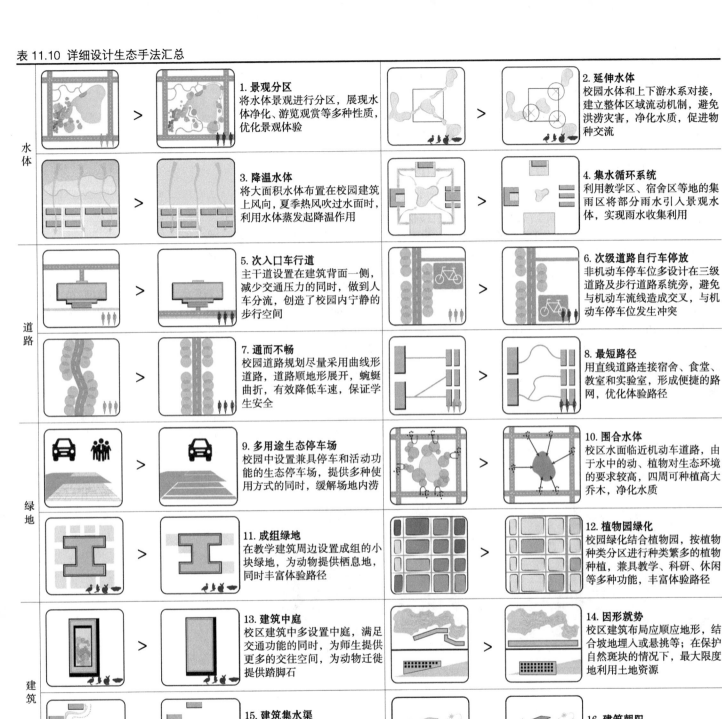

水体

1. 景观分区
将水体景观进行分区，展现水体净化、游览观赏等多种性质，优化景观体验

2. 延伸水体
校园水体和上下游水系对接，建立整体区域流动机制，避免洪涝灾害，净化水质，促进物种交流

3. 降温水体
将大面积水体布置在校园建筑上风向，夏季热风吹过水面时，利用水体蒸发起降温作用

4. 集水循环系统
利用教学区、宿舍区等地的集雨区将部分雨水引入景观水体，实现雨水收集利用

道路

5. 次入口车行道
主干道设置在建筑背面一侧，减少交通压力的同时，做到人车分流，创造了校园内宁静的步行空间

6. 次级道路自行车停放
非机动车停车位多设计在三级道路及步行道路系统旁，避免与机动车流线造成交叉，与机动车停车位发生冲突

7. 通而不畅
校园道路规划尽量采用曲线形道路，道路顺地形展开，蜿蜒曲折，有效降低车速，保证学生安全

8. 最短路径
用直线道路连接宿舍、食堂、教室和实验室，形成便捷的路网，优化体验路径

绿地

9. 多用途生态停车场
校园中设置兼具停车和活动功能的生态停车场，提供多种使用方式的同时，缓解场地内涝

10. 围合水体
校区水面临近机动车道路，由于水中的动、植物对生态环境的要求较高，四周可种植高大乔木，净化水质

11. 成组绿地
在教学建筑周边设置成组的小块绿地，为动物提供栖息地，同时丰富体验路径

12. 植物园绿化
校园绿化结合植物园，按植物种类分区进行种类繁多的植物种植，兼具教学、科研、休闲等多种功能，丰富体验路径

建筑

13. 建筑中庭
校区建筑中多设置中庭，满足交通功能的同时，为师生提供更多的交往空间，为动物迁徙提供踏脚石

14. 因形就势
校区建筑布局应顺应地形，结合坡地埋入或悬挑等；在保护自然斑块的情况下，最大限度地利用土地资源

15. 建筑集水渠
校园建筑边缘设置雨水渠，收集净化雨水，达到雨水循环利用的目的

16. 建筑朝阳
建筑布局朝向阳面，可调节室内温度，减少化石能源消耗

■ 参考文献

杜惟玮 .2005. 生态校园的建设流派、建设模式与系统管理方法 [D]. 天津大学 .

臧树良，陶飞 .2004. 生态校园探析 [J]. 辽宁大学学报 (哲学社会科学版),(04):21-25.

杜惟玮，张宏伟，钟定胜 .2005. 生态校园建设的现状与发展趋势 [J]. 四川环境 , (03):30-34.

陈志洁 .2011. 生态型校园建设的探析与构想 [D]. 福建农林大学 .

常俊丽 .2013. 中西方大学校园景观研究 [D]. 南京林业大学 .

张建平 .2013. 基于生态理念的校园规划建设实践与研究 [D]. 西北大学 .

■ 案例来源

窦强 .2004. 生态校园 —— 英国诺丁汉大学朱比丽分校 [J]. 世界建筑 , (08):64-69.

王南 .2013. 基于"反规划"理论的哈尔滨师范大学松北校区规划及特色景观设计 [D]. 东北农业大学 .

吴正旺，王伯伟 .2003. 大学校园规划的生态化趋势 —— 华中农业大学校园规划 [J]. 新建筑 , (06):45-47.

官文栩 .2013. 福建农林大学生态校园建设研究 [D]. 福建农林大学 .

俞孔坚，张慧勇，文航舰 .2012. 生态校园的综合设计理念与实践 —— 辽宁公安司法管理干部学院新校区设计 [J]. 建筑学报 , (03):13-19.

黄世国，周乐 .2006. 可持续发展的生态校园规划思考 —— 以重庆工学院花溪校区为例 [J]. 特区经济 , (11):367-368.

郑志，刘塨 .2010. 湿地与南方高校校园功能一体化探索 —— 华侨大学厦门校区生态规划 [J]. 建筑学报 , (10):80-84.

俞孔坚，韩毅，韩晓晔 .2005. 将稻香溶入书声 —— 沈阳建筑大学校园环境设计 [J]. 中国园林 , (05):12-16.

俞孔坚 .2007. 城市里的丰产稻田 —— 沈阳建筑大学稻田校园设计 [J]. 园林 , (09):18-19.

■ 思想碰撞

　　据《青年报》一篇名为"90 种动物生活在复旦学子身边"（2015-11-19）的文章报道："近年来，貉、华南兔、黄鼬等野生动物不断地在各大学校园内被发现，表明大学校园已有一定条件成为部分野生动物的栖息场所及城市生物多样性的重要载体。"但是，始自 2020 年初的新冠疫情，蝙蝠因为传播病毒引起人们恐惧，连带着引发了城市中生存的野生动物对人类潜在危害的担忧。那么，校园应该成为部分城市野生动物的栖息地吗？

■ 专题编者

岳邦瑞　　　　费凡　　　　聂移同　　　　王佳楠

城市生态广场
送别夏天里的一把火 12讲

想歇息片刻，可是我连个落脚的地儿都没有

想去对面湿润的土壤，可是我该怎么穿越前方这片滚烫的土地呢？

严密铺设的地面是人类的领地，容不得一丝尘土的侵染，同样也容不得一滴雨水的回归。整齐划一的树木是这里的卫兵，保卫着恢宏壮丽的城市，同样也驱赶着自然生灵……炙热的阳光烘烤着城市的皮肤，广场的地面滚烫似火，毫无生机。我们该如何在炎热的夏季为土地带来一丝清凉？

■ 城市生态广场的内涵与类型

1. 城市生态广场的内涵

传统的城市广场，以硬质铺地为主，由建筑、道路、绿化等围合而成，是具有边界明确的城市开敞空间（芦原义信，尹培桐，1984）。而如今在全球生态危机以及城市生态环境恶化的背景下，人们的环保意识不断增强，传统意义的城市广场已不能满足人们的需求，于是城市生态广场应运而生。笔者将城市生态广场定义为：能将传统城市广场对生态的干扰降到最低，或者对一些城市生态问题起到缓解作用，并具备基本的集会、交通、交流、展示等功能的新型户外公共活动空间。

与传统城市广场不同的是，城市生态广场建设的出发点不单纯限于城市建设，而是更注重如何缓解城市中存在的生态问题，以及如何避免传统广场建设所带来的生态问题。在建设过程中，城市生态广场将气候因子、生物生存状况以及人的使用感受等作为重要的考虑因素，以求在更大程度上实现为人服务，改善城市生态环境。

2. 城市生态广场的类型

一般来说城市广场依照功能分为：市政广场、纪念广场、交通广场、休闲广场、宗教广场、商业广场（李晓敏，2007）。笔者以风景园林学科视角下城市生态系统可持续为目标，将城市广场区分为一般广场与生态广场。依据生态广场可发挥的主要生态效益，进一步将生态广场划分为海绵型广场、气候适应型广场和健康型广场三类（表12.1）。这三类生态广场对应解决当前城市中最为典型的问题，即城市内涝、热岛效应以及人类健康。本讲以解决雨水的收集与利用为目标的海绵型广场为主要研究对象，对气候适应型广场和健康型广场仅做简要分析。

表 12.1 城市生态广场分类

分类依据	分类结果
	海绵型广场
生态效益	气候适应型广场
	健康型广场

■ 城市生态广场的发展历程与生态目标

1. 城市生态广场的发展历程

城市广场由古希腊产生至今，经过多个时期的发展，形成了现在具有一定规模和特征的空间形态。但快速的城市化建设，以及城市广场许多不合理的建设形式，诱发了大量的生态问题。基于现状，人们针对城市广场中突出的生态问题，结合生态技术措施，对广场建设作出调整。城市广场已经逐步向生态友好的方向发展，生态广场开始萌芽。下面主要对城市生态广场的发展历程做简要介绍（表12.2）。

表 12.2 城市生态广场的发展历程（刘琳琳，2006；罗佳，2015；周勤，2015）

发展阶段	代表事件	具体内容
萌芽阶段（20 世纪 70~90 年代）	·提出最佳管理实践的相关技术； ·德国柏林的波茨坦广场建成	·美国地方政府从 1972 年开始，逐步推行最佳管理实践的相关技术设施来治理降雨径流的水质；该项技术显现的生态效益被大众认可，被逐渐运用于公园、道路、广场等绿地中； ·波茨坦广场运用了该项技术设施，其周边建筑采用绿色屋顶收集过滤雨水，广场内部设置地表水循环系统，对片区内的雨水收集与净化起到关键作用
探索阶段（20 世纪 90 年代~21 世纪初）	·提出低影响开发理念； ·荷兰鹿特丹的水广场建成	·1998 年美国提出的低影响开发理念（Low Impact Development），是一种暴雨管理和面源污染处理技术；广场通常以硬质铺装为主，因此不可避免产生地表径流而将 LID 理念应用于广场建设中，既能保证景观的欣赏性、生态性，又能减少开发造成的城市内涝和城市排水管线的压力； ·鹿特丹水广场是城市公共空间与雨水设施结合设计的成功案例，在同一块场地空间上实现了雨洪调蓄空间和公共活动场所的双重功能，实现了空间的复合化利用
发展阶段（21 世纪初至今）	·提出"海绵城市"理念	·住建部于 2014 年 10 月制定的《海绵城市建设技术指南——低影响开发雨水系统构建》中提出"海绵城市"理念。有效地利用广场等开放空间，来增加滞蓄、净化雨水的潜在能力，是我国城市生态设计的发展方向

2. 城市生态广场规划设计的生态目标

基于人类生态系统的总体目标，结合当前城市广场中存在的问题，笔者将生境修复与生物保护、人类健康促进与改善作为城市生态广场的二级目标。根据现实问题，将二级目标细化为三级目标；依据具体可控的因子，将三级目标展开为四级目标（表 12.3）。

表 12.3 城市生态广场规划设计的生态目标

一级目标	二级目标	三级目标	四级目标	对应城市广场的现状问题
提升城市生态系统可持续性	生境修复与生物保护	调节城市小气候	调节温度	传统广场缺少乔木，夏季地面大面积暴晒，产生热岛效应
			调和湿度	传统广场硬质面积过大，植被稀少，形成干燥的环境
			调节局地风	大面积空地中没有局部气流循环，只靠城市主导风调节
			净化空气、维持碳氧平衡	绿植缺失，空气质量差
		雨水收集与处理	收集雨水、缓解内涝	大面积硬化导致地面积水
			净化雨水、雨水的循环利用	雨水径流在地面被污染并直接排入河流水系
		调控能量	降低噪声污染	植被稀少，噪声过大
			降低光污染	建筑物表面以及绿植缺失导致严重的光污染现象
		降低对生物生存的干扰	改善场地土质	城市建设及人类生活改变土地的物理、化学性质
			加强植物群落的连续性	植被大面积减少，城市绿地联系性差
			降低对植被生境的干扰	大面积的人工硬质下垫面侵占了植物栖息地
	人类健康促进与改善	保障人类安全	完善安全设施	快速的城市建设、不规范的施工操作导致安全隐患
		促进人类健康	规避不利于人类健康的因素	致病植物的选择及不合理的搭配危及人类健康
		提升舒适体验	丰富体验路径	快速建设导致广场形式单一化
			优化服务设施	快速的城市建设忽略了人的使用感受

■ 城市生态广场规划设计程序与研究框架

1. 城市生态广场规划设计程序

笔者将传统城市广场规划设计步骤与详细的城市广场规划设计程序进行结合，得出如下规划设计程序（图 12.1）。

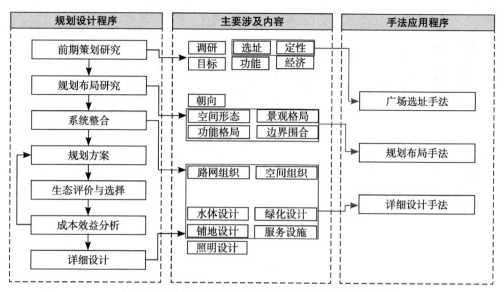

▲ 图 12.1 城市生态广场规划设计程序及其与生态手法的关系

2. 城市生态广场规划设计的研究框架

本文依据城市生态广场的规划设计程序确定了针对城市生态广场规划设计的研究框架。针对不同性质的广场，分析其在详细设计的过程中的不同侧重点：海绵型广场更注重空间组织、路网组织等内容；气候适应型广场更注重绿化设计、水体设计等内容；健康型广场需要在各方面进行合理的规划组织。具体的规划设计研究框架如下（图 12.2）。

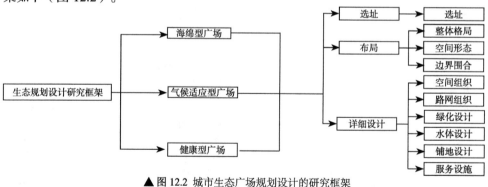

▲ 图 12.2 城市生态广场规划设计的研究框架

CASE
城市生态广场的案例剖析

通过以上分析，笔者选取以下案例作为提炼生态手段的素材，根据上述规划设计研究框架，针对案例中广场改善生态环境的具体做法，分析其可达到的生态目标，并提炼出生态手段（表 12.4）。

表 12.4 工业园区案例研究汇总

类型	名称	图纸	具体设计手段	解析 + 目标
雨水收集与利用型	法国拉马耶赖市广场（Agence Babylone, 2014）		①在城市与河流交界且人流较多的区域设置广场	·拉马耶赖市（La Mailleraye）滨河广场毗邻塞纳河而建,将污染的雨水径流经广场内池塘处理后排入河流水系,满足人流使用需求的同时,净化水质; ·收集雨水、缓解内涝、净化雨水
			②与道路相邻边界种植湿生植物	·在沿途的道路周边种植湿地类多年生植被,过滤并吸收一部分由道路流向广场的雨水,可使流入河道的雨水更干净,缓解场地内的积水; ·收集雨水、缓解内涝、净化雨水
			③在广场中设置植物池塘网络	·在该广场中,地表径流和雨水可经过由多个小型植物池塘构成的网络,通过植被的过滤使其变得更加纯净; ·收集雨水、缓解内涝、净化雨水、雨水循环利用
			④在滨河广场顺应地形设置逐渐下沉空间	·广场通过逐渐下沉的空间与河流衔接,使得降水可顺应地势排向河流,在满足人的亲水需求的同时,避免了场地内涝; ·收集雨水、缓解内涝
	德国弗莱堡市扎哈伦广场(Ramboll Studio,2009)		①广场使用透水材质铺设地面	·广场结合内部景观,采用颜色形式多样的透水铺装,美观的同时可有效控制地面雨水积水,缓解排水管网负担; ·收集雨水、缓解内涝
			②在广场块状硬质铺装之间预留植物生长的缝隙	·广场铺地运用大量表面粗糙的砖石,且砖石之间留有缝隙,植物可在砖石缝隙间的泥土中生长,加速雨水排出;活动场地采用面积较大的铺装材料,铺装之间留有一定空间,构成种植池; ·收集雨水、缓解内涝、降低对植被生境的干扰、丰富体验路径
			③结合种植池设置地下砂石沟渠	·广场区域创建了一个地表防洪区;种植池提供了渗透点,收集场地内的雨水;雨水经地下砂石沟渠净化后,补给地下水位; ·收集雨水、缓解内涝、净化雨水、雨水的循环利用
	荷兰鹿特丹水广场(De urbansten, 2013）		广场中依据储水需求设置下沉空间	·水广场由大小不同、深度各异的3个下沉空间组成;下沉空间在常规天气里,保持干燥,作为公共活动空间;在降雨时临时充当雨水存储空间,避免了暴雨期间城市区域的地面积水; ·收集雨水、缓解内涝

类型	名称	图纸	具体设计手段	解析+目标
雨水收集与利用型	德国柏林波茨坦广场 (Renco Panio, 1990)		在广场中设置可以联通循环的水景体系	·广场水景观依次设置喷泉水景、人工湖、水阶梯，组成联通的水循环系统，收集储蓄广场区域内的雨水； ·调节温度、优化服务设施
气候适应型	北京朝阳亿利生态广场		①在建筑的冬季风背风向设置广场	·亿利生态广场位于北京朝阳CBD建筑群的东南侧，选址于冬季西北风背风向，可以有效避免冬季风的侵袭，营造相对稳定的广场小气候； ·调节温度、调节局地风
			②在广场的休闲娱乐区设置水深不超过30cm的水景	·在广场的水景区域，设置水深不超过30cm的水池，周边设置座椅；小型喷泉可以有效调节场地温湿度，并为公众提供娱乐场所，保证广场气候适宜，满足人们的亲水需求； ·调节温度、调节湿度、优化服务设施
			③广场休息区设置大规模种植池	·在广场的休息区，大规模种植池与休息空间穿插设置，有效遮挡烈日或寒风，为人群提供荫蔽，营造舒适小气候； ·降低对植被生境的干扰、加强植物群落的连续性
			④广场采用渗水粗糙材料进行铺地	·广场铺装均采用透水混凝土铺装，粗糙的材质可以减少地表对太阳辐射的反射，从而达到降低温度的作用，提高人体舒适度； ·降低光污染、调节温度、完善安全措施
			⑤广场与道路交界处设置草坪覆盖的斜坡	·广场临街侧采用覆草斜坡的种植形式形成绿化隔离带；由街道吹来的风经斜坡植物过滤净化，很好地隔离了来自路面的噪声与光污染；倾斜的地势可调节局地风，使广场内部小气候舒适宜人； ·降低光污染、规避不利于人类健康的因素、净化空气、降低噪声污染
			⑥广场休息区种植行列状高密度乔木	·在广场休息区带状种植池中，对白蜡树进行行列种植，浓密的树冠可以有效地遮挡阳光，降低休息场地温度，增加湿度，净化空气； ·调节温、湿度，净化空气
			⑦广场休息区多种植灌木、乔木，减少草坪比例	·休息区以乔木与灌木种植为主，草坪所占比例较低，可以有效减少灌溉用水，节约水资源，营造美观的乔灌景观； ·改善场地土质、节约资源、丰富体验路径
			⑧在广场的构筑物或建筑上进行垂直绿化和屋顶绿化	·在停车场的屋顶上做绿化种植，净化来往车辆散发的尾气，起到净化空气的作用；建筑立面种植攀缘植物，增加竖向绿化，提高绿化比例，调节小气候； ·净化空气、调节温、湿度

MANNER
城市生态广场的手法集合

通过上述案例剖析，结合理论知识，我们对生态设计手段进行归纳，并通过生态学原理验证，总结其空间原型后，得出以下生态设计手法（表 12.5 ~ 表 12.7）。

表 12.5 城市生态广场选址手法集合

| 选址 |   | **1. 选址于自然体边缘**
位于自然体边缘的广场将城市环境与自然环境联系起来，作为过渡区，净化来自城市的物质流、能量流 | | **2. 选址于建筑背风向**
广场选址于冬季风方向的背风向处，避免凛冽寒风对广场气温的削减，提供舒适宜人的环境 |

表 12.6 城市生态广场布局设计手法集合

| 整体格局 | 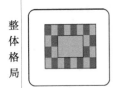 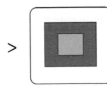 | **1. 冷热源交替**
水体是夏季冷源，硬质铺装为热源；广场布局冷热源交替，调节内部温度 |  | **2. 外密内疏**
广场采用外部众多小空间，内部单一大空间的布局形式；内部开阔空间处于广场中心，远离建筑，成为避难场所 |
| 边界围合 | 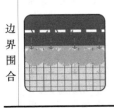  | **3. 边界净化带**
道路地表径流进入广场时，经周边植被吸收，可缓解内涝；由道路吹向广场的空气经植物过滤，减少浮尘及汽车尾气 | | **4. 覆草斜坡**
在广场周边设置具有一定倾斜角度的草坪，斜坡状的草地净化并湿润由道路吹来的气流，隔绝吸收一部分交通噪声 |

表 12.7 城市生态广场详细设计手法集合

| 空间路网组织 |  | **1. 休憩空间结合水景**
在广场中设置结合水景的休憩小空间，增加空气湿度，调节温度，提供更舒适宜人的休憩环境 | | **2. 植物围合封闭空间**
在广场中用遮阴乔木围合出一定的封闭空间，可带来较明显的降温增湿效果，规避阳光直射，增加场地私密性 |
| | 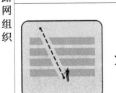 | **3. 便捷路线**
广场内设置最短行走路线，避免因抄近道而出现穿行种植区的现象，从而避免植物被踩踏，保证植物群落正常生长，提高通达度 | 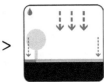 | **4. 下沉空间**
广场中的下沉空间，在城市强降雨时，可以汇集存储雨水；在晴朗天气，可为人们提供休息娱乐的空间，丰富景观体验 |

绿化设计	>	**5. 乔木行列种植** 广场中行列种植分支点低、冠径大的常绿松柏类乔木，降低风速，阻挡寒风，改善局部小气候
	 > 	**6. 连续大规模种植池** 在广场中设置连续大规模的种植池，形成复杂的群落体系；丰富土壤基质，促进植物群落生长，增加其稳定性
	 > 	**7. 立体绿化** 在广场建筑或构筑物上种植攀缘植物，可以有效增加场地绿量，净化空气，调节碳氧平衡
	> 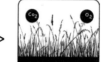	**8. 高固碳量植物景观** 使用固碳量高的植物，如乔木使用油松、旱柳等，灌木使用紫叶矮樱、丁香等，地被草花使用鸢尾、月季等，提高固碳量，维持碳氧平衡
	 > 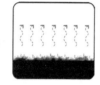	**9. 增大乔灌覆盖面积** 在植物种植选择上，以乔木、灌木为主，减少使用地被植物，可以节约灌溉用水，方便养护
	 >	**10. 高郁闭度乔木** 选择冠径大、郁闭度高的乔木，可以减少太阳对地表的直射，有效降温增湿，调节小气候

水体设计	 >	**11. 联通集水体系** 多个湿地池塘构成网络，从多方面收集雨水，池塘中的植物可对水质起到净化作用
	> 	**12. 浅水景观** 广场中设置水深小于30cm的可触水景，满足人亲水需求的同时，避免发生意外

铺地设计及服务设施	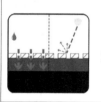 > 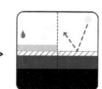	**13. 粗糙透水铺地** 透水铺地可在一定程度上缓解场地内涝，粗糙的砖石避免强光反射而造成的不适感
	>	**14. 预留砖缝** 加宽铺装缝隙，利于雨水排出。缝隙中的植物增加绿量，促进小气候调节。砖缝形成微小的廊道，利于种子传播以及昆虫迁徙
	> 	**15. 无边界道路** 无边界的道路铺装与景观相结合，可以有效避免道路积水，且游人可近距离接触景观植物，调节身心
	 > 	**16. 集水屋顶** 屋顶设置漏斗状构造，收集雨水，减少地面的雨水量，缓解内涝，并将所得雨水重新利用，灌溉广场植物

■ 城市生态广场的生态手法参考空间组合

　　城市生态广场手法组合是将数条生态手法综合得到较优空间组合模式。相较于孤立的生态手法，手法组合能够更具体和系统地指导设计实践，更容易达到生态目标。针对不同尺度的生态广场，笔者总结出2个典型手法组合（图12.3、图12.4）。

A ①逐级下沉空间 + ②联通水系 + ③边界净化带
生态目标：收集雨水、缓解内涝、净化雨水、缓解内涝、规避不利于人类健康的因素

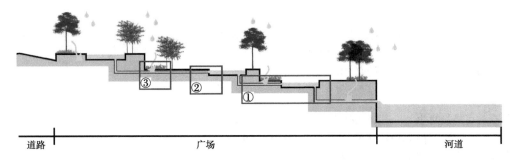

道路　　　　　　　　广场　　　　　　　　河道

▲ 图 12.3 以雨水收集与处理为主要目标的广场布局设计手法参考空间组合

B ①落叶乔木与座椅结合 + ②结合水景的休憩小空间 + ③水深小于 30cm 的可触水景 + ④高郁闭度乔木
生态目标：调节温、湿度，优化服务设施

▲ 图 12.4 以调节小气候为主要目标的休憩空间设计手法参考空间组合

■ 参考文献

芦原义信, 尹培桐 . 1984. 街道的美学 (续一)[J]. 新建筑 , (03):56–65.

李晓敏 . 2007. 城市的建筑色彩控制研究 [D]. 华中科技大学 .

刘琳琳 . 2006. 城市雨水资源化研究与应用 —— 以沈阳市浑南新区慧缘馨村小区为例 [D]. 沈阳农业大学 .

罗佳 . 2015. 低影响开发系统在园林景观道路中的应用 [J]. 现代园艺 , (12):112–113.

周勤 . 2015. 海绵城市技术导向下的悦来生态城控规层面规划策略研究 [D]. 重庆大学 .

■ 案例来源

曹宇 . 2018. 城市高密度聚集区公共空间景观的可持续再生 —— 以西安地区为例 [D]. 陕西：西安建筑科技大学 .

魏平 , 熊瑶 , 窦逗 . 2018. 浅析城市广场的起源及未来设计趋势 [J]. 大众文艺 , 445(19):55–56.

梁维 . 2012. 城市广场地面铺装材料选择与功能研究 [D]. 湖南 : 中南林业科技大学 .

赵宏宇 , 李耀文 .2017. 通过空间复合利用弹性应对雨洪的典型案例 —— 鹿特丹水广场 [J]. 国际城市规划 ,32(04):145–150.

张文辉 , 张如真 .2017. 广场设计中的 "海绵城市" 应用 —— 柏林波茨坦广场案例分析 [J]. 建筑节能 ,45(10):80–83+87.

何涛 . 2012. 北京城市广场规划设计导则研究 [D]. 北京：北京建筑工程学院 .

董凌月 . 2014. 基于绿色城市设计视角下的城市广场空间形态研究 [D]. 河北工业大学 .

■ 思想碰撞

　　对城市生态广场的定义，笔者强调将传统广场 "对生态的干扰降到最低，或者对一些城市生态问题起到缓解作用"，其实质就是广义的 LID（低影响开发）理念。那么用 "生态广场" 这个概念是否合适？应用各种广场生态手法，能否将广场对于生态环境的干扰降低到 "0"，即设计出 "零干扰广场" "零影响广场"？能否通过广场建设提升城市生态系统的功能，增加城市生物多样性？

■ 专题编者

| 岳邦瑞 | 费凡 | 周雅吉 | 王佳楠 | 颜雨晗 | 李思良 |

城市生态住区

诗意地栖居在大地上 13讲

  德国哲学家马丁·海德格尔（Martin Heidegger）说："人生的本质是一首诗，人是应该诗意地栖居在大地上的"。误入桃花源，感受田园生活的悠然，隐居瓦尔登湖畔，感受与大自然水乳交融的安逸。无论生活多么拥挤，都要留出一片温暖的港湾安放我们的心灵，安放诗意的人生。让我们回归自然的栖居，重拾内心的安详与宁静，呼唤对自然的热爱与尊重……

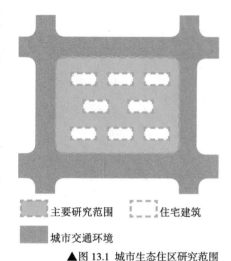

■ 城市生态住区的内涵与类型

1. 城市生态住区的内涵

城市生态住区是城市、镇范畴内符合可持续发展要求、充分体现节约资源与能源、减少环境负荷和创造健康舒适居住环境的原则，与周围生态环境相协调的各种类型、各种规模居住及其环境的总称（王瀚卿，2015）。依据城市住区相关理论研究，笔者将城市生态住区研究范围界定为住区环境中的外环境（图 13.1）。住区外环境是相对于建筑室内环境而言的外部环境，或称为室外居住环境。其内涵是指以居住者为主体，在其周围对居住生活造成影响的一切室外事物的总和（郭恩章 等，2004）。居住区外环境空间构成要素很多，如道路、广场、植被、基础设施、小品等。

2. 城市生态住区的类型

按不同的生态效益，城市生态住区被分为低碳住区、健康住区和绿色住区，各类型的具体特征、目标如下（表 13.1）。

| 主要研究范围 | 住宅建筑 |
| 城市交通环境 | |

▲图 13.1 城市生态住区研究范围

表 13.1 城市生态住区的类型

类型	特征	目标
低碳住区	从低碳经济方面来谈，低碳住区是低碳经济模式下生活方式、生产方式和价值观念的变革；从减少碳排放的方面来谈，低碳住区是要将住区内的所有活动产生的碳排放降到最低；从可持续发展的方面来谈，要以可持续的观念来改变民众的行为模式，来降低能源消耗，减少二氧化碳的排放（黄文娟 等，2010）	节约资源、减少污染
健康住区	健康住区的总体建设要求是为居民构建健康舒适的居住环境，要将以人为本作为住区建设的出发点，要能同时满足居民的身心健康要求；在住区景观规划设计上，要以保障居民安全、促进居民健康、提升住区舒适体验为指导方向来建设住区（谢浩，2012）	创造健康、舒适的居住环境
绿色住区	绿色住区是指人与自然和谐的环保住区，它实现了自然和技术的恰当融合，避免了因为人为促发的自然灾害和生态破坏对人类生存环境的破坏，实现了各种资源的优化配置，从而营造出一种以人为本为理念，以"绿色"经济为基础、"绿色"社会为内涵的生态建筑体系（刘晓者，2012）	与生态环境相融合

■ 城市生态住区的发展历程与生态目标

1. 城市生态住区的发展历程

住区的发展建设始终伴随着城市的发展，最初的现代住区设计萌芽于 19 世纪上半叶。随着社会环境的变化，西方各个国家开始对住区建设进行改革，住区的建设理念从满足人的使用不断转向可持续发展导向的生态住区建设。国内城市住区的生态设计起步较晚，在此不作赘述，主要将国外城市住区的生态设计分为三个阶段，并在下表中展开详述（表 13.2）。

表 13.2 城市生态住区规划设计的发展历程

发展阶段	代表事件	具体内容
萌芽阶段（19世纪末）	·1898年，霍华德在《明天的田园城市》专著中提出"田园城市"的设想	埃比尼泽·霍华德(Ebenezer Howard)指导城市生态建设的理论开始出现，"田园城市"理念重视居住空间的生态环境，并且提出将城市中各个系统重新组合和联系，希望通过城市与乡村相互借鉴彼此优点的方式，来解决城市环境恶化的问题，并且使城市纳入一个更大的系统之中
探索阶段（20世纪初~20世纪80年代）	·1947年英国伦敦的哈罗新城规划建设；·1970年美国亚利桑那州阿科桑底城的规划建设	这一时期生态规划思想开始引入居住区规划设计中；城市住区环境的建设开始受到人们重视，住区规模得到合理控制，并在此基础上保证绿化的系统性和完整性，通过城市建设的高度集中，提高住区生态能源的使用率，减少热能消耗
发展阶段（20世纪80年代至今）	·2005年理查德·瑞杰斯特(Richard Register)特出版了《生态城市伯克利》	人类在探索中逐渐形成对生态住区的认识：城市及城市中的人、各种生物及其环境，都是生态系统的有机组成部分，应该将居住区作为一个整体的生态体系来看待；同时，居住区生态空间的设计、生态系统的稳定性也越来越受到重视

2. 城市生态住区的生态目标

根据城市住区现存的实际问题及可持续发展的政策导向，总结出以下以构建可持续发展的城市生态住区为总体目标的生态目标体系（表13.3）。

表 13.3 城市生态住区规划设计的生态目标

一级目标	二级目标	三级目标	四级目标	现状问题
建设城市生态住区	保护资源、节约资源、减少污染	资源节约与利用	提高土地节约集约利用	住房布局不合理，占用大量土地资源
			雨水的收集与利用	住区雨天地表径流量大，雨水不能有效循环利用
		调控能量	降低噪声	城市各类噪声给住区居民带来负面影响
			减少热量消耗	住宅布局设计不合理，热量未得到有效利用
		自然资源保护	保护自然植被	住区建设侵占并污染自然土壤，破坏自然植被生存条件
			保护未开发土壤	住区选址布局不合理危害生态环境
			保护自然水体	城市住区的建设阻断自然水体的连通
	创造舒适、健康的居住环境	保障人类安全	避免自然灾害	前期分析不到位，住区选址在自然灾害区
			保障交通安全	住区内的车行交通没有受到合理管制
		提升住区舒适体验	改善住区风环境	密集的住区高层建筑引起狭管效应，使住区风环境恶化
			改善住区光照环境	住宅朝向不合理，导致房屋西晒
			创造舒适居住环境	住区环境建设背离人们的实际需要，忽视人文体验
	生物保护与发展	保护生物多样性	保持人工植被稳定性	城市住区植被对人工管理的依赖性过高
			为动物提供良好生境	城市住区生境单一，不能满足动物的生存需求

■ 城市生态住区的设计程序与研究框架

1. 城市生态住区的规划设计程序

传统城市住区的规划设计程序往往将景观设计放在最后考虑，这大大限制了景观设计师的发挥，也很难达到生态设计的要求。故笔者将传统城市住区规划设计步骤与既有研究中的城市生态住区规划设计程序进行结合，得出了如下规划设计步骤，用以指导城市生态住区实践（图13.2）。

其中，与笔者研究的生态手法相关的内容主要包括：①前期策划研究中的选址定位；②规划布局研究中的景观格局规划和功能结构规划；③修建性详细规划中有关公共服务设施、绿化景观、道路交通、住宅规划各系统的内容。

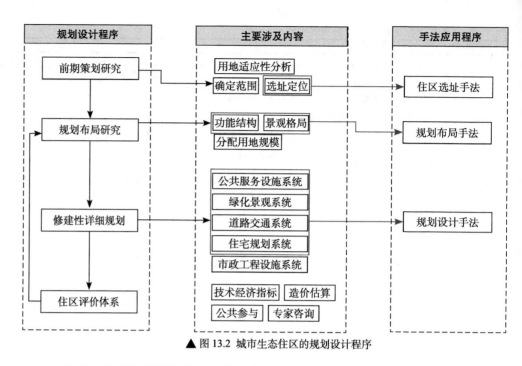

▲ 图 13.2 城市生态住区的规划设计程序

2. 城市生态住区规划设计的研究框架

本讲结合上述城市生态住区规划设计程序制定了城市生态住区案例的研究框架，不同类型的案例都可按照此研究步骤进行分析（图 13.3）。

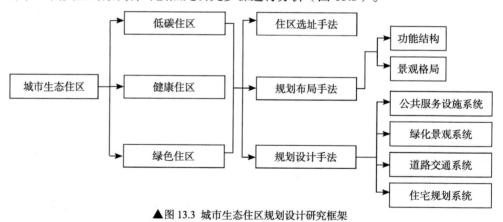

▲ 图 13.3 城市生态住区规划设计研究框架

CASE
城市生态住区案例解析

■ 多案例解析

运用上述案例分析框架，进行多案例剖析，本部分研究案例共 11 个，其中包括国内案例 5 个，国外案例 6 个（表 13.4）。

表 13.4 城市生态住区案例研究汇总

类型	名称	图纸	具体设计手段	解析 + 目标
	德国阿卡迪亚温嫩登气候适应型社区		①选址位于莱茵河上游，与易发生洪涝的下游区域保持一定距离	·社区选址时对周边环境的消极影响采取主动措施，考虑到洪泛情况，主动与河流保持安全距离，远离危险； ·避免自然灾害
			②社区内沿道路设置明渠，内置砂石	·社区内在道路旁设置浅凹明渠，将住宅旁道路积蓄的雨水引流至社区旁的河道，减少地表积水，同时合理收集、利用水资源； ·雨水的收集与利用
			③沿住宅设置雨水引流设施	·沿住宅墙角设置雨水引流设施，收集来自建筑屋顶的雨水，汇入地下水池，实现水资源的合理利用； ·雨水的收集与利用
低碳住区	英国贝丁顿零碳社区		①社区内的住宅呈紧密式布局	·各建筑物紧凑相邻，最大限度地减少建筑的总散热面积，以在寒冷季节为室内提供足够的温度御寒，同时减少碳排放量； ·减少热能消耗
			②社区内的住宅采用退台式建筑	·退台式建筑逐层缩进，为下一层公寓营造露台或花园，提高土地利用率，丰富景观层次，提高舒适度； ·提高土地节约集约利用、创造舒适的居住环境
	武汉百步亭低碳社区		①启动区选址于城市上风向	·启动区位于后湖组团内，后湖组团整体位于武汉东北三环内，城市常年盛行东北风，通过地理优势可减少城市空气污染对小区的影响； ·创造舒适的居住环境
			②混合利用土地资源，综合布局功能分区	·百步亭社区将完善的社区公共服务设施与居住建设同步实施，降低交通出行等生活成本和能耗，合理利用土地资源； ·提高土地节约集约利用

续表

类型	名称	图纸	具体设计手段	解析+目标
低碳住区	武汉百步亭低碳社区	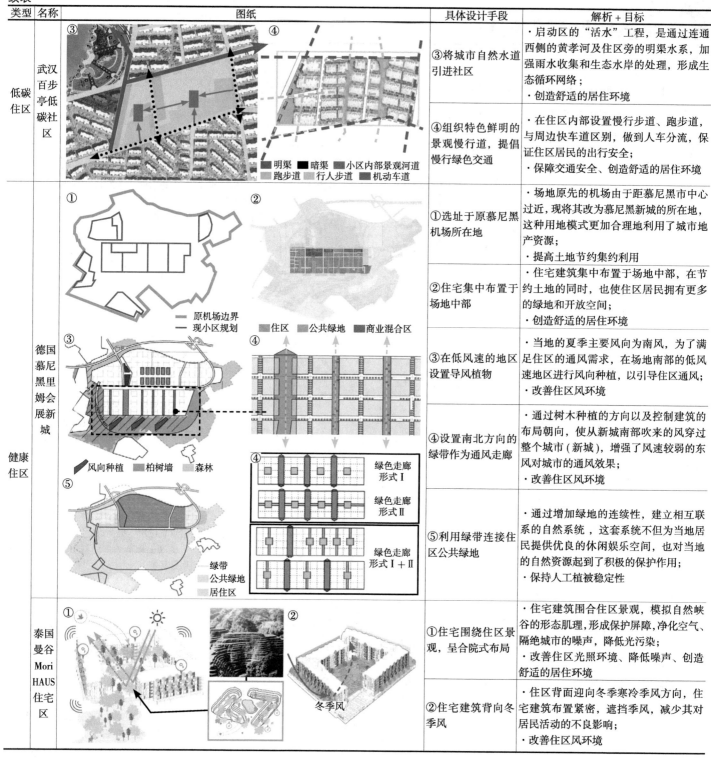	③将城市自然水道引进社区	·启动区的"活水"工程，是通过连通西侧的黄孝河及住区旁的明渠水系，加强雨水收集和生态水岸的处理，形成生态循环网络； ·创造舒适的居住环境
			④组织特色鲜明的景观慢行道，提倡慢行绿色交通	·在住区内部设置慢行步道、跑步道，与周边快车道区别，做到人车分流，保证住区居民的出行安全； ·保障交通安全、创造舒适的居住环境
健康住区	德国慕尼黑里姆会展新城		①选址于原慕尼黑机场所在地	·场地原先的机场由于距慕尼黑市中心过近，现将其改为慕尼黑新城的所在地，这种用地模式更加合理地利用了城市地产资源； ·提高土地节约集约利用
			②住宅集中布置于场地中部	·住宅建筑集中布置于场地中部，在节约土地的同时，也使住区居民拥有更多的绿地和开放空间； ·创造舒适的居住环境
			③在低风速的地区设置导风植物	·当地的夏季主要风向为南风，为了满足住区的通风需求，在场地南部的低风速地区进行风向种植，以引导住区通风； ·改善住区风环境
			④设置南北方向的绿带作为通风走廊	·通过树木种植的方向以及控制建筑的布局朝向，使从新城南部吹来的风穿过整个城市（新城），增强了风速较弱的东风对城市的通风效果； ·改善住区风环境
			⑤利用绿带连接住区公共绿地	·通过增加绿地的连续性，建立相互联系的自然系统，这套系统不但为当地居民提供优良的休闲娱乐空间，也对当地的自然资源起到了积极的保护作用； ·保持人工植被稳定性
	泰国曼谷Mori HAUS住宅区		①住宅围绕住区景观，呈合院式布局	·住宅建筑围合住区景观，模拟自然峡谷的形态肌理，形成保护屏障，净化空气、隔绝城市的噪声，降低光污染； ·改善住区光照环境、降低噪声、创造舒适的居住环境
			②住宅建筑背向冬季风	·住区背面迎向冬季寒冷季风方向，住宅建筑布置紧密，遮挡季风，减少其对居民活动的不良影响； ·改善住区风环境

续表

类型	名称	图纸	具体设计手段	解析＋目标
健康住区	泰国曼谷Mori HAUS住宅区	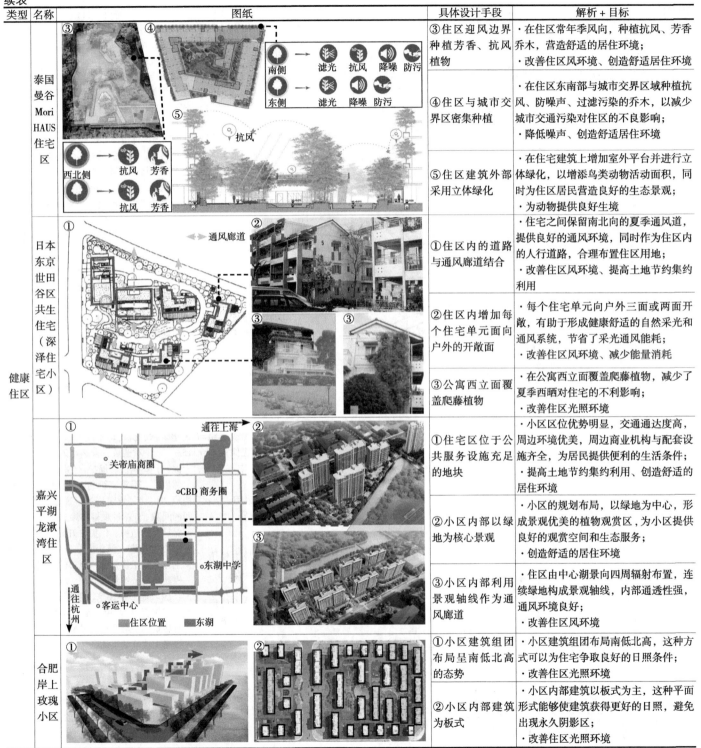	③住区迎风边界种植芳香、抗风植物	·在住区常年季风向，种植抗风、芳香乔木，营造舒适的居住环境； ·改善住区风环境、创造舒适居住环境
			④住区与城市交界区密集种植	·在住区东南部与城市交界区域种植抗风、防噪声、过滤污染的乔木，以减少城市交通污染对住区的不良影响； ·降低噪声、创造舒适居住环境
			⑤住区建筑外部采用立体绿化	·在住宅建筑上增加室外平台并进行立体绿化，以增添鸟类动物活动面积，同时为住区居民营造良好的生态景观； ·为动物提供良好生境
	日本东京世田谷区共生住宅（深泽住宅小区）		①住区内的道路与通风廊道结合	·住宅之间保留南北向的夏季通风道，提供良好的通风环境，同时作为住区内的人行道路，合理布置住区用地； ·改善住区风环境、提高土地节约集约利用
			②住区内增加每个住宅单元面向户外的开敞面	·每个住宅单元向户外三面或两面开敞，有助于形成健康舒适的自然采光和通风系统，节省了采光通风能耗； ·改善住区风环境、减少能量消耗
			③公寓西立面覆盖爬藤植物	·在公寓西立面覆盖爬藤植物，减少了夏季西晒对住宅的不利影响； ·改善住区光照环境
	嘉兴平湖龙漱湾住区		①住宅区位于公共服务设施充足的地块	·小区区位优势明显，交通通达度高，周边环境优美，周边商业机构与配套设施齐全，为居民提供便利的生活条件； ·提高土地节约集约利用、创造舒适的居住环境
			②小区内部以绿地为核心景观	·小区的规划布局，以绿地为中心，形成景观优美的植物观赏区，为小区提供良好的观赏空间和生态服务； ·创造舒适的居住环境
			③小区内部利用景观轴线作为通风廊道	·住区由中心湖景向四周辐射布置，连续绿地构成景观轴线，内部通透性强，通风环境良好； ·改善住区风环境
	合肥岸上玫瑰小区		①小区建筑组团布局呈南低北高的态势	·小区建筑组团布局南低北高，这种方式可以为住宅争取良好的日照条件； ·改善住区光照环境
			②小区内部建筑为板式	·小区内部建筑以板式为主，这种平面形式能够使建筑获得更好的日照，避免出现永久阴影区； ·改善住区光照环境

续表

类型	名称	图纸	具体设计手段	解析 + 目标
健康住区	合肥岸上玫瑰小区	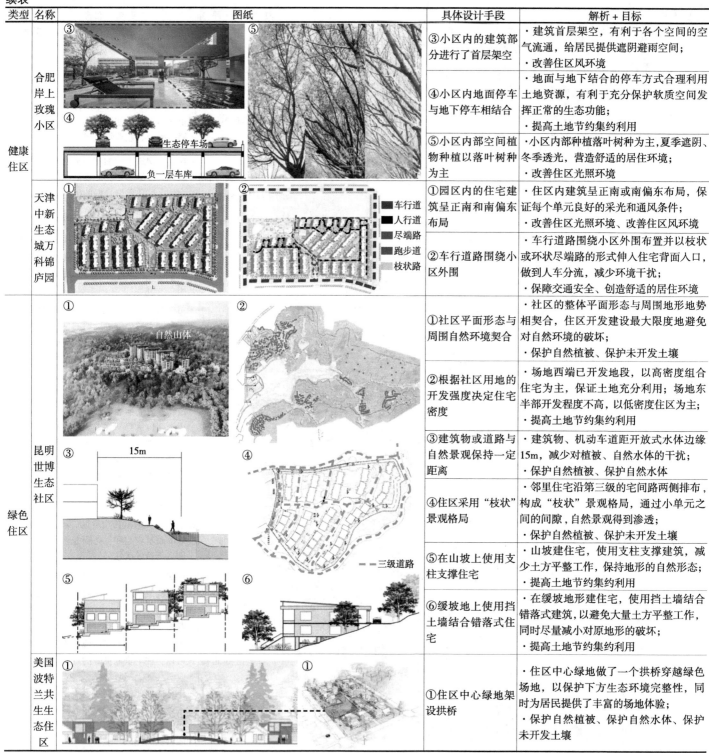	③小区内的建筑部分进行了首层架空	·建筑首层架空，有利于各个空间的空气流通，给居民提供遮阴避雨空间； ·改善住区风环境
			④小区内地面停车与地下停车相结合	·地面与地下结合的停车方式合理利用土地资源，有利于充分保护软质空间发挥正常的生态功能； ·提高土地节约集约利用
			⑤小区内部空间植物种植以落叶树种为主	·小区内种植落叶树种为主，夏季遮阴、冬季透光，营造舒适的居住环境； ·改善住区光照环境
	天津中新生态城万科锦庐园		①园区内的住宅建筑呈正南和南偏东布局	·住区内建筑呈正南或南偏东布局，保证每个单元良好的采光和通风条件； ·改善住区光照环境、改善住区风环境
			②车行道路围绕小区外围	·车行道路围绕小区外围布置并以枝状或环状尽端路的形式伸入住宅背面入口，做到人车分流，减少环境干扰； ·保障交通安全、创造舒适的居住环境
绿色住区	昆明世博生态社区		①社区平面形态与周围自然环境契合	·社区的整体平面形态与周围地形地势相契合，住区开发建设最大限度地避免对自然环境的破坏； ·保护自然植被、保护未开发土壤
			②根据社区用地的开发强度决定住宅密度	·场地西端已开发地段，以高密度组合住宅为主，保证土地充分利用；场地东半部开发程度不高，以低密度住区为主； ·提高土地节约集约利用
			③建筑物或道路与自然景观保持一定距离	·建筑物、机动车道距开放式水体边缘15m，减少对植被、自然水体的干扰； ·保护自然植被、保护自然水体
			④住区采用"枝状"景观格局	·邻里住宅沿第三级的宅间路两侧排布，构成"枝状"景观格局，通过小单元之间的间隙，自然景观得到渗透； ·保护自然植被、保护未开发土壤
			⑤在山坡上使用支柱支撑住宅	·山坡建住宅，使用支柱支撑建筑，减少土方平整工作，保持地形的自然形态； ·提高土地节约集约利用
			⑥缓坡地上使用挡土墙结合错落式住宅	·在缓坡地形建住宅，使用挡土墙结合错落式建筑，以避免大量土方平整工作，同时尽量减小对原地形的破坏； ·提高土地节约集约利用
	美国波特兰共生生态住区		①住区中心绿地架设拱桥	·住区中心绿地做了一个拱桥穿越绿色场地，以保护下方生态环境完整性，同时为居民提供了丰富的场地体验； ·保护自然植被、保护自然水体、保护未开发土壤

MANNER
城市生态住区的生态手法集合

通过上文对案例的剖析与验证，本部分对其中的具体设计手段进行进一步的提炼与归纳，提出城市生态住区规划设计中的生态手法集合（表 13.5 ~ 表 13.7）。

表 13.5 低碳住区中生态手法汇总

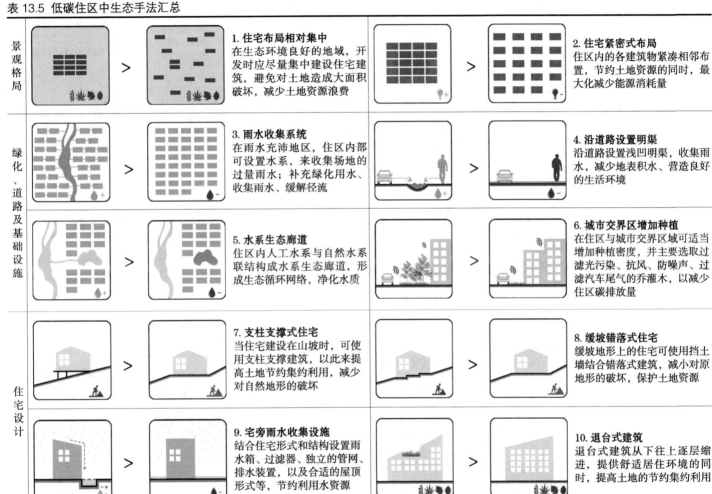

景观格局	**1. 住宅布局相对集中** 在生态环境良好的地域，开发时应尽量集中建设住宅建筑，避免对土地造成大面积破坏，减少土地资源浪费	**2. 住宅紧密式布局** 住区内的各建筑物紧凑相邻布置，节约土地资源的同时，最大化减少能源消耗量
绿化、道路及基础设施	**3. 雨水收集系统** 在雨水充沛地区，住区内部可设置水系，来收集场地的过量雨水，补充绿化用水、收集雨水、缓解径流	**4. 沿道路设置明渠** 沿道路设置浅凹明渠，收集雨水，减少地表积水、营造良好的生活环境
	5. 水系生态廊道 住区内人工水系与自然水系联结构成水系生态廊道，形成生态循环网络，净化水质	**6. 城市交界区增加种植** 在住区与城市交界区域可适当增加种植密度，并主要选取过滤光污染、抗风、防噪声、过滤汽车尾气的乔灌木，以减少住区碳排放量
住宅设计	**7. 支柱支撑式住宅** 当住宅建设在山坡时，可使用支柱支撑建筑，以此来提高土地节约集约利用，减少对自然地形的破坏	**8. 缓坡错落式住宅** 缓坡地形上的住宅可使用挡土墙结合错落式建筑，减小对原地形的破坏，保护土地资源
	9. 宅旁雨水收集设施 结合住宅形式和结构设置雨水箱、过滤器、独立的管网、排水装置，以及合适的屋顶形式等，节约利用水资源	**10. 退台式建筑** 退台式建筑从下往上逐层缩进，提供舒适居住环境的同时，提高土地的节约集约利用

表 13.6 健康住区中生态手法汇总

选址	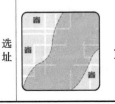 **1. 远离自然灾害区** 住区选址时应远离洪涝区、干旱区等消极区域，保证居民的居住安全	**2. 选址于服务设施完善地区** 住区选址尽量临近城市各类服务设施，尽可能缩短至目的地距离，优先满足步行者的出行需求，降低出行能耗

133

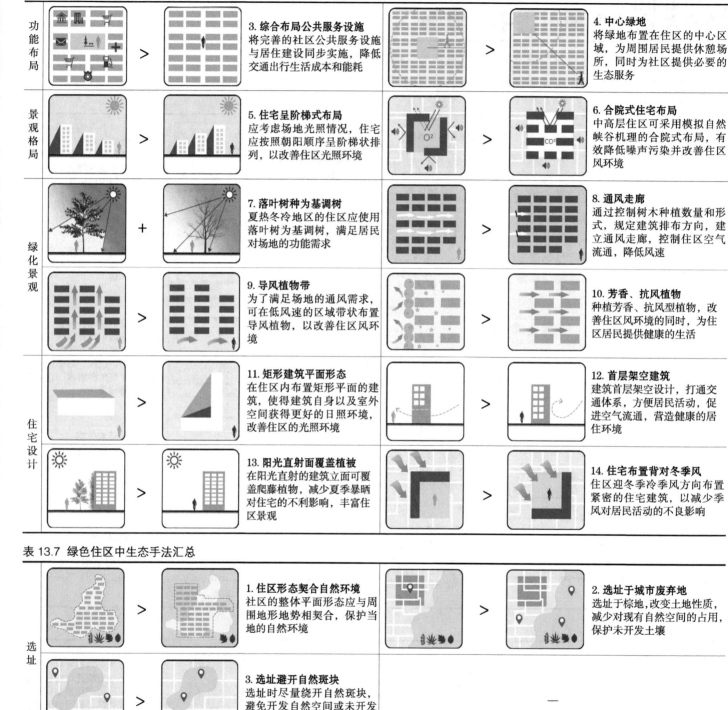

功能布局	**3. 综合布局公共服务设施** 将完善的社区公共服务设施与居住建设同步实施，降低交通出行生活成本和能耗	**4. 中心绿地** 将绿地布置在住区的中心区域，为周围居民提供休憩场所，同时为社区提供必要的生态服务
景观格局	**5. 住宅呈阶梯式布局** 应考虑场地光照情况，住宅应按照朝阳顺序呈阶梯状排列，以改善住区光照环境	**6. 合院式住宅布局** 中高层住区可采用模拟自然峡谷机理的合院式布局，有效降低噪声污染并改善住区风环境
绿化景观	**7. 落叶树种为基调树** 夏热冬冷地区的住区应使用落叶树为基调树，满足居民对场地的功能需求	**8. 通风走廊** 通过控制树木种植数量和形式，规定建筑排布方向，建立通风走廊，控制住区空气流通，降低风速
	9. 导风植物带 为了满足场地的通风需求，可在低风速的区域带状布置导风植物，以改善住区风环境	**10. 芳香、抗风植物** 种植芳香、抗风型植物，改善住区风环境的同时，为住区居民提供健康的生活
住宅设计	**11. 矩形建筑平面形态** 在住区内布置矩形平面的建筑，使得建筑自身以及室外空间获得更好的日照环境，改善住区的光照环境	**12. 首层架空建筑** 建筑首层架空设计，打通交通体系，方便居民活动，促进空气流通，营造健康的居住环境
	13. 阳光直射面覆盖植被 在阳光直射的建筑立面可覆盖爬藤植物，减少夏季暴晒对住宅的不利影响，丰富住区景观	**14. 住宅布置背对冬季风** 住区迎冬季冷季风方向布置紧密的住宅建筑，以减少季风对居民活动的不良影响

表 13.7 绿色住区中生态手法汇总

| 选址 | **1. 住区形态契合自然环境**
社区的整体平面形态应与周围地形地势相契合，保护当地的自然环境 | **2. 选址于城市废弃地**
选址于棕地，改变土地性质，减少对现有自然空间的占用，保护未开发土壤 |
| | **3. 选址避开自然斑块**
选址时尽量绕开自然斑块，避免开发自然空间或未开发土地，保护自然土地和植被 | — |

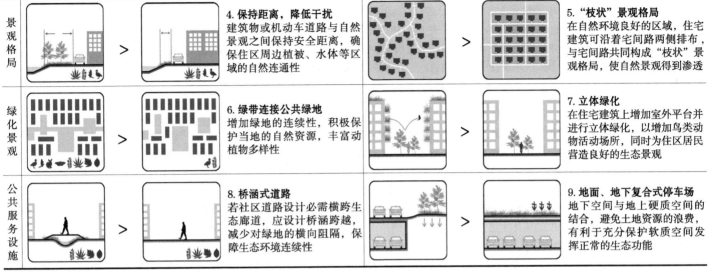

景观格局	**4. 保持距离，降低干扰** 建筑物或机动车道路与自然景观之间保持安全距离，确保住区周边植被、水体等区域的自然连通性	**5. "枝状"景观格局** 在自然环境良好的区域，住宅建筑可沿着宅间路两侧排布，与宅间路共同构成"枝状"景观格局，使自然景观得到渗透
绿化景观	**6. 绿带连接公共绿地** 增加绿地的连续性，积极保护当地的自然资源，丰富动植物多样性	**7. 立体绿化** 在住宅建筑上增加室外平台并进行立体绿化，以增加鸟类动物活动场所，同时为住区居民营造良好的生态景观
公共服务设施	**8. 桥涵式道路** 若社区道路设计必需横跨生态廊道，应设计桥涵跨越，减少对绿地的横向阻隔，保障生态环境连续性	**9. 地面、地下复合式停车场** 地下空间与地上硬质空间的结合，避免土地资源的浪费，有利于充分保护软质空间发挥正常的生态功能

■ 城市生态住区的生态手法参考空间组合

城市生态住区的空间组合是将适用条件相似的数条手法综合得到的空间组合模式，其相较于孤立的生态手法能够更具体和系统地指导设计实践。我们在实践中发现，在某一限定条件下，生态手法通常以组合的形式应用在设计中，以更好地达到生态目标。

故笔者以实践案例为基础，得出以下可操作性强、具备明确生态效益的手法组合，形成较优的空间组合模式（图13.4）。

①高层建筑首层架空＋②立体绿化＋③结合住宅设置雨水收集设施＋④沿慢行道设置明渠＋⑤地面、地下复合式停车场
生态目标：提高土地节约集约利用、雨水的收集与利用、改善住区风环境、创造舒适的居住环境

▲ 图13.4 城市生态住区生态手法参考空间组合

■ 参考文献

王瀚卿 .2015. 住区规划设计中的整体生态策略 [D]. 南京：南京工业大学 .

郭恩章，徐礼日，刘德明，金广君 等 .1993. 寒地居住区外环境质量研究 [R]. 哈尔滨：哈尔滨建筑大学 .

黄文娟，葛幼松，周权平 .2010. 低碳城市社区规划研究进展 [J]. 安徽农业科学，38（11）：5968–5970+5972.

谢浩 .2012. 以人为本思想在小区规划设计中的应用 [J]. 住宅科技 ,32(01):1–3.

刘晓者 .2012. 绿色住宅的发展 [J]. 民营科技 ,(12):313.

■ 案例来源

德国戴水道设计公司 .2013. 阿卡迪亚温嫩登气候适应型社区 [J]. 景观设计 ,(5):54–59.

王淑佳，唐淑慧，孔伟 .2014. 国外低碳社区建设经验及对中国的启示 —— 以英国贝丁顿社区为例 [J]. 河北北方学院学报 (社会科学版),(3):57–63.

武汉市江岸区国家可持续发展先进示范区办公室 .2010. 规划低碳新城启动区推动低碳城区建设 [C]. 中国可持续发展论坛 .

闵雷，熊贝妮 .2012. 宜居型社区规划策略研究 —— 以武汉低碳生态社区规划为例 [J]. 规划师 ,28(06):18–23.

王瀚卿 .2015. 住区规划设计中的整体生态策略 [D]. 南京：南京工业大学 .

孙雪榕 .2018.“城市森林”公寓 [J]. 风景园林 ,25(09):116–121.

刘京华，刘加平 .2010. 理解场地，尊重环境 —— 世田谷区共生住宅生态设计方法解析 [J]. 华中建筑 ,28(08):15–17.

北京维拓时代建筑设计有限公司 .2012. 城市环境设计 [J], (10):224–225.

刘岳坤 .2017. 城市住区景观微气候生态设计方法研究 [D]. 合肥：合肥工业大学 .

司丽娜 .2014. 基于绿色低碳理念的居住区规划设计研究 [D]. 天津：天津大学 .

高蕾 .2005. 城市生态住区景观规划设计研究 [D]. 昆明：昆明理工大学 .

瘦马 .2003. 格林森大街西北区 2281 号住宅，波特兰，俄勒冈州，美国 [J]. 世界建筑 (07):52–55.

■ 思想碰撞

　　本讲提出了一些含义接近的关联概念群，如生态住区、绿色住区及低碳住区等。类似的关联概念群还有很多，例如：生态建筑、绿色建筑、低碳建筑、零能耗建筑；低碳出行、绿色出行；绿色基础设施、生态基础设施；生态农业园区、绿色农业园区、有机农业园区等。你还能列举哪些？你能够准确区分“生态”和“绿色”的内涵和用法吗？

■ 专题编者

岳邦瑞　　　　　费凡　　　　　觊聚欣　　　　　颜雨晗

城市滨水空间
飞鸟与鱼的相遇 14讲

　　滨水地带是生命的摇篮，无论是人类还是其他生物，对水的喜爱都被深深地刻在基因深处。然而为了解决城市的防洪难题，为了满足人类的游憩和城市的美观需求，人与自然的亲密关系被无情地割裂，城市的滨水地带早已变成"无菌的通道"。为了让人们重新看到飞鸟与鱼儿怡然自乐的景象，景观设计师决定动起手来……

陆域 水域

植物林带
过渡域

陆域 水域

潜在游憩空间
过渡域

陆域 水域

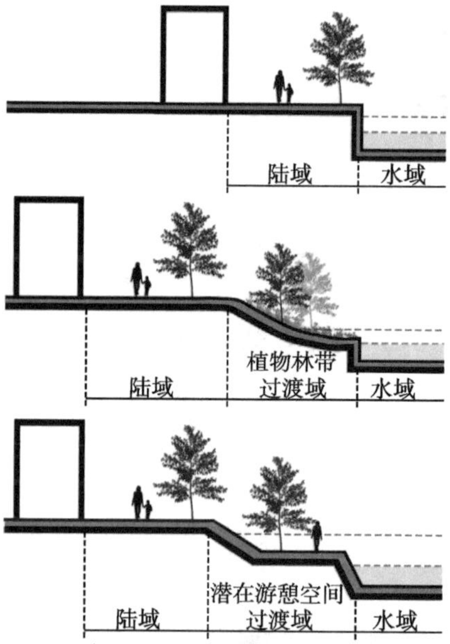

▲图 14.1 城市滨水空间范围示意图

(a) 生态恢复型：弥尔河公园和绿色廊道

(b) 低干扰型：清溪川滨水空间

▲图 14.2 不同类型的城市滨水空间

■ 城市滨水空间的内涵与类型

1. 城市滨水空间的内涵

城市滨水空间是指城市范围内陆域与水域相连的一定范围内的区域。它既是陆地的边缘，又是水体的边缘，在空间上一般是由水域空间、过渡域空间和与水体相邻近的城市陆域空间组成（金涛，杨永胜，2003）（图 14.1）。

依据城市滨水空间相关理论研究，笔者将本次城市滨水空间研究范围界定为：位于城市市区，以游憩功能为主的带状滨水空间，包括水陆过渡域空间、近水陆域空间两部分。过渡域空间是城市与自然区域的缓冲带，其主要功能包括维持水域边缘的原生状态，保护水质，为水生生物提供栖息地等（缪丹，2016）。陆域空间是过渡带以外的城市建设空间，常设置景观基础设施：道路、广场、景观小品等，服务于居民和游客，是主要的活动区域。

2. 城市滨水空间的类型

城市滨水空间按其毗邻的水体性质不同，可分为滨河（江）、滨湖和滨海空间。河流通常与城市生活人群最为接近，关系最为密切；而滨湖和滨海空间，由于其水域面积等因素，城市用地常沿一侧或环绕发展，与城市生活人群的关系相对疏远（李光耀，2015）。因此，本讲以城市滨河空间为主要研究对象。

城市滨水空间根据周边环境敏感度、生态功能的不同，可分为生态恢复型滨水空间、低干扰型滨水空间（图 14.2）：①生态恢复型滨水空间：城市水系在城市发展过程中遭到破坏，出现水体污染、水陆动植物多样性下降等生态问题。恢复城市滨水空间生态环境、提高生态系统稳定性、改善水质、恢复生物多样性是此类空间规划设计的主要任务；城市滨水带状湿地公园、城市河流绿道等都属于此类空间。②低干扰型滨水空间：对于生态敏感度较低但是生态环境良好的城市滨水空间，可以对其进行适度的开发，在不影响生态环境的基础上，引导人们进入良好的生态环境进行休憩、健身活动；滨水广场、滨水游步道等都属于此类空间。

■ 城市滨水空间的发展历程与生态目标

1. 城市滨水空间的发展历程

经过规划设计的城市滨水空间自 19 世纪后半叶开始出现，随着城市与时代的发展，人们对于滨水空间的使用需求也不断发生变化。其规划设计历程基本可以分为三个阶段（表 14.1）。

表 14.1 城市滨水空间规划设计的发展历程（陆兆蓓，2014）

发展阶段	代表事件	具体内容
发展阶段 （19世纪50年代~20世纪60年代）	·芝加哥格兰特公园（Grant Park）"草原河"的自然景观重建	滨水空间功能主要以休闲性质为主，运用自然主义形式和城市美化艺术理念作为理论指导，在设计中表现河道自然风光
复兴阶段 （20世纪60~90年代）	·波士顿历史滨水区开发； ·伦敦"码头区"水岸复兴	工业革命造成了滨水空间环境恶化且逐渐废弃，随着全球环境运动的高涨和生态意识的觉醒，美国及欧洲发达国家将闲置的滨水空间进行功能重组，规划为公共性的滨水公园；美国城市滨水空间注重恢复城市的原有自然风貌，而欧洲国家的滨水空间在规划设计上则以历史文化环境的保护与再生为核心
再开发阶段 （20世纪90年代至今）	·多伦多中央滨水区规划； ·横滨21世纪未来港(MM21)工程	该阶段的城市滨水空间规划设计逐步从单一的景观改造，拓展为滨水空间的景观格局与生态系统恢复的研究，强调生态、艺术和功能的结合；如从生态学的角度提出生态驳岸及缓冲带的建设、栖息地重建、游憩设施建设等一系列恢复滨水空间生态的方法，提升滨水空间物种多样性的同时，满足人们多样化的需求

2. 城市滨水空间的生态目标

随着城市化进程的推进，滨水空间受到不合理开发建设的强烈干扰，河流水文环境和城市生态环境遭到不同程度的破坏（图14.3）。城市滨水空间作为解决环境问题的重要载体，主要在生境修复与改善、生物保护与发展两个方面发挥作用。生境修复与改善指水质污染、土壤破坏、河流洪泛等的防治；生物保护与发展则指营造动物栖息地、增加植被覆盖率和动植物多样性，以及满足人的游憩需求等（表14.2）。

(a) 河流污染　　(b) 土壤资源破坏

 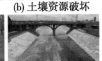
(c) 硬质驳岸破坏生物栖息地
▲图 14.3 城市滨水空间现状生态问题

表 14.2 城市滨水空间规划设计的生态目标

一级目标	二级目标	三级目标	四级目标	现状问题
维持滨水空间生态系统可持续性	生境修复与改善	调节气候	调节温度、缓解热岛效应	滨水空间两侧植物种植稀少，夏季地表温度过高
		保护土壤	减少土壤资源破坏	河岸坡度过陡，容易造成水土流失
		调蓄水文	净化水质	城市建设区域中的地表污水直接排入滨水空间，造成水质污染
			减少河流洪泛	垂直硬质堤岸侵占河道，使其变窄，且阻止径流自然下渗，造成洪水泛滥
			涵养水源	滨水空间的不透水铺装面积增多，造成地表水快速蒸发
		调控能量	降低噪声污染	陆域空间缺少连续乔木种植带，无法有效隔绝城市对滨水空间的噪声污染
	生物保护与发展	改善植物多样性	增加植物多样性	滨河两岸植物种植单一，多以乔木为主，整体观赏效果较差
			提高植被覆盖率	水域两岸植物带宽度过窄，且不连续
		改善动物多样性	增加动物多样性	滨水空间堤岸硬质面积较多，破坏动物生存空间
		促进人类健康	促进人类健康	滨水空间功能单一，缺乏组织和应用
			提升舒适体验	高大防洪堤阻隔滨水区和城市的联系，整体景观没有特色

■ 城市滨水空间的设计程序与研究框架

1. 城市滨水空间的设计程序

传统的城市滨水空间规划设计一般仅强调水系的防洪、水运、灌溉等功能，多采取传统的工程措施，较少考虑人的心理和生理需求。而城市滨水空间生态规划设计程序，从整个城市的景观系统出发进行滨水空间的景观规划，并合理分区，提供多样化的景观结构，将城市与滨水空间联系起来。故笔者得出了如下规划设计步骤，用以指导城市滨水空间实践（图14.4）。其中，与本讲研究的生态手法相关的内容主要包括布局研究中的景观格局规划和功能结构规划，以及详细设计中园林要素空间组织的所有内容。

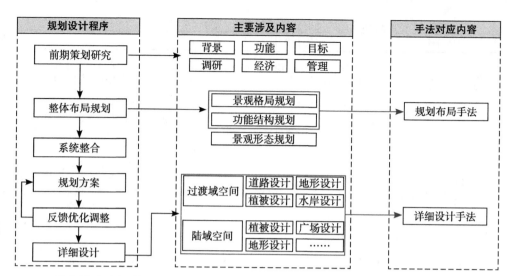

▶图 14.4 城市滨水空间的生态规划设计程序（改绘自李铮生，2006；丁圆，2010）

2. 城市滨水空间的研究框架

以上述城市滨水空间生态规划设计程序为主，结合城市滨水空间的类型、尺度、要素，制定了城市滨水空间生态规划设计研究框架（图 14.5）。本研究框架既可以用作案例分析研究，同时也可作为生态手法归纳框架。

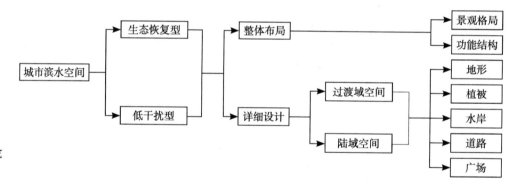

▶图 14.5 城市滨水空间生态规划设计的研究框架

CASE
城市滨水空间案例解析

■ 低干扰型滨水空间 —— 美国圣安东尼奥河滨水空间个案解析

圣安东尼奥河位于美国德克萨斯州内，河流全长 240 英里，流经 5 个县，然后与瓜达卢普河汇合并排入圣安东尼奥湾。2001 年的改造规划方案根据周边地块功能与用地情况对城市河段进行分段设计，通过不同的设计手段来协调城市建成区与河流生态系统的关系。该项目成功地将部分河流恢复自然状态，实现自然生态系统的修复，以提高生物多样性；同时，整合了周边城市资源，为城市居民及游客创造优质的游憩空间。

通过详细分析，笔者发现该案例在整体布局及详细设计方面均具备一定的生态特征，可分析提炼得到如下生态规划设计手段（表 14.3、表 14.4，图 14.6、图 14.7）。

表 14.3 美国圣安东尼奥河滨水空间整体布局手段分析

选址布局手段	案例解析	生态目标
根据周边地块功能及用地情况将滨水空间分段设计	图 14.6，将城市滨水空间划分为公园段、城市段、滨河步道段、自然段 4 段，自然段河道周边用地宽裕，采用自然化的设计形式；滨河步道段用地紧张，规划将河堤后退，以满足防洪要求，且获得可用的潜在游憩空间；城市段周边用地紧张，采用复式台阶、滨水步行道的设计形式；公园段邻近城市公园，与公园用地综合考量，将城市绿地设为滞洪蓄洪区等	· 增加植被覆盖率； · 增加动物多样性； · 提升舒适体验
在用地宽裕的河段拓宽植物缓冲带	图 14.6，在自然段滨河空间拓宽两岸绿地，形成绿色廊道，连接周边城市公园、高尔夫球场等绿地斑块，为动物提供迁移通道，同时增加"汇"景观面积，过滤净化周边地表径流	· 增加植物多样性； · 增加动物多样性； · 净化水质
在南段河流弯道外侧营造生物栖息地	图 14.6，在自然段滨河空间增加河流蜿蜒度，并重新引入河漫滩，在弯道内侧和水流缓和处营造生物栖息地	· 增加动物多样性
将邻近的城市绿地设为滞洪蓄洪区	图 14.7(a)，在公园段以及部分自然段滨河空间，连接周边的城市绿地，在洪汛期可作为滞洪蓄洪区域，减少河流洪泛威胁	· 减少河流洪泛

表 14.4 美国圣安东尼奥河滨水空间详细设计手段分析

具体设计手段	案例解析	生态目标
在紧邻城市建成区河段为拓宽河道断面后退堤岸	图 14.7(b)，规划河堤后退，将建筑架于堤岸和滨河步行道间，增大河流的过洪面积，降低洪峰，减少河流洪泛威胁；同时获得更多土地用作潜在游憩空间，以增加滨水空间的亲水性	· 减少河流洪泛； · 调节温度； · 提升舒适体验
低游憩需求地段设置自然化河道驳岸	图 14.7(c)，在自然段滨河空间采用自然化驳岸形式，结合自然碎石材料及植被种植，为水生动物、两栖动物营造栖息地，增加河流横向连续性	· 增加动物多样性； · 减少河流洪泛
在河流冲刷较强的河段进行加固驳岸	图 14.7(f)，为了防止河流冲刷侵蚀对驳岸的破坏，对易侵蚀的驳岸进行加固处理；坡度较陡的驳岸采取混凝土浇筑挡土墙结合岩石堆砌或碎石填充的方式加固；驳岸坡度较缓的驳岸采用圆木植入与枝条扦插的方式加固	· 减少土壤资源破坏
在河道两岸根据遮阴需求种植植物	图 14.7(d)，保留河道两岸原有乔木，增加低矮灌木、草本种植，为河道及滨水空间遮阴，调节小气候，改善水生动物栖息环境	· 调节温度； · 提高植被覆盖率
在滨水步道旁设置渗滤草沟	图 14.7(e)，在过渡域空间内，硬质铺装步道与游憩场地结合渗滤草沟设置，用以过滤净化和渗透地表径流	· 净化水质

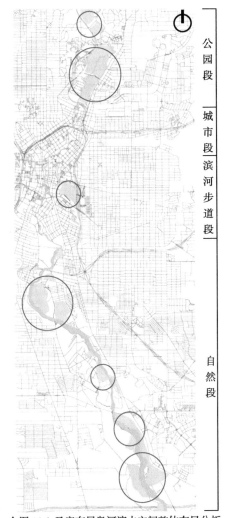

▲图 14.6 圣安东尼奥河滨水空间整体布局分析

(a) 周边绿地滞洪蓄洪

(b) 堤岸后退

(c) 自然化驳岸

(d) 种植植物遮阴

(e) 渗滤草沟

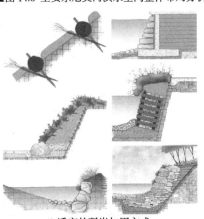

(f) 适宜的驳岸加固方式

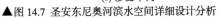

▲图 14.7 圣安东尼奥河滨水空间详细设计分析

■ 多案例解析

以列表形式综述各案例及其设计手段，具体内容详见表14.5、表14.6。

表 14.5 城市滨河空间案例研究汇总

类型	名称	图纸	具体设计手段	解析＋目标
生态恢复型	遂宁市河东新区滨江景观带		①将原河岸边的荒废滩涂改造为湿地	·场地原有废弃滩涂湿地调整地形，形成河岸边湿地，并增加甜根子草、芦苇、扁穗牛鞭草、双穗雀稗、秋花柳等水生湿生植物，为水生动物、昆虫、鸟类提供栖息地； ·减少土壤资源的破坏、增加植物多样性、增加动物多样性
			②河岸护坡内设置多级台阶种植平台	·在滨水过渡域内设置台阶式护坡，结合植物种植，进行雨水的拦截、净化与渗透； ·净化水质
			③架空湿地内的游憩栈道	·湿地内部以架空栈道为主要园路，在满足游人观赏游憩需求的同时，为野生动物留出通道，减少人为活动带来的不良干扰，保障生态过程的连续性； ·增加动物多样性、提升舒适体验
	美国斯坦福市弥尔河公园和绿色廊道		①为提供栖息地构建滨水绿地乡土植被群落	·整个场地增加栽植数百棵本土乔木、数以千计的灌木，以及大面积的草本植物，完善乡土植物群落结构，为两栖动物、鸟类、蝴蝶、蜜蜂等野生动物提供栖息地； ·增加植物多样性、增加动物多样性
			②滨水游憩步道系统与绿地结合设置	·整体步道系统与河流水体之间设置绿地隔离带，仅部分游憩步道连接局部河岸的活动节点，以引导游客的游憩行为，限制河流生态系统的人为干扰； ·净化水质
			③拆除混凝土堤岸，恢复自然化驳岸	·将原有的垂直混凝土堤岸拆除，改为自然缓坡驳岸，以恢复河岸生态交错带，增加河流生态系统的横向连续性； ·增加动物多样性、减少河流洪泛、净化水质
			④在游憩步道两侧设置构筑物	·在游憩步道两侧设置有间隙的构筑物，限制游人的活动区域，减少对河岸生态系统的人为干扰，同时为野生动物提供通过通道； ·增加动物多样性
			⑤通向河流的小路由碎石、卵石等原生材料铺设	·用碎石、卵石等本土材料铺就亲水步道和通向河流的小路，保证滨水绿地植物生长的土壤条件及地面的渗透性，可渗透和过滤地表径流； ·增加植物多样性、净化水质、提升舒适体验
			⑥硬质活动场地与绿地结合设置	·活动广场与绿地结合设置，引导硬质场地的雨水地表径流排至周边绿地中，实现地表径流的渗透及过滤净化，以减少排至河流中的地表径流量及过滤其中的污染物； ·净化水质

类型	名称	图纸	具体设计手段	解析+目标
低干扰型	上海杨浦滨江公共空间示范段及二期		①为将地表径流引导至绿地，调整河岸地形	·调整河岸场地的地形至"外高内低"，将河岸带的地表径流引导至绿地，避免受污染径流直接排入河流中； ·净化水质、减少河流洪泛
			②在防汛墙后方腹地设置集水绿地	·设置下凹绿地，收集河岸带的地表径流，进行净化与储蓄，并结合架空栈道创造游憩场所； ·净化水质、减少河流洪泛
			③在滨水空间与城市建成区设置乔木林地隔离带	·在邻近建成区一侧设置乔木林地隔离带，降低城市噪声污染对场地的影响；同时，为人们提供林下游憩空间，提升游人舒适度； ·增加植物多样性、提升舒适体验
			④硬质场地与集水净水绿地交错设置	·将硬质场地与绿地交错设置，分散"汇"景观，尽可能将硬质场地的地表径流引导至绿地中，进行雨水渗透净化等过程 ·净化水质、提升舒适体验
			⑤在绿地地势较低的一侧设置低矮构筑	·在绿地面积不足以渗透雨水时，可在集水净水绿地势较低一侧设置构筑物，增加雨水拦截量，增强集水净水效果；同时，为人们提供休息座凳； ·净化水质、提升舒适体验
			⑥在坡度较大的区域设置多级台阶	·结合休息座凳设置多级台阶，台阶上利用可渗透材料铺地或进行植物种植，进行雨水拦截、净化及渗透，减少直接排至河流中的径流； ·净化水质、增加植物多样性、提升舒适体验
	韩国首尔清溪川改造		①护坡两侧根据用地条件，合理设置复式护岸	·中段部分车行道与河道高差约5~6m，河道北岸采用硬质护岸与绿植平台结合的复式结构，来削弱视觉上的压迫感，同时增加植被覆盖率； ·提升舒适体验
			②根据河道周边用地及行人的游憩需求，合理设计过渡域空间	·西段过渡域空间设置两层台阶，上层为车行道，下层为游人亲水平台，满足车行交通及市民休闲需求；中段护岸是以块石结合植草的护坡为主的半人工化河岸，设置沿河步行道与亲水台阶，满足游人的游憩需求； ·提升舒适体验
			③在用地条件较宽裕的河段，为满足游憩需求，设置自然化滨水空间	·东段为下游，河道较宽，周边用地关系较为宽裕，河岸两侧为居民区和商业混合区；过渡域划分为两层台阶，上层为线性步道结合绿化种植；下层护坡以草本自然化护坡为主，部分设置少量亲水平台，以提供栖息地； ·增加植物多样性、增加动物多样性

表 14.6 城市滨湖及滨海空间案例研究汇总

类型	名称	图纸	具体设计手段	解析＋目标
低干扰型	俄罗斯喀山市卡班湖群滨水区		①将水体周边的灰色基础设施转换为蓝绿色基础设施	·以水系为骨架，向周边扩散，建立绿网，增加植被覆盖面积，减缓城市地表水流速，以改善城市水文过程，更有效地缓解城市热岛效应； ·净化水质、调节温度、减少城市内涝
			②滨水绿地及新建水道连接邻近的三个湖泊	·沿湖"弹性带"将三个湖泊连接在一起，通过雨水管理系统净化城市污水，由此提升卡班湖水质； ·增加动物多样性、净化水质
			③在缓冲带根据动物迁徙需求设置栖息地斑块	·根据场地内现有动物的迁徙特征设置多种规模、类型及间距的斑块，满足迁徙需求，改善栖息环境； ·增加动物多样性
			④岸边净水绿地交错设置	·湖泊岸边的硬质场地设置多层净水绿地，绿地交错设置，提高绿地拦截地表径流的能力，增强净化效果； ·净化水质
生态恢复型	秦皇岛滨海景观带		①在城市与海岸线间设置植被缓冲带	·连续的景观林带可以构建海岸自然生境的屏障，抵御人为活动的不良干扰，为鸟类、两栖动物提供栖息地，同时用植被缓冲带固定驳岸，减缓海水的冲刷与侵蚀； ·提高生物多样性、减少土壤资源的破坏
			②潮间带设置湿地泡	·潮间带分别设置收集雨水的淡水湿地泡和随着潮起潮落变化的海水湿地泡；围绕湿地泡种植不同生境、耐盐度和水分要求的植物，为多种鸟类和生物创造栖息地； ·增加植被多样性、增加动物多样性
			③沿海使用生态友好型的防波堤	·采用抛石构建生态友好型护坡替代混凝土防波堤，除了对海浪起到消能作用，还提供了良好的生物栖息地； ·减少土壤资源破坏、增加植物多样性
			④在滨海陆地顺风向交错设置条状绿地	·在不受潮水影响的滨海陆地，与盛行风向成角度构建条带状林木种植带，阻挡海风、海浪，减少海边植物的倒伏情况； ·增加植物多样性、增加动物多样性
	北海市金海湾红树林生态景区		①场地靠近城市道路的区域设置防护林	·邻近建成区设置防护林带，种植体型高大、抗风沙、耐盐碱的植物，能有效地阻挡台风、海浪等自然灾害； ·增加植物多样性、减少土壤资源破坏
			②在入海口附近区域设置生态湿地	·在入海口附近区域设置生态湿地，种植耐盐碱的水生湿生植物，减少海浪的冲击力，减缓海岸受到侵蚀； ·增加植物多样性、减少土壤资源破坏
低干扰型	丹麦奥尔堡滨水景观		①在场地边缘设置避风的座椅区	·于场地边缘巧妙地组织植物以及建筑物来营造庇护空间，降低海风对使用者的影响，创造良好的游憩环境； ·提升舒适体验

综上所述，本部分共研究案例8个，其中国内案例4个，国外案例4个，从中提取了具备明确生态目标的规划设计手法，手法汇总将在下一部分进行总结。

MANNER
城市滨水生态手法集合

通过上文对案例的剖析与验证，本部分对其中的具体设计手段进行进一步的提炼与归纳，提出城市滨水空间规划设计中的生态手法集合（表 14.7 ~ 表 14.9）。

表 14.7 城市滨水空间整体布局生态手法汇总

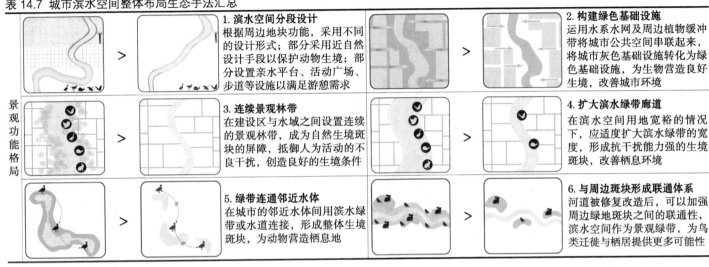

1. 滨水空间分段设计
根据周边地块功能，采用不同的设计形式；部分采用近自然设计手段以保护动物生境；部分设置亲水平台、活动广场、步道等设施以满足游憩需求

2. 构建绿色基础设施
运用水系水网及周边植物缓冲带将城市公共空间串联起来，将城市灰色基础设施转化为绿色基础设施，为生物营造良好生境，改善城市环境

3. 连续景观林带
在建设区与水域之间设置连续的景观林带，成为自然生境斑块的屏障，抵御人为活动的不良干扰，创造良好的生境条件

4. 扩大滨水绿带廊道
在滨水空间用地宽裕的情况下，应适度扩大滨水绿带的宽度，形成抗干扰能力强的生境斑块，改善栖息环境

5. 绿带连通邻近水体
在城市的邻近水体间用滨水绿带或水道连接，形成整体生境斑块，为动物营造栖息地

6. 与周边斑块形成联通体系
河道被修复改造后，可以加强周边绿地斑块之间的联通性，滨水空间作为景观绿带，为鸟类迁徙与栖居提供更多可能性

景观功能格局

表 14.8 城市滨水空间过渡域详细设计生态手法汇总

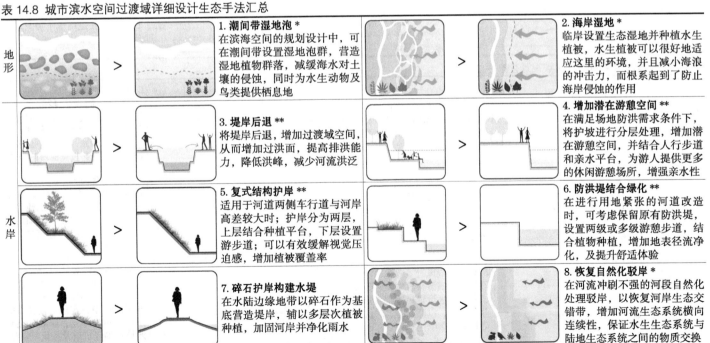

1. 潮间带湿地泡 *
在滨海空间的规划设计中，可在潮间带设置湿地泡群，营造湿地植物群落，减缓海水对土壤的侵蚀，同时为水生动物及鸟类提供栖息地

2. 海岸湿地 *
临岸设置生态湿地并种植水生植被，水生植被可以很好地适应这里的环境，并且减小海浪的冲击力，而根系起到了防止海岸侵蚀的作用

3. 堤岸后退 **
将堤岸后退，增加过渡域空间，从而增加过洪面，提高排洪能力，降低洪峰，减少河流洪泛

4. 增加潜在游憩空间 **
在满足场地防洪需求条件下，将护坡进行分层处理，增加潜在游憩空间，并结合人行步道和亲水平台，为游人提供更多的休闲游憩场所，增强亲水性

5. 复式结构护岸 **
适用于河道两侧车行道与河岸高差较大时；护岸分为两层，上层结合种植平台，下层设置游步道；可以有效缓解视觉压迫感，增加植被覆盖率

6. 防洪堤结合绿化 **
在进行用地紧张的河道改造时，可考虑保留原有防洪堤，设置两级或多级游憩步道，结合植物种植，增加地表径流净化，及提升舒适体验

7. 碎石护岸构建水堤
在水陆边缘地带以碎石作为基底营造堤岸，辅以多层次植被种植，加固河岸并净化雨水

8. 恢复自然化驳岸 *
在河流冲刷不强的河段自然化处理驳岸，以恢复河岸生态交错带，增加河流生态系统横向连续性，保证水生生态系统与陆地生态系统之间的物质交换

地形

水岸

注：* 表示生态修复型滨水空间可用；** 表示低干扰型滨水空间可用；未标注表示二者皆可用。

水岸	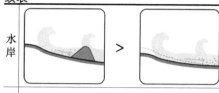	**9. 离岸堤** 于水陆交界处设置离岸堤，可以有效地阻碍海浪的冲击，有利于泥沙在堤后淤积，达到保护海岸带的作用			**10. 多级种植平台** 在河道驳岸处设置多级绿化种植池，对来自城市地表径流的污水进行层级净化后再排入河道中，减少河流污染，同时也提高了植物覆盖率
植被	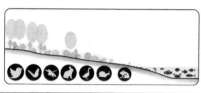	**11. 水岸乡土植物群落** 在过渡域空间，营建水生和陆生植物群落，为水生动物提供食物源、营巢条件等，同时也会吸引其他上层物种来此栖息、活动，有助于丰富动物多样性			**12. 防护林** 与陆地紧邻的区域设计为防护林带，种植抗风沙、耐盐碱的植物，可以有效地阻挡来自海洋的风沙、台风、海浪等自然灾害
植被		**13. 条状林带顺风向设置** 在滨海空间的设计中，考虑将植物带种植方向调整为顺风向交错设置，防止植物倒伏			**14. 植被群落过渡** 在滨水林带边缘区设置梯度缓和且结构复杂的过渡植被群落，提升栖息地的多样性，提高生物多样性
道路		**15. 步道与绿地结合设置** 将滨水绿地的步道系统与水体之间设置间隔，仅在局部河岸设置活动节点，以引导游客的游憩行为，限制河流生态系统的人为干扰			**16. 构筑物限制人为活动** 在游憩步道两侧设置有间隙的构筑物，限制游人的活动区域，减少对河岸生态系统的人为干扰，同时为野生动物提供通过通道
道路		**17. 架空栈道** 在滨海脆弱生态区设置架空栈道，路径能够融于自然环境，不影响场地的排水，同时有效引导人类滨水游憩活动，降低对场地的生态干预，有助于恢复场地生态环境			**18. 原生碎石材料铺装** 运用卵石、碎石等原生乡土材料铺地，保证缓冲带植物的生长条件，促进雨水下渗及过滤净化

表 14.9 城市滨水空间陆域详细设计生态手法汇总

地形	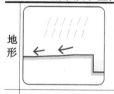	**1. 调整河岸地形 **** 在防洪要求不高的河段，将部分河岸地形调整为"外高内低"，将地表径流引导至集水绿地中，减少径流污染			**2. 多级平台净化** 在陆域空间设置多级台阶，结合休息座凳，在台阶面上用可渗透材料铺地或进行植物种植，进行雨水拦截、净化及渗透，减少直接流到河流的径流
植被	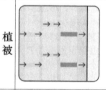	**3. 集水绿地交错设置** 将硬质场地与绿地交错设置，分散"汇"景观，尽可能多地将硬质场地的地表径流引导至绿地中进行雨水渗透净化等	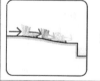		**4. 绿地结合构筑** 在绿地面积不足以渗透雨水时，可在集水净水绿地地势较低一侧设置构筑物，增加雨水拦截量，并提供休息座凳，提升游人舒适体验
广场		**5. 休憩区避风 **** 在进行海滨游憩区建设时可考虑休憩区设置在植物或构筑物背风面，以降低海风对使用者的负面影响			**6. 硬质场地结合绿地 **** 滨水活动场地与绿地结合设置，将硬质场地的地表径流引导至绿地中，实现地表径流的渗透及过滤净化，以减少流到水体中的径流量及净化污染物

注：* 表示生态修复型滨水空间可用；** 表示低干扰型滨水空间可用；未标注表示二者皆可用。

146

■ 城市滨水空间的生态手法参考空间组合

以实践案例为基础，根据适用条件的不同，对城市滨水空间详细设计类生态手法进行结合，总结出以下 4 个操作性较强的典型手法组合（图 14.8 ~ 图 14.11）。

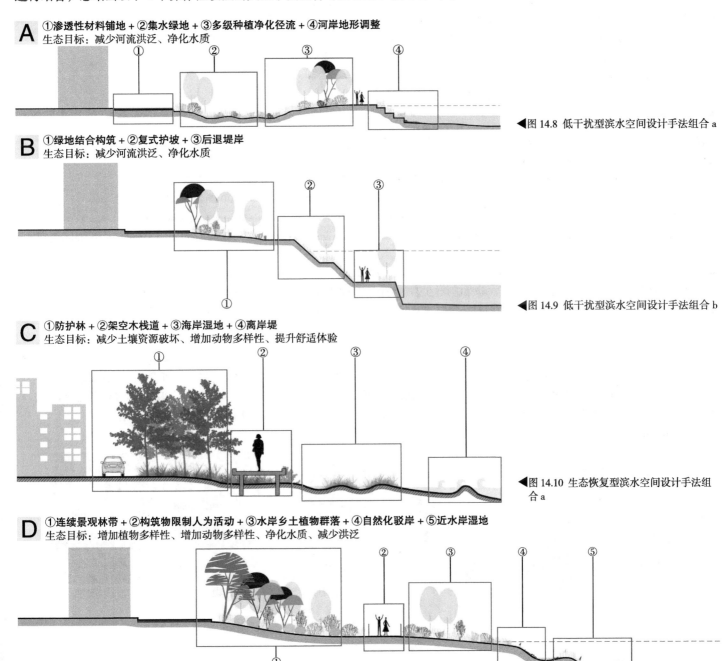

A ①渗透性材料铺地 + ②集水绿地 + ③多级种植净化径流 + ④河岸地形调整
生态目标：减少河流洪泛、净化水质

◀图 14.8 低干扰型滨水空间设计手法组合 a

B ①绿地结合构筑 + ②复式护坡 + ③后退堤岸
生态目标：减少河流洪泛、净化水质

◀图 14.9 低干扰型滨水空间设计手法组合 b

C ①防护林 + ②架空木栈道 + ③海岸湿地 + ④离岸堤
生态目标：减少土壤资源破坏、增加动物多样性、提升舒适体验

◀图 14.10 生态恢复型滨水空间设计手法组合 a

D ①连续景观林带 + ②构筑物限制人为活动 + ③水岸乡土植物群落 + ④自然化驳岸 + ⑤近水岸湿地
生态目标：增加植物多样性、增加动物多样性、净化水质、减少洪泛

▲图 14.11 生态恢复型滨水空间设计手法组合 b

■ 参考文献

金涛，杨永胜 .2003. 现代城市水景设计与营建 [M]. 北京：中国城市出版社 .

缪丹 .2016. 结合城市河道生态功能修复的滨河空间高差设计研究 .[D]. 东南大学 .

李光耀 .2015. 基于 GIS 理论的城市景观形象特色营造研究 .[D]. 南京林业大学 .

陆兆蕾 .2014. 安徽省全椒县襄河景观带植物配置及景观评价 [D]. 陆兆蕾 . 安徽农业大学 .

岳隽，王仰麟，彭建 .2005. 城市河流的景观生态学研究：概念框架 [J]. 生态学报，25(6):1422-1429.

李铮生 .2006. 城市园林绿地规划与设计（第二版）[M]. 北京：中国建筑工业出版社 .

路毅 .2007. 城市滨水区景观规划设计理论及应用研究 [D]. 东北林业大学 .

丁圆 .2010. 滨水景观设计 [M]. 北京：高等教育出版社 .

■ 案例来源

康汉起，史蒂文·夏尔 .2008. 美国圣安东尼奥河改造项目回顾 [J]. 中国园林，24(5):40-48.

冷红，袁青 .2007. 韩国首尔清溪川复兴改造 [J]. 国际城市规划，(04):43-47.

俞孔坚，凌世红，刘向军，等 .2010. 再生设计：秦皇岛海滨景观带生态修复工程 [J]. 风景园林，(3):80-83.

毕路德国际，遂宁市河东新区滨江景观带，2011.http://old.landscape.cn/works/photo/waterfront/2015/1127/177366.html.

OLIN, 弥尔河公园和绿色廊道 ,2015.https://www.gooood.cn/2015-asla-mill-river-park-and-greenway-by-olin.htm.

原作设计工作室，杨浦滨江公共空间示范段及二期，2016.https://www.gooood.cn/demonstration-section-of-yangpu-riverside-public-space-by-original-design-studio.html.

北京土人城市规划设计股份有限公司，喀山市卡班湖群滨水区，2015.https://www.turenscape.com/project/detail/4680.html.

金海湾红树林生态旅游管理区有限公司，金海湾红树林生态旅游区，2008.http://www.beihaijhw.com/.

C.F. Møller Architects，丹麦奥尔堡海滨景观规划二期，2014.https://www.gooood.cn/aalborg-waterfront-phase-ii.htm.

■ 思想碰撞

  本讲提出的低干扰型滨水空间典型手法组合主要通过各种方式的绿地设置，以期达到减少径流污染和减少洪泛的效果，其中主要依靠植物的净污能力和基质的过滤及下渗能力。然而在城市环境中，低干扰型滨水空间用地条件紧张，可设置的各种绿地面积有限。在暴雨期，要排入河流的地表径流总量非常大，且流速很快，植物的净污能力将大打折扣，基质能够下渗的地表径流量也很有限，并不能发挥出预期效果，即该组合不适用于降雨强度大的地区。那么，关于手法组合的适用条件问题，你们有什么看法？

■ 专题编者

  岳邦瑞   费凡   于玲   觅聚欣   梁锐   唐崇铭

城市道路网络

摆脱自然屠夫之名 ▢ 15讲

这里什么时候多了条高速公路？

一只兔子蜷缩在余温未尽的柏油路上。这时，摩托车飞速驶过，啪的一声，兔子见不到明天的太阳了！次日，一只知更鸟发现了自己喜欢的兔肉午餐，停下来准备饱餐一顿，可是一辆轿车迎面撞来，它从此只能拖着残废之躯"行走江湖"了。这起连环命案发生在英国的乡村公路上。据英国一项调查表明：每年丧生于车轮下的动物有数百万之多。死亡只是对动物直接的谋杀，更可怕的是，道路的阻隔使物种遗传的多样性降低、同一物种基因出现不同特征（梦亦非，2009）。可见，道路是人类热忱的助手，同时也是破坏自然的冷酷屠夫。那么如何让城市道路摆脱自然屠夫之名呢？

■ 城市道路的内涵与类型

1. 城市道路的内涵

城市道路是指通达城市各地区，供城市内交通运输及行人使用，便于居民生活、工作及文化娱乐活动，并与市外道路连接，负担着对外交通功能的道路（雍飞，2014）。城市道路作为城市的骨架，一方面促进了人类的交流与资源的流通，在城市经济文化发展过程中起到了核心作用；但另一方面由于城市车辆剧增和道路扩张，对生态环境造成的负面影响也愈加严重，若要在社会经济发展与生态环境保护之间建立平衡，建设人与自然和谐共处的城市，那么城市道路的生态设计就迫在眉睫。

2. 城市道路的类型

城市道路研究分为区域尺度和局地尺度。区域尺度主要涉及路网规划布局，局地尺度则针对城市道路的不同类型进行研究。

按照道路使用功能，一般将城市道路分为交通性道路和生活性道路（宁乐然，2005）。这种分类方式考虑到了周边环境及人的使用需求，与道路景观风貌联系紧密。同时，基于两类道路性质的不同，不同类型道路指向不同的生态问题及相应生态设计手法（图15.1，表15.1）。

(a) 交通性：深圳滨海大道

(b) 生活性：西雅图 SEA 街道（SEA 是 Street Edge Alternative 的缩写）

▲ 图 15.1 不同类型的城市道路

表 15.1 城市道路类型

类型	主要功能	特征
交通性道路	满足交通运输要求，承担城市的主要交通流量	车流量较大，机动车路面较宽，步行人群较少，满足人行要求相对较少，一般适用于城市区域之间较长距离的交通转移；此类道路通常更关注"车"的通畅，对城市道路周边生态环境带来的负面影响较大
生活性道路	满足城市生活性客运要求，承担城市生活的主要交通流量	以步行和自行车交通为主、机动车交通为辅，此类道路更关注"人"的舒适度，需要营造较好的步行环境

■ 城市道路生态规划设计的发展历程与生态目标

1. 城市道路生态规划设计发展历程

城市道路生态设计是为了解决城市道路建设所带来的一系列生态问题而兴起的设计形式，其发展大致可分为三个阶段（表15.2）。城市道路生态规划设计与传统城市道路规划设计之间有着密切的关系，要廓清城市道路生态规划设计的特点，需将道路的生态规划设计与传统城市道路设计之间进行多方面的对比与辨析，从而指导城市道路生态规划设计实践（表15.3）。

表 15.2 城市道路生态规划设计的发展历程

发展阶段	代表事件	具体内容
萌芽阶段（20 世纪 60 年代）	·20 世纪 60 年代，法国修建了最早的让动物穿过高速公路狩猎桥"绿桥"； ·美国 1969 年颁布《国家环境政策法案》（NEPA）	道路大规模建设引起的生境破坏、环境污染、大量占用土地，动植物栖息环境破坏、动物迁徙格局破坏等问题，使人们逐渐意识到道路生态设计的重要性
探索阶段（20 世纪 80 年代~21 世纪初）	·中国颁布《交通建设项目环境保护管理办法》； ·1997 年 12 月联合国发表《京都议定书》（Kyoto Protocol）	廊道效应和边缘效应等景观生态学概念被引入道路生态领域，该阶段各个国家开始注重道路生态设计，并颁布了一些涉及城市道路生态设计的法律法规
发展阶段（21 世纪初至今）	·理查德·福尔曼演讲《我们在大地上的巨作》； ·理查德·福尔曼著作《道路生态学：科学与对策》出版； ·2003 年 5 月，在美国加州召开道路生态学研讨会	该阶段城市道路生态设计理念逐步运用于实际案例中，道路生态设计从形式到内容均有了较大的发展；针对道路对周边的水污染等影响，提出了生态景观的破碎化效应，运用海绵城市理念建立道路自身的雨洪管理系统，并针对道路建设带来的负面环境影响实施相关的缓解和补偿措施

表 15.3 城市道路生态规划设计与传统规划设计比较

	城市道路生态规划设计	城市道路传统规划设计
基本目标	环境影响控制与生物多样性保护相结合	提供通畅的交通
基本功能	交通通达性、环境影响控制、生物多样性保育、乡土生境保留	交通通达性、环境影响控制、景观美化欣赏
设计方式	尊重地形地貌	不尊重地形地貌
生物群落	乡土植被的特征和种群组成，生物多样性高	人工化的观赏植物群落，生物多样性低
生态稳定性	生态相对稳定，以自我维持为主	生态不稳定，以人工维持为主
生态结构	自然的或向自然演替的自组织状态和结构	"被组织"的状态和结构
养护管理	动态的目标，低养护管理	景观的目标，高养护管理
能源利用	尽量采用太阳能、风能或生物能等可再生能源	依赖消耗不可再生能源较多
建造材料	注重实用性、低耗能	注重美观
经济投入	较低的经济投入	较高的经济投入

2. 城市道路生态规划设计的生态目标

针对各类城市道路生态问题，得出了如下表所示城市道路生态规划设计的目标体系（表 15.4）。

表 15.4 城市道路生态规划设计的生态目标

一级目标	二级目标	三级目标	四级目标	对应城市道路生态问题
可持续性的城市交通体系	生境修复与改善	改善小气候	调节温度	城市热岛效应
			调节日照	
			调节湿度	
			减少空气污染	汽车尾气污染
		缓解内涝	净化水质、调节水量	城市内涝，道路雨水径流污染
		调控能量	降低噪声污染	城市道路噪声污染
	生物保护与发展	增加植物多样性	增强植物群落稳定性	道路建设破坏植被生长环境
			保护植物生长环境	
			提高植被覆盖率	
		增加动物多样性	增加动物生境多样性	道路建设造成生态交流阻碍
			保护动物栖息地	
	人类健康促进与改善	保障人类安全	调节人与生物、环境的冲突	人类出行安全
			完善安全设施	
		促进人类健康	规避损害人类健康的环境因素	人类出行舒适度
			引导、促进人类活动	
		提升舒适体验	优化步行空间体验	

■ 城市道路生态规划设计程序与研究框架

1. 城市道路的生态规划设计程序

笔者将城市道路设计一般程序 (吴海俊，2011) 与既有研究中的城市道路生态设计内容结合，得出如下规划设计步骤，用以指导城市道路生态设计 (图 15.2)。

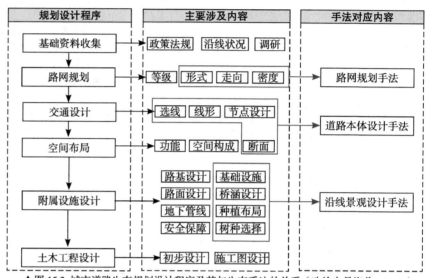

▲图 15.2 城市道路生态规划设计程序及其与生态手法的关系（改绘自吴海俊，2011）

2. 城市道路案例的生态规划设计研究框架

本文结合上述城市道路生态规划设计程序制定了城市道路案例的研究框架，针对区域及局地两个尺度的案例分别有不同的研究步骤（图 15.3 ）。

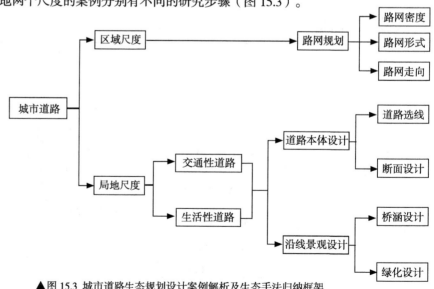

▲图 15.3 城市道路生态规划设计案例解析及生态手法归纳框架

CASE
城市道路网络生态规划设计案例解析

■ 区域尺度

表 15.5 城市道路生态设计区域尺度案例研究汇总

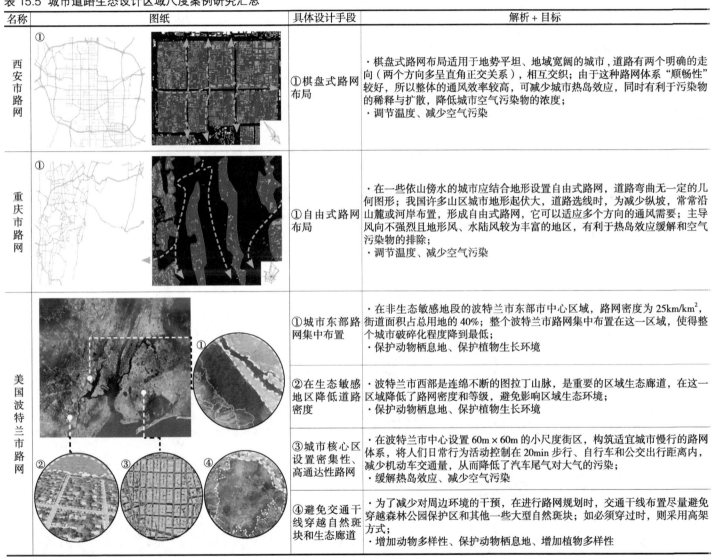

名称	图纸	具体设计手段	解析 + 目标
西安市路网	①	①棋盘式路网布局	· 棋盘式路网布局适用于地势平坦、地域宽阔的城市,道路有两个明确的走向(两个方向多呈直角正交关系),相互交织;由于这种路网体系"顺畅性"较好,所以整体的通风效率较高,可减少城市热岛效应,同时有利于污染物的稀释与扩散,降低城市空气污染物的浓度; · 调节温度、减少空气污染
重庆市路网	①	①自由式路网布局	· 在一些依山傍水的城市应结合地形设置自由式路网,道路弯曲无一定的几何图形;我国许多山区城市地形起伏大,道路选线时,为减少纵坡,常常沿山麓或河岸布置,形成自由式路网,它可以适应多个方向的通风需要;主导风向不强烈且地形风、水陆风较为丰富的地区,有利于热岛效应缓解和空气污染物的排除; · 调节温度、减少空气污染
美国波特兰市路网	①②③④	①城市东部路网集中布置	· 在非生态敏感地段的波特兰市东部市中心区域,路网密度为 25km/km²,街道面积占总用地的 40%;整个波特兰市路网集中布置在这一区域,使得整个城市破碎化程度降到最低; · 保护动物栖息地、保护植物生长环境
		②在生态敏感地区降低道路密度	· 波特兰市西部是连绵不断的图拉丁山脉,是重要的区域生态廊道,在这一区域降低了路网密度和等级,避免影响区域生态环境; · 保护动物栖息地、保护植物生长环境
		③城市核心区设置密集性、高通达性路网	· 在波特兰市中心设置 60m×60m 的小尺度街区,构筑适宜城市慢行的路网体系,将人们日常行为活动控制在 20min 步行、自行车和公交出行距离内,减少机动车交通量,从而降低了汽车尾气对大气的污染; · 缓解热岛效应、减少空气污染
		④避免交通干线穿越自然斑块和生态廊道	· 为了减少对周边环境的干预,在进行路网规划时,交通干线布置尽量避免穿越森林公园保护区和其他一些大型自然斑块;如必须穿越时,则采用高架方式; · 增加动物多样性、保护动物栖息地、增加植物多样性

■ 局地尺度

　　详细案例——深圳滨海大道:该案例属于交通性道路,位于深圳市西南面的深圳湾畔,东起深圳市滨河大道高速公路立交,沿深圳湾海岸蜿蜒西去,是深圳市重要的景观路。下文将从道路本体与沿线景观两方面解析(图 15.4、图 15.5,表 15.6、表 15.7)。

表 15.6 深圳滨海大道道路本体生态设计手段分析

规划内容	生态设计手段	生态目标	案例解析
道路选线	道路选址避开福田红树林自然保护区路段	·保护植物生长环境； ·保护野生动物栖息地	滨海大道东段位于福田红树林自然保护区的边缘，滨海大道红树林段采取道路北移，缩窄路面等措施，把对红树林的影响降到最低限度，为自然保护区避让出足够的滩涂空间，从而保证了深圳湾湿地生态系统功能的完整性，较好地解决了城市建设与生态保护的矛盾（图15.4a）
断面设计	红树林路段设置绿化土坡和声屏障	·降低噪声污染	滨海大道经过红树林保护区的长度为1700m；根据现场地形地貌的具体情况，把1200m左右路段设计成土堆式声屏障，另外500m左右的路段设计成半吸声半反射的结构式声屏障，在土丘式声屏障上种植各色花草，使其形成一条美丽的生态植物带（图15.4b）
节点	红树林保护区路段设天桥涵洞等生态通道	·增加动物生境多样性； ·增加动物多样性	滨海大道全段绝大部分路宽约为100m，红树林保护区路段设置人行立交桥，保证人车分流，并在路面下开通了涵洞等生态通道，保持红树林海滩与岸陆之间的动物活动（图15.4c）

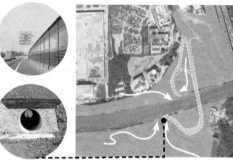

（a）道路与红树林自然保护区保持间距　　（b）红树林自然保护区路段防噪设施　　（c）红树林自然保护区路段动物通道

▲图 15.4 滨海大道道路本体设计手段分析

表 15.7 深圳滨海大道沿线景观生态设计手段分析

规划内容	生态设计手段	生态目标	案例解析
种植布局	道路绿化带连接沿路公园、湿地、树林等斑块	·增加动物生境多样性； ·增加动物多样性	道路沿线绿化连接周边公园与自然保护区，提升绿地斑块间的连接性，不仅降低道路对周边生态的破坏，还可为物种迁徙提供廊道，增加生物多样性（图15.5a）
	设置海洋向陆地过渡式绿化带	·提高植被覆盖率； ·增加动物生境多样性； ·增加动物多样性	为减少道路对环境的影响，在道路与海洋之间设置一个绿化缓冲带，保证场地内物种活动使用并且能够减少流向大海的污染物；在场地内种植各种各样的花草，使其形成一条美丽地生态植物带，提升游人游憩体验（图15.5b）
	绿化带形成具有较强阻滞力的立体式复层结构较密绿带	·减少空气污染； ·增加植物多样性； ·增强植物群落稳定性； ·提高植被覆盖率	滨海大道两侧绿化带采取了"行道树—常绿乔木—观赏乔木—常绿耐荫灌木—地被"的植物配置模式，形成具有较强阻滞力的立体式复层结构较密绿带，有效阻挡了道路尘埃，解决了道路尘土污染问题（图15.5c）

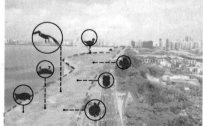

（a）连续性绿化带串联自然斑块　　（b）过渡式绿化带　　（c）立体式复层结构绿化带

▲图 15.5 滨海大道沿线景观设计分析

下述案例为局地尺度解析，将为详细案例进行手段的补充。不再一一展开叙述，
仅以列表形式分析案例，提取生态规划设计手段，具体内容详见表 15.8、表 15.9。

表 15.8 城市道路生态设计局地尺度案例研究汇总 —— 交通性道路

名称	图纸	具体设计手段	解析 + 目标
西班牙巴塞罗那快速路	① ② ③	①设置下沉式主车道	·在主车道上方设置悬挑车道，并设有轨道交通和地下停车场等设施，只保留满足下层通风采光的缝隙；辅路位于悬挑结构之上，退让出来的地面区域创造最大化的城市公共空间； ·降低噪声污染
		②在关键节点设置盖板绿地	·巴塞罗那快速路上方设置盖板绿地，在满足人的交通需求的同时，加强快速路两侧物质流、信息流的联系，增加生物多样性； ·增加动物生境多样性
		③在车道与公共空间之间设置声屏障	·下沉车道与城市公共空间之间采用弧形声屏障遮挡，声屏障可阻挡汽车发出的噪声； ·降低噪声污染
丹麦哥本哈根暴雨计划	①	①道路中间高、两侧低	·为应对暴雨，将两侧道路高度降低形成渗水槽，槽底连接渗水装置，可减少暴雨时城市内的地表径流，减少极端天气对城市的影响； ·净化水质、调节水量
成都人民南路立交互通区	① ②海桐	①立交桥垂直绿化	·为了减少立交桥高大的桥体和粗壮的立柱对底层行人的心理压力，采用爬山虎和常春藤进行垂直绿化，并架设尼龙网架，以帮助其向上攀缘，从而使桥体立柱与环境协调； ·提高植被覆盖率、降低温室效应、维持碳氧平衡、优化步行空间体验
		②立交桥下选择固碳固氮能力较强的树种	·成都人民南路立交通区立交桥下采用抗性、滞尘、固碳固氮能力较强的海桐作为主要绿化树种，有效降低了汽车尾气的污染并缓解了温室效应； ·提高植被覆盖率、降低温室效应、维持碳氧平衡

表 15.9 城市道路生态设计局地尺度案例研究汇总 —— 生活性道路

名称	图纸	具体设计手段	解析 + 目标
美国西雅图ＳＥＡ街道	① ② ③	①在居住区设置曲线形街道	·蜿蜒形状的街道除了可以有多余的空间做生态草沟进行排水、储水和净水，也控制了汽车行驶的速度，进而减小噪声； ·净化水质、调节水量、降低噪声污染
		②在道路与建筑之间设置下沉式雨水花园	·在街旁建筑前均设置下沉式渗滤种植池，一方面收集净化建筑雨水，一方面收集净化道路雨水径流； ·净化水质、调节水量
		③道路两侧空间种植植物	·对已有生态草沟的街道，在生态草沟中栽植水生植物，让植物的根系和土壤共同净化径流，过滤水中的污染物，使水质得以提升并且阻止污染物向下游（如溪流和湖泊）敏感地区扩散； ·提高植被覆盖率、降低温室效应、维持碳氧平衡

名称	图纸	具体设计手段	解析 + 目标
上海陆家嘴环路		①人行空间树池低于路面	· 路边树池、花坛等低于路面设置，可起到收集来自人行道地面多余雨水、初步净化雨水、涵养地下水，并减轻城市管网排水压力的作用，同时结合景观坐凳，营造休憩性空间； · 净化水质、调节水量、引导、促进人类活动、优化步行空间体验
		②树池边界设置进水口	· 在路边生态树池中设置进水口，雨水可以流入树池中进行渗透净化，同时不会对人们的休憩停留产生影响； · 净化水质、调节水量、涵养水源、优化步行空间体验
东京城市道路景观设计		①利用建筑退界用地打造公共绿化	· 东京沿街建筑增加退界用地形成公共绿化空间，扩大绿化面积，可改善城市空气，缓解热岛效应； · 增加植物多样性、增加植被覆盖率、优化步行空间体验
		②天桥两侧外延形成种植池	· 东京众多的天桥利用各种空间种植植物，天桥两侧通常外延出一段空间用来栽种花卉或灌木，最大限度地增加城市道路空间植被覆盖率； · 增加植物多样性、增加植被覆盖率、优化步行空间体验
		③人行道空间种植低矮绿篱	· 利用车行道与人行道之间的树下空间设置绿篱，此做法不会形成过于密闭压抑的人行道空间并且增加绿化，给行人带来舒适的安全感； · 优化步行空间体验
美国波特兰NE Siski-you绿色街道		①在街道停车区域设置路缘石扩展池	· 在道路两侧的部分区段将路牙向路中心一侧扩展2.1m，形成一个扩展种植池，可引导街道雨水沿路缘石流入扩展池，对街道的雨水径流起到收集、减缓、净化的作用； · 净化水质、调节水量
		②扩展池的路缘石设置开口	· 在扩展池边上的路缘石设置不同方向的汇水开口，可引导雨水进入扩展池中，对道路上的雨水起到收集、净化作用； · 净化水质、调节水量
		③在扩展池内部设置入口沉积池	· 道路纵向上有一定坡度，雨水从街道流向扩展池时，在扩展池坡度较高处水量较大、流速较快，在坡度较高一侧放置河卵石和砾石，这样能够短暂滞留雨水，使得雨水有更长的时间聚集沉降； · 净化水质、调节水量
西安市含光路		①含光路采用"连续拱"型营造街道林荫空间	· 道路两侧的法桐与中间的植物形成一个个连续拱形的林荫路，道路两侧建筑将街道内植物围合在中间，这样可以使街道在一天内的大部分时间都被阴影覆盖，给人们营造适宜温度的空间 · 优化步行空间体验

■ 城市道路生态规划设计手法集合

通过上文对各城市道路生态规划设计案例的剖析与验证，分别对区域尺度（表15.10）与局地尺度（表15.11、表15.12）生态规划设计中的生态手法进行归纳。

表15.10 城市道路区域尺度手法汇总

路网密度	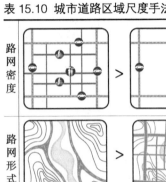 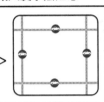	**1. 密集性、高通达性路网** 城市核心区设置密集性、高通达性路网，串联大部分居住、商业和公共设施，使慢行方式逐步成为居民出行首选，以实现低碳出行，缓解热岛效应和空气污染
		2. 降低道路密度 在重要生态斑块及生态廊道等生态敏感区，应降低道路密度，减少道路对自然环境的影响
路网形式		**3. 地形复杂——自由式路网** 在地形较为复杂的城市采用自由式路网布局，使得道路顺应自然地形地貌，以达到多个方向的通风需求，有利于缓解热岛效应，减少空气污染
		4. 地势平坦——棋盘式路网 地势平坦城市由于主导风向不强烈，应采用棋盘式路网布局，增强城市通风的顺畅性，提高城市通风效率，缓解城市热岛效应，减少空气污染
道路走向		**5. 路网与主导风向一致** 在城市路网布局中，使城市干道走向与城市主导风向一致，可利于城市的通风，缓解城市热岛效应，减少空气污染
		6. 避开生态敏感区 在区域交通规划中应该从总体上保持大型自然斑块与重要生态廊道空间的生态完整性，尽量避免交通干线或主要公路穿越其中

表15.11 城市道路局地尺度手法汇总——交通性道路

道路选线	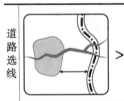	**1. 避让自然斑块** 在道路规划中，要与生境边界保持足够的间距，以避开道路两侧的环境影响带；当道路与廊道交叉时，由于道路的生态环境影响顺着自然廊道会有更大的延伸，最小间距应更大
		2. 避让生态交错带 生态交错带具有环境复杂，敏感脆弱，物种丰富等特征，在局地路段选线中，应避免道路与重要的生态交错带长距离平行布置，以保护其植物生长环境和野生动物栖息地
断面设计		**3. 防噪墙** 游憩区域和居民区域路段两侧设置路堤、土埂或防噪墙，可有效避免道路周边居民或游人受到交通噪声的影响
	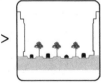	**4. 复层车道** 当道路横向空间有限时，可采用复层结构的车道，增加道路空间并且减少交通噪声
桥涵设计		**5. 立交桥营造垂直绿化景观** 采用藤类植物对立交桥桥体和立柱进行垂直绿化，并架设尼龙网架帮助植物生长，可增加物种多样性，缓解立交桥高大桥体和粗壮立柱对底层行人造成的心理压力
		**6. 动物通道** 邻近自然斑块的道路应根据物种需求建设树冠连接桥、绿桥、生态管涵、生态涵洞、大跨度桥梁等能供野生动物通行的道路，可减少道路对周边动物的影响

续表

绿化设计	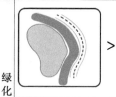	**7. 植物过渡带** 当道路邻近某一自然景观区域时，应考虑利用不同特性树种设计自然式过渡种植带，为两侧不同的生物提供栖息地，可提高植被覆盖率、增加动物生境多样性		**8. 连续性道路绿化带** 保持道路两侧绿化带的连续性，可提高道路两侧绿地斑块的连接度，不仅增加了动物生境多样性，也增强了物种之间的交流，丰富了动物物种多样性
		**9. 复层绿带** 在道路两侧设置多层次的立体复层较密绿带，不仅增加了植物物种多样性，增强了群落稳定性，还可使道路绿化带具备较强的尘埃阻滞力，最大限度地减少大气污染		**10. 功能性树种选择** 根据道路现状选择绿化树种，如在大气污染严重的地方优先选择具有较强滞尘、固碳固氮等特殊功能的树种，可减少空气污染，维持碳氧平衡，降低温室效应

表 15.12 城市道路局地尺度手法汇总——生活性道路

断面设计		**1. 路旁建筑增加退界** 沿街建筑增加退界用地，形成道旁公共绿化空间，辅以乔灌草植物配置，不仅增加街边绿化面积，缓解温室效应，同时也可增加游憩空间，优化步行空间体验		**2. 路缘石扩展池** 当道路两侧设置有足够的停车位空间时，可将部分停车位空间的路缘石向道路中心扩展形成种植池，收集、减缓、净化和渗透道路雨水径流，减轻对城市管网的排水压力
	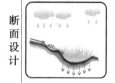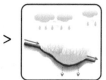	**3. 路旁绿地设置入口沉积池** 在路旁绿地中雨水流入口位置设置卵石和砾石，布置植物沉积池，可净化水质，减缓雨水流速，增大滞留时间，以获得最大下渗率	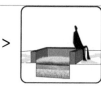	**4. 树池坐凳设置进水口** 树池旁坐凳需设置进水口，使得雨水顺利流入绿地，以达到调节水量和雨水净化的目的，实现了空间与生态"集约"的效果
		**5. 路缘石开口** 传统路缘石均高于地面，会阻碍雨水流入绿化带；可对路缘石设置开口，使雨水流入绿化带，增强绿化带对道路雨水的收集与净化		**6. 路边设置雨水花园** 可在人行道或慢行车道与建筑之间设置下沉式雨水花园，以实现对道路雨水径流以及屋顶雨水的收集及净化
种植设计		**7. 分隔绿篱** 利用车行道与人行道之间的树下空间设置分隔绿篱带，绿篱高度不应高于人视平线，避免造成危险，增加绿化的同时又能够起到良好的空间分隔作用		**8. 连续"拱廊"** 行道树成排时，冠下空间形成"拱廊"，在拱廊型街道空间中，行道树在白天阻挡并吸收太阳辐射，并减少城市风对冠下空间的影响；行道树为多排时，拱廊效应相应增大
		**9. 弹性道路** 车流量低的道路中种植地被，可增加场地绿化，不仅增大了绿地覆盖面积，也满足了道路功能		**10. 天桥种植池** 天桥向外面挑出 1m 左右的空间，搭配植物形成天桥景观，最大限度地利用有限空间增加植被覆盖率，同时给行人带来愉悦的步行体验

城市道路生态规划设计典型手法组合

A ①立体式复层绿化带 + ②自然式过渡种植带 + ③根据物种需求设置动物通道（图 15.6）
生态目标：减少空气污染、增加植物多样性、增强植物群落稳定性、提高植被覆盖率、增加动物多样性、增加动物生境多样性

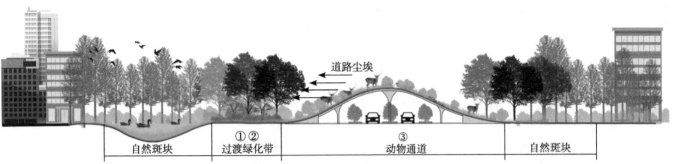

▲图 15.6 交通性道路典型手法组合

B ①路缘石开口 + ②路缘石扩展池 + ③设置雨水花园 + ④连续"拱廊"行道树种植模式（图 15.7、图 15.8）
生态目标：净化水质、调节水量、调节温度、调节日照、调节湿度、优化步行空间体验

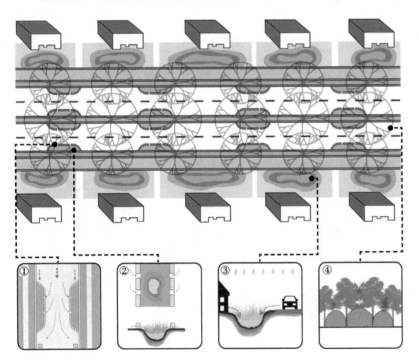

▲图 15.7 生活性道路典型手法组合

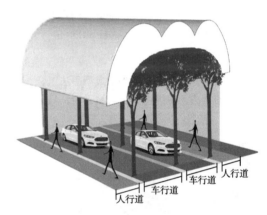

▲图 15.8 带状连续"拱廊"行道树种植模式

159

■ 参考文献

梦亦非 .2009. 让动物安全过马路 [J]. 科学与文化 ,(01):11.

雍飞 .2014. 城市道路与公路在设计上的区别及联系 [J]. 技术与市场 ,21(06):366.

宁乐然主编，马兢等撰稿 .2005. 道路交通工程学教程 [M]. 北京：中国人民公安大学出版社 .

吴海俊，胡松，朱胜跃等 .2011. 城市道路设计思路与技术要点 [J]. 城市交通，09(6):5-13.

■ 案例来源

刘炜 .2012. 西安市道路网布局规划方法与评价研究 [D]. 长安大学 .

高贺，冯树民，郭彩香 .2006. 城市道路网结构形式的特点分析 [J]. 森林工程 ,(05):28-31.

吴善荀 .2017. 波特兰绿色街道规划、设计介绍 [J]. 科学技术创新 ,(35):117-118.

李倞 .2017. 巴塞罗那城市快速路景观网络构建途径研究 [J]. 风景园林 ,(10):34-43.

孙大江，王自勇，刘光立 .2004. 城市快速路立交区绿化模式探讨 [J]. 四川林勘设计 ,(01):25-27+35.

文竹 . 绿色街道 —— 西雅图让雨水都慢下来 [C]. 新常态：传承与变革 ——2015 中国城市规划年会论文集 ,2015:514-526.

刘月琴，林选泉 .2014. 人行空间透水铺装模式的综合设计应用 —— 以陆家嘴环路生态铺装改造示范段为例 [J]. 中国园林 ,30(07):87-92.

陈果 .2001. 东京城市道路景观设计特点 [J]. 新建筑 ,(1):60-63.

王思元，胡嘉诚 .2016. 生态城市的规划实施和启示：以美国波特兰为例 [J]. 风景园林 ,(5):27-34.

姜旭艳 .2016. 西安城市"连续拱"全封闭型街道夏季小气候实测报告 —— 西安市贡院门街、双仁府街和含光路街 [D]. 西安建筑科技大学 .

Ramboll and Ramboll Studio Dreiseitl，丹麦哥本哈根暴雨计划 ,2016.https://www.gooood.cn/2016-asla-copenhagen-cloudburst-formula-by-ramboll-and-ramboll-studio-dreiseitl.htm.

■ 思想碰撞

　　有学者认为，在本讲中提到的典型手法组合，对场地周围环境有一定的要求，在特殊情况下才可以运用到设计实践当中。例如绿桥等动物通道的做法，在国内很少会被采用，只有在经过国家公园等自然斑块的特殊路段才会采取此做法，因此这样的手法不具备普适性的指导意义。针对这个问题，你怎么看？

■ 专题编者

岳邦瑞　　　　费凡　　　　王梦琪　　　　黄曦娇　　　　董伟　　　　刘彬

城市绿地系统

执子之手天人相携 16讲

　　为了摆脱工业生产造成的种种城市病，哥本哈根于 1947 年完成了一项极具创新精神的任务，开始使用"大哥本哈根"这一概念，并完成了全新的绿地规划。当工作接近结束时，一位担任秘书工作的德国姑娘将自己的手放在规划图上，发现它酷似手的形状，于是人们便称其为"手指规划"（杨滨章,2009）。这只象征着自然的手将绿地嵌入了人们的生活，而哥本哈根也由于这次成功的规划，成了世界闻名的自行车之城。一次成功的绿地系统规划，就这样做到人与自然携手前行……

■ 城市绿地系统的内涵与类型

1. 城市绿地系统的内涵

为了厘清城市绿地系统的概念，首先要了解城市、城市绿地与系统的内涵。城市是人类社会活动的综合生态系统。城市绿地是城市中自然生态系统的基础部分，其系统结构和功能在改善环境质量、美化景观、维护城市生态平衡、促进城市可持续发展等方面起着十分重要的作用（王祥荣，1999）。系统是由相互作用、相互依赖的若干部分结合而成的，具有特定功能的有机整体，而且这个有机整体又是它所从属的更大系统的组成部分（钱学森，2001）。《风景园林基本术语标准》(CJJ / T 91–2017)认为：城市绿地系统是由城市中各种类型和规模的绿化用地组成的整体。德国地理植物学家 Carl Troll 认为：城市未建设之前的大地生态实际上是一个生态学本底，城市的建设相当于在这个本底中嵌入一个人为的干扰斑块。而城市的绿地系统则相当于自然生态的残余斑块或引入斑块（刘康，2004）。

城市绿地系统有三大特性：一是城市生态系统中自然子系统的组成部分；二是城市区域内由植物及其他要素组成的不同性质、不同功能和规模的绿色空间；三是可用于减缓城市环境压力、实现生态良性循环及保证城市生态平衡的绿色有机整体。

2. 城市形态模式及绿地系统分类

绿地系统的形成过程是人类城市化进程中各类绿地构建、修复、完善的生态过程。依托于城市这个开放的系统，绿地结构布局的影响因素因城市规模、城市形态和城市发展的不同而不同。笔者依据平原地区、山地丘陵地区、河谷地区和港口地区等四大城市地表形态特征（陈岚,2010）（图 16.1），归纳出典型的城市布局形态模式，分别为：块状、组团状、带状、指状和串联状城市形态（表 16.1）。

(a) 平原城市　(b) 山地丘陵城市

(c) 港口城市　(d) 河谷城市

▲图 16.1 各类城市形态

表 16.1 城市布局形态模式

城市形状模式	图示	代表城市	具体表现
块状		北京、上海、莫斯科、伦敦	由于平原地区地势平坦，用地开阔，城市的发展受限小，城市中心区聚集着城市经济与社会等主要的城市功能，城市建设用地通常围绕着单核心，以同心圆方式向四周扩散，从而发展为块状形态
组团状		晋中、广州	某些城市由于受到地形、河流等自然环境条件的约束，以及人为规划思想的影响，城市建设用地被山地、丘陵、河流、森林或农田等分隔为相对独立的带状或团状用地形式，从而形成分散发展的组团状城市形态

城市形状模式	图示	代表城市	具体表现
带状		深圳、兰州、西宁、洛阳	由于河谷地区的地势较低，且河网密布，带状城市往往是由沿江河的单岸或者双岸生存的带状聚落形态逐渐发展而来；河道干线即是城市的伸展主轴，贯穿整个城区，道路体系沿轴向分布
指状		哥本哈根、嘉兴	处于港口地区的城市因其特殊的地理条件，会出现多功能混合的城市中心，向外呈放射型轴向伸展，主要是沿对外交通干线或河流等多轴向发展
串联状		澳门、连云港、秦皇岛	由中心城市和若干小城镇沿港口分布组成，作为港口地区经济、文化、政治等核心的中心城，引导着这些小城镇作整体性发展

笔者将城市绿地系统组合要素根据形态与功能归纳为：绿心、绿斑、绿片、绿带/廊、绿环、绿楔。现对绿地系统的构成要素特征进行分析如下（表16.2）。

表 16.2 城市绿地系统构成要素典型特征

要素典型特征	绿心	绿斑	绿片	绿带/廊	绿环	绿楔
图解						
概念	位于城市中央或由多个城市组团围合的绿色空间	"绿地斑块"的简称，即通过测绘获得的城市绿地平面图像	绿地系统的生态背景片林	城市中呈带状、线状的绿地	在城镇或建成区外围配置具有一定规模的绿地，与其他绿色空间共同形成环绕城市的绿地系统	从城市外围由宽逐渐变窄像楔子一样楔入城市的大型生态用地
位置	城市结构中心位置	市域范围	城区边缘地带	城区边缘地带	城市边缘地带	中心城区
面积	宏观小于 1500km²；微观 1~10km²	大于 5000m²；20~100m²	/	100~150m	小于 100km²；100~5000km²	/
类型	单个城市绿心空间的结构模式、城市组团绿心空间结构模式	中型的绿地斑块、小型的绿地斑块为大中型斑块的补充	隔离绿片	街道绿地和线状分布的防护绿地、城市通风廊道	斑块+廊道+基质型环城绿带、廊道环城绿带和节点环城绿带	环形绿楔

■ 城市绿地系统的发展历程与生态目标

1. 城市绿地系统规划的发展历程

随着近现代大工业产生和城市规模的急剧扩大，环境污染问题日趋严重，从而降低了城市生活的舒适度。为了协调建筑空间与自然空间之间的关系，近一百年多来，国内外学者提出了各种规划思想、学说和建设模式（表16.3、表16.4）。

表 16.3 国外城市绿地系统的发展历程（范晓琳,2011; 马建梅,2005）

发展阶段	代表事件	具体内容
城市绿地思想萌芽——城市公园运动和公园系统阶段（19世纪90年代~20世纪初）	·1843年英国伯肯海德公园；·1858年纽约中央公园；·1880年波士顿公园体系	这一时期成了城市绿地系统规划的前导，由单个的城市公园绿地来缓解种种城市问题，发展到城市局部范围以带状绿地联系数个公园形成公园体系，初步形成了公园绿地的系统化形式，出现了简单的系统结构
城市绿地规划思想形成发展阶段——"田园城市"（20世纪初~20世纪50年代）	·1898年霍华德提出"田园城市"；·1903年世界首座"田园城市"莱奇沃斯	从局部的城市调整转向对整个城市结构的重新规划；规划建设开始从绿地结构的系统性、绿地属性的自然性、绿地功能的游憩性等多方面共同着手；城市绿地系统结构的系统性得到了一定程度的认同，开始了对广阔范围内绿地联系的整体把握
城市绿地规划思想转折阶段——战后大发展（20世纪50~70年代）	·1945年"华沙重建规划"；·1946年英国哈罗新城	在二战之后，苏联与东欧等国家的城市重建中开始大规模地将绿色城市的理想模式付诸实践，并力求使绿化环境与城市环境相融合，形成宜人的城市环境；各大城市运用各种新的绿地系统规划理论，规划建设开始逐步走向系统化

续表

发展阶段	代表事件	具体内容
城市绿地规划思想成熟阶段——生物圈意识（1970年至今）	·麦克哈格《设计结合自然》； ·1971年人类与生物圈计划； ·1986年《景观与城市规划》杂志创刊	城市绿地系统更重视将城市绿地与城市中的自然地形、河流、湿地等相结合；开始从绿地的生态性、游憩性等方面全面地思考城市绿地的系统性建设问题，绿地系统规划逐渐从环境型规划转向生态型规划，已明确提出绿地系统结构的概念和内容；绿色网络结构、绿色文化理论逐渐兴起

表16.4 国内城市绿地系统的发展历程（王艳君，2009）

发展阶段	代表事件	具体内容
萌芽阶段（20世纪50~70年代）	·1958年"大地园林化""绿化祖国"	首次将城市绿地系统建设列为城市总体规划的重要内容；主要沿用20世纪50年代初从苏联引入的城市游憩绿地的规划方法和相应的定额指标概念，是一套城市休闲生活系统的文化休闲公园体系，强调游憩功能，忽视生态功能
发展阶段（20世纪70年代~21世纪初）	·"花园城市""园林城市""森林城市"； ·出版了《城市园林绿地规划》《城市绿化与环境保护》等专著	随着国际上环境科学研究的深入，生态意识的增强，才开始重视绿地在环境保护中的作用，对城市绿地系统建设的研究也有了较大的发展；针对我国国情提出了较为合理的绿地指标及绿地系统建设的方法、程序等
思想转折阶段（21世纪至今）	·2004年"生态园林城市"； ·2007年建设"国际生态园林城市"的试点工作	由"园林城市"到"生态园林城市"，让生态学者参与并指导城市园林规划建设工作，使园林规划建设实现了质的飞跃；由一般行业性规划建设活动进入更高层次的理论研究与实践阶段

▲图16.2 城市绿地系统发展（引自《城市绿地系统规划与设计》）

总体来看，城市绿地系统的发展也反映了系统结构的发展过程，并走过了一个从集中到分散，从分散到联系，再从联系到融合，最终达到系统化的过程（图16.2）。这种自然、人、城市相融合的城市绿地系统将更加有效地发挥其生态效益，更有助于城市的可持续发展。

2. 城市绿地系统规划的生态目标

本将通过对现实问题的研究归纳出生态目标体系，将二级目标体系分为生境修复与改善、生物保护与发展和城乡可持续发展3个方面（表16.5）。

表16.5 城市绿地系统规划的生态目标

一级目标	二级目标	三级目标	四级目标	现状问题
维持人工系统可持续性	生境修复与改善	调节气候	净化空气、吸附粉尘	城市区域雾霾严重
			调节湿度	城市夏季热岛效应严重、市区温度远高于郊区
			调节市区温度	
			引导风向，疏导市区气流、调节风速	
		保护土壤	降低土壤污染	绿色空间被破坏，土壤资源受到污染
			减少土壤资源破坏	
		调蓄水文	净化水质、调节水量、涵养水源	水土资源锐减与不合理开发
		调控能量	降低噪声污染	
			降低光污染、调节照明	
	生物保护与发展	改善人类身心健康	保持身体健康	人口的高密度聚集、市民活动受限
			缓解负面情绪	
			提高生活满意度	
		改善植物多样性	维持植物多样性	景观多样性的缺乏、乡土景观的缺失
			增加植物群落稳定性	植物生存空间被城市设施侵占、割裂
			提高植被覆盖率	
		改善动物多样性	保护珍稀或濒危物种	珍稀动物生存空间因城市扩张而减少
			为动物提供迁徙廊道	城市道路阻断动物迁徙通道，影响了动物间的交流
			为动物提供栖息繁衍场所	

一级目标	二级目标	三级目标	四级目标	现状问题
维持人工系统可持续性	城乡可持续发展	促进城乡融合	控制城市规模无序扩张，促进城乡一体化	城市建设用地的外延式扩张，摊大饼式发展
		协调城市空间	增加城市绿量，合理利用土地	城市密度加大
			协调城市公共设施比例	交通拥挤，主干道路交通承载压力加大

■ 城市绿地系统规划的设计程序与研究框架

1. 城市绿地系统规划的设计程序

城市绿地系统规划一般分为：资料收集与现场调查阶段、规划方案阶段和深化方案完成规划成果阶段 3 个阶段、9 个步骤（李铮生，2006）（图 16.3）。本文通过对结构布局和详细设计分析，从而提炼出生态手法。

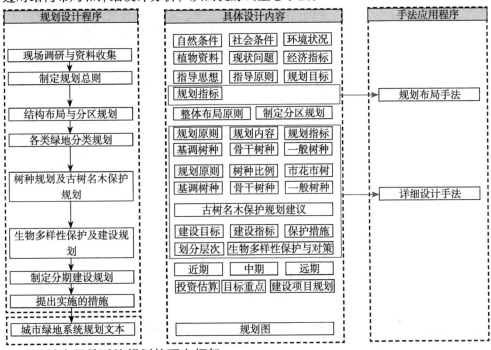

▲ 图 16.3 城市绿地系统规划程序（改绘）

2. 城市绿地系统规划的研究框架

以城市空间的三个层次——城市群体空间、城市外部空间、城市内部空间为具体划分依据，笔者将从区域、市域、中心城区三个层次（图 16.4），及绿地系统布局模式与绿地组成要素详细设计两个角度，对解决现实环境问题的生态手法进行提炼（图 16.5）。

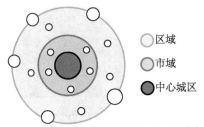

▲ 图 16.4 城市绿地系统结构层次（改绘自《城市空间集中与分散论》）

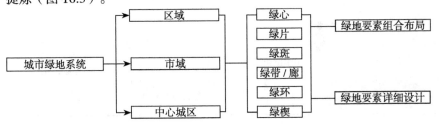

◀ 图 16.5 城市绿地系统规划的研究框架

　　运用基本理论部分提出的案例分析框架，对多个国内外城市绿地系统规划案例进行剖析。分析范围为市域、中心城区两个尺度，对中心城区绿地系统布局与整个市域绿地因子进行剖析，归纳出其运用的生态设计手段（表16.6、表16.7）。

表16.6　城市绿地系统平原及山地丘陵地区案例汇总

类型	名称	图纸	具体设计手段	解析 + 目标
块状	北京	 城市绿片 第一道绿带 第二道绿带 绿楔　环城绿带　公园点	①构筑城乡一体化生态网络系统	·北京市在市域、中心城、新城三个层面划分城乡一体化的生态网络；点状的城镇、线状的绿带、面状的绿片相结合，保护了城镇总体格局，促进了城乡一体化，保证城市内外相通； ·为动物提供栖息繁衍场所、改善城市生态环境
			②中心城区绿地系统采用放射状楔形布局	·绿地系统采用放射状的楔形布局形式，将田园优点引入城市，楔状绿地将城市中心区与郊区相连，使城市范围内的建设受到严格控制，将城镇内外有机结合，有效改善城市生态环境，保护景观格局的安全； ·缓解城市热岛效应
			③设置多环状+片状环城绿带	·北京第一道绿带位于三环与四环内，用地面积约为350km²，逐步建成环绕城市中心区的公园环；第二道绿化隔离带主要由"两环、九楔、五团"组成，为四环、五环之间的第一道绿化带以外至六环路外侧1000m范围内，有效提高了生物多样性； ·为动物提供迁徙廊道
			④围绕城区的隔离绿片	·北京在城市中心组团和城市边缘之间建立多处大面积的隔离片林，片林划定了城市的发展空间，减少城市活动对动植物生存的干扰，并有效缓解城市热岛效应； ·缓解城市热岛效应、增加生物多样性
			⑤建设相互连接的绿廊	·城市周围建设相互连接的绿廊，在城市周围的绿化控制带与城市内的建设区域之间，沿西北—东南建立廊道及绿带，绿廊作为生物流通道，可作为野生动物的迁移通道； ·为动物迁徙提供廊道

类型	名称	图纸	具体设计手段	解析＋目标
块状	上海	① 环城绿带	①设置环＋片状的环城绿带	·环城建立100m宽的纯林带以及400m宽的绿带，绿带将苗圃、花圃、观光林业、公园等各类片状绿地进行整合，将绿色空间有机串联成完整的系统，为生物活动提供了良好的空间； ·提升城市生物多样性
块状	武汉	①② 禁、限建区域	①于生态敏感区，建设六大放射型绿楔	·在三个区内建立6个大面积放射状绿楔，绿楔涉及多个生态敏感区域，既能保护生态敏感区不被破坏，同时防止城市"摊大饼"式的无序发展； ·缓解城市热岛效应、控制城市无序扩张
块状	武汉		②划定禁建区和限建区	·对绿楔划定禁建区和限建区，禁建区内严格禁止建设，限建区限定建设规模和强度，并对生态用地及绿量的破坏实施补偿；此举保护了重要的水源地和自然保护区、各类山体以及历史保护区，并且保护了生物的栖息环境； ·保护生物多样性、保护生物栖息地
块状	莫斯科	① 环城楔形绿带	①设置环形楔形相结合的城市绿地系统布局	·城市外围采用环形、楔形相结合的绿地系统布局，莫斯科河及其支流划分了多丘陵地形，结合现有绿地结构建立10余公里的森林公园带；扇形与环形结合的绿地系统布局将城市分割成多中心结构，缓解城市的热岛效应，并阻止了城市的无序扩张； ·缓解城市热岛效应、解决城市人口密集问题
块状卫星城及新城	伦敦	①③ 内城环 近郊环	①建设相互连接的廊道环城绿带	·城市各片区均以楔状绿带相隔离，整体上形成围绕城市绿心的环城绿带，形成了围绕绿心发展的格局，并保证了绿地系统与自然景观的联系，保障城市中居民的良好生活环境； ·缓解城市热岛效应、解决城市人口密集问题
块状卫星城及新城	伦敦		②行政区周边设置内城环	·内城环位于行政区周边，成功地控制工业区域，改造旧街坊，并降低人口密度，恢复各功能区的使用； ·降低城市人口密度、改善城市小气候
块状卫星城及新城	伦敦		③城市边缘郊区设置近郊环	·城市边缘建立高绿量的近郊环，近郊环内空地尽量绿化，弥补绿量的不足，近郊环为居住区和地方自治体提供良好环境，控制城市的人口密度； ·降低城市人口密度问题

续表

类型	名称	图纸	具体设计手段	解析+目标
块状卫星城及新城	伦敦	④ ⑤	④于近郊环外，设置核心用地绿带环	·近郊环外设置宽度为11~16km为环城绿带的核心用地，绿带区域内部严格控制开发，以此为依托建设森林、公共绿地及各种游憩地等；绿带环在空间上缓解了城市的人居活动空间压力，合理控制了城市扩张； ·控制城市的无序扩张、改善小气候、水资源保护
			⑤设置卫星城市的备用土地农业环	·城市外围进行扩建，在原有城市基础上新设置8个卫星城，用以疏散内环的企业和人口；达到疏散大伦敦过剩人口与工业企业的功能； ·限制城市无序扩张、缓解环境恶化
组团状	乐山	① ②	①采取围绕城市绿心的环状绿地系统布局模式	·城市围绕绿心进行环状发展，再加之外围的自然森林形成了"绿心－城市环－江河环－山林环"的模式，城市各片区间用楔形绿带相隔并与中间的绿心相连； ·缓解城市热岛效应、增加城市绿色空间
			②设置单个城市绿心	·于中心城区设置绿心；绿心既是城市结构的重要组成部分，又是旧城与新区发展的过渡与分隔地带；片区之间以绿地、农田、水系溪流相隔，并使绿心得以延伸； ·缓解城市热岛效应、为动物提供栖息地
	晋中	① ② ③ 中心城区 通风廊道 楔形绿地	①设置通风廊道的导入口	·在城区边缘地带的绿地空间，为郊区至城市的通风廊道创造良好的导入口；根据城市风向及用地现状，在城市绿地系统布局中强化城市外部生态绿地的生态保护与建设控制； ·缓解城市热岛效应
			②由连续、线性的绿地开敞空间体系形成通风廊道	·晋中中心城区边缘的生态绿地、城市内部带状公园、河流和沿城市主干道路带状绿地组成的6条潜在的"线性绿地"作为城市通风廊道，线性绿地可极大地缓解城市热岛效应； ·缓解城市热岛效应
			③加强通风廊道绿地与周边小型绿地斑块的联系	·为了增加廊道通风降温的功能半径，加强通风廊道绿地与周边小型绿地板块的串联和沟通，线性绿地沿线通过绿带、绿廊或水系串联周边现有的城市零散绿地，形成空间优化下连续的城市绿地空间； ·缓解城市热岛效应

表 16.7 城市绿地系统河谷及港口地区案例汇总

类型	名称	图纸	具体设计手段	解析 + 目标
组团状	广州		①设置绿心 + 绿楔状绿地布局	·以白云山、万亩果园为绿心，溪河与珠江及其沿河绿带贯穿三大组团，广州带状组团式城市空间结构，构成开放式环状空间结构，形成绿心加绿楔的生态系统，可有效提高中心城区的绿量； ·缓解热岛效应、增加城市绿色空间
带状	深圳		①形成楔形、点状、线状和面状组合的平行楔状绿地系统布局	·深圳根据绿地现状，确定以自然生态绿地为主脉，利用楔状绿地将自然生态"引入"城市，并将城市隔成若干组团，各组团再配以均衡分布的公园和绿带的布局方式；城市绿地系统由"区域绿地—生态廊道体系—城市绿地"组成； ·为城市起到迎风通风作用、提供生物活动通廊
指状	哥本哈根	 城市整体绿地	①设置指状绿地系统布局	·指状城市绿地发展模式，5 根手指形状的绿地从哥本哈根中心分别向北、西、南方向伸出，手指之间区域被森林、农田和开放休闲空间组成的绿楔分割； ·控制城市无序扩张
串联状群组	澳门	 城市绿斑散点	①因地制宜地规划建设小微绿地和立体绿化	·在建筑密度较高的澳门半岛，因地制宜地规划建设小微绿地和立体绿化，充分挖掘小微绿地的建设潜力，调节城市小气候； ·调节市内温度、协调城市公共设施比例
			②建立绿斑拓展城市街区绿量	·尽量避免用"大拆大建"的方式拓展大型绿地，按照城市街区人口密度确定适当规模等级的绿斑密度指标，并用于指导绿地布局，可科学有效地扩展绿量； ·协调城市公共设施的比例
	兰斯塔德	 城市绿心 城市建成区	①设置宏观尺度上联系 3 个主要城市组团的绿心	·兰斯塔德绿心，面积可达 1500 km^2，是宏观尺度上的绿心，兰斯塔德地区的绿心主要由大片的农业用地以及湿地组成，同时还包括一些公园及游乐场所、设施； ·缓解热岛效应、为动物提供栖息地
			②于城市建成区与城市绿心之间设绿色缓冲地带	·森林与其他类型的绿地分布在城市群的各个城市之间，绿地成为隔离城市的缓冲带；可以保护森林，避免其被人类活动区域过分干扰，通过缓冲地带保护绿心； ·提高植被覆盖率

经过上文介绍，笔者对构成城市绿地系统的组成要素进行分析及两两组合，从绿地系统整体布局及要素详细设计两个角度，总结出如下的生态设计手法（表16.8、表16.9）。

表 16.8 城市绿地系统构成要素详细设计生态手法集合

绿心	 + 	**1. 单城市绿心** 在人口密集的城市中心保持绿色空间面积，设置城市绿心，可提高绿色空间的使用率，提高生物多样性			**2. 组团绿心** 建立以城市绿心为中心的发散型、触角式的绿色生态网络，增强与各个城市组团之间的联系，增加物种多样性
绿斑	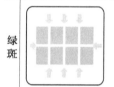 > 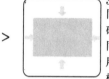	**3. 多边界绿斑** 同样面积的2块绿地，绿斑的碎片化程度不同而导致密度不同，绿斑的边界周长更大，使用者接近其中小微绿地空间的机会也更高		+	**4. 分散布局的小微绿地集群** 在高密度城市，充分整合利用街区内零碎的绿化空间，通过"见缝插绿""隙地补绿"等途径形成分散布局的小微绿地集群，缓解居住压力
绿楔	 +	**5. 嵌入式绿楔** 以围绕建成区的绿地为骨架，根据现状分析，以楔形绿地的形式嵌入城区，缓解城市内的热岛效应		+	**6. 禁建区与限建区划分** 对绿楔划定禁建区和限建区；禁建区严格禁止建设，限建区限定建设规模和强度，对破坏生态用地及绿量的，实施绿量补偿政策，以此保护生物多样性
绿环	+	**7. 节点环城绿带** 较小尺度的城市依托道路交通形成环形结构，与城乡接合部周边的绿地形成了环形串珠式结构，连通城市绿色空间	+		**8. 廊道环城绿带** 尺度较大的环城绿带以带状环绕城市且相互联系，结合周边地形，形成相对稳定的形态和结构，有效连通绿廊
	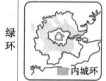 +	**9. 内城环** 于行政区域周边建立内城环，提高内城环绿量，有效控制工业规模，提高居住环境		+	**10. 近郊环** 近郊环作为建设良好的居住区和健全地方自治团体的地区，限制居住用地净密度，环内空地尽量绿化，以弥补其内绿地之不足
	+	**11. 绿带环** 绿带环为宽约1km的绿化带，环内设置森林、公园、运动场地，成为疏散城市人口的良好途径	+ 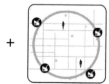		**12. 农业环** 于城市绿带环以外设立农业环，为城市内外人口提供蔬菜等生物资源，并起到疏散人口与工业企业的作用

续表

绿片	+ 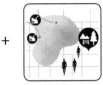	**13. 围城绿片** 绿地系统的生态背景片林，它可起到维持市域生态系统的动态平衡和为城市建成区提供新鲜空气库的作用	>	**14. 树种交叉种植** 选择生长速度、寿命长短不一的树种交叉种植；注重常绿树与落叶树的比例与搭配，有助于动植物的生存
绿带／廊	+ 	**15. 绿化隔离带** 在城市各组团以及不同功能区之间建设一定规模的绿化隔离带，使各种生态过程有序进行	+ 	**16. 通风廊道** 当风进入城市时，选择出由连续的、线性的绿地开敞空间体系形成的通风廊道，可缓解热岛效应
	+ 	**17. 通风带导入口** 在城区边缘地带的绿地空间，为郊区至城市的通风廊道创造良好的导入口；可以强化城市外部生态绿地的保护	+	**18. 廊道串绿** 通过通风廊道串联周边的小型绿地斑块，可有效增加廊道的功能半径

表 16.9 城市绿地系统构成要素组合布局模式

绿地要素组合布局	+	**1. 城乡生态网络模式** 城乡一体化的绿地系统规划划分为市域、中心城、新城；中心城绿地系统结构，是保持城市总体空间格局、改善城市生态环境的重要保障	+	**2. 楔形放射状模式** 可将田园的优点引入城市，形成绿环环绕，绿楔插入；由绿色通道串联公园绿地成点、线、面结合形态，增加物种多样性
	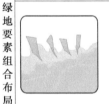 +	**3. 平行楔状模式** 利用楔状绿地将自然生态引入城市并将城市隔成若干组团；从楔状绿地、点状绿地、线状绿地和面状绿地4个层次布局，形成完善的绿地系统	+	**4. 指状模式** 绿地系统规划注重在"手指"与"手指"间楔入绿地及农田，形成指状布局形态，有效增加物种多样性
	+	**5. 绿心环状模式** 中心城区采取"绿心环形生态型城市"的布局结构，可改善城市生态环境，保证居民得到完好的生态服务	+	**6. 绿心楔状模式** 规划带状组团式城市空间结构，构成开放式环状空间结构，形成绿心加绿楔的生态系统，保障生物的正常活动需求

■ 参考文献

杨滨章 .2009. 哥本哈根"手指规划"产生的背景与内容 [J]. 城市规划 ,33(08):52–58+102.

王祥荣 .1999. 面向 21 世纪城市绿化发展的思路与对策 : 以上海为例 [J]. 城市环境与城市生态 ,12(1): 60–63.

刘康 ，李团胜编著 .2004. 生态规划 —— 理论、方法与应用 [M]. 北京 : 化学工业出版社 .

陈岚 .2010. 基于生态准则的成都城市形态可持续发展研究 [D]. 天津大学 .

范晓琳 .2011. 不同城市尺度下的绿地布局结构特征分析 [D]. 河南农业大学 .

马建梅 .2005. 现代城市绿地系统结构研究 [D]. 南京林业大学 .

王艳君 .2009. 城乡一体化的绿地系统规划与建设研究 [D]. 北京林业大学 .

■ 案例来源

王旭东 , 王鹏飞 , 杨秋生 .2014. 国内外环城绿带规划案例比较及其展望 [J]. 规划师 ,(12).

刘伟 .2011. 武汉六大绿楔绿量与生态网络研究 [D]. 华中农业大学 .

樊亚明 .2004. 湖北省典型城市绿地景观比较研究 [D]. 华中农业大学 .

欧阳林 , 罗文智 , 李琳 .2006. 乐山绿心环形生态城市规划与实践 [J]. 城市发展研究 ,13(6):42–45.

张云路 , 李雄 .2017. 基于城市绿地系统空间布局优化的城市通风廊道规划探索 —— 以晋中市为例 [J]. 城市发展研究 , (05):41–47.

徐英 .2005. 现代城市绿地系统布局多元化研究 [D]. 南京林业大学 .

王颖 .2013. 石家庄市楔形绿地规划研究 [D]. 河北师范大学 .

于晓萍 , 程建润 .2011. 哥本哈根"指形规划"的启示 [J]. 城市 ,(09):71–74.

肖希 , 李敏 .2017. 绿斑密度 : 高密度城市绿地规划布局适用指标研究 —— 以澳门半岛为例 [J]. 中国园林 ,33(07):97–102.

汤瑾 .2013. 大城市绿化控制带的结构与生态功能 [J]. 现代园艺 ,(12):114.

■ 思想碰撞

　　假如我们将地球比喻成一个人 , 山川就是骨骼 , 河流就是血脉 , 土壤就是肌肉 , 森林是地球之肺 , 湿地是地球之肾 , 矿坑是地球的伤疤 , 工厂是地球的斑秃 , 棕地是地球的疥疮……那么城市是地球的什么？城市绿地系统又是地球的什么？

■ 专题编者

岳邦瑞　　　　费凡　　　　王楠　　　　唐崇铭

PART IV

第四部分
乡村与区域类项目中的生态手法
ECOLOGICAL MANNER IN RURAL AND REGIONAL PROJECTS

传统村落
先民的生存智慧 17讲

农业园区 18讲
拒绝寂静的春天

工业园区
铁春春暖者家园 19讲

李约瑟博士曾经说"古代中国人在整个自然界寻求秩序与和谐，并将此视为一切人类美系的理想"（李理，2019），他所表达的正是我们祖宗推崇的思想——"天人合一"，即天地万物互为相通，和谐相处。在我国广襄的国土上，点缀着一座座风貌古朴、个性鲜明的吉村落，先民根据地域条件及自然环境，趋利避害，物尽其用，营造出了与自然相协调的生态聚居景观，创造了根植于本土"天人合一"的自然生态智慧。

自然保护区
走向跷跷板 20讲
的另一头

国家公园
涉身地走进荒野 21讲

湿地公园
多识鸟兽 22讲
草木之名

湿地，是生命最为活跃的地带之一，它孕育了无数植物，承载了数不清的鸟兽在此生存。湿地简直就是生物界的百科全书。然而各地因泰埴填埋、破坏湿地的现象屡屡不止，湿地与人类的生存仿佛产生了不可调和的冲突，而这种是一笔永远失去偿清的"生态弹水"。当自然的根丛再此消飞，她们记忆中的家园是天永一色，曹波灵了湿的湿地。但当这片湿地因为人类的破坏失去了往日的色彩，候鸟们能否找到熟悉的家？人类自己还能否高枕无忧？

传统村落

先民的生存智慧 □ 17讲

　　李约瑟博士曾经说"古代中国人在整个自然界寻求秩序与和谐，并将此视为一切人类关系的理想"（李理，2019），他所表达的正是我们老祖宗推崇的思想——"天人合一"，即天地万物互为相通，和谐相处。在我国广袤的国土上，点缀着一座座风貌古朴、个性鲜明的古村落，先民根据地域条件及自然环境，趋利避害，物尽其用，营造出了与自然相协调的生态聚居景观，创造了根植于本土"天人合一"的自然生态智慧。

■ 传统村落的内涵与类型

1. 传统村落的内涵

传统村落是指建村具有一定的历史，建筑环境、整体风貌、村落选址没有大的变动，仍然保存着其丰富的物质遗产与非物质文化等，具有独特民俗风貌并且人们仍聚族而居的村落（曹艳雪 等，2019）。传统村落是我国古代生态实践智慧的重要载体，以人与自然相互妥协为核心建设思想，经过长期实践与适应性的探索过程，逐渐形成了天人合一、崇尚和谐、趋利避害、物尽其用等一系列较为系统的人居环境营造法则，对于现代乡村生态规划建设有重大启示意义。因关中地区是中华民族发源地之一，村落营造高度脱胎于天人合一思想，其生态营造方法也具有一定的代表性，故本讲以关中传统村落为对象，探索其生态手法。

2. 传统村落的类型

乡村聚落的分类一般按所处地理位置的地形、地貌来分，不同地形地貌对村落选址、村落空间形态以及村落内建筑等景观元素的形式有着根本的影响。笔者选择关中地区的秦岭山地型传统村落和黄土高原型传统村落进行研究，分析其在村落选址、村落形态及村落内各景观要素等方面的生态营造智慧（图 17.1）。

(a) 秦岭山地型：蓝田县石船沟村

(b) 黄土高原型：陕西省韩城市党家村

▲图 17.1 不同类型的关中地区传统村落

■ 传统村落的发展与目标

1. 传统村落研究的发展

传统村落的研究在 21 世纪初始有起步，随着生态意识的唤起与国家政策的推进，乡村生态建设在当下已成为各学科研究的热点（表 17.1）。

表 17.1 乡村生态规划建设研究的发展（殷永达，1991；冯骥才，2013）

发展阶段	具体内容
发现期 （20 世纪 90 年代初 ~ 21 世纪初）	·殷永达 1993 年发表第一篇关于传统村落的文章，以安徽传统村落为例，提出古人的"风水"与今日生态思想趋同； ·王志平 1995 年提出村落生态系统的层次结构，并引出村落的研究方向应是结构与功能的关系
发展期 （21 世纪初至今）	·2012 年由住建部、文化部、国家文物局、财政部联合发动中国传统村落调查，并成立由建筑学、民俗学、规划学、艺术学、遗产学、人类学专家组成的委员会； ·2012 年冯骥才提出在城镇化的背景下对待传统村落的态度不可"大破大立"，而应是小心翼翼，对传统村落的态度应是"保护与利用"而非"开发与建设"； ·2017 年《中共中央国务院关于实施乡村振兴战略的意见》提出人与自然应和谐共生

2. 传统村落的生态目标

通过提炼传统村落的生态智慧，结合目前乡村建设所面临的生态问题以及乡村生态建设需求（图17.2），本专题提出适应当地自然环境、生物保护与发展两方面基本目标，并在此基础上进行目标细化，以期为现代乡村建立天人合一的生态关系（表17.2）。

| (a) 沙尘暴 | (b) 洪涝灾害 | (c) 无地可耕 | (d) 水土流失 |

▲图 17.2 现代村落建设中的生态问题

表 17.2 传统村落生态规划建设的生态目标体系

一级目标	二级目标	三级目标	四级目标
人地关系和谐	适应当地自然环境	适应地形地貌	缩小建设用地
			避免占用耕地
			保护原有自然地貌
			避免水土流失
		适应气候条件	避免洪涝灾害
			通风良好
			防晒避暑
			争取良好日照、采暖
			避免风沙、寒风侵袭
			建筑保温
			收集雨水
			减少地表径流
		适应水文条件	便于取水
		适应土地资源	获得优质土壤耕地
			提高乡土环保材料的利用率
	生物保护与发展	保护动物多样性	增加动物多样性
			增加动物栖息地
		保护植物多样性	增加植物多样性
			增加植被覆盖率

■ 传统村落设计程序与研究框架

相关学者提出的乡村生态规划设计程序（吴海俊，2011），与本专题生态手法相关的内容主要包括景观生态视角下的乡村选址、村落及周边空间形态，以及乡村聚落内的建筑、道路、院落、绿化等景观要素的规划设计（图17.3）。本专题以该程序为主，结合关中地区传统村落的类型，从宏观、中观、微观三个层面，分别对关中地区秦岭山地型和黄土高原型传统村落进行研究，并制定了案例解析及生态手法归纳研究框架（图17.4）。

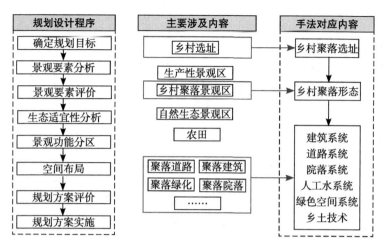

▲ 图 17.3 乡村生态规划设计程序及其与生态手法的关系（改绘自吴海俊, 2011）

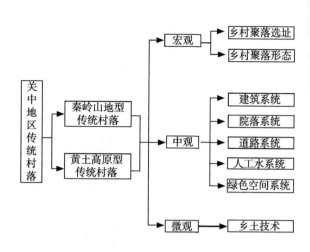

▲ 图 17.4 案例解析及生态手法归纳框架

CASE
关中地区传统村落案例剖析

应用上文提出的研究框架,针对关中地区秦岭山地型和黄土高原型两类传统村落、共 6 个典型案例进行分析,并以列表形式综述各案例及其生态设计手段（表 17.3）。

表 17.3 关中地区传统村落案例研究汇总

名称	图纸	具体设计手段	解析 + 目标
西安市长安区留村		①选址于冲积扇扇缘交汇地带	·选址于三个冲积扇扇缘交汇地带,从峪谷带来的养分使得土地更加适宜农作物生长,并且该区域河流通畅,便于村民使用; ·获得优质土壤耕地
		②选址于秦岭浅山区	·留村选址于秦岭浅山区,地势较缓,易排水且不易洪涝,有效地避开了冲沟、易滑坡等危险地段; ·避免洪涝灾害、避免水土流失、获得优质土壤耕地
		③选址避开峪口区域	·留村选址三面环山,与峪口的方向和距离都减弱了来自大的峪口的山谷风的风势,减少了寒风侵袭危害; ·避免寒风侵袭
		④顺应主导风向布置路网构成风廊	·留村常年主导风向为西南风和东南风,夏季留村闷热少风,为了满足通风需求,留村沿季风方向营造了三条南北向的交通主路,构成留村的主要风廊,使得村庄内部空气流通; ·通风良好
		⑤建筑建造随坡就势	·地处秦岭浅山区,地势南高北低,在这样的地形地貌影响下,建筑系统大多随坡就势地建造,对自然地貌干预较小; ·避免占用耕地、保护原有自然山体
		⑥丁字形道路	·留村内设置成丁字形路网布局,在一定程度上能阻止对流风的形成,削弱风力; ·避免寒风侵袭

图例说明: 扇顶 扇中 扇缘 | 浅山区 | 扇缘处营养富集区 | 村落选址

178

名称	图纸	具体设计手段	解析＋目标
西安市长安区留村	⑨⑩ ⑦ ⑧ ⑪	⑦道路两侧建筑连排	·留村夏季高温干燥，为避免大面积的阳光直射，建筑顺应道路呈现连排状态，建筑之间大多紧挨，街道在一天的时间里大部分被笼罩在阴影中，有效实现了遮阴效果； ·防晒避暑
		⑧道路旁设排水沟	·留村排水系统与道路系统结合，路旁设排水沟，可引导雨水汇入涝池； ·排水便利、减少地表径流
		⑨绿色空间呈"散点状穿插"布局	·留村尽量利用荒地、山冈、低洼地和不宜建筑的零碎用地等布置绿地，避免占用农田或其他规划建筑用地； ·避免占用耕地、增加植物多样性、增加植被覆盖率
		⑩设置林地对谷风进行遮挡	·留村周围树木茂密，用来遮挡村子西南方向和东南方向吹来的山谷风； ·避免寒风侵袭、增加植被覆盖率
		⑪运用石材营建挡土墙	·留村地处山区，石材丰富，运用石材营建挡土墙，起到"筑墙缓差"以减缓水土流失； ·提高乡土环保材料的利用率、避免水土流失
西安市蓝田县石船沟村	①② ③ ④ ⑤ ⑥ ⑦	①选址在山谷中以御寒风	·石船沟村依靠大山作为屏障，选址在三座中高山脉平行而立的山谷之中，周边重峦叠嶂，山脚和两山鞍部兼有低山、台地、河谷地形，可抵挡冬季寒风对村落的侵袭，营造了适宜的小气候环境； ·避免寒风侵袭
		②临水选址	·石船沟村周围水系呈现"水绕沟谷，三山夹水"的格局，石船沟村选址靠近由山泉水顺山沟汇聚而成的一条小河，水源作为石船沟村民赖以生存的重要资源，农家均分散或者成组团靠近河流带状分布，生产和生活取水用水方便； ·取水便利
		③布局顺应山谷地形呈"组团—分散式"带状聚落形态	·石船沟村在"三山夹一水"的山谷中，村落布局顺应山谷地形，建筑集且分布延伸，形成了"组团—分散式"相结合的带状延伸布局特征，便于动物迁徙以及能量的流动； ·保护原有自然地貌、增加动物多样性
		④对山体进行保护	·关中地区易发生山体滑坡等灾害，对村落范围内山体进行修复并严格保护，从而加固土壤，预防灾害； ·保护原有自然地貌
		⑤聚落建筑建于坡脚台地	·石船沟村建于坡脚地势较高的台地处，将较平坦地块留于耕地，达到了避免洪涝、节约土地的目的； ·避免洪涝灾害、避免占用耕地
		⑥聚落建筑采取厚墙壁，山墙开小窗	·建筑墙两侧开小窗，利用山谷风进行室内气流的流通与转换，夯土墙厚度约为500~600mm，具有良好的保温隔热性能； ·通风良好
		⑦建筑采用乡土材料	·秦岭山区物产丰富，村民因材施建，发挥各种自然材料的生态、物理和艺术特性，石材坚固，木材易加工强度大，生土生态保温性强，砖瓦方便施工、有装饰作用等； ·提高乡土环保材料的利用率

名称	图纸	具体设计手段	解析 + 目标
咸阳市三原县新兴镇柏社村		①选址于黄土塬塬面之上	·因黄土湿陷的特性，村子选址于黄土塬塬面之上，其地势较高且平坦，村落整体范围都布置在洪水线以上，可御水患且宜耕宜居； ·避免洪涝灾害、避免水土流失
		②以地坑窑建筑形式为主	·柏社村所处黄土塬适于耕作的土地面积极缺，地坑窑居这种以"减法"方式建造的居住空间极大限度地节约了耕地，提高土地的利用率，且可以保持水土，保护黄土高原风貌；此外，地坑窑居方式可有效解决黄土高原地区风沙大的问题； ·缩小建设用地、避免占用耕地、避免风沙侵袭
		③院落中央设置吸纳雨水的软质区	·为应对季节性降雨，村落内所有院落都设置了行走的硬质步道与吸纳雨水的软质区域，较好地处理了院内地表径流； ·缩小建设用地、避免占用耕地、减少地表径流
		④村外林带与窑洞内绿化结合	·因黄土高原水土流失的问题，故十分注重树木保留；在村外部设置果树与院落内部种植树木相结合，可降低水土流失危害以及缓解窑洞内积水过多的问题，有效保护土地； ·避免水土流失、避免占用耕地、避免风沙侵袭
		⑤村庄外部种植树林	·因黄土高原风沙较大，在外部种植果林能够有效地利用空间，稳固土壤，降低水土流失危害等问题，并且为周围动物提供栖息地； ·避免风害侵袭、避免水土流失、保护动物栖息地
		⑥沿道路设置数条冲沟	·柏社村易受洪水侵袭，但水量不大，在路旁设置冲沟连接村内众多涝池进行蓄积，能够吸附地表径流稳固土壤，在洪泛季节起到泄洪作用且固土保水； ·避免洪涝灾害、减少地表径流
渭南市合阳县灵泉村		①将祭祀建筑置于地形高处	·因传统民俗每年都会举办祭祀活动，将祠堂修筑于山上，节省了建筑与农田用地； ·避免占用耕地
		②窄型院落形态	·这两种形态面南背北，将封闭转角对着西北方向吹来的寒风，把相对开敞的一面朝向阳光；这几种建筑形体特征相对散热面较少，对减少房间热损耗具有较大帮助，并且窄型院落针对关中地区日照与强风的威胁起到缓解作用； ·避免寒风侵袭、争取良好日照
		③低矮建筑为主	·多风是灵泉村所处的气候环境特征之一，村内院落建筑层数较低，能有效地减少受风面积和风力传播的路径，能在很大程度上削减风压对建筑本身的影响； ·避免风害侵袭
		④以方格形路网为主体，低级道路顺延沟壑	·灵泉村所处位置地形复杂，为降低修建路网对原有环境的影响，灵泉村主路以方格型为主；辅路多顺延沟壑，这样布置可在满足通达性的同时降低对周边环境的影响； ·保护原有自然地貌
		⑤村落空间的最低洼位置开挖涝池	·灵泉村为应对夏季的洪灾以及春秋季节的旱灾问题，在地势低洼处修建涝池进行集水与排水，以缓解旱季与涝季水量变化大的问题； ·避免洪涝灾害、收集雨水

名称	图纸	具体设计手段	解析＋目标
庆阳市塔山村	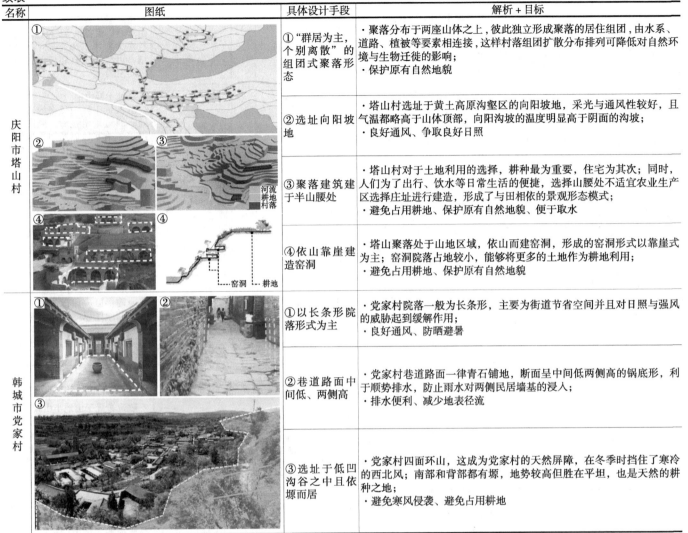	①"群居为主，个别离散"的组团式聚落形态	·聚落分布于两座山体之上，彼此独立形成聚落的居住组团，由水系、道路、植被等要素相连接，这样村落组团扩散分布排列可降低对自然环境与生物迁徙的影响； ·保护原有自然地貌
		②选址向阳坡地	·塔山村选址于黄土高原沟壑区的向阳坡地，采光与通风性较好，且气温都略高于山体顶部，向阳沟坡的温度明显高于阴面的沟坡； ·良好通风、争取良好日照
		③聚落建筑建于半山腰处	·塔山村对于土地利用的选择，耕种最为重要，住宅为其次；同时，人们为了出行、饮水等日常生活的便捷，选择山腰处不适宜农业生产区选择庄址进行建造，形成了与田相依的景观形态模式； ·避免占用耕地、保护原有自然地貌、便于取水
		④依山靠崖建造窑洞	·塔山聚落处于山地区域，依山而建窑洞，形成的窑洞形式以靠崖式为主；窑洞院落占地较小，能够将更多的土地作为耕地利用； ·避免占用耕地、保护原有自然地貌
韩城市党家村		①以长条形院落形式为主	·党家村院落一般为长条形，主要为街道节省空间并且对日照与强风的威胁起到缓解作用； ·良好通风、防晒避暑
		②巷道路面中间低、两侧高	·党家村巷道路面一律青石铺地，断面呈中间低两侧高的锅底形，利于顺势排水，防止雨水对两侧民居墙基的浸入； ·排水便利、减少地表径流
		③选址于低凹沟谷之中且依塬而居	·党家村四面环山，这成为党家村的天然屏障，在冬季时挡住了寒冷的西北风；南部和背部都有塬，地势较高但胜在平坦，也是天然的耕种之地； ·避免寒风侵袭、避免占用耕地

MANNER
关中古村落生态设计手法集合

通过上文对各关中地区古村落案例的剖析与验证，本部分对其中的具体设计手段进行进一步提炼与归纳，分别从宏观尺度、中观尺度、微观尺度三个层次总结关中古村落的生态设计手法（表 17.4~ 表 17.6）。

表 17.4 关中传统村落生态设计手法——宏观层面

乡村聚落选址	秦岭山地型		**1. 选址于冲积扇扇缘交汇** 冲积扇扇缘交汇地带土质肥厚，蕴含丰富的有机物，地下水资源较为丰富且稳定，适合村民日常生活以及生产灌溉使用		**2. 选址避开峪口** 由于峪口山谷风重，风速较大，且多为寒风，选址避开峪口区域，可减弱来自峪口山谷的寒风的侵袭	
			**3. 选址于浅山区** 浅山区地势缓，避免了水土流失等自然灾害；峪谷深处带来的丰富有机物使浅山区土地资源丰富，适宜农作物生长		**4. 选址于群山中** 村落选址于群山环抱的山谷之处，周边重峦叠嶂，形成有效抵挡冬季寒风以及四季风沙的屏障，且营造了村落适宜的小气候环境	
	黄土高原型	 	**5. 选址于塬面之上** 黄土塬面面积较大时，村落选址于塬面之上，可使村落整体处于较高的地势从而避免洪水的侵袭；此外，黄土塬面一般较为平坦，可降低水土流失的危害		**6. 选址于低凹沟谷** 黄土塬面面积较小时，村落选址于低凹沟谷之中，使周围高地势成为天然屏障以抵挡寒冷冬季风，减少四季风沙侵袭，且可将平坦塬面作为耕种之地，避免了建设用地占用耕地	
乡村聚落形态	山地&高原型	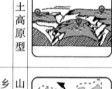 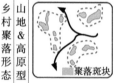 	**7. 群居为主，个别离散** 乡村聚落呈组团扩散分布排列，可避免聚落在空间上对生物的迁徙与传播形成阻力面，对自然环境的干扰最小	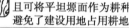	**8. 依据地形布局** 聚落形态应根据不同地形布局，山地地形区应以散居型为主；丘陵高原区以集聚型、松散团聚型和散居型三类形态为主，平原地区乡村聚落形态多为团状、带状和环状	

表 17.5 关中传统村落生态设计手法——中观层面

建筑系统	黄土高原型	 +	**1. 下沉或靠崖式窑洞** 关中地区居民建筑形式以下沉及靠崖式窑洞为主，最大限度上适应当地地形地貌，且窑居院落占地较小，能够将更多土地作为耕地利用；此外，窑居方式可有效解决风沙大的问题		**2. 建筑布置于山地半山腰** 高原山地可利用农田面积少，人们一般将河谷与缓坡地区留于农业生产用地，提升土地利用率，降低自然灾害的可能	
	山地&高原型	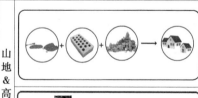	**3. 乡土材料建造** 石材、木材、生土材料、砖瓦等当地乡土环保建筑材料使得建筑废弃之后可还原于环境，成为节约资源与能源、污染最低、环境友好的绿色建筑材料		**4. 低层建筑** 由于关中地区多风沙侵害，聚落建筑层数较低可有效减少受风面积和风力的传播途径，能够有效减缓风压对建筑本身的影响	
			**5. 随坡就势建造** 建筑建造应随坡就势，使得建筑系统所营造的人工景观很好地融入大自然中，最大限度上减少了建设用地对原有自然地貌的破坏		**6. 厚墙小窗** 关中地区冬季漫长，夏季短促。聚落建筑以厚墙上开小窗的形式利于保持温度与空气流通，为室内营造宜人的温度与通风	
人工水系统	山地&高原型	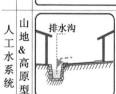 + 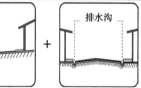	**7. 路侧排水** 村落内部排水系统与道路系统相结合，路侧设置冲沟或排水沟，形成"水路相依"的排水格局，减少地表径流		**8. 低地涝池** 在村内地势较低处设置涝池，可蓄洪排涝、收集雨水、降低洪灾侵害以及固土保湿	

道路系统	山地&高原型	>	**9. 通风路网** 关东地区乡村聚落内部夏季闷热少风，为满足村落内部通风散热需求，其交通主路宜顺应夏季主导风向构成风廊，以保证村庄内部空气的流通	>	**10. 连排建筑** 关东地区夏季高温干燥，为避免大面积的阳光直射，村落内大多设置宽度较窄的道路，道路两旁便是连排建筑，能有效实现道路遮阴效果，避免夏季的强日光照射
		>	**11. 丁字形道路** 关中地区乡村易受风沙侵袭；乡村聚落内设置丁字形道路在一定程度上能阻止对流风的形成，从而削弱风力	>	**12. 凹形路面** 村落巷道呈中间低两侧高的凹形路面，利于雨水集中顺势排放，加速径流的排放速度，降低雨水对两侧居民建筑墙基的侵蚀
绿色空间系统	山地&高原型	>	**13. 见缝插绿** 利用村落内不宜建筑的零碎用地布置绿地，可避免占用耕地或建筑用地；各农田、房屋、道路、园圃应对其边缘进行绿化，增加物种丰度，减少水土流失	>	**14. 围合造林** 关东地区乡村聚落边界种植围合形式的树林可阻挡冬季寒风以及风沙侵袭，减少水土流失，同时可作为村落与周围自然环境的缓冲区，利于生物物种的迁徙，增加场地物种丰度
院落系统	山地&高原型	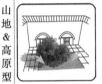 > 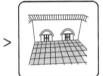	**15. 院落中央绿化** 在院落内部布置软质绿地可在雨季减少院落内的地表径流，缓解降水对院落排水压力	>	**16. 窄型院落** 窄型院落布置时尽可能减少宽度，可节约用地；狭长的院子可减少夏季辐射并增加自然通风

表 17.6 关中传统村落生态设计手法——微观层面

乡土技术	山地&高原型		**1. 乡土材料营造景观小品** 村落内运用各种乡土材料营造景观小品，乡土材料可以保持生态的连续性，并且景观小品废弃后可以回归自然，有利于生态系统再生与良性循环，能够节约资源与能源、并使污染降到最低	>	**2. 地势较陡处营建挡土墙** 关中地区一些村落布建在地势较陡的山地以及高原山地，村落内运用乡土材料营建挡土墙，可起到"筑墙缓差"的作用，也可防止在暴雨天气发生水土流失等自然灾害

■ 参考文献

李理 .2019. 中华文明 "长寿基因" 探析 [J]. 福建省社会主义学院学报 ,(01):38–47.

曹艳雪 , 杨翠霞 , 郑艳 .2019. 朝阳市肖家店传统村落景观生态规划设计研究 [J]. 绿色科技 ,(17):17–21.

殷永达 .1991. 论徽州传统村落水口模式及文化内涵 [J]. 东南文化 , (02):174–177.

冯骥才 .2013. 传统村落的困境与出路 —— 兼谈传统村落是另一类文化遗产 [J]. 民间文化论坛 ,(01):7–12.

吴海俊 , 胡松 , 朱胜跃 , 段铁铮 .2011. 城市道路设计思路与技术要点 [J]. 城市交通 ,9(06):5–13+49.

■ 案例来源

范小蒙 .2015. 秦岭北麓西安段乡土景观营造的环境学途径 [D]. 西安建筑科技大学 .

谢晖 , 钱芝弘 , 桂露 , 等 .2015. 自然环境影响下秦岭北麓乡村空间布局特征初探 —— 以西安长安区留村为例 [J]. 建筑与文化 ,(02):49–52.

宋犇 .2017. 陕西石船沟村传统村落景观设计研究 [D]. 西安建筑科技大学 .

白宁 , 张豫东 , 吴锋 .2018. 蓝田县石船沟村传统村落空间营建智慧研究与启示 [J]. 建筑与文化 ,(10):86–87.

张豫东 .2018. 有限干预理念下蓝田县石船沟村传统村落保护与更新研究 [D]. 西安建筑科技大学 .

李强 .2016. 黄土台原地坑窑居的生态价值研究 —— 以三原县柏社村地坑院为例 [J]. 中国建筑教育 ,(03):105–111.

吴晨 , 周庆华 , 田达睿 .2017. 中国古代村镇人居环境保护与利用 —— 以陕西柏社村为例 [J]. 北京规划建设 ,(06):106–110.

陈勇越 .2018. 基于治水节水的传统村落空间模式研究 [D]. 吉林建筑大学 .

段莹 .2013. 景观生态学视角下关中渭北台塬区乡土景观营造模式研究 [D]. 西安建筑科技大学 .

姜婧 .2012. 地域资源约束下的陇东塔山村乡土景观特征研究 [D]. 西安建筑科技大学 .

李兰洁 , 李怡莹 .2016. 古村落中的人居环境营造智慧 —— 以陕西党家村为例 [J]. 现代园艺 ,(02):175.

■ 思想碰撞

　　本讲总结出的 26 条生态手法是先民成功的生存智慧，但对今天 "城市病" "乡村病" 是否具有重要的价值存在争议。有人认为：生态手法背后的人与自然和谐的理念值得借鉴，但乡土设计策略与技术，在今天看来落后且低效。总结这些手法，很可能是费心劳力地走弯路，在现代建设中没有办法发挥价值，没有必要拿旧工具去解决新问题。你怎么看？

■ 专题编者

岳邦瑞　　　　费凡　　　　王梦琪　　　　刘彬　　　　马欣悦

农业园区 18讲

拒绝寂静的春天

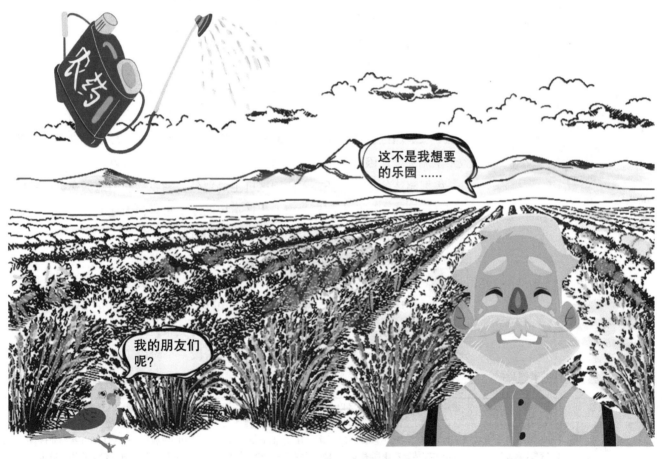

这不是我想要的乐园……

我的朋友们呢？

　　蕾切尔·卡逊（Rachel Carson）《寂静的春天》一书中曾描绘到，20世纪50年代东西方处于二战后的"冷战"时期，美国为了经济开发，大量使用农药、化肥等制品，以增加粮食生产，造成了相当严重的环境污染。鸟类、鱼类和益虫大量死亡，人类健康受到伤害。如何避免农田中出现"寂静的春天"，是我们今天一起讨论的话题……

■ 农业园区的内涵与类型

1. 农业园区的内涵

自 20 世纪末以来，我国农业园区的建设步伐非常迅速，但是学界关于"农业园区"的定义却非常宽泛，主要是从产业发展、科技示范、观光农业等方面对农业园区的内涵展开阐述（吴人韦 等，2004；邹志荣，2007；张天柱，2008）。本研究侧重于探讨农业生产区的生态规划设计手法，因此将其定义为：以农业生产为主，兼具观光游憩、科普教育、科研示范等功能的，在一定范围内集聚农业及相关产业的生产场所，即以特定农业生态系统为主体的复合功能区。

2. 农业园区的类型

依据主要产业类型不同，农业园区可划分为种植类、养殖类、休闲服务类和综合类农业园区（余爱国，2014）。其中，种植类农业园区主要为作物生产用途，具有现今农业园区面临的主要生态问题，如滥用化肥农药造成环境污染、过度开垦导致水土流失等。因此，本讲以种植类农业园区为主要研究对象。

根据园区的地形特征，农业园区可主要划分为平原型和山地型两类。平原型农业园区面临的主要生态问题为农业生产造成的环境污染；山地型农业园区面临的主要生态问题包括水土流失、土壤退化等（图 18.1）。

(a) 平原型：新西兰蒂普基猕猴桃小镇

(b) 山地型：瑞士拉沃葡萄园
▲ 图 18.1 不同类型的农业园区

■ 农业园区的发展历程与生态目标

1. 农业园区的发展历程

随着环境问题的出现，人们的生态意识逐渐形成，并开始介入到农业园区的规划设计中。根据生态意识与农业园区规划设计的关系，可将农业园区的发展历程划分为生态意识的孕育阶段、形成阶段、介入阶段三个阶段（表 18.1）。

表 18.1 农业园区规划设计的发展历程

发展阶段	代表事件	具体内容
生态意识孕育阶段 （农业社会时期）	·形成稻鸭共生模式、桑基鱼塘模式	农业社会时期，农业园区以人地关系和谐的乡村生产为主要形式；古代劳动人民在长期农业劳作中总结生产规律，已经开始孕育原始的生态意识，主要表现为以适应自然环境为目的而形成的生产模式；
生态意识形成阶段 （20世纪初~20世纪80年代）	·提出生态农业、有机农业、循环农业等概念； ·农业生态学开始出现并发展	·1909年，美国农业部的富兰克林·H.金（Franklin King）考察了中国农业，并于1911年出版《四千年的农夫》，介绍中国传统农业利用人畜粪便、塘泥和一切废弃物来肥田的有利于持续发展的技术，提出了有机农业思想； ·随着生态被逐步应用在农业生产中，农业生态学随之产生。1956年，阿兹齐（G.Azzi）正式出版了《农业生态学》著作，标志着农业生态学的形成与产生（陈新娟 等，2003）
生态技术手段介入阶段 （20世纪80年代至今）	·菲律宾玛雅农场、日本友邦农庄建成	在长期广泛使用化肥、农药、农膜等化学制品后，出现了环境污染、土地肥力下降、水土流失严重等一系列问题，人们开始反思这些问题，并开始将景观生态学原理应用于农业园区的规划设计中，美国、以色列、日本等国建立了不同形式的农业科技园区，集现代农业技术示范推广、旅游和教育等功能于一体（申秀清 等，2012）

2. 农业园区的生态目标

农业园区面临的主要生态问题包括作物生产力下降、野生动物多样性降低和环境破坏，这也是当今农业园区生态规划设计应当重点考虑的问题。基于此，本文以现实问题为导向，进行了体系化、多层次的归纳总结，得到农业园区规划设计的生态目标体系（表 18.2）。

表 18.2 农业园区规划设计的生态目标

一级目标	二级目标	三级目标	四级目标	现状问题
维持农业生态系统可持续性	生境修复与改善	调节气候	调节风速、减少风害	生产作物易受到风害
		保护土壤	减少土壤资源破坏	农业园区过度开垦导致水土流失
			提高土壤肥力	耕作强度过大及化肥滥用等，导致土壤肥力下降
		调蓄水文	净化水质	农业生产中大量使用化肥、农药等，引起水质污染
			涵养水源	过度开垦导致土地保水能力下降
	生物保护与发展	维护作物生产力	提供适宜生长条件	环境条件与目标作物不匹配，降低作物生产力
			调节种间关系	不合理的种植方式导致土地资源的低效利用，降低生产力
			草虫害防治	草虫害防治以化学手段为主，易造成污染
		改善动物多样性	保护野生动物栖息地	园区开发破坏野生动物栖息地
			增加动物多样性	农业园区阻断野生动物迁徙廊道、食物链

■ 农业园区的设计程序与研究框架

1. 农业园区生态规划设计的程序

传统农业园区规划设计一般仅强调农业生产和游憩功能，多采取传统的工程措施，较少考虑其生态效益以及对环境的污染。而农业园区的生态规划设计则兼顾二者，故笔者提出如下规划设计步骤用以指导农业园区的规划设计实践（图 18.2）。

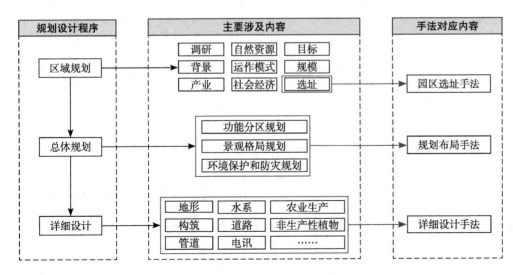

▲图 18.2 农业园区生态规划设计的程序

2. 农业园区规划设计的研究框架

以上述农业园区生态规划设计程序为主，结合其类型、尺度、要素，制定了如下生态规划设计研究框架（图 18.3）。此框架既可用作案例分析研究，也可作为生态手法的归纳框架。

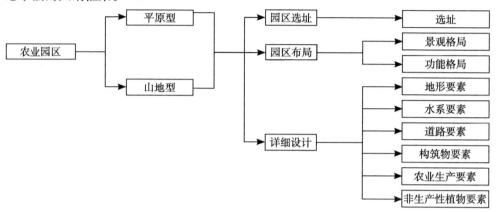

▶图 18.3 农业园区生态规划设计研究框架

CASE
农业园区案例解析

应用上述研究框架进行跨案例研究，解析共计 12 个案例，其中国内案例 8 个，国外案例 4 个，并以列表形式综述各案例及其手段（表 18.3、表 18.4）。

表 18.3 平原型农业园区案例研究汇总

名称	图纸	具体设计手段	解析 + 目标
南京傅家边农业科技园	①② 秋湖山 石臼湖 / ③⑤ 茶园 农田 / ④ 农业科技研发区 无想嘉园 万梅园 美丽乡村体验区 / ⑥ / 水体--- 傅家边农业科技园	①园区选址应避开自然的生态斑块	·选址于秋湖山与石臼湖之间，原为已开垦农田，避开自然生态环境良好区域，防止生产活动对自然斑块造成不良人为干扰； ·保护野生动物栖息地、减少土壤资源破坏、减少水体污染
		②园区应选址于水资源丰富的区域	·园区南临石臼湖，周围分布众多小型水库、池塘，园区内水网交织，为园区提供丰富的水资源，便于农业生产灌溉； ·提供适宜生长条件
		③构建水网，联系园区内分散的水体	·新建水道与滨水绿地将园区内散布的水体连接起来，为水生、两栖动物提供栖息地和迁徙通道，且水网体系便于农业灌溉； ·保护动物栖息地、提供适宜生长条件
		④人工建设区域集中布置	·无想嘉园、农业科技研发区等建设区域集中布置于园区边缘，引导与限制人们活动，减少人为活动对农田生态系统的影响； ·提供适宜生长条件
		⑤合理布置生产区	·根据适宜性布置生产区，农田布置于地形平坦、临近水源区域，果、茶、林等作物耐涝差，则种植于排水顺畅的缓坡区域； ·提供适宜生长条件
		⑥梅茶、果茶间作模式	·采用梅茶、梨茶、桃茶等间作的模式，合理利用阳光，提高土地利用效率，提高总体作物生产力； ·调节种间关系

续表

名称	图纸	具体设计手段	解析＋目标
新西兰蒂普基猕猴桃小镇		①应选址于适宜猕猴桃生长的区域	·根据土壤、日照、降雨、温度等情况进行综合分析，普伦提海湾 (Plenty Bay) 地区最为适宜种植猕猴桃； ·提供适宜生长条件
		②构建河流生态廊道	·水系和滨水绿地共同构成生态廊道，为水生动物、两栖动物提供栖息地和迁徙通道，同时便于农业生产灌溉； ·保护野生动物栖息地、提供适宜生长条件
		③种植区根据盛行风向构建防风林网	·蒂普基临近海洋，海风尤为强烈；猕猴桃种植区内构建防护林网，主林带与主风向垂直布置，副林带垂直主林带，形成网状结构，有效调节风速、减少风害； ·调节风速、减少风害
		④猕猴桃行间采用生草制	·在植株行间混播黑麦草、猫尾草、白三叶草等，当草长到18～20cm高时，用剪草机剪短，留茬高5cm；剪下的碎草任其腐烂以增加土壤中的腐殖质，提高土壤肥力； ·提高土壤肥力
		⑤种植区域应设置合适的生产棚架	·猕猴桃为木制藤本植物，需要攀附生长，种植株距3m×5m；园区采用"T"字形小棚架，架高2m，横梁长2m，架距5m，梁上拉3～4道铅丝，以提供恰当的攀附架，适宜猕猴桃生长； ·提供适宜生长条件
江苏虞山镇都市生态农业园		①利用水道及滨水的绿地构建水网	·构建贯穿场地的水网体系，形成自然廊道，营造水生动物、两栖动物栖息地，便于它们迁徙；同时，方便农业生产灌溉； ·保护野生动物栖息地、提供适宜生长条件
		②在园区内修筑生产大棚	·园区内修筑生产大棚，满足作物的最适生长条件，避免气候因子对作物的损害，以保证作物生产力； ·提供适宜生长条件
		③建立湿地净水系统	·在生产区与河流之间设置湿地净水系统，利用湿生水生植物和微生物的净污能力，净化生产区的污水，避免河流受到污染； ·净化水质
		④滨水植被带	·在生产区与河流之间设置净水植被带，吸收净化农业生产区产生的污水，避免河流受到污染； ·净化水质
陕西周至猕猴桃创新示范园区		①选址于非生态保护区	·秦岭北麓分为生态保护区和生态协调区两个大区，园区选址于保护范围之外区域，避免农业生产对自然资源的破坏，避免对野生动物栖息地造成不良干扰； ·保护野生动物栖息地
		②应选址于适宜猕猴桃生长的区域	·园区内以砂质土壤为主，适宜果树种植；场地高程为200～600m，坡度为0～10°，适宜猕猴桃生长； ·提供适宜生长条件
		③沿河流设置净水绿地	·根据"源—汇"模型，沿河流两岸设置防护绿地，增加"汇"的面积，吸收过滤径流及潜流中的污染物，避免其直接排放到河流中，减少农业生产造成的面源污染； ·净化水质

名称	图纸	具体设计手段	解析 + 目标
浙江奉化滕头村	① ② ③ 树林 竹笋 果树 ④ 橘树 小麦 ⑤	①利用水道及滨水的绿地构建水网	·构建串联整体生产区的水网体系，增加水生动物、两栖动物的栖息地和迁徙廊道；同时，便于农业灌溉，起到维护农业生产的作用； ·保护野生动物栖息地、提供适宜生长条件
		②旱涝保收田	·垫高农田、疏通河道，打造旱涝保收田；有效构建水系，营造水生生境，且保护土壤免受水流侵蚀； ·提供适宜生长条件、减少土壤资源破坏
		③山体应采用分层种植	·村内山林采用林、竹、果立体开发模式：山顶封山育林，山腰养竹产笋，山脚种橘、桃等果树；保护森林自然斑块，合理利用土地资源，减少对自然斑块的不良干扰； ·保护野生动物栖息地、减少土壤资源破坏
		④采用作物间作的模式	·在山坡脚采用果粮间作模式，主要以麦—橘树间作为主，合理利用阳光，提高土地利用效率； ·调节种间关系
		⑤采用种养结合的模式	·河堤栽果树，水面种菱，水中养鱼；河泥用于覆盖农田，提高土壤肥力，有效提高土地利用效率； ·提高土壤肥力、提供适宜生长条件
江苏泰州河横村	① ② ③ 水道	①新建水道构建水网体系	·构建串联整体生产区的水网体系，增加水生动物、两栖动物的栖息地，构建迁徙廊道；同时，便于农业灌溉，维护农业生产； ·提供适宜生长条件、增加动物多样性
		②生活区应集中布置	·村域内生活区是主要的建设区域和活动区域，集中布置于村庄边缘位置，紧邻交通干道，方便交通运输和农业生产；同时，减少人为活动对农田生态系统的影响； ·提供适宜生长条件
		③旱涝保收田	·村内生产区地势低洼，河流不畅，常受洪涝灾害；采用"改土治水"模式，低处疏通为河道，河泥垫高为农田，打造旱涝保收田。保护土壤免受水流侵蚀； ·提供适宜生长条件、减少土壤资源破坏
瑞典罗森戴尔庄园	① ① 防风林 ② 蔬菜 鲜花	①庄园周边设置防护林	·果树等乔木抗风能力强，蔬菜、鲜花等草本作物易受风害；庄园将乔木作物与周边森林当作防护林，为草本作物营造良好风环境； ·调节风速、减少风害
		②鲜花、蔬菜可以间作	·鲜花与蔬菜间能够吸引有益昆虫与蝴蝶，帮助蔬菜的授粉、繁殖与育种，种植特定的鲜花吸引某些益虫，能够对害虫起到生物防治的功效； ·草虫害防治
德国艾策尔农场	① ①	①种养结合	· 农场种植约 170hm² 农作物、70hm² 草地和森林，还饲养奶牛、鸡、猪等动物。每年农场都会种植 40hm² 豆类植物，为猪提供优质蛋白饲料；而猪的粪便用作农场其他农作物的天然肥料，提高土壤肥力； ·提高土壤肥力

表 18.4 山地型农业园区案例研究汇总

名称	图纸	具体设计手段	解析 + 目标
瑞士拉沃葡萄园		①选址于阳坡	·园区选址于阳坡，依山而建，背山面水，可充分接收太阳光，为葡萄作物提供充足日照； ·提供适宜生长条件
		②缓坡梯田	·葡萄植株需水量较少，梯田内无需蓄水，依靠降雨便可满足灌溉；所以拉沃梯田不需修筑保水的堤堰，减少对土壤的破坏； ·减少土壤资源破坏、提供适宜生长条件
		③石墙埂坎	·采用石墙埂坎，一方面，有效固护土壤，另一方面，白天吸收热量，晚上再释放出来，发挥余热，保护葡萄，防止其受到霜冻； ·减少土壤资源破坏、提供适宜生长条件
		④为引导地表径流，构建排水渠系统	·山坡上修筑纵贯山坡的导水渠道，引导梯田上水流，并汇集起来、输送到日内瓦湖，避免直接冲刷土壤，减少水土流失； ·减少土壤资源破坏
甘肃庄浪县梯田		①山顶应保留自然植被，作为保水林	·在山顶保留一定面积的自然植被，限制农业耕作；增加径流下渗，有效涵养水源；另外，减少地表径流，减少水土流失； ·涵养水源、减少土壤资源破坏
		②梯田采用植物埂坎	·在梯田埂坎种植根系发达、分蘖能力强的植物，形成植物埂坎，固护土壤，减缓地表径流对梯田埂坎的冲刷，防止其被破坏； ·减少土壤资源破坏
重庆江津猫山茶园		①园区选址远离污染源	·富硒茶生长对大气质量的要求较高，需要周边空气质量清新、含氧量高；茶园选址于江津南部山区，远离人口密度大的城区、交通量大的道路等含污染物较多的场所； ·提供适宜生长条件
		②坡度较陡区域将坡面改造成梯面	·对于坡度在15°~25°的丘陵山地，按等高开垦进行改土，发展梯级茶园，利用茶树等作物及植物篱笆固土，减少水土流失； ·减少土壤资源破坏
湖北秭归县梯田		①石坎梯田	·将坡地改造成梯田，加入石坎稳固梯面。有效拦截雨水、滞缓径流，而且能使雨水就地入渗，增加土壤含水量，从而提高土地的抗旱能力，为农业生产创造有利条件； ·提供适宜生长条件、减少土壤资源破坏
		②在坡度较陡区域沿等高线布置植物篱笆	·在坡面应用多年生、深根、茎部萌发力强、分枝密的植物营造植物篱笆，能有效固护土壤，减少水土流失；采用豆科植物还有根瘤固氮作用，能改善土壤物理结构； ·提高土壤肥力、减少土壤资源破坏

MANNER
农业园区的生态手法集合

通过上文对案例的剖析与验证，本部分对其中的具体设计手段进行进一步的提炼与归纳，提出农业园区规划设计中的生态手法集合（表 18.5、表 18.6）。

表 18.5 农业园区选址布局生态手法汇总

<table>
<tr><td rowspan="4">园区选址</td><td>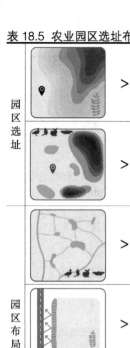</td><td>

1. 选址于适宜作物生长区域
选址于适宜目标作物生长的区域，包括气候条件、地形坡度、土壤理化性质等条件的适宜性，提高作物生产力

</td><td></td><td>

2. 选址于非生态保护区
选址于生态保护范围之外区域，可避免作业对自然资源的破坏，减少对野生动物栖息地的不良干扰

</td></tr>
<tr><td></td><td>

3. 选址避开自然斑块
农业园区选址避开自然山体、水体等自然斑块，可避免过度开垦、农业面源污染等因素对自然资源的破坏，减少对野生动物栖息地的不良干扰

</td><td></td><td>

4. 水源丰富、避开污染源
若目标作物需水量较大，农区应当选址于水资源丰富的区域，为作物提供适宜生长条件，同时，选址避开污染源，避免降低作物的生产力

</td></tr>
</table>

<table>
<tr><td rowspan="3">园区布局</td><td></td><td>

5. 构建水系廊道
在场地内构建水系廊道，将分散的水体联系起来，形成整体生境斑块，为野生动物提供迁徙廊道，同时便于农业灌溉

</td><td></td><td>

6. 防护林网
农业园区内根据主害风向设置防护林网，主林带垂直于主害风向，副林带垂直于主林带，可以有效减少风害

</td></tr>
<tr><td></td><td>

7. 防护林带
在人类高强度活动的区域边界设置防护林带，以达到滞尘降噪、吸收有害气体的作用，避免作物受到污染

</td><td>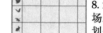</td><td>

8. 划分保育区
场地内根据野生动物栖息需求划分保育区和生产区，限制农业生产等人为活动，保护野生动物栖息地

</td></tr>
<tr><td></td><td>

9. 划分种植区
根据作物适宜性划分种植区，以适应多种作物的生长需求，合理利用土地资源，为各种作物提供适宜生长条件

</td><td>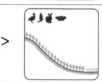</td><td>

10. 山体分层种植 **
农业园区内山体采用立体开发模式，耕作强度随海拔上升而下降，保护自然斑块，减少生产活动对自然斑块的不良干扰

</td></tr>
</table>

表 18.6 农业园区详细设计生态手法汇总

<table>
<tr><td rowspan="3">地形要素</td><td>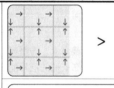</td><td>

1. 生态沟
在作物种植区域之间采用下凹沟渠或垄沟，内种植吸附性强的植物，吸附种植区的污染物质，净化水质

</td><td></td><td>

2. 蓄排水系统 *
通过疏通水道、建立排水道和蓄水池，有效提高排水效率和蓄水量，使农区能够应对旱涝灾害，提供适宜生长条件

</td></tr>
<tr><td></td><td>

3. 适宜梯田形式 **
根据目标作物需要，采用适宜的梯田形式：作物需水较少采用缓坡梯田；需水较多则采用水平或反坡梯田，可有效固护土壤，涵养水源，减少水土流失

</td><td></td><td>

4. 沟渠系统 **
在山坡上修筑导水渠道，收集梯田上方径流，进行蓄水或下渗，以涵养水源；另外，引导水流排走，避免直接冲刷土壤，减少土壤资源破坏

</td></tr>
<tr><td></td><td>

5. 石墙埂坎 **
在梯田设置石墙埂坎拦截水土，可以固护土壤，另外，白天吸收热量，晚上再释放出来，发挥余热，保护作物免受霜冻，减少土壤资源破坏

</td><td></td><td>

6. 植物埂坎 **
在土质埂坎上进行植物种植，减缓地表径流对埂坎的冲刷，避免其破坏田埂，进而避免水土流失，减少土壤资源破坏

</td></tr>
</table>

<table>
<tr><td>水系要素</td><td></td><td>

7. 净水湿地
在农业生产区和河流湖泊等自然水体之间设置净水湿地，吸收净化生产区的污水，可以避免河流受到污染

</td><td></td><td>

8. 净水植被带
在农业生产区和河流湖泊等自然水体之间设置净水植被带，吸收净化生产区的污水，以避免河流受到污染

</td></tr>
</table>

注：* 表示平原型农业园区可用；** 表示山地型农业园区可用；未标注表示二者皆可用。

192

续表

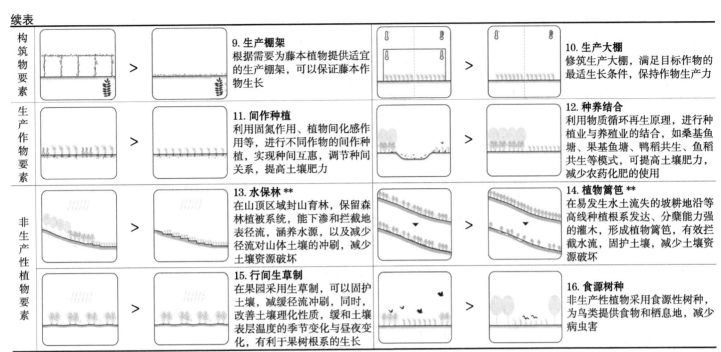

构筑物要素		9. 生产棚架 根据需要为藤本植物提供适宜的生产棚架，可以保证藤本作物生长		10. 生产大棚 修筑生产大棚，满足目标作物的最适生长条件，保持作物生产力
生产作物要素		11. 间作种植 利用固氮作用、植物间化感作用等，进行不同作物的间作种植，实现种间互惠，调节种间关系，提高土壤肥力		12. 种养结合 利用物质循环再生原理，进行种植业与养殖业的结合，如桑基鱼塘、果基鱼塘、鸭稻共生、鱼稻共生等模式，可提高土壤肥力，减少农药化肥的使用
非生产性植物要素		13. 水保林 ** 在山顶区域封山育林，保留森林植被系统，能下渗和拦截地表径流，涵养水源，以及减少径流对山体土壤的冲刷，减少土壤资源破坏		14. 植物篱笆 ** 在易发生水土流失的坡耕地沿等高线种植根系发达、分蘖能力强的灌木，形成植物篱笆，有效拦截水流，固护土壤，减少土壤资源破坏
		15. 行间生草制 在果园采用生草制，可以固护土壤，减缓径流冲刷，同时，改善土壤理化性质，缓和土壤表层温度的季节变化与昼夜变化，有利于果树根系的生长		16. 食源树种 非生产性植物采用食源性树种，为鸟类提供食物和栖息地，减少病虫害

注：* 表示平原型农业园区可用；** 表示山地型农业园区可用；未标注表示二者皆可用。

■ 农业园区的生态手法参考空间组合

以实践案例为基础，根据适用条件的不同对农业园区详细设计类的生态手法进行结合，提出以下 2 个既具备明确生态效益且可操作性强的典型手法组合（图 18.4、图 18.5）。

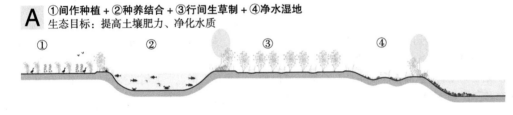

A ①间作种植 + ②种养结合 + ③行间生草制 + ④净水湿地
生态目标：提高土壤肥力、净化水质

◀图 18.4 平原型农业园区设计手法组合

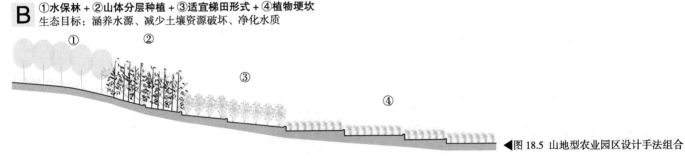

B ①水保林 + ②山体分层种植 + ③适宜梯田形式 + ④植物埂坎
生态目标：涵养水源、减少土壤资源破坏、净化水质

◀图 18.5 山地型农业园区设计手法组合

■ 参考文献

吴人韦，杨建辉 .2004. 农业园区规划思路与方法研究 [J]. 城市规划学刊 ,(1):53–56.

邹志荣 .2007. 农业园区规划与管理 [M]. 北京 : 中国农业科技出版社 .

张天柱 .2016. 现代农业园区规划理论与实践 [M]. 郑州 : 中原农民出版社 .

余爱国 .2014. 生态农业园景观规划设计探析 [D]. 南京农业大学 .

陈新娟，孙高林 .2003. 有机农业的发展历程和国际管理体系 [J]. 世界农业 ,(06):9–11.

申秀清，修长柏 .2012. 借鉴国外经验发展我国农业科技园区 [J]. 现代经济探讨 ,(11):78–81.

■ 案例来源

刘亚飞 .2015. 江苏省现代农业产业园区运营机制研究 [D]. 南京农业大学 .

赵润江 .2009. 农业观光园规划设计研究 [D]. 北京林业大学 .

李军状，刘德辉，徐雪高，等 .2005. 典型都市生态农业可持续发展评价研究 —— 以南京市傅家边农业科技园为例 [J]. 中国生态农业学报 ,(01):16–19.

陶荣宗 .1983. 新西兰猕猴桃考察报告 [J]. 天津农业科学 ,(03):30–35.

石素贤 .2017. 秦岭北麓周至猕猴桃创新示范园空间布局模式与优化策略研究 [D]. 西安建筑科技大学 .

张荣昌 .2008. 走在生态文明建设前列的滕头村 —— 浙江奉化 "生态滕头" 的调查 [J]. 中国环境管理干部学院学报 ,18(04):82–85.

胡远华，骆政尧，石坚荣，等 .1991. 滕头村生态农业建设成效 [J]. 环境污染与防治 ,(06):22–26.

窦华泰，陈冬梅 .2006. 河横村： "全球生态 500 佳" 村建设农业循环经济示范区初探 [J]. 农村经济与科技 ,(01):25–26.

沈立 .2013. 有机花园 —— 瑞典罗森戴尔庄园 [J]. 中国乡镇企业 ,(01):80–82.

文史哲 .2014. 德国艾策尔农场 : 生态农业最早的践行者 [J]. 农村 . 农业 . 农民 (A 版),(03):50–51.

李仕华 .2011. 梯田水文生态及其效应研究 [D]. 长安大学 .

郑云 .2016. 江津猫山富硒茶叶有机种植技术 [J]. 安徽农学通报 ,22(02):54–55+84.

覃德富 .2019. 植物篱对坡耕地农作物生长的影响 [J]. 中国水土保持 ,(12):19–20+48.

上海交通大学新农村发展研究院，江苏省常熟国家农业科技园虞山镇都市生态农业产业园建设规划，2018.https://mp.weixin.qq.com/s/JXYKlWntBggzFcfqD2F91A.

■ 思想碰撞

　　随着人类生产力水平的提高，人对 "地" 的认知先后经历了 "混沌未知、天人合一、人地相称、人定胜天、人地和谐共生" 的演变历程。农业耕作一直贯穿整个历程，是人地关系中非常重要的部分。在农业文明时期，人地关系相称，农业生产与土壤发育之间是相互促进的，是一种 "主动式" 的生态考量。而在本讲中我们重点探讨如何在农业生产与自然环境保护之间寻找平衡点，如何减少污染、减少破坏，这是一种 "被动的、妥协的" 生态考量，却缺乏对 "主动式" 生态考量的手法进行探讨。对此，您有什么看法？

■ 专题编者

| 岳邦瑞 | 费凡 | 梁锐 | 王佳楠 | 郝旺央 |

工业园区

铁兽吞噬着家园 19讲

　　工厂正在用它强大的铁肺进行工作，不断发出轰隆隆的巨响。铁器的哗啷声，锤头敲打的叮当声，锯齿拉扯时的咯咯声，以及熔软了的金属尖头被敲打时的吱吱声交响成一片。煤烟现在是直冲九霄，工业废水也肆意流淌，干涸的大地与灰蒙的天空已为常态，工业化这台机械猛兽正不停地撕咬着我们的自然家园……这样"惨烈"的境况，我们应该如何面对？

■ 工业园区的内涵与类型

1. 工业园区的内涵

工业园区又称工业综合体，工业开发区等，是包含若干类不同性质工业企业的相对独立区域。工业园区通过聚集各种生产要素形成相对集中的优势，吸引相同类型技术产业，从而形成规模经济效益的区域（戴卫明，2004）。

2. 工业园区的类型

根据目前国内外工业园区建设的最新趋势和工业园区产业特点，将工业园区分为两类，一类是园区生产活动对环境造成一定污染性的工业园区，另一类是对环境无污染的高科技园区（图 19.1）。

（1）污染型：是以能源和金属类产品为主要原料的重工业园区。其生产活动所产生的废气、废水、固体废弃物等严重影响了人们的身体健康和生存环境，同时对全球环境产生不同程度地扰动。在这些情况下，规划设计的主要任务是减少园区环境污染、保持人类身心健康。

（2）无污染型：是以高科技电子产业为主的高科技园区，基本没有污染。园区主要的功能是提供员工产品研发、办公的场所，重点是满足人的需求。因此，园区规划的重点是考虑人的活动行为和心理需求，同时，在园区内对空间进行合理的布置，满足员工工作之余在园区内漫步、交流、休憩等功能的需求。

▶ 图 19.1 不同类型的工业园区　(a) 污染型园区：上海黎明资源再利用中心　(b) 无污染型园区：北京中关村软件园

■ 工业园区的发展历程与生态目标

1. 工业园区的发展历程

随着 20 世纪科学技术的飞速发展，以科技为主导的新兴产业正在崛起。工业生产造成资源耗竭、环境污染，破坏了自然生态平衡。工业园区景观环境的生态建设在新的时期也成为人们关注的焦点，成为建立工业园区良好形象的重要因素，对整个工业园区的环境改善和人们活动提供了重要的庇护空间（刘波，2006）。其规划设计历程基本分为三个阶段（表 19.1）。

表 19.1 工业园区的发展历程（刘波，2006；吕学，2008）

发展阶段	代表事件	具体内容
萌芽阶段 （20世纪40～70年代）	·美国斯坦福工业园； ·东北工业区	工业区多依附于城市，与城市共享市政基础设施、道路以及生活区的部分公共服务设施，是以利用自然资源为导向的工业结构，对环境造成破坏
探索阶段 （20世纪80～90年代）	·1985年，国务院建立14个经济技术开发区； ·深圳科技工业园	在全球日益高涨的保护环境、实现可持续发展的呼声中，这一阶段的工业园区有了更好的用地规划，从用途和相容性上对工业进行了分类，更加重视工业运行所处的环境，新的园区更注重环境美化和绿地建设，工业园区趋向在城市边缘地区选址
发展阶段 （20世纪90年代至今）	·1991年，国务院批准26个国家级高新技术产业开发区； ·苏州工业园区	这一时期，把生态发展的要求作为工业发展模式的基本内容，并将"生态可持续性工业发展"作为一种对环境无害或生态系统可以长期承受的工业发展模式；工业园区与城市的联系更加紧密，在工业园区规划中设置了更多配套功能的用地，同时在园区的空间形态控制和绿地景观体系构建上更注重与城市的衔接

2. 工业园区规划设计的生态目标

工业园区虽然在促进经济发展方面发挥了突出的作用，但也带来了一系列的环境问题，如"三废"超标排放、危险废物排放等造成大气、水体、土壤污染严重。不仅会造成区域性的水土流失、土地荒漠化、生物多样性丧失、生态破坏，而且还造成酸雨、气候变暖等全球性的环境问题，严重影响了人们的身体健康和生存环境。

针对上述问题，提出生境修复与改善、生物保护与发展两方面基本目标。生境修复与改善主要指水质污染、土壤破坏、废气粉尘污染等的防治；生物保护与发展则指增加植被覆盖率及保护动植物环境、保持人类身心健康等（表 19.2）。

表 19.2 工业园区规划设计的生态目标

一级目标	二级目标	三级目标	四级目标	现状问题
维持工业园区生态系统的可持续性	减少环境污染	保护大气环境	减少粉尘污染*	工业固体废物均为露天堆放，易发生风化，有害气体及矿物灰尘会污染空气
			减少废气污染*	生产区锅炉排放大量二氧化硫、烟尘等，对环境造成严重污染
		保护土壤资源	降低土壤污染*	工业废弃物由于风力及雨水淋溶的作用、受污染的地下水疏排，产生土壤污染
			提高土地集约利用率	园区布局不尊重现状土地条件，强行将场地平整，造成较大土方工程量
				园区产业布局不合理，造成土地资源的巨大浪费
		保护水文环境	减少水域污染	未经处理的工业废水排放，对水环境造成污染
				园区选址在饮用水源保护区内，对河流造成严重污染
		调控能量	降低噪声污染*	工厂车间生产工作产生巨大噪声污染，对园区生活区工人身心健康造成影响
	减少生物破坏	人类健康与安全	保障人类安全	园区选址布局不合理，易发生安全事故
			保持身体健康	园区布局不合理，不少居住区紧邻污染工业园布局，居住环境恶劣
			提升舒适体验	园区内游憩活动空间较少，景观没有特色
		改善植物多样性	提高植被覆盖率	园区植被种植方式单一，植物种类单一
			保护植物生长环境	园区选址在环境敏感区，破坏植物生长环境
		改善动物多样性	保护动物栖息地	园区选址在环境敏感区，破坏动物栖息地

注：*表示针对污染型园区提出的生态目标；未标注表示二者皆有此生态目标。

■ 工业园区规划设计的设计程序与研究框架

1. 工业园区的规划设计程序

工业园区规划设计包括园区的功能、定位及规模等发展计划以及相适应的土地使用、交通组织、设施配置与建筑设计等物质环境的规划，亦包括了园区产业生态系统、自然生态系统、社会生态系统等各种支持系统的规划建设，形成如下规划设计步骤（图 19.2）。其中，与本研究的生态手法相关的内容主要包括布局研究中的景观格局规划和功能结构规划，以及详细设计中有关园林要素空间组织的所有内容。

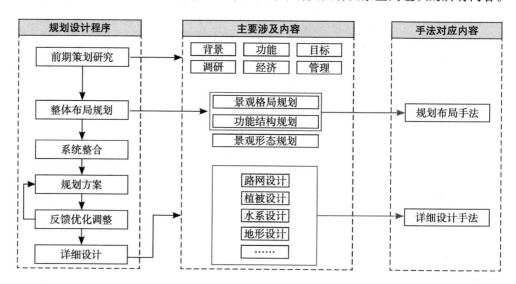

▲图 19.2 工业园区的规划设计程序及其与生态手法的关系（改绘自李铮生，2006；丁圆，2010）

2. 工业园区规划设计的研究框架

以上述工业园区规划设计程序为主，结合工业园区的类型、尺度、要素，制定了工业园区规划设计研究框架（图 19.3）。本研究框架既可以用作案例分析研究，同时也可作为生态手法归纳框架。

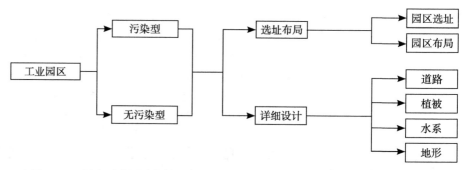

▲图 19.3 工业园区规划设计案例解析及生态手法归纳框架

CASE
工业园区案例解析

　　应用上述案例分析框架，对 9 个案例进行剖析，得到整体布局、详细设计手段，并从中提取出不同层次的生态规划设计手段（表 19.3）。

表 19.3　工业园区案例研究汇总

类型	名称	图纸	具体设计手段	解析 + 目标
污染型	湖南常德华电火力发电厂		①依据区域主导风向及立地条件布置分区	·由于区域的盛行风来自东北向，因此污染量最大的储煤区布置在电厂南端，而厂前区位于厂区的上风口位置，距离主入口较近，中间部分为生产的核心部分即主厂房建筑； ·提高土地集约利用率、保持身体健康
			②在厂外预留主要发展用地	·在土地规划中，将近期不明确用途的地块或综合性用地划定为预留用地，实施弹性控制，以满足未预见的将来发展的需求，并将主要发展用地留在厂外，防止厂内大圈空地； ·提高土地集约利用率
			③污染较严重的生产车间布置在厂区边缘	·散发大量烟尘或有害气体甚至有火灾危险性较大的生产车间、装置和场所，应布置在厂区边缘或其他生产车间、场所的下风侧； ·保持身体健康
			④道路设置人、物分流体系	·厂区内道路网规划根据人流来向，设置货运线、行人流线；北侧入口为行人入口，西侧入口为货运线入口，方便运输生产材料，保证货流与人流的畅通与安全； ·保障人类安全
			⑤道路骨架由两横两纵组成棋盘式道路网	·厂区内道路系统布置为棋盘式，由两组互相垂直的平行道路组成方格网，道路较为规整，交通分流容易，交通组织较为灵活，能避免不规则图形拼接造成的土地资源浪费； ·提高土地集约利用率、保障人类安全
			⑥在储煤区盛行风上风向区域设置绿带	·堆煤场作为烟尘污染的主要来源，在堆煤场北面即盛行风上风向设置珊瑚树、柠檬桉、夹竹桃、木芙蓉吸附性较强、滞尘效果好的树种组成绿带，用于吸附烟尘污染； ·减少废气污染、保持身体健康
			⑦生产区车间周边种植不同类型植被带	·生产区内有不同的生产车间，应根据车间的类型，有针对性地选择植物种植；例如化水处理车间周边绿地以草坪为主，选用夹竹桃、女贞等耐盐碱的植物；噪声较大的车间周边应选择隔音效果较好的树种； ·减少废气污染、降低噪声污染

续表

类型	名称	图纸	具体设计手段	解析+目标
污染型	河南三门峡义马锦江矸石电厂	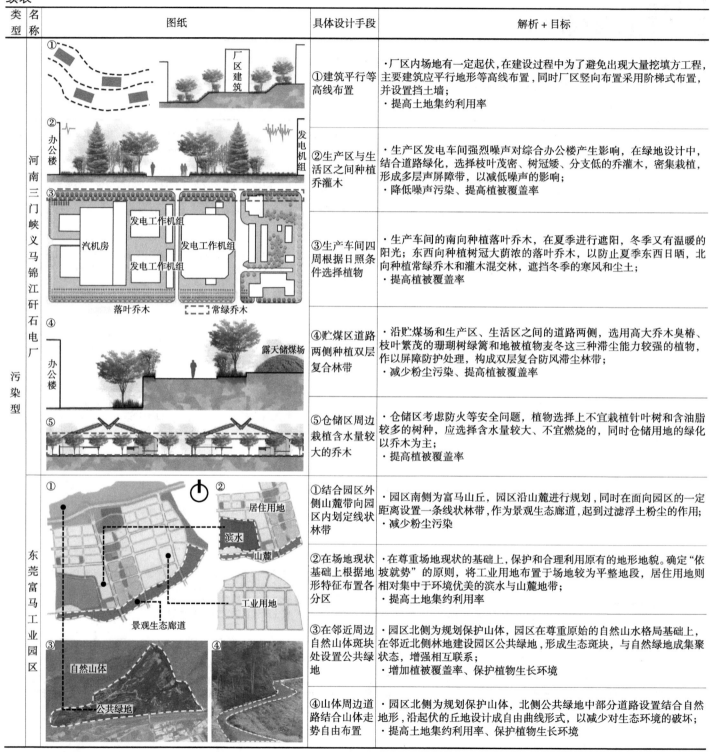	①建筑平行等高线布置	·厂区内场地有一定起伏,在建设过程中为了避免出现大量挖填方工程,主要建筑应平行地形等高线布置,同时厂区竖向布置采用阶梯式布置,并设置挡土墙; ·提高土地集约利用率
			②生产区与生活区之间种植乔灌木	·生产区发电车间强烈噪声对综合办公楼产生影响,在绿地设计中,结合道路绿化,选择枝叶茂密、树冠矮、分支低的乔灌木,密集栽植,形成多层声屏障带,以减低噪声的影响; ·降低噪声污染、提高植被覆盖率
			③生产车间四周根据日照条件选择植物	·生产车间的南向种植落叶乔木,在夏季进行遮阳,冬季又有温暖的阳光;东西向种植树冠大荫浓的落叶乔木,以防止夏季东西日晒,北向种植常绿乔木和灌木混交林,遮挡冬季的寒风和尘土; ·提高植被覆盖率
			④贮煤区道路两侧种植双层复合林带	·沿贮煤场和生产区、生活区之间的道路两侧,选用高大乔木臭椿、枝叶繁茂的珊瑚树绿篱和地被植物麦冬这三种滞尘能力较强的植物,作以屏障防护处理,构成双层复合防风滞尘林带; ·减少粉尘污染、提高植被覆盖率
			⑤仓储区周边栽植含水量较大的乔木	·仓储区考虑防火等安全问题,植物选择上不宜栽植针叶树和含油脂较多的树种,应选择含水量较大、不宜燃烧的,同时仓储用地的绿化以乔木为主; ·提高植被覆盖率
	东莞富马工业园区		①结合园区外侧山麓带向园区内划定线状林带	·园区南侧为富马山丘,园区沿山麓进行规划,同时在面向园区的一定距离设置一条线状林带,作为景观生态廊道,起到过滤浮土粉尘的作用; ·减少粉尘污染
			②在场地现状基础上根据地形特征布置各分区	·在尊重场地现状的基础上,保护和合理利用原有的地形地貌。确定"依坡就势"的原则,将工业用地布置于场地较为平整段,居住用地则相对集中于环境优美的滨水与山麓地带; ·提高土地集约利用率
			③在邻近周边自然山体斑块处设置公共绿地	·园区北侧为规划保护山体,园区在尊重原始的自然山水格局基础上,在邻近北侧林地建设园区公共绿地,形成生态斑块,与自然绿地成集聚状态,增强相互联系; ·增加植被覆盖率、保护植物生长环境
			④山体周边道路结合山体走势自由布置	·园区北侧为规划保护山体,北侧公共绿地中部分道路设置结合自然地形,沿起伏的丘地设计成自由曲线形式,以减少对生态环境的破坏; ·提高土地集约利用率、保护植物生长环境

类型	名称	图纸	具体设计手段	解析 + 目标
污染型	重庆龙桥工业园区		①选址避免选在环境敏感度较高区域	·对预选区域进行用地适宜性分析，划分禁建区、限建区、适建区；其中禁建区、限建区环境敏感性高，不适宜工业园区开发建设；适建区敏感性较低，是工业园区的适宜建设区； ·减少废气污染、提高植被覆盖率
			②生活区平行布置于生产区两侧	·园区的总体分区为平行布局模式，依据原有的地形等用地条件将生活服务区与工业生产区平行布置，并以绿化带相隔离； ·保持人类身体健康、提高土地集约利用率
			③基于场地地形选择混合路网模式	·场地现状地形起伏较大，坡度也较大，道路系统采取"方格网＋自由式"的布局，道路灵活布置，减少土方工程量； ·提高土地集约利用率
			④将园区内禁建区设置为绿地生态廊道	·对园区进行用地适宜性的综合评价后，划定了禁建区、限建区与适建区；禁建区即为生态敏感性较高的区域，将需要保护的、不能够建设的用地相连通形成生态廊道，生态廊道与周围的山体共同构成一个完整的生态格局； ·提高植被覆盖率、保障人类安全
			⑤根据城市主导风向设置厂区防护林带	·防护林的疏密配置要根据城市主导风向来设置；透风式林带应布置在上风方向，不透风式林带布置则应在下风方向；这样才能有效降低风速并使有害气体、烟尘迅速扩散，不至于造成对居民的危害； ·减少废气污染、提高植被覆盖率、保持人类身体健康
			⑥生产区内绿植与盛行风向平行种植形成通风廊道	·生产区内，对污染较大的区域，树种选择以防尘能力强、雨后易自然洗刷，且树冠密的阔叶树种为首选；同时，与盛行风向平行种植形成通风廊道，便于有害气体扩散，减少对人的危害； ·减少废气污染、提高植被覆盖率、保持人类身体健康
无污染型	北京中关村生命科学园		①外围建筑污水处理后排入湿地	·来自各个功能体的污水集中后，引入污水处理温室，顺地势沿湿地走廊缓慢绕园一周，使之与湿地植物充分接触和降解，最后排入中部湿地； ·减少水域污染、提高植被覆盖率
			②在园区外围边界设置土坡地形及密林	·园区外围边界由地形、密林及湿地走廊，形成一条视觉上和实际上的隔离边界，是生命科学园区的整体形象的组成部分，有助于形成一个相对隔离的技术学者圈； ·提升舒适体验、提高植被覆盖率
	北京中关村软件园		①采用浮岛式组团基地	·园区设置为浮岛式，浮岛为有明确边界的组团基地，规模、形态可选择，组团位置可以适当移动；岛面在无建筑时可选择设计为水池、草坪等，给入园者提供更多自主选择； ·提高土地集约利用率

类型	名称	图纸	具体设计手段	解析 + 目标
无污染型	山东威海南海信息产业园		①主环路加尽端路交通模式	·园区通过一个主环路贯穿环路的设计，基于地形地貌的分析，依山就势，工程量达到最小，由主环向两侧枝生尽端路，避免过境车流穿越办公区和居住区；人车分流使行人与景观和生态体验相结合； ·提高土地集约利用率、提升舒适体验
			②利用水系作为生态廊道，连接自然斑块	·滨水地带是物种最丰富的地带，通过设定水系周围保护范围来连接整个规划区内值得保护的地域，使整个园区形成一个由生态廊道和斑块组成的网络，为物种提供栖息地和活动通道； ·提供动物栖息地
			③湖岸边设置适合宽度的植被缓冲带	·在湖岸外侧设置植被缓冲带，以作为水际生态和湖水景观的保护区；缓冲带应多采用本地乡土物种，进行搭配种植，形成乔灌草的多层次林带； ·减少水域污染
			④保留场地起伏地形，营造不同的活动空间	·园区除了南部和北部有部分平地外，大量的是丘陵山地。场地内起伏的地形尽量维持现状，有利于营造活动空间，更能吸引信息业企业入驻，同时减少土方工程量，增加景观效果； ·提高土地集约利用率、提升舒适体验
	合肥柏堰科技园		①多种绿地形式结合形成景观生态结构	·园区绿地分为斑块、廊道、节点3种形式；斑块指园区中面积较大的绿地，廊道是由园区内道路绿地、带状公园和防护林带等线性绿地交织，节点为面积较小的街旁绿地； ·增加植被覆盖率、保护植物生长环境
			②预见性规划	·园区在规划过程中将闲置的用地进行临时绿化，以方便该用地将来被建筑取代；在园区周边形成环园绿带，在形成园区绿色屏障的同时，还有效控制园区发展； ·提高土地集约利用率、增加植被覆盖率
	北京中关村西区规划		①以古树点阵为参考坐标的景观格局	·园区内的50余株古树进行保留再利用，以古树作为圆心，形成户外空间系列；古树巧妙地结合在建筑群之间的空间中，且古树点阵作为建筑和户外空间布局的逻辑依据； ·保护植物生长环境、提升舒适体验
			②主要节点用步行道相联系	·遵从两点最近距离原则，将各交流空间和主要节点用高架于树冠之上的步行道相联系，形成区域交流网络，出行更加快捷安全； ·增加植被覆盖率、提升舒适体验
			③在建筑周边设置多样性的绿化空间	·园区内在居住区、重要的道路交叉口或办公建筑周边、在满足服务半径的基础上，尽可能多的创造各具特色、功能多样的绿化空间，为科研人员提供可达性强、尺度适宜的非正式交流场所； ·增加植被覆盖率、提升舒适体验

MANNER
工业园区的生态手法集合

通过上文各步骤对案例的剖析与验证，本部分对其中的具体设计手段作进一步的提炼与归纳，提出工业园区规划设计中的生态手法集合（表19.4、表19.5）。

表19.4 工业园区选址布局生态手法集合

园区选址	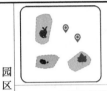	**1. 选址避开环境敏感区** 对待具有生态资源富集与敏感的自然空间及自然资源丰富的区域，工业园区选址时应避开，防止对自然资源以及动植物栖息地造成破坏		**2. 选址避开危害地段** 在山区建厂时应避免选在不良地质地段，防止泥石流、滑坡等自然灾害以及洪水和内涝威胁，对工厂及工人安全造成较大影响	
	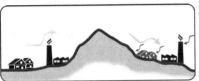	**3. 选址于迎风坡山前缓冲区** 若场地在山坡地形上，当风向与山坡直交时，在迎风坡一侧，将工厂布置在居住区上方，有害气体顺风向下风侧扩散，背风坡由于涡流作用，烟尘扩散困难不宜建厂		**4. 选址远离居民区** 为了避免工厂废气对周围居住区的污染，工厂选址应与周围居民区有一定的防护距离，以减弱废气污染	
园区布局	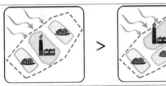	**5. 平行风向布局 *** 若场地为带状且垂直于城市主导风向，将生活服务区与工业生产区平行布置，且工业生产区的轻工业接近居住区布局	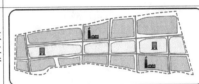	**6. 中轴布局 **** 主干道轴线的两侧布置一系列配套服务项目，形成不同规模等级的中心，工业用地将会布置在中间轴线两侧，形成多条平行轴	
	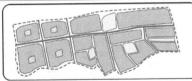	**7. 多中心布局** 此模式有多个各具特色、功能完备的组团，各组团之间有一定间隙，这种布置方式可以让各组团平衡发展，还能够根据实际需灵活改变布局	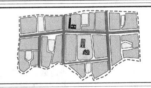	**8. 一心多核布局 **** 此模式设立商业、住宅和其他管理服务为一体的核心功能区，在工业组团中设置基本服务配套设施，此布局形式可节约资源，提高土地集约利用率	
	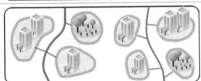	**9. 浮岛组团形式 **** 浮岛为有明确边界的组团基地，规模、形态可选择，组团位置可以适当移动；岛面在无建筑时，可选择设计为水池、草坪等，可提高土地利用率		**10. 主导风向布置分区 *** 考虑区域主导风向，将污染较大的生产区布置在下风向，厂前区即办公楼、主入口、休闲绿地等位于厂区的上风口位置	
		**11. 依坡就势布置分区** 若场地起伏较大，应尊重场地现状，保护和合理利用原有的地形地貌，将工业用地布置于场地较为平整地段，居住则相对集中于滨水或山麓地带		**12. 多样化绿化空间 **** 在住区、重要的道路交叉口或办公建筑周边，在满足服务半径的基础上，尽可能多的创造功能多样的绿化空间，为科研人员提供舒适交流体验感	
		**13. 预留扩展用地** 对园区进行预见性规划，将闲置的用地进行临时绿化，以方便该用地将来被建筑物取代		**14. 依据场地资源布局空间 **** 对园区原有资源保留再利用，例如古树点阵作为建筑和户外空间布局的逻辑依据，同时可依据此形成户外活动空间	

注：* 表示污染型工业园区可用；** 表示无污染工业园区可用；未标注表示二者皆可用。

表 19.5 工业园区详细设计生态手法集合

路网设计					

1. 混合式路网
场地现状地形起伏较大，坡度也较大时，道路系统宜采取"方格网＋自由式"的布局，可减少土方工程量，提高运输效率

2. 棋盘式路网
当场地现状较平整时，道路系统可布置为棋盘式，由互相垂直的平行道路组成方格网，交通组织较为灵活，分流容易，能避免土地资源浪费

 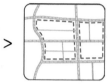

3. 弹性道路
在工业园区规划采取"弹性道路"的方式，大的企业入驻园区时，可以考虑取消弹性支路，而小企业入驻时则可以将建议道路修建支路，避免而引起土地资源浪费

4. 道路结合自然
若园区周边有规划保护山体，则邻近道路设置应结合自然地形，沿起伏的丘地设计成自由曲线形式，以减少对生态环境的破坏

5. 绿地网络系统
园区周围的生态控制绿带形成外环绿地网，园区内部以公共绿地为中心形成内环绿地网，通过交通干道两侧绿化带、水系两岸边的防护绿带，构成多元化的绿地网络系统

6. 上疏下密防护林带 *
根据城市主导风向在厂区外侧设置防护林带；透风式林带应布置在上风方向，不透风式林带布置在下风方向，可以使有害气体、烟尘迅速扩散被林带吸收，减少对居民的危害

 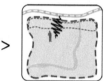

7. 隔离敏感区
园区范围内有水源地，则将周边林带划为生态敏感地，临近周边公路的带形地区划为噪声敏感地，在这两片敏感区域外围设置防护隔离绿带

8. 树冠上的步行网络 **
遵从两点最近距离原则，将各交流空间和主要节点用高架于树冠之上的步行道相联系，形成区域交流网络，出行更加快捷安全

绿植设计					

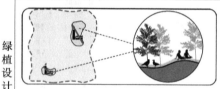

9. 禁建区设置为公共绿地
对园区进行用地适宜性的综合评价后，划定禁建区、限建区与适建区，将需要保护、不能建设的用地设计为绿地

10. 成角度种植树阵 *
在生活办公区与生产区之间设置树阵，且树阵与常年风向成角度种植，形成天然屏障，隔绝生产区的污染

 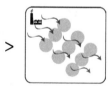

11. 通风廊道 *
污染较大的生产区内，选择防尘能力强、雨后易自然洗刷，且树冠密的阔叶树种作屏障式隔声墙，同时与盛行风向平行种植形成通风廊道，便于有害气体扩散

12. 多行防风绿带 *
若厂区内有堆煤场，在堆煤场盛行风上风向设置珊瑚树、柠檬桉、木芙蓉等吸附性较强、滞尘效果好的树种，组成多行绿带，用于降低风速，减少扬尘

13. 复合滞尘林带 *
沿贮煤场和生产区、生活区之间的道路两侧，选用高大乔木臭椿、珊瑚树绿篱和地被植物麦冬等滞尘能力较强的植物，作以屏障防护处理，构成复合防风滞尘林带

 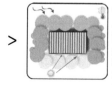

14. 多元化种植模式 *
考虑不影响车间内的采光和通风基础上，车间南侧种植落叶乔木，夏季遮阴降温，冬季阳光充足；车间北侧应种植常绿树，阻挡冬季的寒风和烟尘；车间的东西两侧宜种植大乔木和灌木

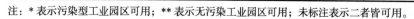

注：* 表示污染型工业园区可用；** 表示无污染工业园区可用；未标注表示二者皆可用。

绿植设计		15. 降噪植物自然式种植 * 强烈噪声车间周边植物应选择叶面大、枝叶繁茂、减噪能力强的树种；在配置方式上，自然式的种植方式比行列式种植减噪效果好，矮树冠比高树冠减噪效果好			16. 疏林草地 * 园区主要道路两旁绿化不宜种植高密林带，以免滞留污浊气体，一般以高分支点的大乔木及草地为佳，保持视线通透
地形设计		17. 保留起伏地形 场地内若有丘陵山地则场地内地形应尽量维持现状，有利于营造较私密的空间，更能吸引信息业企业入驻；同时减少土方工程量，增加景观效果		—	

■ 工业园区的生态手法参考空间组合

工业园的手法组合是将适用条件相似的数条手法综合得到的空间组合模式，其相较于孤立的生态手法能够更具体和系统地指导设计实践。故本讲以实践案例为基础，根据不同适用条件对工业园区的生态手法进行结合，总结出了以下具备明确生态效益且可操作性强的手法组合（图19.4、图19.5）。

A ①平行布局 + ②疏林草地 + ③成角度种植 + ④多元化种植模式
生态目标：减少废气污染、保持人类身体健康、提高植被覆盖率

B ①多样化绿化空间 + ②凹空间利用
生态目标：提升舒适体验、提高植被覆盖率

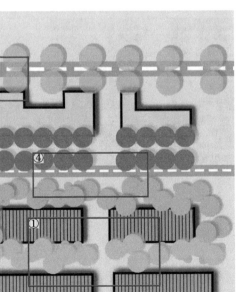

▲ 图 19.4 以生物保护与发展为主要目标的污染型工业园区设计手法参考组合

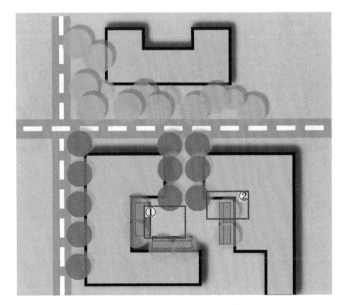

▲ 图 19.5 以生物保护与发展为主要目标的无污染型工业园区设计手法参考组合

■ 参考文献

戴卫明 .2004. 专业化工业园区的理论与实证 [J]. 求索 ,2004(09):56–57.

刘波 .2006. 工业园区景观规划设计研究 [D]. 同济大学 .

吕学 .2008. 工业园区规划布局研究 [D]. 山东农业大学 .

李铮生 .2006. 城市园林绿地规划与设计 , 第 2 版 [M]. 北京：中国建筑工业出版社 .

丁圆 .2010. 滨水景观设计 [M]. 北京：高等教育出版社 .

■ 案例来源

周辉 .2017. 燃煤火力发电厂景观设计研究 [D]. 中南林业科技大学 .

苏维 .2008. 火电厂绿地建设研究 [D]. 西北农林科技大学 .

吴薇 , 郑勇 .2006. 基于可持续发展的现代工业园规划设计 —— 虎门富马科技工业园范例 [J]. 工业建筑 ,07:97–99.

孙念念 .2012. 山地城镇工业园区的用地选择与利用研究 [D]. 重庆大学 .

俞孔坚 .2001. 高科技园区景观设计 —— 从硅谷到中关村 [M]. 北京：中国建筑工业出版社 .

曹亮功 .2000. 融入自然、享受自然、保护自然 —— 中关村软件园中标方案 [J]. 建筑学报 , (12):47–49.

李康淳 , 王贤铭 , 柏森 , 谷康 .2010. 高科技园区绿地系统规划 —— 以柏堰科技园为例 [J]. 林业科技开发 ,24(06):133–137.

■ 思想碰撞

　　全面降低工业造成的污染，通常有如下方法：一是生态方法：建立循环经济，实现零废弃物产业；二是化学方法：优化化工产业，使副产物无毒或低毒排放，减少副产物；三是物理方法：建立废弃物统一处理工艺；四是国家与社会关注、立法及生产者的自我约束；五是合理布局工业区。本讲所提供的生态手法与以上 5 类方法的关系是什么？生态设计手法要发挥作用，如何与上述生态、化学及物理方法产生关联？

■ 专题编者

岳邦瑞　　　　　费凡　　　　　于玲　　　　　李思良　　　　　赵一霖

自然保护区

走向跷跷板 **20讲**
的 另 一 头

　　人，是万物之中的杰作，人猿揖别了，人有了楚楚衣冠，自诩有了通视天地的思想，有了道德和良知，他的智慧可以更有效地去行善，也可以更有效地去作恶。偷猎、土地扩张、盲目开垦——珍稀物种灭绝、生态平衡破坏！大自然已经向人类拉响了紧急警报。"亡羊补牢，犹未为晚"，夺去偷猎者的猎枪，建立自然保护区，让我们为生物筑起保护的坚固堡垒……

■ 自然保护区的内涵与类型

1. 自然保护区的内涵

我国 1994 年的《中华人民共和国自然保护区条例》对自然保护区的定义为：指对代表性的自然生态系统、珍稀濒危野生动植物物种的天然集中分布区、有特殊意义的自然遗迹等保护对象所在的陆地、陆地水体或者海域，依法划出一定面积予以特殊保护和管理的区域。自然保护区主要保护具有代表性的、自然的、近自然的、半自然的、人工的以及破坏或退化后能恢复的生态系统，保护濒危、孑遗、珍贵的遗传资源物种；保护山地、河流、水源；保护自然景观、历史遗迹等（金鉴铭，1991）。

2. 自然保护区的类型

世界自然保护联盟（简称 IUCN）1994 年出版的《自然保护地管理类型指南》（Guideline for Protected Area Management Categories）中对全球保护地严格的划分为 6 类（详见第 21 讲）。我国有关保护地规划体系还不健全，自然保护区与国家公园概念仍具有重叠部分。故笔者仅根据我国自然保护区现有分类情况，根据自然保护区的主要保护对象不同，将自然保护区划分为 3 个类别 9 个类型（图 20.1，表 20.1）。由于三大类别的自然保护区生态规划设计手法有较大区别，而同类别内手法差异较小，故笔者主要阐述自然保护区的三大类别。

(a) 自然生态系统类：北京松山自然保护区

(b) 野生生物类：四川卧龙自然保护区

表 20.1 自然保护区类别 / 类型（李琨，2010）

类别	类型	主要保护对象
自然生态系统类	森林生态系统类	具有一定代表性、典型性和完整性的生物群落和非生物环境共同组成的生态系统
	草原与草甸生态系统类	
	内陆湿地和水域生态系统	
	海洋与海岸生态系统	
	荒漠生态系统类	
野生生物类	野生动物类	野生生物物种，尤其是珍稀濒危物种群体及其自然生境
	野生植物类	
自然遗迹类	地质遗迹	特殊意义的地质地貌、地质剖面、化石产地等
	古生物遗迹	

■ 自然保护区的发展历程与生态目标

1. 我国自然保护区的发展历程

1872 年，美国建立了黄石国家公园，掀起了建设保护自然地、国家公园的浪潮。我国自然保护区规划设计起步较晚，相关法律制度不完善，发展历程与国外有较大差异，本讲对国内自然保护区历程进行描述，大致可分为：始建起步阶段、缓慢停

（c）自然遗迹类：黑龙江五大连池自然保护区

▲ 图 20.1 不同类型的自然保护区

滞阶段、快速发展阶段、系统保护阶段（表20.2）。

表20.2 中国自然保护区规划设计的发展历程（佚名，2016）

发展阶段	代表事件	具体内容
始建起步阶段 （1956～1965年）	·广东鼎湖山等第一批自然保护区建立	1956年，在老一辈科学家的建议下，国家划建了以广东鼎湖山自然保护区为代表的第一批自然保护区，开创了我国自然保护区事业的先河，也标志着我国自然资源和自然环境保护进入了崭新的发展阶段；但由于当时对自然保护区的定义和理解几乎等同于天然林禁伐区，建立的自然保护区主要位于一些天然林区，数量也很少；到1965年底，全国共建立自然保护区15处，保护面积达到102.7万hm^2
缓慢停滞阶段 （1966～1978年）	·"文化大革命"	随着1966年"文化大革命"的爆发，中国刚刚起步的自然保护区事业由此受到较为严重的影响；不仅新建自然保护区数量很少，甚至一些已建的自然保护区也受到破坏或撤销；这一时期是我国自然保护区发展中最为黯淡的缓慢停滞时期
快速发展阶段 （1979～2008年）	·武夷山自然保护区建立 ·《中华人民共和国环境保护法》《中华人民共和国森林法》《中华人民共和国草原法》《中华人民共和国自然保护区条例》等法律完善	该阶段我国自然保护区事业逐步走向正轨，并由此进入到一个持续快速发展的阶段；这一时期也成为我国自然保护区发展的"黄金时期"，到2008年底，全国共建立自然保护区2571个，总面积约149万km^2，约占全国陆地面积的15%；新增自然保护区面积490万hm^2
系统保护阶段 （2009年至今）	·党的十八大提出"五位一体" ·青海祁连山自然保护区、新疆卡拉麦里山自然保护区批示	党的十八大以来，国家将生态文明建设提高到"五位一体"的高度，要求树立尊重自然、顺应自然、保护自然的生态文明理念，加强生物多样性保护；当前自然保护区增长速度变缓，正处于由抢救性保护向系统性保护转变的全新阶段

2. 自然保护区的生态目标

笔者对自然保护区生态规划设计的目标体系（表20.3）是结合自然保护区建设现存的生态问题提出的。在自然保护区生态规划设计中，针对建设中的生态问题提出生境修复与改善、生物保护与发展，以及自然遗迹的维护三个基本目标。生境修复与改善主要针对环境污染、资源破坏及栖息地受损等问题；生物保护与发展主要针对偷猎、开发过度及外来种入侵等问题；自然遗迹的维护主要针对遗迹破坏问题。

表20.3 自然保护区规划设计的目标体系

一级目标	二级目标	三级目标	四级目标	现状问题
维持生态系统平衡与可持续发展	生境修复与改善	减少污染	减少空气污染	汽车尾气、人类废气排放过度
			减少光污染	人类夜间照明对保护区动物活动造成干扰
		保护自然资源	保护水体资源	自然保护区水体污染
			保护土壤资源、防止土地沙漠化	土壤板结、土地沙漠化
		保护和改善栖息地	保护生物栖息地	生物栖息地消失
			保护/增加生境多样性	生物生境遭到破坏且单一
			减少景观破碎化	人造景观和设施泛滥，自然景观破碎化
	生物保护与发展	提升物种丰度	保护/增加植物多样性	植被减少、采摘珍稀濒危植物
			保护/增加动物多样性	捕杀珍稀濒危种野生动物
			提高植被覆盖率	草地退化、砍伐森林
		稳定物种结构	减少对生物的干扰	过度开发影响动物的正常迁徙和栖息地
			增加物种群落稳定性	外来生物物种入侵以及疾病的扩散
	自然遗迹的维护	自然遗迹	保护奇特地质地貌	遗迹遭到破坏

■ 自然保护区的设计程序与研究框架

1. 自然保护区的规划设计程序

相关研究中自然保护区设计程序依次为：现状调研及确定位置（政策法规、地理概况、社会经济概况等）、总体布局（形态、功能分区、景观格局等）、三区划分与设计（核心区、缓冲区、实验区）、廊道设计（徐海根 等，2004；刘亚萍，2005）。笔者将设计程序与既有研究中的自然保护区生态规划设计具体内容相结合，得出了如下规划设计步骤用以指导自然保护区生态规划设计（图20.2）。

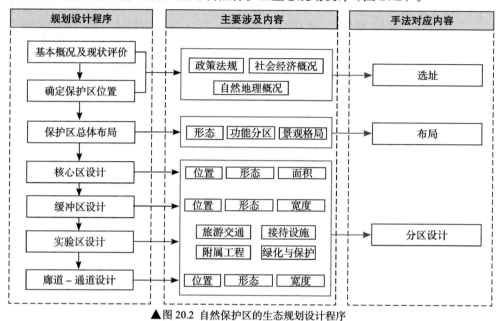

▲图20.2 自然保护区的生态规划设计程序

2. 自然保护区生态规划设计的研究框架

结合上述自然保护区生态规划设计程序制定了相对应的研究框架，主要从选址、布局、分区设计三个尺度展开案例研究（图20.3）。

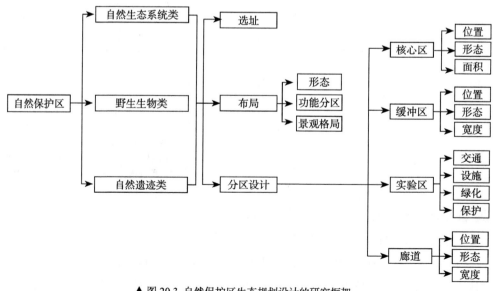

▲图20.3 自然保护区生态规划设计的研究框架

CASE
自然保护区生态规划设计案例剖析

■ 野生生物类 —— 崇明东滩鸟类国家级自然保护区个案解析

上海崇明东滩鸟类国家级自然保护区位于低位冲积岛屿 —— 崇明岛东端崇明东滩核心部分，面积约 326km²，主要保护水鸟和湿地生态系统。保护区为长江口地区规模最大、发育最完善的河口型潮汐滩涂湿地。保护区地处海洋、河流、陆地、岛屿交汇处，生物种类复杂独特。区内有众多农田、鱼蟹塘和芦苇塘，底栖动物丰富，是亚太地区春秋季节候鸟迁徙的停歇地，也是候鸟越冬地，是世界野生鸟类聚集、栖息地之一。通过分析我们从中发现 7 个生态规划设计手段（表 20.4，图 20.4）。

表 20.4 崇明东滩鸟类自然保护区生态规划设计手段分析

内容		生态规划设计手段	案例解析	生态目标
布局	功能分区	依据保护对象的动态变化划分动态功能区	如图 20.4(a)，上海崇明东滩动态场景包括滩涂淤涨、植被更替以及受保护物种的季节性迁徙等动态变化，综合考虑保护区生态结构与功能特征，定期根据实时信息更新功能区划方案，提出动态保护湿地生态系统和迁徙鸟类的"季节性管理"模式	·保护动物多样性； ·保护植物多样性； ·增加物种群落稳定性
	景观格局	根据不同鸟类习性设置多样化鸟类栖息地	如图 20.4(b)，保护区为使不同鸟类均有较适宜的栖息地进行了鸟类栖息地优化建设，栖息地涵盖了多样化人工景观与自然景观，营造了生境岛屿、漫滩、开阔水域、沙洲、水稻田、潮沟等多样化生态环境，增加了鸟类生存环境，利于鸟类群落稳定	·增加生境多样性； ·增加物种群落稳定性
		集中的大型自然斑块与分散的小型自然斑块相结合	如图 20.4(b)，保护区内部有大面积的湿地、林地等自然斑块，有利于涵养水源，维持物种的生存进而维持和保护基因的多样性，并且在人工景观群中设置了数个小型自然植被斑块，使得斑块之间能够紧密联系，利于物种的扩散与迁移	·增加生境多样性； ·保护植物多样性； ·增加物种群落稳定性
分区设计	核心区	将保护对象适应性较好的觅食、栖息生境设置为核心区	如图 20.4(c)，东滩国家级自然保护区将其中几类优势水鸟，如雁鸭类、鸻鹬类、鹭类、鸥类重叠交叉分布和集中分布的觅食、栖息生境作为核心区，限制人类活动，进行集中保护，减少人类对保护对象的干扰	·减少对生物的干扰； ·保护生物栖息地
	实验区	建筑及服务设施设置在保护区边缘地带	如图 20.4(d)，崇明东滩自然保护区将几处建筑服务设施设置在保护区边缘地带，可以减少人类活动对核心区动动植物的干扰	·增加物种群落稳定性； ·减少对生物的干扰
		垂直于入侵物种生长方向设置围堤	如图 20.4(e)，入侵物种互花米草在保护区内部的快速扩散，严重影响了保护区类植物群落的稳定性及生态系统的平衡，故保护区在实验区建设了长达 25km 的永久性围堤，构成一个外边界，在空间上阻断互花米草继续向外扩张，并兼具防浪抗风的作用	·增加物种群落稳定性

图例：
- 保护区范围
- 核心区
- 缓冲区
- 试验区

(a) 动态分区

图例：
- 适应性好
- 适应性较好
- 适应性一般
- 适应性差
- 核心区

(b) 多样化生境 + 集中大斑块与分散小斑块

图例：
- 光滩与浅水域
- 养殖塘
- 林地
- 农田

(d) 建筑设置

(e) 阻拦式围堤

(c) 适应性分区

▲ 图 20.4 崇明东滩自然保护区生态规划设计分析

■ 多案例补充解析

本讲共研究案例 10 个，详细案例 1 个，多案例 9 个。应用研究框架多案例研究对个案进行补充解析，以获得更全面的手法集合（表 20.5）。

表 20.5 自然保护区案例研究汇总

类型	名称	图纸	具体设计手段	解析 + 目标
自然生态系统类	青海三江源国家级自然保护区	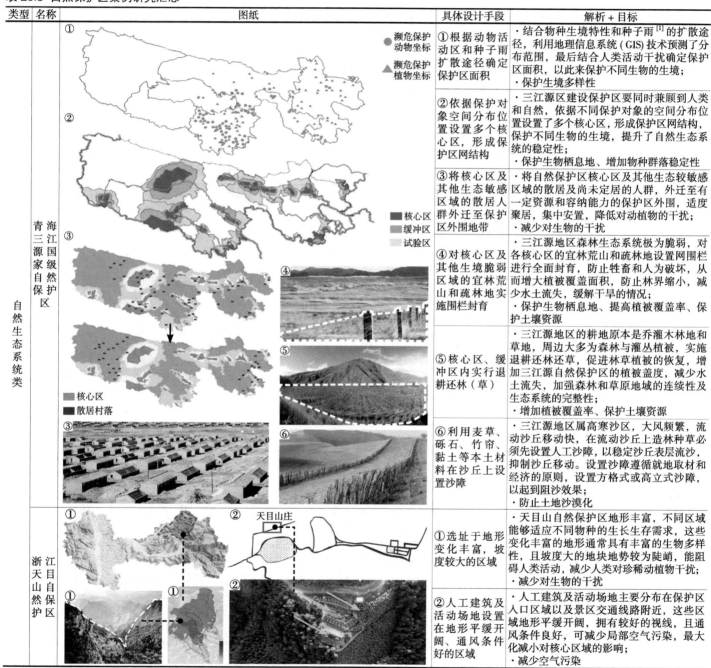	①根据动物活动区和种子雨扩散途径确定保护区面积	·结合物种生境特性和种子雨[1]的扩散途径，利用地理信息系统（GIS）技术预测分布范围，最后结合人类活动干扰确定保护区面积，以此来保护不同生物的生境； ·保护生境多样性
			②依据保护对象空间分布位置设置多个核心区，形成保护区网结构	·三江源区建设保护区要同时兼顾到人类和自然，依据不同保护对象的空间分布位置设置了多个核心区，形成保护区网结构，保护不同生物的生境，提升了自然生态系统的稳定性； ·保护生物栖息地、增加物种群落稳定性
			③将核心区及其他生态敏感区域的散居人群外迁至保护区外围地带	·将自然保护区核心区及其他生态较敏感区域的散居及尚未定居的人群，外迁至有一定资源和容纳能力的保护区外围，适度聚集，集中安置，降低对动植物的干扰； ·减少对生物的干扰
			④对核心区及其他生境脆弱区域的宜林荒山和疏林地实施围栏封育	·三江源地区森林生态系统极为脆弱，对各核心区的宜林荒山和疏林地设置网围栏进行全面封育，防止牲畜和人为破坏，从而增大植被覆盖面积，防止林界缩小，减少水土流失，缓解干旱的情况； ·保护生物栖息地、提高植被覆盖率、保护土壤资源
			⑤核心区、缓冲区内实行退耕还林（草）	·三江源地区的耕地原本是乔灌木林地和草地，周边大多为森林与灌丛植被，实施退耕还林还草，促进林草植被的恢复，增加三江源自然保护区的植被盖度，减少水土流失，加强森林和草原地域的连续性及生态系统的完整性； ·增加植被覆盖率、保护土壤资源
			⑥利用麦草、砾石、竹帘、黏土等本土材料在沙丘上设置沙障	·三江源地区属高寒沙区，大风频繁，流动沙丘移动快，在流动沙丘上造林种草必须先设置人工沙障，以稳定沙丘表层流沙，抑制沙丘移动。设置沙障遵循就地取材和经济的原则，设置方格式或高立式沙障，以起到阻沙效果； ·防止土地沙漠化
	浙江天目山自然保护区		①选址于地形变化丰富、坡度较大的区域	·天目山自然保护区地形丰富，不同区域能够适应不同物种的生长生存需求，这些变化丰富的地形通常具有丰富的生物多样性，且坡度大的地块地势较为陡峭，能阻碍人类活动，减少人类对珍稀动植物干扰； ·减少对生物的干扰
			②人工建筑、活动场地设置在地形平缓开阔、通风条件好的区域	·人工建筑及活动场地主要分布在保护区入口区域以及景区交通线路附近，这些区域地形平缓开阔，拥有较好的视线，且通风条件良好，可减少局部空气污染，最大化减小对核心区域的影响； ·减少空气污染

[1] 种子雨：是指在特定的时间和特定的空间从母株上散落的种子量。

续表

类型	名称	图纸	具体设计手段	解析＋目标
自然生态系统类	河北昌黎黄金海岸自然保护区	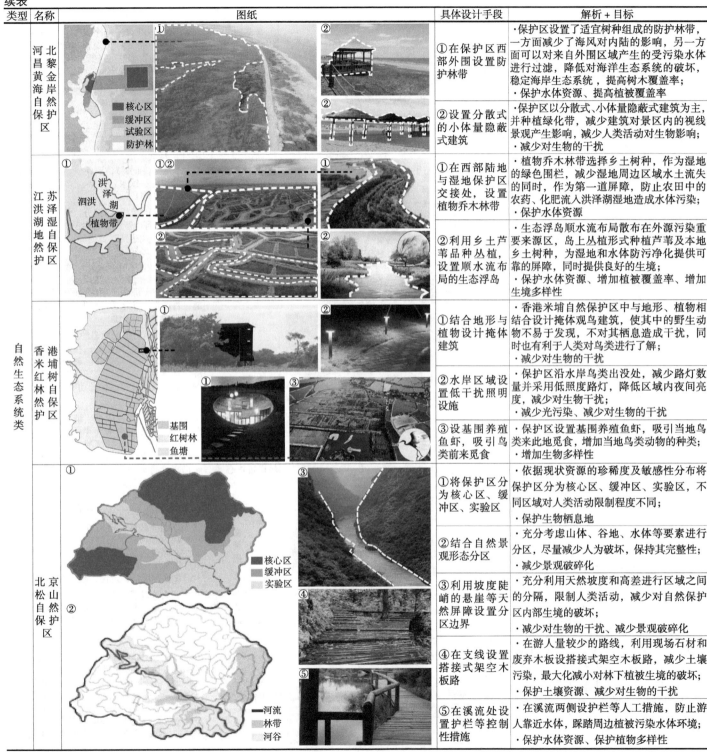 核心区 缓冲区 试验区 防护林	①在保护区西部外围设置防护林带	·保护区设置了适宜树种组成的防护林带，一方面减少了海风对内陆的影响，另一方面可以对来自外围区域产生的受污染水体进行过滤，降低对海洋生态系统的破坏，稳定海岸生态系统，提高树木覆盖率； ·保护水体资源、提高植被覆盖率
			②设置分散式的小体量隐蔽式建筑	·保护区以分散式、小体量隐蔽式建筑为主，并种植绿化带，减少建筑对景区内的视线景观产生影响，减少人类活动对生物影响； ·减少对生物的干扰
	江苏洪泽湖湿地自然保护区	洪泽湖 泗洪 植物带	①在西部陆地与湿地保护区交接处，设置植物乔木林带	·植物乔木林带选择乡土树种，作为湿地的绿色围栏，减少湿地周边区域水土流失的同时，作为第一道屏障，防止农田中的农药、化肥流入洪泽湖湿地造成水体污染； ·保护水体资源
			②利用乡土芦苇品种丛植，设置顺水流布局的生态浮岛	·生态浮岛顺水流布局散布在外源污染重要来源区，岛上丛植形式种植芦苇及本地乡土树种，为湿地和水体防污净化提供可靠的屏障，同时提供良好的生境； ·保护水体资源、增加植被覆盖率、增加生境多样性
	香港米埔红树林自然保护区	基围 红树林 鱼塘	①结合地形与植物设计掩体建筑	·香港米埔自然保护区中与地形、植物相结合设计掩体观鸟建筑，使其中的野生动物不易于发现，不对其栖息造成干扰，同时也有利于人类对鸟类进行了解； ·减少对生物的干扰
			②水岸区域设置低干扰照明设施	·保护区沿水岸鸟类出没处，减少路灯数量并采用低照度路灯，降低区域内夜间亮度，减少对生物干扰； ·减少光污染、减少对生物的干扰
			③设基围养殖鱼虾，吸引鸟类前来觅食	·保护区设置基围养殖鱼虾，吸引当地鸟类来此地觅食，增加当地鸟类动物的种类； ·增加生物多样性
	北京松山自然保护区	核心区 缓冲区 实验区 / 河流 林带 河谷	①将保护区分为核心区、缓冲区、实验区	·依据现状资源的珍稀度及敏感性分布将保护区分为核心区、缓冲区、实验区，不同区域对人类活动限制程度不同； ·保护生物栖息地
			②结合自然景观形态分区	·充分考虑山体、谷地、水体等要素进行分区，尽量减少人为破坏，保持其完整性； ·减少景观破碎化
			③利用坡度陡峭的悬崖等天然屏障设置分区边界	·充分利用天然坡度和高差进行区域之间的分隔，限制人类活动，减少对自然保护区内部生境的破坏； ·减少对生物的干扰、减少景观破碎化
			④在支线设置搭接式架空木板路	·在游人量较少的路线，利用现场石材和废弃木材设搭接式架空木板路，减少土壤污染，最大化减小对林下植被生境的破坏； ·保护土壤资源、减少对生物的干扰
			⑤在溪流处设置护栏等控制性措施	·在溪流两侧设护栏等人工措施，防止游人靠近水体，踩踏周边植被污染水体环境； ·保护水体资源、保护植物多样性

类型	名称	图纸	具体设计手段	解析＋目标
自然生态系统类	西双版纳自然保护区		①分散生境斑块之间依托连续的天然林设置廊道	·勐腊子与勐养子两个保护区，在中国—老挝交界一带，有大面积连续的天然林，故沿边界布置廊道，降低对群落的影响； ·增加物种群落稳定性
			②廊道避开人为活动密集的区域	·廊道布置避免村寨、空地等，减少人为活动对野生动物的影响； ·减少对生物的干扰
			③连接较远斑块时，设置多样生境类型的乡土特性廊道	·连接距离较远的勐养子—勐腊子保护区的廊道被划分为4个小片区；廊道中涉及多种植物和生境，尤其是野生动物必须的草丛、灌丛和水域，满足了动物在迁徙过程中的取食、饮水、休息、隐蔽等需求； ·增加生境多样性
			④有针对性地在廊道中种植野生动物喜食植物种类	·在西双版纳内部保护分区之间的生态走廊中，种植野生亚洲象喜食的竹子、野芭蕉，通过这种方式达到对野生动物的招引作用； ·保护动物多样性
			⑤廊道避开天然或人工屏障	·走廊带内应尽可能避开天然或人工障碍，如高而陡的山，深而宽的河流，宽阔繁忙的公路等，对于那些必须越过的屏障，应尽可能进行改造，以此减少对生物活动的阻碍； ·减少对生物的干扰
			⑥廊道宽度满足关键物种通过的最小宽度	·不同物种虽对生物廊道的宽度要求不同，但廊道的宽度越宽越好；在西双版纳设置生态廊道的时候，某些区域由于历史与经济等因素无法设置较宽廊道时，应满足亚洲象通过最小宽度，保证动物迁徙便利； ·保护生境多样性
野生生物类	四川卧龙自然保护区		①在生境适宜性评价高的区域设置核心区	·卧龙自然保护区依据生境适宜性评价在东南和西北设置两个大片核心栖息地，核心区中以针叶林、针阔混交林为主，竹林面积较大，尤其以拐棍竹和冷箭竹两种大熊猫喜食竹类的分布最为广泛，为大熊猫的生存提供了适宜的环境和食物资源； ·保护生物栖息地
			②在缓冲区建设乡土植物苗圃，避免外来物种入侵保护区	·卧龙自然保护区乡土植物苗圃的建设形成了外围缓冲区，避免外来物种进入保护区影响内部植物群落结构及生态系统的稳定性，同时也服务于震后大植物栖息地的植被恢复工作； ·增加物种群落稳定性、减少对生物干扰
自然遗迹类	黑龙江五大连池自然保护区		①在水源周围种植片状或带状水源涵养林	·在五大连池沿岸种植片状或带状的水源涵养林，涵养水源，丰富湖岸景观； ·保护水体、增加植被覆盖率
			②退耕还林、封山育林	·采取分期分批方式，对距熔岩台地、火山堰塞湖等1000m的7万亩耕地进行退耕；对距熔岩台地和火山堰塞湖200m的1.8万亩耕地，按照宜林还林、宜草还草、宜湿还湿原则实施退耕；恢复生态环境原始性，加快视野范围内影响景观的塔、线等空中垃圾整治，恢复生态环境原真性； ·增加生物多样性、保护奇特地质地貌

MANNER
自然保护区生态规划设计手法集合

通过对各自然保护区案例的剖析与验证，本部分对具体设计手段进行进一步提炼与归纳，提出自然保护区生态规划设计中的生态手法集合（表 20.6、表 20.7）。

表 20.6　自然保护区选址与布局生态手法汇总

选址	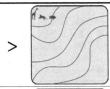	**1. 选址于生境丰富区域** 选址于能适应不同物种生长生存需求、地形变化丰富等人类活动较少的区域，降低对生物干扰		**2. 选址于独特生境** 选址于汇集有许多特有种、特有群落的某种独特生境，保护其稀有性有利于生态系统的稳定及生物多样性的保护
布局	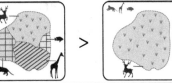	**3. 多样化栖息地生境** 保护区应基于不同类型生物需求设置多样化栖息地生境，涵盖多样化人工景观与自然景观，营造不同的生态环境		**4. 集中与分散相结合** 保护区应具备集中的大型自然斑块与分散的小型自然斑块，大型斑块利于涵养水源，小型植被斑块可作临时栖息地，利于物种扩散与迁移
		**5. 根据物种分布选址** 结合物种生境特性和分析种子雨扩散途径，进行目标物种潜在分布范围预测，确定保护区面积，以提高保护有效性		**6. 三区划分** 依据现状资源的珍稀度及敏感性分布将保护区划分为核心区、缓冲区、实验区，不同区域对人类活动限制程度不同，以此保护生物栖息地
		**7. 分区遵循原生地形** 功能分区应充分考虑自然景观形态，尽量保持其完整性，并利用悬崖等自然地形作为分区界限，限制人类活动，减少对保护区内部生境的破坏		**8. 还原自然** 将保护区内部生态敏感区域进行退耕还林、退田还湿等措施，人工斑块种植本土植物进行生态系统恢复，增加被覆盖率及生态系统稳定性
		9. 多核心区的保护区网 当保护对象集中分布位置零散且距离相对较远等因素，因此适宜设置多个核心区，形成保护区网结构，提升自然生态系统的稳定性		**10. 散居外迁，集中布置** 将保护区生态敏感区域的零星散居，集中迁至有一定资源和容纳能力的保护区外围，减少人为活动以及家畜活动对保护区内生物负面影响

表 20.7　自然保护区分区设计生态手法汇总

核心区	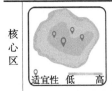 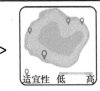	**1. 适宜性评价高处设置核心区** 在生境适宜性评价较好的地段设置核心栖息地，合理保护生物的栖息环境		**2. 入侵物种防护栏** 在垂直于入侵物种生长方向设置物理障碍设施，在空间上阻断入侵物种继续向保护区内扩张，保证生物群落稳定性
缓冲区	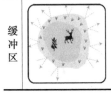 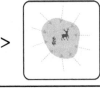	**3. 外围乡土植物缓冲带** 利用乡土植物苗圃的建设形成外围缓冲带，避免外来物种进入保护区影响内部植物群落结构及生态系统的稳定性	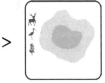	**4. 内部环状缓冲带** 在核心区与实验区之间设置内部环状缓冲带，减少对核心区生物的干扰

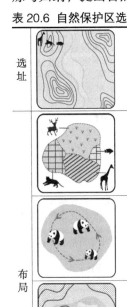

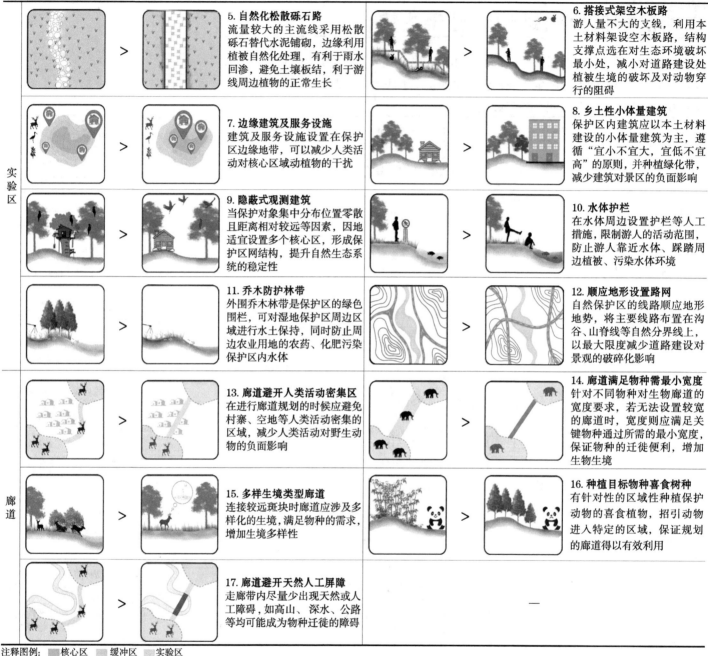

5. 自然化松散砾石路
流量较大的主流线采用松散砾石替代水泥铺砌，边缘利用植被自然化处理，有利于雨水回渗，避免土壤板结，利于游线周边植物的正常生长

6. 搭接式架空木板路
游人量不大的支线，利用本土材料架设空木板路，结构支撑点选在对生态环境破坏最小处，减小对道路建设处植被生境的破坏及对动物穿行的阻碍

7. 边缘建筑及服务设施
建筑及服务设施设置在保护区边缘地带，可以减少人类活动对核心区域动植物的干扰

8. 乡土性小体量建筑
保护区内建筑应以本土材料建设的小体量建筑为主，遵循"宜小不宜大，宜低不宜高"的原则，并种植绿化带，减少建筑对景区的负面影响

9. 隐蔽式观测建筑
当保护对象集中分布位置零散且距离相对较远等因素，因地适宜设置多个核心区，形成保护区网结构，提升自然生态系统的稳定性

10. 水体护栏
在水体周边设置护栏等人工措施，限制游人的活动范围，防止游人靠近水体、踩踏周边植被、污染水体环境

11. 乔木防护林带
外围乔木林带是保护区的绿色围栏，可对湿地保护区周边区域进行水土保持，同时防止周边农业用地的农药、化肥污染保护区内水体

12. 顺应地形设置路网
自然保护区的线路顺应地形地势，将主要线路布置在沟谷、山脊线等自然分界线上，以最大限度减少道路建设对景观的破碎化影响

13. 廊道避开人类活动密集区
在进行廊道规划的时候应避免村寨、空地等人类活动密集的区域，减少人类活动对野生动物的负面影响

14. 廊道满足物种需最小宽度
针对不同物种对生物廊道的宽度要求，若无法设置较宽的廊道时，宽度则应满足关键物种通过所需的最小宽度，保证物种的迁徙便利，增加生物生境

15. 多样生境类型廊道
连接较远斑块时廊道应涉及多样化的生境，满足物种的需求，增加生境多样性

16. 种植目标物种喜食树种
有针对性的区域性种植保护动物的喜食植物，招引动物进入特定的区域，保证规划的廊道得以有效利用

17. 廊道避开天然人工屏障
走廊带内尽量少出现天然或人工障碍，如高山、深水、公路等均可能成为物种迁徙的障碍

—

行标区：实验区；廊道

注释图例：■核心区　■缓冲区　■实验区

■ 自然保护区生态手法参考空间组合

自然保护区手法空间组合是将数条生态手法综合得到较优空间组合模式，相较于孤立的生态手法，手法组合能够更具体和系统地指导设计实践，更容易达到生态目标。

故本文结合实际案例，总结出以下两种可操作性强、具备明确生态效益的手法组合，形成较优的空间组合模式（图20.5、图20.6）。

A ①三区划分 + ②外围乡土植物缓冲带 + ③散居外迁，集中布置 + ④边缘服务设施
生态目标：减少对生物的干扰、增加物种群落稳定性、增加生物多样性

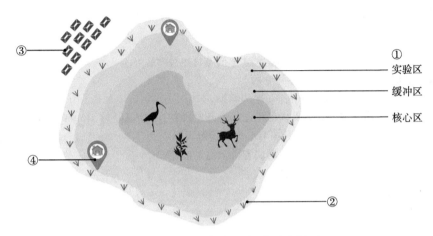

▲图 20.5 自然保护区平面典型手法组合

B ①隐蔽式建筑 + ②架空式木板路 + ③乔木防护林带 + ④水体护栏
生态目标：减少对生物的干扰、保护水体、增加植被覆盖率

▲图 20.6 自然保护区实验区断面典型手法组合

■ 参考文献

金鉴铭，等 .1991. 自然保护概论 [M]. 北京：中国环境科学出版社 .

李琨 .2010. 自然保护区的生态环境保护与可持续发展 [D]. 中国地质大学 (北京).

佚名 .2016. 中国自然保护区发展历程 [J]. 生命世界 ,(05):16-35.

刘亚萍 .2005. 景观生态学原理和方法在规划设计自然保护区中的应用 [J]. 贵州科学 ，23(1):62-66.

徐海根，包浩生 .2004. 自然保护区生态安全设计的方法研究 [J]. 应用生态学报 ，15(7):1266-12.

■ 案例来源

陈雁飞，汤臣栋，马强等 .2017. 崇明东滩自然保护区景观格局动态分析 [J]. 南京林业大学学报 (自然科学版)(1).

张永秀 .2009. 青海共和盆地高寒流动沙丘快速治理技术 [J]. 青海大学学报 (自然科学版).

邵全琴，樊江文，刘纪远等 .2016. 三江源生态保护和建设一期工程生态成效评估 [J]. 地理学报 .

陈东田，人韦 .2000. 可持续发展的生态旅游规划 —— 浙江天目山国家级自然保护区生态旅游开发研究 [J]. 中国园林 , (5):69-72.

赵晶晶 .2013. 昌黎黄金海岸国家级自然保护区土地利用景观格局变化及驱动力分析 [D]. 河北师范大学 .

胡镜荣，王月霄，顾建清 .1993. 昌黎黄金海岸自然保护区功能分区和管理研究 [J]. 河北省科学院学报 ,(02):28-3.

纪涛 .2007. 洪泽湖湿地国家级自然保护区物种多样性与生态规划研究 [D]. 南京林业大学 .

伦佩珊 .2012. 基于鸟类保护的湿地景观设计 —— 以香港米埔湿地为例 [J]. 园林 (3).

杨路年 .1997. 米埔湿地：华南的一块生态瑰宝 [J]. 中国生物圈保护区 , (2):9-21.

陈静 .2008. 基于自然保护区的生态旅游环境教育研究 [D]. 北京林业大学 .

甘宏协 .2008. 西双版纳生物多样性保护廊道设计案例研究 [J]. 西双版纳热带植物园毕业生学位论文 .

林柳，冯利民，赵建伟，郭贤明，刀剑红，张立 .2006. 在西双版纳国家级自然保护区用 3S 技术规划亚洲象生态走廊带初探 [J]. 北京师范大学学报 (自然科学版).

陈利顶，傅伯杰，刘雪华 .2000. 自然保护区景观结构设计与物种保护 —— 以卧龙自然保护区为例 [J]. 自然资源学报 ，15(2):164-169.

崔玲，魏延军，郭文栋，等 .2018. 五大连池自然遗产保护对策浅析 [J]. 国土与自然资源研究 .

■ 思想碰撞

　　自然保护区的核心区与缓冲区理应严格禁止人类活动，才能有效保护自然环境和自然资源，但据环保部对 2013 ~ 2015 年所有 446 个国家级自然保护区的监测显示，403 个保护区的缓冲区和 390 个保护区的核心区分别有人类活动 38459 处和 23976 处。大多数保护区中的缓冲区、核心区限制人类活动的要求已"名存实亡"。有专家表示自然保护区不是孤立的生态系统，应为保护区"松绑"，为地方发展和百姓生存留足空间。但由于不可控因素过多，这对保护区保护的有效性又会带来极大的负面影响。针对这一矛盾，你怎么看？

■ 专题编者

岳邦瑞　　　　　费凡　　　　　黄曦娇　　　　　颜雨晗　　　　　李擎

国家公园

谦卑地走进荒野 21讲

游走于荒野，生命、生存与万物连接，无数的国家宝藏深藏其中，神秘且遥不可及。如今，人类狩猎、捕捞、采集、挖掘……得到了一份又一份珍贵的馈赠，却也对自然造成了不可预估的破坏。对于自然，我们应心怀感激，记住敬畏。远离都市的发达科技，离开城市的喧嚣繁华，谦卑地走进荒野，在那壮美的河川之上，浩瀚的星空之下，默默观赏，静静聆听。那是流星灼烧大气的明亮划痕，然后在荒野里静静熄灭的声音……

■ IUCN 自然保护地体系

1. 自然保护地体系

19 世纪，现代形式的保护区、国家公园在北美、欧洲、南非等地开始兴起，各国相继建立各种各样的保护地。保护地的大小、类型、位置、所有者、管理者以及保护对象存在着极高的多样性（蒋志刚，2018）。世界自然保护联盟 (International Union of Conservation of Nature, IUCN) 将保护地定义为：通过法律或其他有效手段明确划定的地理空间，并实现对其长期保护，以提供相关的生态系统服务和文化价值。IUCN 提出的保护地分类标准指南将全球保护地分为 6 类（表 21.1）。

表 21.1　全球保护地分类体系（杨锐，2016）

	分类	具体内容
第 I 类	严格保护地（Ⅰa 类）	此类保护地严格限制人类活动，管理目标为供科学研究所用
	荒野地（Ⅰb 类）	此类保护地主要保护大面积未经改造或略经改造的自然荒野资源
第 II 类	国家公园	此类保护地多为大型自然或近自然区，主要保护大规模生态过程，突出当地特色文化，同时可进行一定的娱乐活动
第 III 类	天然纪念物保护区	此类保护地主要保护特殊的自然地貌
第 IV 类	栖息地 / 种群管理区	此类保护地主要通过积极的管理措施来保护特定物种群
第 V 类	陆地 / 海洋景观保护区	此类保护地管理目标为保护陆地梅洋景观和提供游憩机会
第 VI 类	受管理的资源保护区	此类保护地是为了实现对生态系统的可持续性利用

2. 我国自然保护地体系

按照自然生态系统原真性、整体性、系统性，依据管理目标并借鉴国际经验，我国 2019 年 6 月印发《关于建立以国家公园为主体的自然保护地体系的指导意见》，提出建立以国家公园为主体的自然保护地体系（表 21.2），将自然保护地按生态价值和保护强度高低分为 3 类：国家公园、自然保护区、自然公园（图 21.1）。

(a) 国家公园：云南普达措国家公园

(b) 自然保护区：黑龙江扎龙自然保护区

(c) 自然公园：贵州六盘水明湖国家湿地公园

▲ 图 21.1　我国自然保护地分类

表 21.2　我国自然保护地分类体系

类型	具体内容
国家公园	是指以保护具有国家代表性的自然生态系统为主要目的，实现自然资源科学保护和合理利用的特定陆域或海域，是我国自然生态系统最重要的部分，具有最独特的自然景观、最精华的自然遗产、最富集的生物种类；保护范围大，生态过程完整，具有全球价值、国家象征，国民认同度高
自然保护区	是指保护典型的自然生态系统、珍稀濒危野生动植物种的天然集中分布区、有特殊意义的自然遗迹的区域，具有较大面积，确保主要保护对象安全，维持和恢复珍稀濒危野生动植物种群数量及赖以生存的栖息环境
自然公园	是指保护重要的自然生态系统、自然遗迹和自然景观，具有生态、观赏、文化和科学价值，可持续利用的区域；确保森林、海洋、湿地、水域、冰川、草原、生物等珍贵自然资源，以及所承载的景观、地质地貌和文化多样性得到有效保护；包括森林公园、地质公园、海洋公园、湿地公园等各类自然公园

■ 国家公园的内涵

1. 国外国家公园的内涵

国家公园是保护地的类型之一，IUCN 定义：国家公园指大面积自然或接近自然的区域，是为保护大面积的生态系统以及这一区域内物种的完整性和生态系统特点而设置的，也为公众提供了科研、教育、娱乐和参观的机会（唐芳林，2010）。1872年美国黄石国家公园建立至今，国家公园理念逐渐为世界各国接受，且根据本国特点和条件建立了适合国情的国家公园体系并完善国家公园定位和概念（表21.3）。

表21.3 各国对于国家公园的理解（唐芳林，2010；杨锐，2003；唐芳林，2015）

国家	内涵
美国	保护风景、自然、历史遗迹和野生生命并且将它们以一种能不受损害地传给后代的方式提供给人们来欣赏
英国	将风景优美的自然地区及农业、牧业用地划分为自然公园（也称国家公园），以提供人们户外活动为主要功能，较少关注自然保护，面积偏小
德国	是一种具有法律约束力的面积相对较大而又具有独特性质的自然保护区，很少受到人类的影响；主要保护目标是维护自然生态演替过程，最大限度地保护物种丰富的地方动植物生存环境
澳大利亚	被保护起来的大面积陆地区域，这些区域的景观尚未被破坏，且拥有数量可观、多样化的本土物种
日本	全国范围内规模最大并且自然风光秀丽、生态系统完整、有命名价值的国家风景及著名的生态系统

2. 我国国家公园的内涵

我国人多地少，很少有大面积原生生态系统来另行划建国家公园，现实决定我国国家公园应主要在现有保护区基础上整合建立。通过建立国家公园，解决各类保护区交叉重叠的问题，整合碎片化、孤岛化的自然生态系统，构建科学的保护地体系。我国目前对国家公园还没有明确定义，但相关条例规范和众多学者提出了不同的定义。本文采用的国家公园定义为：由政府划定和管理的保护地，以保存和展示具有国家或国际重要意义的自然资源和人文资源及其景观，兼有科学、教育、游憩和社区发展等功能，实现资源有效保护和合理利用的特定区域（唐芳林，2010）。

■ 国家公园的发展历程与生态目标

1. 国家公园的发展历程

国家公园源自美国，最早由美国艺术家乔治·卡特林 (Geoge Catlin) 提出，美国作为国家公园建设的先驱，一百年来形成了比较完善的管理理念和保护规划模式，为中国自然保护地建设提供了丰富的经验。因此本讲将对美国国家公园和中国国家公园的发展历程进行展开介绍（表21.4、表21.5）。

表21.4 美国国家公园的规划设计发展历程

发展阶段	代表事件	具体内容
萌芽阶段（1832~1916年）	·黄石国家公园；·1916年国家公园管理局成立	19世纪初，由于美国西部大开发对原始自然环境造成的威胁，于是保护自然的理想主义者促使国会通过立法建立了黄石国家公园（吴良光，2009）；19世纪末，随着美国西部荒野的逐渐消失，人们保护荒野的呼声高涨，一大批的国家公园建立起来
体系形成阶段（1916~1933年）	·资源保护队成立；·公共工程建设	国家公园管理局成立以后，保护地类型不断增多，国家公园体系正式形成，并制订了以景观保护和适度旅游开发为双重任务的基本政策；罗斯福新政期间，资源保护队成立，同时建设了很多公共工程（杨锐，2001）
停滞与再发展阶段（1933~1966年）	·66计划[1]；·《荒野法》	二战后大量游客参观国家公园，管理局启动"66计划"，用来改善基础设施和服务条件；虽满足了游客需求，也被批评过度开发破坏了生态；1964年国会通过《荒野法》，对荒野进行严格的界定与保护
生态保护与教育阶段（1966年至今）	·教育设施更新；·保护生态完整性	20世纪60年代生态学的兴起，国家公园体系的保护观由原来注重保护风景景观的完整性转向保护体系内特别是国家公园内的生态完整性；同时，强化了体系的教育功能（严国泰，2015）

[1]66计划：国家公园管理局在1956年适时地推出了"66计划"，即斥资10亿美元，用时10年，完善国家公园基础设施和旅游服务设施建设。

表 21.5 中国国家公园生态规划设计的发展历程

发展阶段	代表事件
萌芽阶段（1956 ~ 1995年）	·1956年我国建立第一批自然保护区，对于自然保护区的定义理解近乎等同于天然林禁伐区，我国开启了自然保护地建设，形成以自然保护区为主的自然保护地体系，建设中吸收了各国国家公园建设的理念和做法（唐芳林 等，2018）； ·1982年开始，我国开始建立国家级风景名胜区，其性质、功能及保护利用方面的特点，类似国外国家公园；由于财政困难，风景名胜区形成了国务院审批、地方政府管理的模式，但是多数管理部门仅仅起到协调作用，有权无责，风景名胜区的管理难度很大； ·1989年，建设部发表国家级风景名胜区徽志，标志我国风景名胜区制度初步建立
探索阶段（1996 ~ 2012年）	·1999年，建设部颁布《风景名胜区规划规范》认定：中国的风景名胜区相当于海外的国家公园； ·2006年，国务院颁布《风景名胜区条例》，条例认定中国风景名胜区是指："具有观赏、文化与科学价值，自然景观、人文景观比较集中，环境优美，可供人们游览或者进行科学、文化活动的区域"；该条例对于风景名胜区定义与IUCN对于国家公园的定义有相似之处，但是实际性质、功能等与IUCN认定的自然保护地模式的国家公园有很大差异，因此在风景名胜区基础上，又设置了国家级自然保护区制度，同时专业管理部门设置了相应的专业类公园，中国保护地管理体系出现混沌状态； ·2006年，建立我国大陆首个国家公园——普达措国家公园，在自然保护区基础上探索建立国家公园，并取得明显成效，但是工作只停留于地方、部门层面，只涉及实体，未涉及体制（唐芳林，2019）； ·2008年，云南省作为国家公园建设试点省，截至2012年，云南省开展了普达措、丽江老君山、西双版纳、梅里雪山、普洱、高黎贡山、大围山、南滚河等国家公园的规划和建设；云南省的探索基本形成了完整的国家公园模式，为在全国开展国家公园试点提供了经验
发展阶段（2013年至今）	·2013年，我国提出"建立国家公园体制"； ·2015年，国家发展和改革委等13部委联合印发了《建立国家公园体制试点方案》，中央全面深化改革领导小组先后审议通过了三江源、东北虎豹、大熊猫、祁连山4个国家公园体制试点方案，国家发改委批复神农架、武夷山、钱江源、南山、普达措、北京长城6个国家公园体制试点实施方案； ·2017年《建立国家公园体制总体方案》明确提出，国家公园是指：由国家批准设立并主导管理，边界清晰，以保护具有国家代表性的大面积自然生态系统为主要目的，实现自然资源科学保护和合理利用的特定陆地或海洋区域；并提出到2020年，建立国家公园体制试点基本完成，整合设立一批国家公园，分级统一的管理体制基本建立，国家公园总体布局初步形成； ·2018年，成立国家林业局、国家草原局，并加挂国家公园管理局牌子，统一管理自然保护区和国家公园； ·2019年出台《关于建立以国家公园为主体的自然保护地体系的指导意见》，国家公园体制在国家自然保护地分类体系、国家自然保护体制等宏观角度逐渐完善，初步完成了我国国家公园体制的顶层设计；同时，国家公园的规划与评价、建设与生态管理体制为我国国家公园的建设奠定了研究基础

2. 国家公园的生态目标

我国国家公园起步较晚，还处于摸索阶段。目前国家公园主要有以下两种类型：一类以生境修复与改善为主，另一类则以生物保护与发展为主。基于此，本讲在保护建设方面，以现实问题解决为导向，进行了体系化、多层次的归纳总结，得到国家公园规划保护的生态目标体系（表21.6）。

表 21.6 中国国家公园规划设计的生态目标

一级目标	二级目标	三级目标	四级目标	现状问题
维持国家公园可持续发展	生境修复与改善	保护自然资源	保护土壤资源	居民落后的生产方式破坏土壤土质，造成土壤板结、土地沙漠化
		保护人文资源	保护遗产资源	游客总量增长造成资源环境承载压力加大、破坏自然文化遗产
		保护和改善栖息地	保护和改善生物栖息地	旅游服务设施设置不合理，破坏生态环境、威胁物种栖息地
	生物保护与发展	提升物种丰富度	保护/增加植物多样性	引进外来植物破坏生态系统平衡、改变栖息地条件，植被多样性降低
			保护/增加动物多样性	非法狩猎、纵火等活动破坏原始自然生境、毁灭珍稀野生动植物
		促进人类身心健康	提升游览体验感	游憩设施设置不合理、解说教育体系不完整

■ 国家公园的研究框架

国家公园规划设计的研究框架：

结合国家公园试点区规划保护内容，制定了国家公园生态规划设计研究框架（图

21.2）。本研究框架既可以用作案例分析研究，同时也可作为生态手法归纳框架。

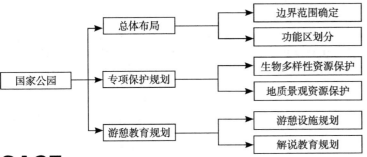

◀图 21.2 国家公园规划设计的研究框架

CASE
国家公园案例解析

　　运用上述案例分析框架，以中国国家公园试点区、美国国家公园案例为代表，进行多案例剖析，得到总体布局、专项保护、游憩保护规划手段，以列表形式综述各案例及其手段，案例共 7 个，其中国外案例 2 个，国内案例 5 个（表 21.7）。

表 21.7 国家公园案例研究汇总

名称	图纸	具体设计手段	解析 + 目标
美国黄石国家公园	① ② ③ ④ ⑤ ⑥ （国家公园边界、管理边界、州界、黄石公园区域、国家森林公园；新建桥、原建桥、栖息地；隔声建筑；游憩区、生态保护区、特殊景观区、公园边界）	①扩展公园管理边界	·公园内物种经常突破原边界进入周边森林公园活动，因此公园在管理上打破行政边界的阻隔，针对特定保护目标的需要扩大管理边界，将周边的森林公园统一纳入管理，增加生物栖息空间和多样性； ·保护和改善生物栖息地、增加动物多样性
		②划分公园功能分区	·按照科研、环境保护教育、娱乐休闲、生态保护等功能将其分为生态保护区、特殊景观区、历史文化区、游嬉区和一般控制区，根据不同功能区的特点进行不同密度的开发利用及保护； ·保护遗产资源、保护和改善生物栖息地
		③对破损植物实施修复措施	·对受破坏区域的植被进行评估、科研投入、修复、成果维护等工作，主要包括地表土和植物的修复、园内原有物种资料的收集与再繁殖、植被破坏区域的大范围补种，保证植物多样性； ·保护植物多样性、增加植物多样性
		④基础设施修建避让栖息地	·基础设施修建时，尽量缩小工程范围，避开动物栖息地及景观遗产资源，保证动物栖息生态稳定性； ·增加动物多样性、保护遗产资源
		⑤基础设施选取木制环保可降解材料	·尽量使用木制装置和环保材料，其制作工序中尽量减少使用化学原料；使用软木材不仅环保，而且可以进行降解，减少对环境的负面影响； ·保护土壤资源、保护动植物多样性
		⑥隔声建筑或建筑周围种植物隔声	·建设过程中，完善建筑周边（尤其靠近动物栖息地建筑）隔音设施，将对动植物生活干扰降到最低； ·保护动物多样性

223

名称	图纸	具体设计手段	解析 + 目标
美国优胜美地国家公园		①路边坡结合地形设置	·在较平坦的路段，多利用平缓的边坡或者自然土沟，让水流入草地或者沟底；在纵坡较陡或者排水量集中的路段，设置暗沟或者铺砌明沟，防止土壤被冲刷； ·保护土壤资源
		②隧道建设代替盘山公路	·公园山岭起伏，建设隧道代替盘山公路，使两地之间的交通接近于直线的连接，缩短彼此的距离，避免较大的坡道，也保护更多重要的自然景观； ·保护土壤资源、保护生物栖息地
云南普达措国家公园		①在国家公园区域设置三级区划	·将原来保护区和缓冲区划为一级、游憩区划为三级，其余为二级保护区；保护特殊生态系统和野生动植物，减少人类活动对物种栖息地影响，保持生态系统完整性； ·保护生物栖息地、保护/增加动物多样性
		②重要物种迁地保护、挂牌标识	·在景观游憩区建设过程中，对一些不可避免占用重要物种生境的情况，要先把重要物种移植他地，进行迁地保护，对珍稀特有的植物进行挂牌标记，将植物进行保护或合理的移植，保护生物多样性不受破坏； ·保护/增加动物多样性、保护/增加植物多样性
		③设置涵洞或桥梁为动物提供迁徙通道	·修建道路时，经过溪流的地方，应顺应溪流设置小型桥梁和涵洞，确保两栖类和爬行类动物的迁徙通道； ·保护/增加动物多样性
		④设置悬空游览木栈道	·游览观景栈道尽量选择景观优美、对生态环境影响较小的地方修建，利用悬空游览观景栈道，减小对植物生长的影响，保证生态系统的完整性和连续性； ·保护/增加植物多样性
		⑤取消马队，改设观光车，保护草甸	·为了不让草甸再受马匹过度践踏，普达措国家公园取消了碧塔海景区载客游览的马队，游客全部改乘环保观光车，有效减少游客对脆弱高原湿地生态系统的破坏； ·保护和改善生物栖息地、保护土壤资源
中国大熊猫国家公园		①建立关键生态走廊联通各保护区	·将规划范围内的大熊猫主要栖息地、潜在栖息地以及关键走廊带作为保护整体，划为重点保护区域，生态廊道将隔离的栖息地互联互通，形成完整的网络体系，促进生态系统间基因交流和信息传递，打破行政区域界限； ·保护/增加动物多样性
		②划分生态修复受损区域	·将核心保护区外的大熊猫栖息地、栖息地斑块之间的空缺地带以及人口密集区周边遭到破坏而需要恢复的区域，应划为生态修复区，实施不同程度的生态修复措施； ·保护和改善生物栖息地
		③划定小范围游憩区	·将重要游憩体验与自然体验教育资源、核心保护区与生态修复区之外的游憩体验区域及通道划入科普游憩区，便于公众进入、易于管理、可开展与国家公园目标相协调的游憩体验和自然教育活动的区域； ·提升游览体验感

续表

名称	图纸	具体设计手段	解析 + 目标
福建武夷山国家公园	试点范围 严格保护区 生态旅游区 强制控制区 传统利用区 文化体验区	①优先布置低影响游憩服务设施	·要充分调研和评估游憩服务设施的环境影响，优先建设和布局环境友好型的游憩设施；在设施体量、材质、颜色、风格等方面科学控制，鼓励就地取材，建设小体量游憩设施，降低对生物栖息环境的影响； ·保护生物栖息地
		②加强标识引导系统设置	·园区内在重要节点标明旅游者在该区内允许的行为与活动、设置里程提示标牌，使旅游者明确自己所处的位置并了解与目的地距离；设置环境教育和宣传标牌，使旅游者了解和学习本景点的相关知识； ·提升游览体验感
浙江钱江源国家公园	钱江源国家森林公园 古田山国家自然保护区 试点区边界 ● 自然村 ● 行政村 核心保护区 生态保育区 传统利用区 游憩展示区 亲水溯源体验区 野生动物观赏区 大峡谷体验观光区 亚热带森林观光区 古村落文化体验区 特色农业生产体验区	①考虑主要功能分区影响因素，科学划分功能分区	·综合考虑区域自然、经济社会特征和具体问题，以区域自然生态系统特征、社区居民点分布、景物特点为基础；综合钱江源试点区的生态资源调查成果，借助软件，将重点保护的资源进行空间叠合，最后确定功能分区； ·保护生物栖息地、保护遗产资源
		②基于游憩利用适宜性评价，综合功能分区，划分游憩利用类型	·基于游憩适宜性评价，根据功能分区的定位及其游憩资源状况，划分游憩利用类型；游憩利用适宜等级高的区域，在维持生态涵养的基础上，拓展游憩服务功能，II、III级适宜区集中在生态保育区，应严格控制强度，开展低密度科研和教育活动； ·保护和改善生物栖息地、保护土壤资源
		③核心区外围设生态缓冲区	·在核心区外围为了保持有足够空间规模和完整的生态系统结构，在其外围预留生态保育区作为生态缓冲单元，保证该区域生态系统的自然演替； ·保护和改善生物栖息地、保护遗产资源
		④预留传统利用区开展社区经营活动	·试点区人口密度大，整体社区搬迁成本过高，在钱江源国家公园体制试点生态系统保护的前提下，预留传统利用区，发展传统农林业经济，以保障居民的生产生活来源，同时降低对生物生存环境影响； ·保护和改善生物栖息地
青海三江源国家公园	自然保护区核心区 自然保护区缓冲区 自然保护区试验区 国家公园核心保护区 国家公园生态修复区 国家公园传统利用区	①严格设置保护区	·以保护区的核心区和缓冲区范围为基线，衔接各个保护地核心区边界，以及野生动物关键栖息地等划定国家公园保护区范围； ·保护和改善生物栖息地、保护／增加动物多样性
		②人工干预治理草场退化	·国家公园中重度退化的草地区域，需要加强草地治理、水土流失防治和自然封育；强化自然恢复和实施禁牧等必要的人工干预措施，待恢复后再开展休牧、轮牧形式的适度利用，并加强严格保护； ·保护／增加植物多样性
		③在居民生活区设置于传统利用区	·核心保育区以外，生态状况稳定，是当地牧民的生活、生产空间，在此设置传统利用区，起到承接核心保育区人口、产业转移与区外缓冲地带的作用； ·保护和改善生物栖息地

国家公园的生态手法集合

　　通过上文各步骤对案例的剖析与验证，本部分对其中的具体设计手段进行进一步的提炼与归纳，提出国家公园规划设计的生态手法集合（表21.8~表21.10）。

表21.8 国家公园总体布局生态手法汇总

总体布局	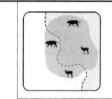 > 	**1. 扩展管理边界** 物种保护范围由划定边界范围内扩展到区域景观尺度，加大对特定保护目标的保护范围和力度	>	**2. 科学划分功能分区** 综合考虑区域自然、社会条件、生态资源调查成果，将重点保护的资源进行空间叠合，划分为核心保护区、生态保育区、游憩展示区和传统利用区	
	> 	**3. 划定生态修复区域** 若核心保护区外的栖息地或人口密集区周边遭到不同程度破坏，应当在其周边划定一定范围的生态修复区，实施不同程度的生态修复措施	> 	**4. 游憩活动集中开展** 核心保护区与生态修复区外划定小范围科普游憩区，便于公众进入、易于管理、可开展与国家公园目标相协调的游憩体验和自然教育活动	
	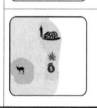 >	**5. 预留传统利用区** 若试点区整体社区搬迁成本过高，可考虑在生态系统保护的前提下，预留传统利用区，将核心区人口转移至此，适当发展传统农林业经济，以保障居民的生产生活来源	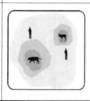 >	**6. 核心区外设置生态缓冲区** 在核心区外围预留生态保育区作为生态缓冲单元，保证该区域生态系统的自然演替及其完整性	

注释图例：■核心保护区 ■生态保育区 ■游憩展示区 ■传统利用区

表21.9 国家公园专项规划生态手法汇总

专项保护规划	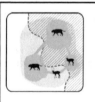 >	**1. 打破区域界限** 将主要栖息地、潜在栖息地以及关键走廊带作为保护整体，生态廊道的串接将相互隔离的栖息地互联互通，形成完整的网络体系，打破行政区域界限	>	**2. 重要物种迁地保护** 若重要物种生境不可避免被占用，要先把重要物种移植他地	
	>	**3. 人工干预恢复植被** 重度退化草地区域，需要加强草地治理、自然封育。强化自然恢复和实施禁牧等必要的人工干预措施，待恢复后再开展休牧适度利用，并严格保护	>	**4. 破损植物再修复** 评估、修复、维护受破坏区域的植被，主要包括地表土和植物的抢修、植被破坏区域的大范围补种，保证当地植物多样性	
	> 	**5. 避让动物栖息地** 基础设施修建时，尽量缩小工程范围，避开动物栖息地，保证动物栖息生态的稳定性	>	**6. 小型涵洞** 在游憩区修建道路时，经过溪流的地方，应顺应溪流设置小型桥梁和涵洞，确保动物的迁徙通道畅通	

专项保护规划	> 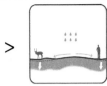	**7. 结合地形设置汇水区** 在平坦的路段设置边坡或者自然土沟，在纵坡较陡或者排水量集中的路段，设置部分暗沟或者铺砌明沟，防止地表土过度冲刷	> 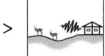	**8. 低干扰建筑** 做好建筑的隔声设施的完善，降低人为噪声对动植物生活的影响

表 21.10 国家公园游憩教育规划生态手法汇总

游憩教育规划	 >	**1. 隧道代替盘山公路** 道路尽量减少盘山而建，建设隧道，以缩短通行距离，避免陡坡，同时减少对自然景观的破坏	>	**2. 环保游览车道** 园区应取消景区传统载客游览的马队，设置环保观光车，以减少游客及马队对当地生态系统的破坏
	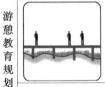 > 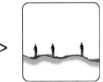	**3. 设置悬空游览木栈道** 游览观景栈道尽量利用悬空游览观景栈道，避免过度踩踏，减小对植物生长的影响，保证生态系统的完整性和连续性	>	**4. 选取环保可降解材料** 优先选择当地易获取的环保材料，减少化学合成材料的运用，降低对生态环境的负面影响
	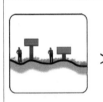 >	**5. 重要节点设置标识** 在园区内设置里程碑、提示牌、宣传栏等，方便游客游览需求，同时起到环境教育和环保宣传的作用	>	**6. 低影响游憩服务设施** 优先建设和布局体量小、环保材质、颜色风格简约的环境友好型的游憩设施，降低对动植物生活的影响

■ 参考文献

蒋志刚 .2018. 论保护地分类与以国家公园为主体的中国保护地建设 [J]. 生物多样性，26(07):775-779.

杨锐 .2016. 国家公园与自然保护地研究 [M]. 北京：中国建筑工业出版社 .

唐芳林 .2010. 中国国家公园建设的理论与实践研究 [D]. 南京林业大学 .

杨锐 .2003. 建立完善中国国家公园和保护区体系的理论与实践研究 [D]. 北京：清华大学 .

唐芳林 .2015. 国家公园定义探讨 [J]. 林业建设，(05):19-24.

吴保光 .2009. 美国国家公园体系的起源及其形成 [D]. 厦门大学 .

杨锐 .2001. 美国国家公园体系的发展历程及其经验教训 [J]. 中国园林 ,(01):62-64.

严国泰，沈豪 .2015. 中国国家公园系列规划体系研究 [J]. 中国园林，31(02):15-18.

唐芳林，王梦君，李云，张天星 .2018. 中国国家公园研究进展 [J]. 北京林业大学学报 (社会科学版),17(03):17-27.

唐芳林 .2019. 中国特色国家公园体制特征分析 [J]. 林业建设 ,(04):1-7.

■ 案例来源

张宏亮 .2010. 20 世纪 70-90 年代美国黄石国家公园改革研究 [D]. 河北师范大学 .

毛彬，赵涛 .2016. 美国优胜美地国家公园路景观设计探析 [J]. 华中建筑，34(10):119-123.

叶文，沈超，李云龙 .2008. 香格里拉的眼睛：普达措国家公园规划和建设 [M]. 北京：中国环境科学出版社 .

薛冰洁，张玉钧，安童童，王志臣，蒋亚芳 .2017. 旗舰种大熊猫国家公园选址研究 [J]. 中国城市林业 ,15(02):24-28.

朱勇 .2014. 梅里雪山国家公园分区管理有效性评价研究 [D]. 云南大学 .

虞虎，陈田，钟林生，周睿 .2017. 钱江源国家公园体制试点区功能分区研究 [J]. 资源科学 ,39(01):20-29.

张修玉 .2018. 加快编制国家公园总体规划 [N]. 中国环境报，01-26(003).

■ 思想碰撞

　　国家公园是目前国际公认行之有效的荒野保护模式，建立国家公园的目的在于"把最应该保护的地方保护起来"。国家公园不应该成为特殊物种或自然景观与世隔绝的"保留地"，因为我们不能指望通过掩盖其存在而保护它们。所以，应让游客通过近距离观察自然之美，感受到保护这些资源的必要和意义，激发他们的自觉性，这也是国家公园最重要的教育价值之一。而人类的旅游开发行为，为了方便游客而进行大规模的设施建设，对生态系统的恢复和保护确实存在较大负面影响。人工建筑的长驱直入，最终只会导致保护措施逐渐形同虚设。对此，你怎么看待？

■ 专题编者

岳邦瑞　　　　费凡　　　　　于玲　　　　　颜雨晗　　　　李晓飞

湿地公园

多识鸟兽 草木之名 22讲

  湿地，是生命最为活跃的地带之一，它孕育了无数植物，承载了数不清的鸟兽在此生存，湿地简直就是生物界的百科全书。然而各地围垦填湖、破坏湿地的现象屡禁不止，湿地与人类的生存仿佛产生了不可调节的冲突，而这将是一笔永远无法偿清的"生态账单"。

  当美丽的候鸟再次南飞，她们记忆中的家园是天水一色、碧波万顷的湿地。但当这片湿地因为人类的破坏失去了往日的色彩，候鸟们能否找到熟悉的家园？人类自己还能否高枕无忧？

■ 湿地及湿地公园的内涵与类型

1.湿地及湿地公园的内涵

国际上最为公认的广义的湿地是指：不论是天然或人工的，永久的或暂时的，静止的或流动的水域，淡的、稍咸的或咸的水域，泥沼地、沼泽地、泥炭地，包括退潮时水深不超过 6 m 的海水区（《湿地公约》，1971）。依据湿地的相关理论研究及本次研究范围，笔者提出狭义的湿地定义：湿地是浅水层所覆盖的土地或区域。对这个表述进行理解时，应注意湿地必须具有以下 3 个特点：一是水生植物为植物优势种；二是地表常年或季节积水，地表积水深度小于 2m；三是土壤为水成土，即有利于水生植物生长和繁殖的无氧条件的土壤（赵思毅，侍菲菲，2006）。

湿地是地球上水陆相互作用形成的独特的生态系统，是自然界最富于生物多样性的生态景观（孙文，2011）。随着城市的发展，自然湿地的破坏越来越严重。因此，湿地的保护与修复工作急需展开。根据国内外湿地管理与保护的趋势，湿地公园是同时具有湿地物种保护、生态认知和游憩等功能的景观区域，也是目前较好的湿地利用方式。

2.湿地公园的类型

湿地公园根据不同的基底条件，可以分为以下 5 种类型：农田型、江河型、湖泊型、滨海型、废弃地型（成玉宁，2012）。由于江河型、滨海型在设计手法上与湖泊型湿地公园较为类似，因此本次研究将湿地公园分为农田型、江河湖海型、废弃地型三大类（表 22.1，图 22.1）。

(a) 农田型湿地公园：杭州西溪湿地公园

(b) 江河湖海型湿地公园：长广溪湿地公园

(c) 废弃地型湿地公园：唐山南湖湿地公园

▲ 图 22.1 不同类型的湿地公园

表 22.1 湿地公园类型

类型	定义	特点	典型案例
农田型	原自然基底为农田（主要为水稻田）、鱼塘的湿地公园	湿地岸线形态僵直，缺少适宜湿地植物生长的浅水区域，且植被类型单一，空间均质单调	·杭州西溪国家湿地公园； ·上海崇明东滩国家湿地公园
江河湖海型	依托于江河、湖泊、河口，在水陆交汇处的河滩、江滩所建设的湿地公园	湿地受水文影响显著，夏季水量充沛，水位较高，冬季进入枯水期，水位较低，水面面积缩小；同时，由于长期泥沙淤积，形成了水下浅滩面，极适宜湿地植物生长与动物栖息	·镜湖国家湿地公园； ·翠湖国家城市公园； ·土海湿地公园； ·浐灞国家湿地公园
废弃地型	利用由于人工挖煤矿或取土导致地表塌陷、地下水位上升而形成的大面积河流湖泊建设的湿地公园	湿地由于人工开挖和地表塌陷，导致形成多个大小不一的水体斑块，且植物类型单一、景观破碎化程度较高，迫切需要进行生态修复和治理	·伦敦湿地公园； ·唐山南湖湿地公园

■ 湿地生态规划设计的发展历程与生态目标

1. 湿地保护的发展历程

湿地保护发展历程大致分为萌芽阶段、探索阶段、发展阶段 3 个阶段（表 22.2）。

表 22.2 湿地保护的发展历程及湿地公园的出现（王浩，汪辉，王胜永等，2008；骆林川，2009）

发展阶段	代表事件
萌芽阶段 （19 世纪末~20 世纪 70 年代初）	·湿地研究最早源于泥炭的研究和利用； ·到 20 世纪 50 年代，由于人类高强度经济活动，对海岸湿地的干扰和破坏比较明显，因而美国湿地的研究领域向海岸带扩展，重点是滨海盐化湿地和红树林沼泽，同时对湿地定义、分类、生态过程等问题也有深入的探讨
探索阶段 （20 世纪 70 年代 初~20 世纪 90 年代初）	·拉姆萨尔公约（《湿地公约》）签订后，许多国家开始注重湿地保护。最初仅靠建立自然保护区或其他传统的自然保育措施； ·之后加大对城市湿地空间的研究，包括水域空间规划和滨水景观恢复，从生态角度出发，将水体、湿地、植被、生物等作为一个整体的生态系统，统一规划设计，恢复这些自然因素的内在联系
发展阶段 （20 世纪 90 年代至今）	·签署《国际重要湿地公约》各个国家初步建立湿地保护和合理利用的管理秩序； ·《中国湿地保护行动计划》逐步恢复退化或丧失的湿地，提高国家对重要湿地和自然保护区的管理水平； ·2005 年《城市湿地公园规划设计导则》详细规范了湿地公园的规划设计原则、方法与程序，湿地公园规范化，成为重要的湿地保护方式

2. 湿地生态规划设计的生态目标

长期以来，由于对湿地缺乏足够的保护，致使湿地生态环境发生了很大的变化，如湿地面积骤减、污染等（图 22.2）威胁着经济与生态的可持续性发展。针对上述现实问题，提出保持生境稳定性、改善生物多样性两方面基本目标（表 22.3）。

表 22.3 湿地生态规划设计的生态目标

一级目标	二级目标	三级目标	四级目标	现状问题
实现湿地生态系统的自我持续性	保持生境稳定性	调蓄水文	净化水质	大量工业废水、生活污水的排放，以及农药、化肥的面源污染等造成湿地污染，湿地严重富营养化
			涵养水源	湿地的盲目开垦和改造导致湿地生态系统破坏、湿地面积减少
		灾害防控	减缓岸线冲蚀	大面积围垦开发造成湿地岸线冲蚀破坏
			蓄洪防旱	挖沟排水，使湿地不断疏干，导致湿地水文发生变化，湿地不断退化
	改善生物多样性	改善植物多样性	提高植被覆盖率	由于水资源的不合理利用，导致下游缺水，湿地功能衰退，植物生长环境遭到破坏，植物多样性减少
			保护植物生长环境	
			保护/增加植物多样性	
		改善动物多样性	保护动物栖息地	湿地资源的污染及面积减少，导致生物栖息环境遭到破坏，生物多样性降低
			增加动物生境多样性	
			保护/增加动物多样性	

(a) 湿地严重污染　　　　(b) 湿地功能退化　　　　(c) 湿地面积减少　　　　(d) 湿地富营养化

▲ 图 22.2 湿地面临的主要问题

■ 湿地公园的设计程序与研究框架

1.湿地公园生态规划设计的程序

相关研究中湿地公园设计程序为现状调研—界定边界范围—总体布局—系统设计—详细设计，笔者将设计程序与既有研究中的湿地公园生态规划设计具体内容相结合，得出了如下规划设计步骤用以指导湿地公园生态规划设计（图22.3）。

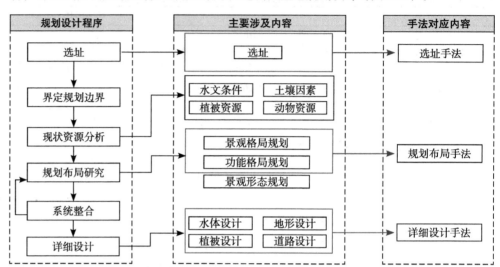

▶ 图 22.3 湿地公园生态规划设计程序及其与生态手法的关系

2.湿地公园生态规划设计的研究框架

以上述湿地公园生态规划设计程序为主，结合湿地公园的类型、要素，制定了湿地公园生态规划设计研究框架（图22.4）。本研究框架既可以用作案例分析研究，同时也可作为生态手法归纳框架。

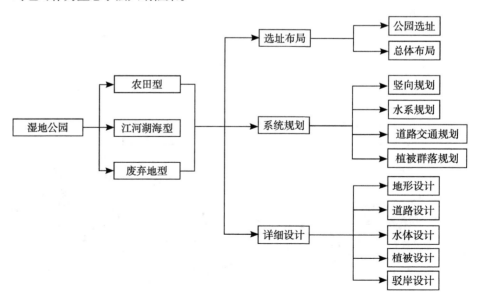

▶ 图 22.4 湿地公园生态规划设计案例解析及生态手法归纳框架

CASE
湿地公园案例解析

运用上述案例分析框架，对多个案例进行剖析，从中提取出整体布局与详细设计两个层次的生态规划设计手段。以列表形式综述各案例及其手段（表22.4）。本部分共研究农田型湿地公园案例3个，江河湖海型湿地公园案例4个，废弃地型湿地公园案例2个。

表 22.4 湿地公园案例研究汇总

类型	名称	图纸	具体设计手段	解析 + 目标
农田型湿地公园	杭州西溪国家湿地公园	① ② 修复保育区 缓冲区 功能活动区 半封闭保护区 封闭保护区	①多核圈层型布局形式	·湿地公园以东部、北部及中部三大湿地生态保护区为修复保育区，其余均为缓冲区域，功能活动区呈点状散布于湿地公园中；这种生态格局能够有效保证湿地环境的完整性，将人类活动的影响降到最小； ·保护动物栖息地、增加动物多样性
			②湿地保育区根据现状条件实行不同保护方式	·将公园东部湿地生态保护养区完全封闭，通过保育池塘、河流、湖泊与林地来创造原始的湿地生态环境；西部实行半封闭保护，通过乡土湿地植被的种植恢复湿地的生境环境； ·保护动物栖息地、增加动物多样性
		③ 污染物 芦苇床过滤 静水池塘 主河道 浮水植物处理系统 黄菖蒲处理床 芦苇床再过滤 ④ 过渡带窄 过渡带宽	③利用植物床形成内部循环系统	·营造循环净化系统，主河道的水流入静水池塘中，污染物得到沉积，然后通过不同的植被区（芦苇床处理系统、浮叶植物处理系统、黄菖蒲处理系统）进行过滤，进一步破坏污染物，最后在芦苇床取出污染的残留物，使水质得到净化； ·净化水质、提高植物多样性
			④将水陆交界处较陡的斜坡改造为缓坡	·将湿地陡坡改成缓坡，可增加水陆过渡带，形成浅岸，以允许不同植被带的植物群落逐渐过渡；多样的湿地植被可以维持不同种类的野生动物生长，也有利于昆虫和无脊椎动物群落生长，从而大大增加了生物多样性和景观多样性； ·增加动物多样性、提高植物多样性
		⑤ ⑥	⑤较陡河岸采取生态混凝土护坡	·荄芦田庄河对岸由于坡度较陡，采用生态混凝土护坡做法，让植物生长在绿色混凝土上；绿色混凝土内部充满了连续的空隙及腐殖质，为种子、小型动物提供了生存条件，维持了生物多样性； ·增加动物多样性、提高植物多样性
			⑥景观河道采取原生态驳岸形式	·芦苇景观带河道按一定间隔栽植了高出水面的活柳树桩，既可起到护岸作用，树桩本身可以成活，柳条萌发后还可形成活的篱笆；不仅可以遮盖裸露的泥土，还可以吸引当地的野生动物； ·增加动物多样性、提高植物多样性

类型	名称	图纸	具体设计手段	解析 + 目标
农田型湿地公园	沙家浜湿地公园	① 一级保护区 二级保护区 三级保护区 四级保护区 ② ③ 岸线改造	①根据现状条件进行等级分区保护	·按照湿地保护等级与保护类型进行总体分区：一级保护区内湿地生态系统完整性较好，是保护的核心区域；二级保护区是恢复和培育湿地的区域；三级保护区以满足游客休闲活动或不损害湿地生态系统的资源综合利用为主； ·保护动物栖息地、增加动物多样性
			②将保存较好的湿地植被群落划分为保育区	·在东扩工程中，对公园的原芦苇群落进行封育，形成修复保育区，可视为核心区的缓冲带，成为核心保护区与建成区之间的保护带，承担了动物栖息需求，完善了景观格局； ·保护植物生长环境、保护植物多样性
			③对原水田岸线进行柔化改造	·将平直、转角生硬的岛屿岸线通过土方就地挖取与堆积，转变为凹凸程度较大的水岸线；凹凸的边缘增加了水陆的接触面积，提供了更广的生境多样性，顺应水流冲蚀规律，减少了岸线冲蚀； ·减少岸线冲蚀、增加动物多样性
	上海崇明东滩国家湿地公园	① ② ③ 修复保育区 缓冲区 功能活动区	①条带型格局	·湿地公园内的修复保育区域、缓冲区域和功能活动区域基本呈并列式排开，缓冲区作为基质，功能活动斑块呈散布状，但总体保持相互平行的空间关系；能够灵活组织游憩项目，同时有效地减少游憩项目对于湿地生态系统的干扰； ·增加动物多样性、增加植物生境多样性
			②对原有鱼塘肌理进行保留与适当改造	·保留原有大小、深浅不一的水田格局，仅做适当改造，减少土方量的同时，可营造多种栖息地，如开阔性湿地、草滩、水面、岛屿等；为不同种类的动植物提供了生存空间，增加了生物多样性； ·保护植物生长环境、增加植被覆盖率
			③在鸟类栖息地营造近自然的湿地	·区域周边一定距离内种植稀疏低矮的植物群落，保障鸟类低空飞行有宽阔的空间，同时为鸟类提供停留、休憩的场所，为鸟类自由活动提供了保障； ·蓄洪防旱、增加动物多样性
	日本箱根湿地公园	① ② 水利设施闸	①核心区结合设施闸，营造多种水深的生境	·湿地核心区的水深控制在 1m 之间，形成不同的坡度等级，满足沼生植物和水生植物的生境，及水涉禽的觅食、栖息需要，同时结合小型水利设施，对园区水深分区分段进行控制，营造不同的水环境； ·提高动物生境多样性、提高动物多样性
			②岸线曲折变化	·采用较多曲折的岸线，不仅在空间上形成开敞、幽闭、大尺度块状、小尺度线状等变化，同时达到丰富景观层次和增加边缘生境长度的目的；湿地内鱼虾类的增多，吸引鸟类，也为生态稳定提供支持； ·提高动物多样性

类型	名称	图纸	具体设计手段	解析＋目标
江河湖海型湿地公园	浙江绍兴镜湖国家城市湿地公园	修复保育区　缓冲区　□功能活动区　果基鱼塘　桑基鱼塘　湿地水田　间接性淹水区　深水区　浅水区	①渗透性生态格局	·修复保育区在最外围，功能活动区渗透在缓冲区和保育区之间，该格局具有明显的边缘效应，形成一个自然生态的异质性斑块，有效保护了动物栖息地，并妥善协调人类活动与自然的关系； ·保护植物生长环境、提高动物多样性
			②中部区块农田、鱼塘生态化改造	·将原有农田适当保留，部分种植湿生农作物，鱼塘改造为果基鱼塘、桑基鱼塘，错落有致的布局为湿生植物群落提供了丰富的生境，同时为鸟类提供食源； ·保护植物生长环境、保护植物多样性
			③营造间接性淹水区	·公园西南部预留了间接性淹水区，大大增加和丰富了水陆的交接面；丰水期，此区域被湖水淹没，岛上的水塘和外围的水体直接连通，枯水期，此区域露出水面，岛上的水塘和外围的水体通过地下水连通，为不同生态位的物种提供多样性的生态环境； ·增加动物生境多样性、增加动物多样性
			④湿地岸线恢复植物缓冲带	·在临近水体处恢复自然或营造人工植物缓冲带；植物缓冲带可净化径流中携带的污染物和泥沙，保护水体洁净的同时，减少了水土流失； ·净化水质、增加植物多样性
	北京翠湖国家城市湿地公园	封育栖息地	①鸟类栖息地进行封育保护	·在湖中岛屿及周边地带划定鸟类核心保护区；为避免人类干扰，在空间上与人类活动区域相隔离，通过封育建立野生湿地生态系统，吸引水禽及涉禽过冬与觅食，大大增加生物多样性； ·增加动物多样性、增加植物生境多样性
			②湖泊内部营造岛屿栖息地	·保留并增加湖泊中的岛屿数量，改造岛屿形态，岛屿周边水面主要以水鸟及游禽的活动为主；岛屿边缘以滩涂和沼泽为主，满足了涉禽的觅食与栖息繁殖需求，岛屿中部种植高大乔木，满足林鸟与大型鸟类的栖息需求； ·增加动物多样性、增加植物生境多样性
			③觅食地周边营造开阔环境	·对动物的觅食地进行改造，将崎岖的地形恢复为平坦的形态，结合植物营造一个开阔的觅食环境，减少了地形与高大植物对鸟类飞行的影响，从而增加了鸟类数量； ·增加动物多样性
			④利用浅水池营造引鸟水景	·栖息地中设计不透水材料衬底的浅水池及缓慢流动的小溪；浅水区域边缘效应显著，植物群落丰富，生物量较大，为水鸟提供丰富的食物，有效营造了引鸟水景； ·增加动物多样性

类型	名称	图纸	具体设计手段	解释＋目标
江河湖海型湿地公园	西安浐灞国家湿地公园	渭河取水 城市中水 市政取水 渭河取水 ① ② ③ ④ 沉水植物 浮水植物 挺水植物 陆生植物	①公园地形设计因地就势	·依据现状高差进行公园的竖向设计；充分利用现状高低形成陆地、岛屿，现状低洼处则处理成水塘、渡渠，减少了土方量，并尽可能保留了乡土植物的生境； ·蓄洪防旱、涵养水源
			②多水源供给补水	·公园从河流、市政中水、城市雨水和地下水四种渠道取水，由于西北地区常年干旱，单一的河道水源无法满足公园正常需求，所以考虑多渠道引水，打造稳定的水循环系统，确保动植物能够安全生存； ·蓄洪防旱、涵养水源
			③活动区设计人工化跌台式水景	·在水域部分最终采用了跌台式的竖向设计；水池底部保持水平无坡度，以不同水深区分不同生境条件，闸口控制进出水流量和流速，保证即使在冬季枯水期，深水区也能够有水，不至于完全干涸，造成动植物干枯死亡； ·蓄洪防旱、涵养水源、增加植物生境多样性
			④湿地构建不同植物群落组合模式	·根据湿地空间结构营造多样的植物群落组合模式：沉水植物、浮水植物、挺水植物等，速生植物与慢生植物结合，优势种群与伴生种群结合，经过植物演替，形成完善的群落结构，增加生物多样性； ·增加植物生境多样性
废弃地型湿地公园	伦敦湿地公园	① ② 游客活动区 重点保护区	①重点保护区进行严格保护	·湿地公园重点区生态的类型主要分为具有典型性、地带性植被特征的湿地，具有典型演替特征的湿地，具有典型动物栖息地特征的湿地；将原生的自然湿地和濒危的动植物重点保护起来，不受游人的活动打扰； ·保护动物栖息地、保护植物多样性
			②设置沟渠网引水营造湿泥地	·水域和陆地之间均采用自然的斜坡交接，陆地上建立了一个复杂的沟渠网将水引入，沟渠之间是平缓的丘陵和耕地，精致的地形设计使得水位稍微提高一点，就能产生一大片浅浅的湿泥地； ·增加动物生境多样性、提高动物多样性
	唐山南湖湿地公园	① ② ③ 水库来水 青龙河来水	①连通原有鱼塘和水系	·将原有大小不一的鱼塘联通，通过开挖、疏浚、整合场地内原有鱼塘及沉降形成的积水坑道进行化零为整，形成较大水域，可容纳更多生物，满足生物栖息需求； ·增加动物生境多样性、提高动物多样性
			②对场地原有采矿塌陷区进行挖深垫浅	·对场地原有塌陷区进行修复，将塌陷深处继续挖深，营造湿地景观，增加生物多样性，用挖出的土方将其他位置改造至平坦，营造平缓的植物缓冲带，此举可将废弃场地恢复活力； ·增加动物生境多样性、提高动物多样性
			③内外水系连通	·充分利用地下水的同时，将采煤疏矸水及中水引入湿地，并同环城水系贯通；利用上游水库为下游输送的农业灌溉水，通过环城水系经青龙河及陡河进入湿地，对湿地进行补水和换水，同时又起到调蓄的作用； ·蓄洪防旱、涵养水源

MANNER
湿地公园的生态手法集合

通过上文各步骤对案例的剖析与验证，本部分对其中的具体设计手段进行进一步的提炼与归纳，提出湿地公园规划设计中的生态手法集合（表22.5 ~ 表22.7）。

表 22.5 湿地公园选址布局类生态手法汇总

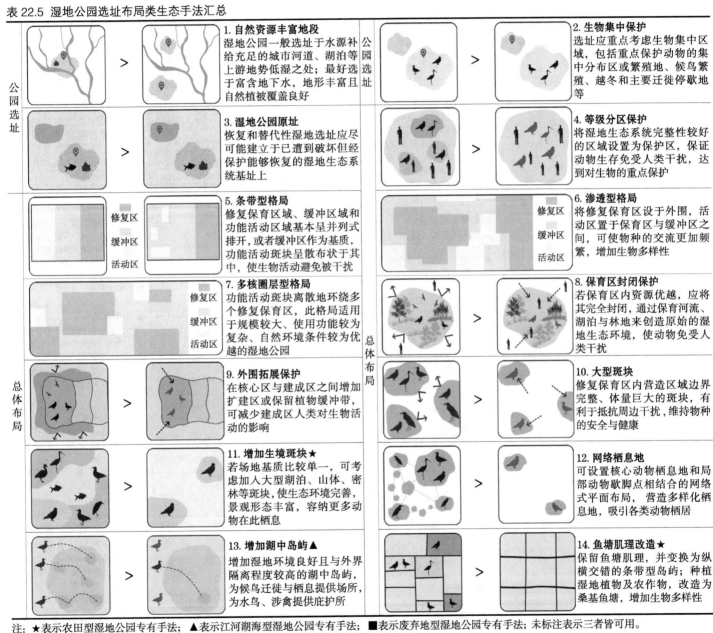

1. 自然资源丰富地段
湿地公园一般选址于水源补给充足的城市河道、湖泊等上游地势低湿之处；最好选于富含地下水，地形丰富且自然植被覆盖良好

2. 生物集中保护
选址应重点考虑生物集中区域，包括重点保护动物的集中分布区或繁殖地、候鸟繁殖、越冬和主要迁徙停歇地等

3. 湿地公园原址
恢复和替代性湿地选址应尽可能建立于已遭到破坏但经保护能够恢复的湿地生态系统基址上

4. 等级分区保护
将湿地生态系统完整性较好的区域设置为保护区，保证动物生存免受人类干扰，达到对生物的重点保护

5. 条带型格局
修复保育区域、缓冲区域和功能活动区域基本呈并列式排开，或者缓冲区作为基质，功能活动斑块呈散布状于其中，使生物活动避免被干扰

6. 渗透型格局
将修复保育区设于外围，活动区置于保育区与缓冲区之间，可使物种的交流更加频繁，增加生物多样性

7. 多核圈层型格局
功能活动斑块离散地环绕多个修复保育区，此格局适用于规模较大、使用功能较为复杂、自然环境条件较为优越的湿地公园

8. 保育区封闭保护
若保育区内资源优越，应将其完全封闭，通过保育河流、湖泊与林地来创造原始的湿地生态环境，使动物免受人类干扰

9. 外围拓展保护
在核心区与建成区之间增加扩建区或保留植物缓冲带，可减少建成区人类对生物活动的影响

10. 大型斑块
修复保育区内营造区域边界完整、体量巨大的斑块，有利于抵抗周边干扰，维持物种的安全与健康

11. 增加生境斑块★
若场地基质比较单一，可考虑加入大型湖泊、山体、密林等斑块，使生态环境完善，景观形态丰富，容纳更多动物在此栖息

12. 网络栖息地
可设置核心动物栖息地和局部动物歇脚点相结合的网络式平面布局，营造多样化栖息地，吸引各类动物栖居

13. 增加湖中岛屿▲
增加湿地环境良好且与外界隔离程度较高的湖中岛屿，为候鸟迁徙与栖息提供场所，为水鸟、涉禽提供庇护所

14. 鱼塘肌理改造★
保留鱼塘肌理，并变换为纵横交错的条带型岛屿；种植湿地植物及农作物，改造为桑基鱼塘，增加生物多样性

注：★表示农田型湿地公园专有手法；▲表示江河湖海型湿地公园专有手法；■表示废弃地型湿地公园专有手法；未标注表示三者皆可用。

表22.6 湿地公园系统规划类生态手法汇总

竖向规划	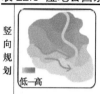 低—高　>　低—高	**1. 就地填挖▲** 基于场地现状高差条件，解决场地水流向问题，在原地形上加以改造，局部抬高或者下挖，使场地内多条水系由高向低汇入外河	水系规划		**2. 多水源供给** 若湿地公园单一的依靠河道补水不能维持正常运作时，公园应当考虑河流取水、市政中水、城市雨水等多水源供给，以维持正常运作
水系规划	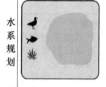 	**3. 化零为整■** 若湿地公园现状有许多由地下水上泛而形成的水坑，规划设计应整合场地内原有积水坑道，形成开阔水域，为生物提供更多栖息地	水系规划	 	**4. 沟渠水网** 入水口处营造深度较浅的沟渠水网，并形成湿泥地景观，湿地植物可使水体在进入场地之前被初步净化
植被群落规划		**5. 多样性群落生境** 因地制宜地将植被群落分为外围植物群落、水陆交错区植物群落、水生植物群落及林带植物群落。为植物、动物提供可能的栖息地	植被群落规划	 	**6. 多群落组合模式** 结合不同湿地类型的空间分布，通过植物群落的垂直构成分析，选择速生与慢长植物，确定和建立优势种群，构建不同组合的群落模式

表22.7 湿地公园详细设计类生态手法汇总

水系设计	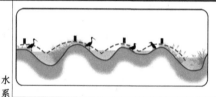	**1. 多种水深生境** 结合路桥建设小型水利设施闸，对园区水深分区分段进行控制，满足沼生植物和水生植物的生境，及水涉禽的觅食、栖息需要			**2. 间歇性淹水区** 营造草滩、砾石滩、沙滩、湿生林木滩地等间歇性淹水区；无论在丰水期或枯水期，都为不同生态位的植物提供生存环境
水系设计	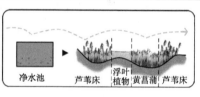 净水池　芦苇床　浮叶植物　黄菖蒲　芦苇床	**3. 水净化循环** 主河道的水流入静水池塘中进行沉积，然后通过多个层次的植被区进行过滤，水质得到净化			**4. 柔化岸线★** 现状岛屿岸线较平直的情况下，考虑顺应水流冲蚀规律，通过土方就地挖取与堆积改造岸线，形成开敞、幽闭等变化，有助于区域水质的改善
地形设计		**5. 跌台式保水▲** 场地现状坡度较陡时，可"变坡为台"；水池底部保持水平无坡度，以不同水深区分不同生境条件，闸口控制进出水流量和流速，保证即使在冬季枯水期，深水区也能够保有水	 		**6. 挖深垫浅■** 采煤塌陷区中塌陷深度大，在塌陷区的深部取土垫在浅部，把塌陷区的地表土剥离储存，集中用于浅层塌陷区回填造地，恢复成耕地或林地，深部进行湿地生态设计
地形设计		**7. 觅食地平整开阔** 通过对水面附近起伏不平的开阔地段进行局部土地平整，削平过高的地势，营造适宜水鸟栖息的开阔环境，有利于水禽隐蔽和繁殖	 		**8. 因形就势▲** 湿地公园采取因高就低的原则，充分利用现状高地形成陆地和岛屿，现状低洼地形成湿地水塘和渡渠及种植带，减少土方量，并尽量保护现状场地土壤条件

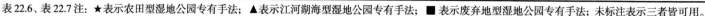

表22.6、表22.7注：★表示农田型湿地公园专有手法；▲表示江河湖海型湿地公园专有手法；■表示废弃地型湿地公园专有手法；未标注表示三者皆可用。

续表

植被设计	 > 	**9. 层次丰富林带** 通过高树冠乔木、灌木、地被和水生植物组合形成密林、疏林、岛状林、开阔地、灌丛等多样的栖息地植被群落类型，为鸟类提供休憩场所	>	**10. 恢复岸线缓冲带▲** 通过恢复河道岸线植被缓冲带能协助过滤径流中携带的泥沙沉积物和其他污染物，从而保护水体；同时可以降低水土流失的风险，以防止地表径流集中汇集通过
	 >	**11. 植物稀疏低矮** 水域周边一定距离内种植稀疏低矮的植物群落，保障鸟类低空飞行有宽阔的空间，同时为鸟类提供停留、休憩的场所，为鸟类自由活动提供了保障	>	**12. 选取鸟喜植物** 优先选择可供鸟类营巢栖息的林木树种，以及多枝杈的灌木；选择可供鸟类食用的浆果类、坚果类且挂果时间长的植物
驳岸设计		**13. 生态驳岸** 在人工干预较少区域，按一定间隔栽植高出水面的活柳树桩，既可起到护岸作用，还可以遮盖裸露的泥土，吸引当地的野生动物	>	**14. 生态混凝土护坡** 坡度较陡的驳岸使用绿色混凝土，碎石、水泥内部的营养物质可为种子、小型动物提供生存条件

注：★表示农田型湿地公园专有手法；▲表示江河湖海型湿地公园专有手法；■表示废弃地型湿地公园专有手法；未标注表示三者皆可用。

■ 湿地公园的生态手法参考空间组合

A ①层次丰富林带 + ②选取鸟喜植物 + ③恢复岸线植被缓冲带 + ④保留并增加湖中岛屿
生态目标：减少河流洪泛、净化水质

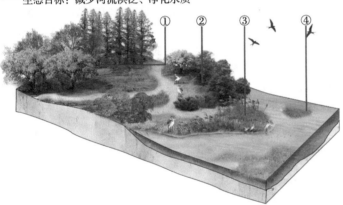

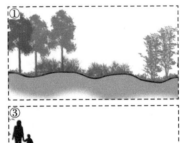

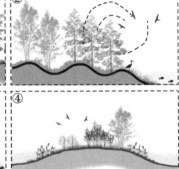

B ①多种水深生境 + ②觅食地周边平整开阔
生态目标：减少河流洪泛、净化水质

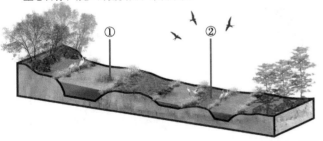

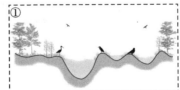

▲ 图 22.5 湿地公园生态规划设计手法组合

239

■ 参考文献

赵思毅、侍菲菲 .2006. 湿地概念与湿地公园设计 [M]. 南京：东南大学出版社 .

成玉宁等 .2012. 湿地公园设计 [M]. 北京：中国建筑工业出版社 .

王浩、汪辉、王胜永、孙新旺 .2008. 城市湿地公园规划 [M]. 南京：东南大学出版社 .

骆林川 .2009. 城市湿地公园建设的研究 [D]. 大连理工大学 .

■ 案例来源

汪娟 .2007. 城市湿地公园湿地景观研究 [D]. 浙江大学 .

高乙梁 .2006. 西溪国家湿地公园模式的实践与探索 [J]. 湿地科学与管理 ,(01):55–59.

姚岚，周军，崔怀飞 .2014. 沙家浜湿地公园景观规划设计分析 [J]. 江苏农业科学 ,42(9):162–167.

梅晓阳，秦启宪，铃木美湖 .2005. 崇明东滩国际湿地公园规划设计 [J]. 中国园林 ,21(2):28–31.

王向荣，林箐，沈实现 .2006. 湿地景观的恢复与营造 —— 浙江绍兴镜湖国家城市湿地公园及启动区规划设计 [J]. 风景园林 ,(4):18–23.

宋菲菲 .2013. 天津市七里海湿地生物多样性保护研究 [D]. 天津大学 .

王竹，张艳来，李勇祥 .2009. 生态与景观视野下的杭州西溪湿地研究 [J]. 建筑学报 ,(z1).

李晓光，刘筱竹 .2012. 翠湖湿地公园水域生物多样性保护与成效 [J]. 湿地科学与管理 .

李梦丹 .2011. 西安浐灞湿地公园生境恢复营造技术途径研究 [D]. 西安建筑科技大学 .

卜菁华，王洋 .2005. 伦敦湿地公园运作模式与设计概念 [J]. 华中建筑 ,(02):103–105.

祖玉洁 .2014. 工业废弃地改造与利用的途径研究 [D]. 中国林业科学研究院 .

■ 思想碰撞

　　芦苇具有保持湿地生态功能和降解各种污染物的作用。在春天，湿地公园到处可见的是冬天过后留下的一片片枯萎的芦苇。如何处理这些芦苇？管理者表示："冬天枯死的芦苇既不美观，如果使枯萎的芦苇浸泡并腐烂于湖水中，则会对湿地环境造成严重的污染，也将影响来年芦苇的生长；且枯萎的芦苇在冬季也有较大的火灾隐患，因此应该人工割掉，促成新植株的快速生长。"环保志愿者说："不用担心短暂的植株减少，一旦温度稳定上升，雨水跟上了，荒芜湿地的植物会长得飞快。"鸟类学家则认为："对湿地而言，科学的植被管理手段很重要。如果把枯芦苇割了，可能影响到小动物的栖息，还是应该让芦苇自然生长。""芦苇话题"是一个很有代表性的案例；河流、湖泊等湿地，最常见的植物就是芦苇。芦苇该何去何从？是否存在让所有人满意的答案？

■ 专题编者

岳邦瑞　　　　　费凡　　　　　于玲　　　　　唐崇铭

PART V
第五部分
专项规划设计中的生态手法
ECOLOGICAL MANNER IN SPECIAL PLANNING AND DESIGN

海绵城市
吸吮上苍的甘霖

23讲

为什么城市中的人们这么害怕下雨？难道我们不能和雨水做朋友吗？

　　2012年的夏季，一场61年来最凶猛、最持久的暴雨袭击了北京。降雨自7月21日白天持续到22日凌晨，导致交通中断，救援难度增加。暴雨带来的经济损失近百亿元，37人遇难。我们不禁要思考，雨水本是上苍给予生命的馈赠，如今为何成了灾难？如何才能快速消除城市的内涝隐患？如何让城市和雨水成为朋友？如何能使城市像海绵一样具有"弹性"？

■ **海绵城市的内涵与类型**

1. 海绵城市的内涵

海绵城市理念是基于城市中降雨造成的洪涝灾害等问题而提出。起初一些学者提出了解决措施，但缺少对现实条件的考虑。20 世纪以来，各国根据其特殊的环境条件，都因地制宜地采取了各种雨洪管理措施（见表 23.2）。中国在前人研究的基础上结合国情，提出一套为实现城市良性水文循环、可维持或恢复城市"海绵"功能的体系，即海绵城市。住房和城乡建设部在《海绵城市建设技术指南 —— 低影响开发雨水系统构建（试行）》（2014 年 10 月）中明确定义：海绵城市是指城市能够像海绵一样，在适应环境变化和应对自然灾害等方面具有良好的"弹性"，下雨时吸水、蓄水、渗水、净水，需要时将蓄存的水"释放"并加以利用。

2. 海绵城市规划设计的类型

海绵城市是一个宏观与微观紧密联系的体系，规划设计根据不同设计对象的具体条件来确定其建设范围、建设方向以及建设途径（表 23.1）。

表 23.1 海绵城市规划设计的类型

分类依据	依据建设方向	依据建设途径	依据建设范围
分类结果	限制与保护型海绵城市建设	控制径流来源的海绵城市建设	区域水生态系统范围海绵城市建设
	改造与修复型海绵城市建设	削减污染物的海绵城市建设	城市规划区范围海绵城市建设
	新建型海绵城市建设	增大下渗率的海绵城市建设	局部场地范围海绵城市建设

■ **海绵城市规划设计的发展历程与生态目标**

1. 海绵城市规划设计的发展历程

国外先于国内展开研究。美国最早关注雨洪管理问题，提出了最佳实践管理（BMP），后改良提出第二代雨水管理（LID）。此外，各国相继提出针对本国国情的雨洪管理模式。中国的海绵城市建设到目前为止大致经历了萌芽、探索、发展三个阶段（表 23.2、表 23.3）。

表 23.2 国外雨洪管理发展历程（李和谦，2015；欧飞燕，2016)

发展阶段	代表事件
萌芽时期（20 世纪 80 年代）	·美国以芝加哥深埋隧道和水库为主要代表，形成城市雨水管理的第一个概念——最佳实践管理（BMP），强调"就地滞留"和"分散处理"，通过设施建设处理雨洪； ·澳大利亚提出水敏感城市（WSUD），强调雨水循环过程与城市规划的结合；既注重地下水质保障，也关注城市污水减排
探索阶段（20 世纪 80 年代~21 世纪初）	·新加坡提出 ABC 水源计划（Active, Beautiful,Clean Waters Design Guidelines），将建筑、人行道的排水设施与城市排水系统衔接，形成城市排水网络； ·德国提出自然开发式系统（Natural Development System，NDS），不仅能够高效排水排污，还能起到平衡城市生态系统的作用

续表

发展阶段	代表事件
探索阶段 （20世纪80年代~21世纪初）	·美国环境资源署提出第二代雨水管理（LID）技术的概念，采取接近自然系统的雨洪管理技术措施，成为海绵城市的重要思想来源； ·英国形成"可持续城市排水系统"（Sustainable Urban Drainage System, SUDS）； ·1999年美国提出绿色基础设施概念，通过绿色网络构建，实现近自然的积蓄、渗透、延滞、蒸腾过程
成熟阶段 （21世纪至今）	·新西兰形成"低影响城市设计与开发"（Low Impact Urban Design and Development, LIUDD）体系，建立多尺度、多目标的成熟雨洪管理模式，构建城市自然的水循环体系； ·2009年美国休斯敦国际LID会议对应用、设计方法、模拟、检测、流域修复的研究讨论，推动了LID技术的完善

表23.3 国内雨洪管理发展历程（孙文清等，2019；许建超，2018）

发展阶段	代表事件
萌芽阶段 （20世纪80年代）	·我国城市雨水控制技术起步，起初主要关注对雨水利用技术的研究，后逐渐转向雨洪雨量及污染的控制方面
探索阶段 （20世纪90年代~21世纪初）	·台湾水利署在官方文件《流域综合治理计划》中提出建设"海绵城市"的构想，"海绵城市"概念首次在官方文件中被正式提出； ·2003年俞孔坚等出版的《城市景观之路：与市长们交流》一书是我国最早出现将"海绵"喻作湿地、河流等能够应对城市雨洪问题的具有调蓄能力的弹性设施； ·2011年董淑秋等首次提出建构"生态海绵城市"的规划概念，我国通过对LID技术的发展和实践研究，逐步形成了中国城市发展建设"海绵城市"的理念，并于"2012低碳城市与区域发展科技论坛"中提出海绵城市理念
发展阶段 （2013年至今）	·国务院、住建部等陆续开展"海绵城市"相关会议并大力号召"海绵城市"建设；习近平总书记提出"在建设城市排水系统时，要优先考虑把有限的雨水留下来，优先考虑利用自然力量排水，建设自然积存、自然渗透和净化的海绵城市"；此后陆续公布了30个海绵城市，国内学者展开大量研究，设计了一系列成功案例

2. 海绵城市规划设计的生态目标

城市发展产生大量硬质场地，不透水铺装阻止雨水下渗，切断雨水循环的过程，导致雨水汇集于地表形成径流，地下水得不到及时补充。大量城市建设活动及市民生活使地表雨水被污染。表面上看是地表排水不畅的问题，背后实则是由城市不透水下垫面面积过大而导致的水循环平衡破坏，结果是环环相扣地出现一系列问题（图23.1）。笔者以目前城市雨洪管理当中最棘手的雨水径流污染、城市水资源紧缺、洪涝灾害三个问题展开研究，形成目标体系（表23.4）。

(a) 雨水径流污染

(b) 城市水资源紧缺　(c) 洪涝灾害
▲23.1 城市排水不畅带来的各类问题

表23.4 海绵城市生态规划设计的生态目标

一级目标	二级目标	三级目标	四级目标	现状问题
维持城市的"海绵"功能	改善城市水环境	降低径流污染	减少径流污染物	径流在传输过程中被污染，增加后期处理压力
			避免水体污染	被污染的径流经传输排入河湖，导致水体污染
			提高水体自净能力	水质遭到严重污染后生态系统严重破坏，无法自行净化
		补充水资源	补给地下水资源	下垫面不透水导致雨水无法下渗
			提高雨水利用率	城市用水紧缺，而雨水无法被利用
	保证人类安全	减少洪涝灾害	减少径流总量	城市地面积水严重
			降低径流峰值	暴雨期城市易积水且水量大
			减少地表积水	地表渗透性差，城市地面易积水
			提高土壤蓄水能力	城市建设导致土壤性质改变，保水能力下降
			蓄存雨水径流	城市降水遭到污染，无法利用
			减少设施中的过量雨水	老化设施在雨量较大时无法发挥作用

■ 海绵城市的生态规划设计程序与研究框架

1. 海绵城市的生态规划设计程序

完整的海绵城市规划设计贯穿多个尺度。当前海绵城市应对的问题主要在城市中，因此本讲针对城市尺度和局部尺度的海绵城市建设进行研究。具体规划设计程序如图 23.2。

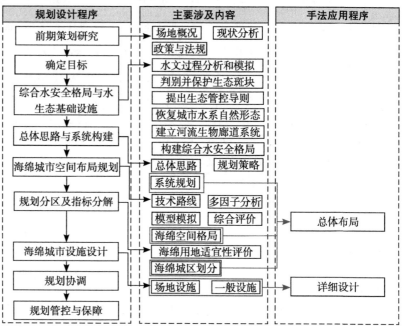

▶图 23.2 海绵城市生态规划设计程序

2. 海绵城市的生态规划设计研究框架

将规划设计程序中可空间化的部分与海绵城市建设各尺度结合，形成本讲的研究框架。而本讲主要关注城市尺度和局部尺度的内容（图 23.3），关于区域尺度详见第 25 讲和第 28 讲。

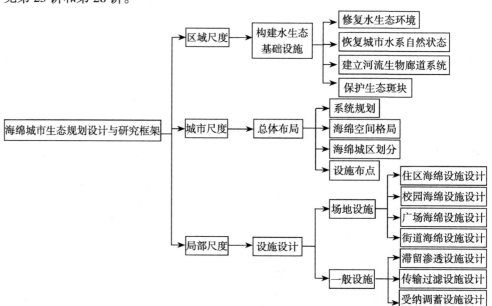

▶图 23.3 海绵城市生态规划设计的研究框架

CASE
海绵城市规划设计的案例解析

　　根据上述研究框架，选取不同尺度及不同场地类型的研究对象作案例研究，结合生态目标分析，从中提炼海绵城市建设的相关手段（表23.5、表23.6）。

表23.5 城市尺度海绵城市规划设计案例研究汇总

类型	名称	图纸	具体设计手段	解析＋目标
城市尺度海绵城市规划设计案例	西安市曲江新区海绵城市建设专项规划		①"源、网、汇"排水防涝体系	·规划"源、网、汇"排水防涝体系；曲江新城规划将场地积水点优先识别，将径流区域汇集成网，最后因地制宜地设计各类海绵设施，作为雨水的汇集场地，以此防止城市洪涝； ·避免水体污染、补给地下水资源、提高土壤蓄水能力
			②加强河湖水的联系	·新区实施水系连通工程；河湖水的联系可以增加水的流动，从而增强水的自净能力，修复水生态环境，同时降低灾害风险，增强抗洪防旱功能； ·减少径流总量、降低径流峰值、蓄存雨水径流、提高水的自净能力
			③疏通行洪通道	·疏通场地内的排水通道，使雨水径流经汇集后，可在行洪通道中快速排出，避免雨水集蓄，造成洪水泛滥； ·减少地表积水、蓄存雨水径流
			④核心—廊道—海绵体	·海绵空间结构为"双心、两带、一廊、多节点"；设置两个生态核心，高速路生态廊道，以及浐河生态廊道；同时于各个区域设计海绵体，形成一个多层次的海绵体系，缓解雨洪问题； ·避免水体污染、补给地下水资源、提高土壤蓄水能力
			⑤以道路水渠水系为边界，划分城区	·根据城区现有路网以及水系的走向，结合曲江区的问题和特点，划分多个区域，构成雨洪管理的单元，实现分区整治； ·避免水体污染、减少地表积水
			⑥依照高程区分雨水分区	·场地分区时根据地形，将场地划分为不同高程的片区，避免高地势区域径流过多汇集于低地势处，增加雨水处理压力； ·提高水体自净能力、补给地下水资源
			⑦就近排除雨水径流	·径流就近排入雨水消纳设施，避免雨水在运输过程中受到二次污染，雨水的及时排除有利于地下水的补充； ·避免水体污染、补给地下水资源
			⑧根据自然地形规划设计	·设计以原有自然地形为基础，在做城市分区时遵循该原则，建设尊重自然地形，不破坏原始的土壤结构与水文结构，使土地保持原始的海绵功能； ·提高土壤蓄水能力

表 23.6 局部尺度海绵城市规划设计案例研究汇总

类型	名称	图纸	具体设计手段	解析 + 目标
住区	咸阳市沣润和园	生态停车场　透水铺装	①居住区采用网格式设施布局	·住区以网格形式进行海绵设施的布局；该形式有利于结合地形，将屋顶、道路、停车场等地的雨水分散处理，结合雨水花园、透水铺装等设施，达到良好的雨洪管理效果； ·减少径流总量、降低径流峰值、减少地表积水
	曲江同德佳苑		①居住区采用鱼骨式设施布局	·住区内有明显的景观轴线，即两条横轴和一条纵轴；轴线两侧均匀布置滞留渗透设施，并与中心轴线连接；轴线上可布置更大级别的滞留渗透或受纳调蓄景观； ·减少径流总量、降低径流峰值、减少地表积水
			②利用可渗透铺装铺设中庭广场	·中庭广场采用可渗透的铺装，即可满足居民的游憩活动，又可以有效使雨水下渗； ·减少地表积水
			③利用可渗透铺装联通宅间道路	·透水铺装增加了雨水下渗量，减小雨水地表径流，在整个小区内大面积使用透水铺装，并结合道路两侧的下凹绿地、雨水花园，能够提高雨水利用效率； ·减少径流总量、减少地表积水
	咸阳市天福和园		①居住区海绵设施放射式布局	·住区采用围合式规划模式，中心有主导体量绿地，滞留渗透景观呈放射状分布于中心绿地四周；中心绿地结构较复杂，成为传输过滤景观、滞留渗透景观、受纳调蓄景观的复合结构；放射式的设施布局大大提高住区抵抗内涝的能力； ·减少径流总量、降低径流峰值、减少地表积水、蓄存雨水径流、避免水体污染
	咸阳市康定和园		①居住区采用树枝式设施布局	·将径流汇于分散的滞留景观，通过传输过滤景观设施传输至集中汇水区，次汇水区布置大级别滞留渗透景观或受纳调蓄景观，作为末端设施，实现径流分散受纳； ·减少径流总量、降低径流峰值、减少地表积水、蓄存雨水径流
			②住宅屋角布置雨水花园	·雨水花园选择建于住宅的屋角区域，可使建筑屋面的雨水一部分通过雨水立管排出，并导入就近绿地或雨水花园； ·避免水体污染、减少径流总量、降低径流峰值、蓄存雨水径流

类型	名称	图纸	具体设计手段	解析＋目标
校园	上海大学校园规划	①	①多功能组团围绕中心景观	·校园规划采用一个中心景观加多个多功能组团的布局形式；设计将大面积的景观园林作为空间结构的核心，用景观园林组织各建筑组团；雨水在各个组团进行初步收集后，进入中心绿地，进行最终处理； ·避免水体污染、减少径流总量、蓄存雨水径流
	福田中学校园设计	①	①建筑围合空间，中心布置下沉式绿地	·建筑围合处布置尺度与深度不一的下沉庭院，平衡校园与海绵城市原则间的矛盾，在首层和地下一层获得良好通风和采光的同时，提供更多海绵体，促进地下水补给和循环； ·减少地表积水、蓄存雨水径流、补给地下水资源
	清华胜因院	① 下沉花园景观轴线	①教学楼前轴线式景观设置下沉花园	·胜因院有一条主要的核心轴线空间，设计师在设计过程中选择复兴历史中线空间，设置了"入口—轴线中心—轴线端点"三段空间序列；轴线端点设计雨水花园，实现雨洪控制与文化展示的双重功能； ·减少径流污染物、减少地表积水、蓄存雨水径流
广场	英国中码头城市广场	①　　②	①广场利用乔木树阵造景	·集中种植乔木形成树阵；乔木茂密的枝叶形成雨水截留层，在雨水降到地面之前截留一部分雨水，减少地面雨水的总量；砂壤介质层在下渗时，可以对其进行过滤； ·减少径流总量、降低径流峰值
			②利用乔木与可渗透地面造景	·雨水经上层乔木的枝叶拦截后，再落入可渗透地面，一部分雨水下渗并被植被吸收，大大减少了硬质地面上的雨水径流量； ·降低径流峰值、减少地表积水
	德国弗莱堡市扎哈伦广场	①	①在铺装缝隙间设置种植池	·广场铺地运用大量粗糙砖石，砖石之间留有缝隙，形成带状种植池，植物可在砖石缝隙间的泥土中生长，雨水径流进入缝隙后被净化并下渗； ·减少径流总量、降低径流峰值

续表

类型	名称	图纸	具体设计手段	解析 + 目标
广场	法国 La Mailleraye 滨河广场		①阶梯式广场	·广场地势向河流逐级下沉，降水可依靠地势向河流排放，避免场地内涝；径流顺应地势流动，避免主要活动区域产生积水； ·蓄存雨水径流
街道	美国格林斯堡市中心主街街景规划		①线状设施与带状设施相间	·街道中段设置带状生物滞留池、种植池；街道转角设置点状种植池并与本土植被种植池结合；街道中段以带状设施串联街道转角的点状设施；街道末端设置雨水花园； ·减少径流污染物、减少径流总量、降低径流峰值、减少地表积水、蓄存雨水径流
			②打通路缘石种植池壁	·路缘石上直接设置开口，路面雨水汇流后，可经过开口直接进入雨洪管理设施当中； ·减少地表积水
	美国 NE Siskiyou 街道		①拓宽路缘石与非机动车道间绿地	·街道由很多沿道路长度方向的路沿石扩展池组成；每个扩展池设有路沿石豁口并设置坡度，保证雨水径流的汇入；路沿石豁口处设有沉积池，遭遇超强降雨时，雨水径流溢出沉淀池后，会被消能坎拦截，增长径流下渗时间，使地下水得到补给； ·降低径流峰值、减少径流污染物
	丹麦哥本哈根"暴雨具象规划"		①道路中心采用"V"形截面的滞留绿带	·在道路中央的绿带中创建大容量的雨水蓄留空间；下雨之时，雨水能够从周边的房屋和街道流向该绿色空间；在常规降雨和干燥季节时，该低洼的绿带同样可以作为周边市民们休闲娱乐的场所； ·减少径流总量、降低径流峰值

MANNER
海绵城市的手法汇总

经对上述案例剖析，结合理论知识，笔者对所得生态设计手段进行归纳，并通过生态学原理验证，得出以下生态设计手法（表 23.7 ~ 表 23.9）。

表 23.7 海绵城市总体布局手法集合

系统规划	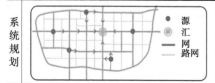	1. "源、网、汇"排水防涝体系 确定积水源头，建立完整的雨洪管理体系，使雨水径流从产生到汇集排出的整个过程得到有效控制		2. 水系连通 加强水系的联系，在强降雨时，贯通的水系有助于雨水径流的排出，平衡水位；此外，流通的水系有助于水质的净化

源
汇
网 路网

系统规划		**3. 疏通行洪通道** 疏通行洪通道可暂时容纳大量雨水，且不影响城市正常运行		**4. 核心—廊道—海绵体** 以核心绿地为重要海绵中心，以河流、绿道为廊道，结合分散的海绵体构成综合海绵空间格局，构成防洪体系	
海绵城区划分	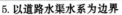	**5. 以道路水渠水系为边界** 径流走向基本沿道路水系，承载雨水的地下管道也与之契合；以道路、水渠、水系为边界划分海绵城区，更易管理雨水	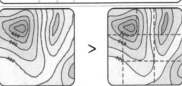	**6. 高低雨水分区** 根据雨水径流所处地势，将地势高低不同的径流分区处理，可避免雨水汇集而增大雨水处理压力以及交叉污染	
		**7. 就近排水** 将雨水径流在距离径流产生处最近的地方排出，以避免径流的污染、增大径流总量		**8. 以自然地形为基础** 建设尊重自然地形，不破坏原始的土壤结构与水文结构，使土地保持原始的海绵功能	
设施布点	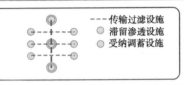	**9. 鱼骨式设施布局** 有明显景观轴线，两侧布置滞留渗透景观，经传输过滤设施相连接，轴线上布置大级别滞留渗透或受纳调蓄景观，将雨水沿轴线受纳		**10. 放射式设施布局** 滞留渗透景观放射分布于中心主导绿地四周；中心绿地复合了传输过滤景观、滞留渗透景观、受纳调蓄景观，可以高效处理雨洪	
	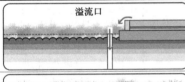	**11. 树枝式设施布局** 内部高差明显，径流汇于分散滞留景观，通过传输过滤设施传至集中汇水区；次汇水区域布置高级别滞留调蓄系统，使雨水逐级调蓄		**12. 网格式设施布局** 网状道路与绿带联通，滞留渗透景观散布于网格节点；道路边界较长，其传输过滤景观占比大，单个汇水单元比较平均，有利于雨水分散调蓄	

表 23.8 海绵设施设计手法集合——一般设施

滞留渗透	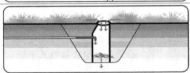	**1. 下沉绿地** 适于小区、道路、绿地和广场，以及污染较严重，及距建筑物基础较近区域，以防止次生灾害	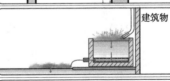	**2. 绿色屋顶** 在符合屋顶荷载、防水条件的平屋顶建筑和坡度较小的建筑设置，屋面植被截流吸收部分雨水，减少径流	
		**3. 渗井** 适于建筑、道路及停车场周边绿地；雨水在渗透能力较好的土层入渗，主要应对地表土层渗透能力差的问题	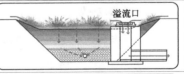	**4. 高位花坛** 抬高阶梯式花坛属滞留设施。承接雨水径流，净化、蓄存、吸收利用；一般置于径流高位，缓解后续处理设施压力	
	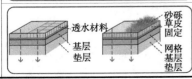	**5. 生态树池** 将传统路边树池改造为具有良好渗水能力的生态树池，汇集道路雨水的同时，作为一种生物滞留设施	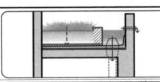	**6. 雨水花园** 仿自然渗透系统，用于滞留雨水、削减径流流量及流速，有利于径流的缓慢渗透，以补充地下水	
		7. 透水铺装 可分为透水砖铺装、透水水泥混凝土铺装、透水沥青混凝土铺装，包括嵌草砖、碎石铺装，适于广场、停车场、人行道等	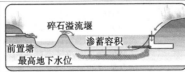	**8. 渗透塘** 通过前置塘、碎石溢流堰，将雨水汇集于较大水域，减少地表径流，防止次生灾害	

续表

传输过滤	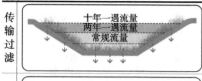	**9. 植被浅沟** 可收集、输送、净化和排放径流，可衔接其他雨水系统，适用于建筑与小区内不透水面周边，城市道路及城市绿地周边

十年一遇流量
两年一遇流量
常规流量

净化池
渗透排水管　排水管

10. 植被缓冲带
缓坡植被区，经植被拦截和土壤下渗可减缓径流流速，去除部分污染物；适于不透水面周边，可作为预处理设施

| 受纳调蓄 |  | **11. 调节塘**
以削减峰值流量为主，也可起一定补充地下水和净化雨水的作用；适于建筑与小区、城市绿地等有一定空间条件的区域 |

调节水位
调节水位
常水位
沉泥区　格栅排水孔　溢洪道

除臭装置　通风口
弃流管口

12. 蓄水池
适于有雨水回用的建筑与小区、城市绿地等，不适于径流污染严重地区，避免阳光直射，防止蚊蝇滋生

13. 湿塘
有雨水调蓄和净化功能，雨水是主要补给水源；暴雨发生时，发挥雨水调蓄功能，适于建筑、小区、城市绿地、广场等场地

应对特殊强降雨水位
设计水位
常水位

14. 雨水湿地
控制径流总量和峰值流量；一般为防渗型，以维持湿地植物需水量；适于建筑、小区、城市道路及绿地、滨水带等

调节水位
调节水位
常水位

15. 多功能调蓄设施
以下沉空间为载体，规模较大，容量较多，能大幅削减雨洪流量；无降雨时可发挥景观绿地、停车场、广场等场所的功能属性

泄洪场地　暴雨水位
常水位

—

表 23.9　海绵城市设施空间布局设计手法集合——特殊场地设施

住区	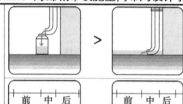 >	**1. 宅旁雨水罐** 屋顶收集的雨水最多且水质最好，可高效利用；在屋顶设置蓄水池，从源头上控制径流流量，避免径流污染
住区	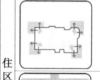 >	**2. 屋角雨水花园** 在屋角根据建筑落水管的位置布置雨水花园，形成宅旁绿地的同时，点对点的收集并处理建筑雨水径流
	前 中 后 > 前 中 后	**3. 强渗透中庭广场** 中庭广场采用强渗透的透水地面，广场的透水铺装可以解决雨洪问题，硬质地面可以满足居民的游憩活动
	 >	**4. 连通渗透性宅间道路** 采用分布均匀，连通度高的宅间道路，并利用可渗透铺装铺设，形成联通体系，可分散不透水区域的集水
	 >	**5. 宅旁绿地结合地下蓄水罐** 宅旁绿地结合地下蓄水罐，在屋面径流下排的第一时间收集并储存，避免雨水进一步污染，同时减缓径流总量
校园	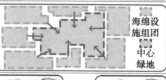 海绵设施组团　中心绿地	**6. 多组团围合式设施布局** 体量较大的中心绿地景观作为主要的雨水消纳设施，其余海绵设施依附于各功能组团，围绕绿地展开分布，分级处理雨洪
	>	**7. 下沉庭院绿地** 建筑围合成庭院，庭院中雨水主要在场地内部下渗；建立下沉庭院绿地，使雨水可顺应地形进入海绵体进行消纳
	 >	**8. 轴线式下沉花园** 教学区位于校园主轴线上，两边教学楼围绕中心景观空间，在中心景观中设置轴线式下沉花园，提高对雨水的处理能力
广场	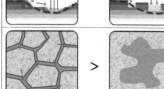 >	**9. 顺应地势** 海绵设施布点顺应广场地势；雨水径流顺应地势由高向低流动，海绵设施则顺应地势由高向低，逐级承接并处理雨水
广场	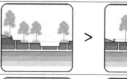 >	**10. 下沉式广场** 城市的泄洪场地，雨水径流顺应下沉地形回到广场中，降雨时下沉广场形成泄洪场地，暂时储存大量径流雨水
	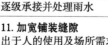 >	**11. 加宽铺装缝隙** 出于人的使用及场所需求，采用破碎化的花岗石铺设，形成透水铺装地面，解决了完整花岗石不透水造成的困扰
	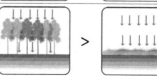 >	**12. 乔木树阵** 树阵利用乔木的枝叶形成一层雨水屏障，雨水在落到地面之前，一部分被乔木枝叶所截留，以此减少落到地面的雨水总量

街道	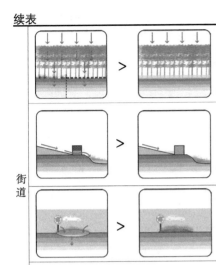	**13. 纵向多层截留** 乔木在上层空间截留雨水，减少落地的雨水总量；下层低矮植物及地面土壤、落叶层、可渗透铺装等吸收下渗部分雨水
		15. 开口式排水口 路缘石上开口，通过道路横坡将路面雨水汇流后排向拦水带内的排水设施；在坡度平缓、低洼处、水流较大时，开口式排水口有较大排水效率
		17. 末端下沉中央环岛 道路末端设交通环岛，以引导车辆调转车头；将环岛内设下沉绿地，收集路面径流，同时净化雨水
		19. "V"形截面生物滞留道路 "V"形截面道路属于多功能调蓄设施，地形将路面雨水汇集到道路中央绿化带，在此处设置带状生物滞留设施，对汇集的雨水进行消纳

街道		**14. 串珠式设施布局** 道路在重要节点布置点状海绵设施，承担净化和消纳作用；点状设施由带状海绵设施顺应道路依次连接，承担传输作用
		**16. 路缘石扩展池** 扩展池内部相当于一个水坝，相邻扩展池有高差，雨水径流从一个扩展池传输至相邻单元，直至渗入景观区或达到溢流容量后排入市政雨水系统
		**18. "V"形截面道路** 道路中心下沉，道路断面形成"V"形，雨水径流由两侧汇于道路中央分隔带处，避免对行人及道路两侧建筑造成干扰
	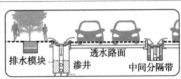	**20. 生物滞留沟＋排水模块＋渗井** 适于中间分隔带道路；在道路地势相对低洼且道路纵坡较大的区域，采用雨水花坛＋渗排设施的结构形式进行设计

■ 海绵城市的生态手法参考空间组合

针对不同尺度及场地的海绵城市建设，笔者选取最常用的手法进行组合。组合嵌套模式更易实现生态目标，且能更具体和系统地指导设计实践（图 23.4 ~ 图 23.8）。

A ①水系连通＋②核心—廊道—海绵体＋③以道路水渠水系为边界
生态目标：降低径流峰值、减少地表积水、避免水体污染、蓄存雨水径流

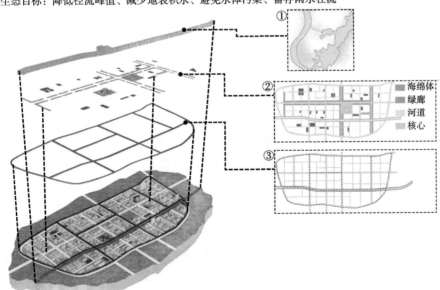

◀图 23.4 综合目标、城市层面海绵设计手法组合

B ①网格式设施布局 + ②植被浅沟 + ③连通渗透性宅间道路 + ④多功能调蓄设施 + ⑤屋角雨水花园
生态目标：减少径流总量、降低径流峰值、减少地表积水、避免水体污染、蓄存雨水径流

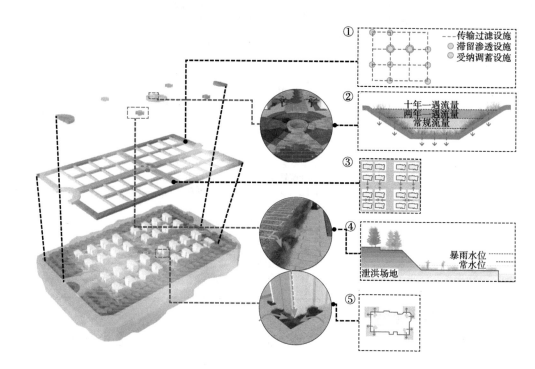

▶图 23.5 住区海绵设施组合

C ①多组团围合式设施布局 + ②下沉庭院绿地 + ③轴线式下沉花园
生态目标：减少径流污染、减少径流总量、蓄存雨水径流、减少地表积水、补给地下水资源

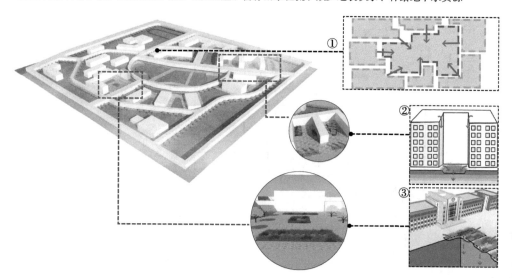

▶图 23.6 校园海绵设施组合

D ①顺应地势 + ②下沉式广场 + ③加宽铺装缝隙 + ④乔木树阵
生态目标：减少地表积水、蓄存雨水径流、减少径流污染、减少径流总量

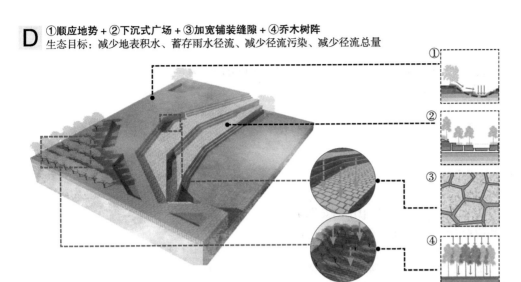

◀图 23.7 广场海绵设施组合

E ①串珠式设施布局 + ② "V" 形截面生物滞留道路 + ③路缘石扩展池 + ④开口式排水口
生态目标：减少地表积水、降低径流峰值、减少径流污染物、减少径流总量

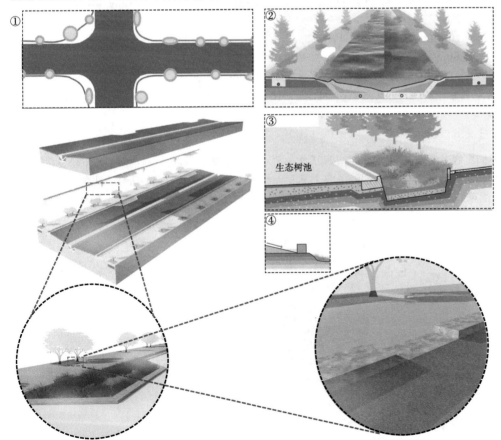

生态树池

◀图 23.8 道路海绵设施组合

■ 参考文献

李和谦 .2015. 北方海绵城市道路景观设计方法研究 [D]. 天津大学 .

孙文清 , 高群英 , 欧阳汝欣 .2019. 海绵城市理论发展沿革与构建思路探讨 [J]. 现代园艺 ,2019(01):92-93.

伍祯 .2018. 北京交通大学海绵校园景观规划设计研究 [D]. 北京交通大学 .

欧飞燕 .2016. 基于海绵城市理念的珠三角地区公园规划设计研究 [D]. 华南农业大学 .

许建超 .2018. 基于雨洪管理的西安住区雨水景观生态设计手法研究 [D]. 西安建筑科技大学 .

■ 案例来源

宋代风 .2012. 可持续雨水管理导向下住区设计程序与做法研究 [D]. 浙江大学 .

刘家琳 .2013. 基于雨洪管理的节约型园林绿地设计研究 [D]. 北京林业大学 .

许建超 .2018. 基于雨洪管理的西安住区雨水景观生态设计手法研究 [D]. 西安建筑科技大学 .

张同钰 .2018. 低影响开发设施在高校校园中的应用探究 [D]. 西安建筑科技大学 .

仝贺 , 王建龙 , 车伍 , 李俊奇 , 聂爱华 .2015. 基于海绵城市理念的城市规划方法探讨 [J]. 南方建筑 ,(04):108-114.

王祝根 , 李晓蕾 , 张青萍 , 李晓策 .2016. 海绵城市建设背景下的道路绿地设计策略 [J]. 规划师 ,32(08):51-56.

金兰 .2017. 基于 "海绵城市" 理念下校园规划设计研究 [D]. 吉林建筑大学 .

魏海琪 .2017. 海绵城市背景下的城市人工湿地设计研究 [D]. 北方工业大学 .

临界工作室 , 福田中学校园设计 , 2018.https://www.gooood.cn/futian-high-school-campus-by-remix-studio.htm.

Reed Hilderbrand LLC Landscape Architecture, 中环码头城市广场 ,2011.https://www.gooood.cn/central-pier-square-city-woodland-usa-by-reed-hildebrand.htm.

Ramboll Studio Dreiseitl, 弗莱堡市扎哈伦广场 , 2011.https://www.gooood.cn/zollhallen-plaza-atelier-d.htm.

Agence Babylone , La Mailleraye 滨河广场 , 2014.http://www.chla.com.cn/htm/2015/1022/240695_2.html.

BNIM Architects , 格林斯堡市中心主街街景规划 , 2011.https://www.gooood.cn/greensburg-main-street.htm.

Ramboll Studio Dreiseitl, 哥本哈根暴雨具象规划 , 2016.https://www.gooood.cn/2016-asla-copenhagen-cloudburst-formula-by-ramboll-and-ramboll-studio-dreiseitl.htm.

■ 思想碰撞

本书第 09 讲的思想碰撞提出："雨水花园"概念挑战了人们对传统花园人文与艺术本质的理解；同样，目前海绵城市建设在很大程度上依赖于海绵设施。在具体的实施过程中，一些景观节点的营造更偏向于技术层面的把控，缺少景观层面的研究。站在风景园林学科的角度来看待这一现象，景观偏向技术化虽然可以解决当下的问题，但过分技术化而忽略景观的艺术性是否有悖于风景园林的初衷？

■ 专题编者

岳邦瑞　　　　　费凡　　　　　周雅吉　　　　　唐崇铭

绿道网络

手编经纬密密缝

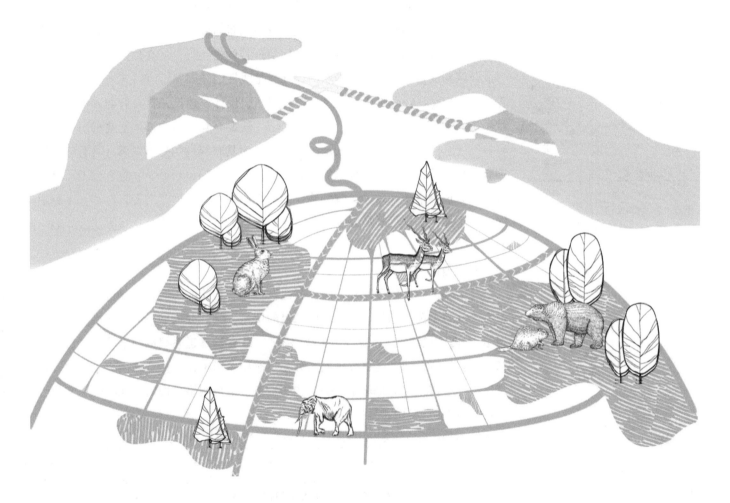

从点、线到面，一条条绿色小径被景观师编织成了一个个巨大的生态网。城市发展遗留下的废旧铁路在景观师手中变成葱郁的游憩带，串联城市绿地的绿道让人们穿梭在自然中，享受一份便捷与生机。在迁徙季，动物结伴奔跑在他们的专属通道上，享受着本就属于它们的乐趣……现在这些不再是想象，人类正在努力把大自然给予我们的馈赠还给每一个生活在地球上的生物。

■ **绿道网络的内涵与类型**

1. 绿道网络的内涵

查理斯·莱托 (Charles Little) 认为绿道是：①一个线性的开放空间，该开放空间通常沿着自然廊道如河边、溪谷、山脊线建设；或是沿着陆地上的用于长途跋涉的线路建设，如转化成娱乐用途的铁路线、运河、风景道或是其他线路；②任何用于徒步行走或是自行车行走的自然或美化过的景观线路；③一个将公园、自然保护区、文化资源、历史场所及其他居住区域连接的连接体；④在局部看来，可能是设计成公园路或是绿带的一个带状的绿地或是线性的公园（LITTLE C E，1990）。杰克·埃亨 (Jack Ahern) 认为绿道是经过规划、设计、建设并存在后期管护的线性网状系统；这个系统具有生态、休憩、文化、景观等复合功能，是土地利用中的一种可持续方式。这个概念包含四层含义：即绿道具有线性的外形轮廓，具有连通性，拥有多功能性，满足可持续发展战略要求（AHERN J，1995）。综合以上研究，笔者认为绿道网络是一种人工规划建设的线性网络系统，通常沿着自然和人工廊道选线，用于连接其他性质的城乡绿地，涵盖生态、游憩、文化、景观等复合功能（图24.1）。

2. 绿道网络的类型

根据绿道所处位置的建设条件、建设目标和功能的不同，将绿道网络划分为都市型、郊野型和生态型。莱托按照绿道的用途，将其分为城市河边绿道、休闲娱乐绿道、生态廊道绿道、风景或历史线路绿道、综合的绿道系统或网络等（LITTLE C E，1990）。笔者按照功能将绿道网络分为生态型、历史遗产型、休闲娱乐型、产业生产型等。本讲研究的是基于生态功能的生态型绿道网络，而对其他游憩、文化、景观等类型不作专门的阐述（表24.1）。

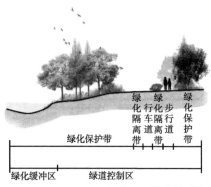

▲图 24.1 绿道断面图

表 24.1 绿道网络的分类（郭栩东 等，2011；于文雅，2013）

类型	特征
生态型	指在生态上具有重要意义的廊道，通常沿山脊线、河流、小溪建立，为各类物种的交流和保护、人类自然科考和野外旅行提供了场所和条件
历史遗产型	一种比较特殊的绿道，是拥有特殊文化资源集合的线形景观
休闲娱乐型	以道路为主要特征，一般建立在特色游步道、自行车道之上，注重游人的进入和活动的开展，主要以自然走廊为主，也包括人工走廊

类型	特征
产业生产型	此类型绿道分为农林产业型与服务产业型；农林产业型绿道围绕带状的自然地形在城市和乡村之间布置，其特征是发展城乡经济、形成产业链等；服务产业型绿道在乡村观光农业和休闲产业的基础上，将农家乐、观光生态园等景点进行联通，创造出特色型的服务产业带

■ 绿道网络的发展历程与生态目标

1. 绿道网络的发展历程

国外绿道网络的发展主要从 1900 年后开始，随着环境的破坏，人们意识到了生态规划设计的重要性，开始更关注生物的生存和可持续发展，推动了生态型绿道网络的形成。国内随着城市的发展，环境问题和城乡环境污染日益严重、建设用地紧张，绿道网络理论的研究和实践，给环境带来了诸多益处（表 24.2、表 24.3）。

表 24.2 国外绿道网络规划设计的发展历程（周年兴 等，2006；郭栩东 等，2011；于文雅，2013）

发展阶段	代表事件	具体内容
萌芽阶段（19 世纪 60 年代 ~ 20 世纪初）	·奥姆斯特德 1867 年完成波士顿公园系统规划	波士顿公园系统规划将富兰克林公园 (Franklin Park)、阿诺德公园 (Arnold Park)、牙买加公园 (Jamaica Park) 和波士顿公园 (Boston Garden) 以及其他的绿地系统联系起来；该绿地系统长达 25 km，连接了波士顿、布鲁克林和坎布里奇，并与查尔斯河相连；其最初的功能是提供风景优美的车道，以供休闲之用
实践快速发展阶段（20 世纪初 ~ 20 世纪 40 年代）	·奥姆斯特德兄弟做波特兰的刘易斯和克拉克纪念公园规划设计；·艾利奥特二世完成马萨诸塞开放空间规划；·亨利·赖特完成新泽西州雷德朋新镇的绿色空间和绿道规划	这一阶段的绿道不仅连接了郊外开敞空间和公园，而且将国家公园和重要游憩地作为绿道的主要节点；绿道便出现了更加有层次结构、组织结构和专门化的休闲项目
理论研究发展阶段（20 世纪 60 ~ 80 年代）	·菲利普·刘易斯 (Philip Lewis) 完成了威斯康星州遗产道规划	这一阶段美国环保运动蓬勃开展，并形成了 3 个绿道研究中心；菲利普·刘易斯在威斯康星州进行自然和文化资源制图的时候发现多数重要资源都分布在河流廊道两侧，并且完成了威斯康星州遗产廊道规划
成熟阶段（20 世纪 80 ~ 90 年代）	·在 1990 年查理斯·莱托首次定义了绿道，出版了《美国的绿道》；·绿道的命名	这一阶段确立了绿道的概念及命名，是绿道发展史上非常重要的阶段；在北美，这一阶段有上千个绿道的规划和实践项目，但研究工作严重滞后，大多数仅限于项目总结；绿道更加关注生态价值，关注生物多样性的保护和可持续发展，并随着后现代思潮的兴起，越来越关注社会功能
全球化发展阶段（20 世纪 90 年代至今）	·绿道成为一个国际运动	北美地区、欧洲地区以及较发达的亚洲地区都开始积极参与绿道的研究；在理论研究方面，出版了大量专著，召开了许多绿道的学术会议；在组织管理方面，美国、英国、加拿大等国家分别成立了绿道协会，推动了绿道建设与规划的深入开展

表 24.3 国内绿道网络规划设计的发展历程（秦小萍 等，2013）

发展阶段	代表事件	具体内容
萌芽阶段（1985 ~ 2000 年）	·在我国，"绿道"一词最早出现于 1985 年《世界建筑》刊登的《日本冈山市西川绿道公园》一文	研究多集中用"绿道"一词对国外"greenway"理论进行介绍，主要是从绿道理论概念的提出，到第一次完整地介绍外国绿道理论
探索阶段（2000 ~ 2009 年）	·环城绿带、环城游憩带、生态廊道、滨水带、带状公园、文化线路和遗产廊道等	从国外引入的绿道理念与本国的其他理念逐步结合并创新，但大多局限于线性绿道的研究，包括应用该理念指导本国相关的规划与设计，如将绿道的理念应用到绿地系统规划中，与各种廊道理念相结合，或结合实例探索中国绿道如何建设，如结合实例进行绿道规划层面的选线、功能、结构、分类的探讨；研究与探索尽管结合了实例，但也都只是停留在理论层面，并未进行实际的建设

续表

发展阶段	代表事件	具体内容
发展阶段 (2009年至今)	·2009年珠三角开始制定《珠江三角洲绿道网总体规划纲要》并建设实施； ·2010年10月制订了《绿道连接线建设及绿道与道路交叉路段建设技术指引》； ·2012年5月广东省颁布了《广东省绿道网建设总体规划（2011—2015年）》	·珠三角绿道的建设促使成都、武汉、福建、河北、山东、浙江等省市开始绿道的规划与建设，同时引发国内绿道的研究热潮；在这股实践、研究热潮中，我国绿道建设也在探索中不断前进与完善

(a) 废弃设施　　(b) 城市扩张

▲ 图 24.2 城市中的环境问题

2. 生态型绿道网络的生态目标

社会的发展不可避免地使得环境问题日益加剧，城市发展过程中遗留下来许多废弃设施，绿色空间减少，土地不合理的开发、闲置土地和浪费用地、大批人口涌入城市，城市规模扩张、圈占农村土地，生物迁徙道路被公路铁路阻断等（图24.2）。我们要采取有效措施缓解发展所带来的这些问题。

本文通过对现实问题的研究，对应生态型绿道网络规划的生态目标，将二级目标体系分为生境修复与改善、生物保护与发展两个方面（表24.4）。

表 24.4 生态型绿道网络规划设计的生态目标

一级目标	二级目标	三级目标	四级目标	现状问题
维护区域生态安全	生境修复与改善	调节气候	净化空气、吸附粉尘	空气受到严重污染，汽车尾气等
			调节市区湿度	夏季市区温度高于郊区，热岛效应
			调节市区温度	
		保护土壤	稳固土壤、减少土壤资源破坏	土壤严重酸化，不合理用地
		调蓄水文	减少洪涝灾害	部分地区常年受到洪涝影响
			净化水质、涵养水源	地下水受到污染、河流污染
		调控能量	加快了系统内的能流和物流	大批人口涌入城市、动物迁徙受阻
		资源节约与利用	提高土地利用率	大量闲置土地和浪费用地
	生物保护与发展	改善动物多样性	缓解绿色斑块的破碎化，保护提供野生动物栖息地	绿地景观破碎化
			为野生动物迁徙提供廊道	动物迁徙廊道被道路、铁路等切断，动物的迁徙受到阻碍
		改善植物多样性	维持植物多样性	城市建设导致绿地减少，相应的植物多样性降低，地被覆盖率也降低
			增强植物群落稳定性	
			提高植被覆盖率	
		改善人类身心健康	保持身体健康	城市绿色空间减少，建设用地圈占农村土地、城市规模扩张、城市交通拥挤

■ 生态型绿道网络的设计程序与研究框架

1. 生态型绿道网络规划设计的程序

格迪斯提出的现代城市规划过程的公式影响至今："调查—分析—规划"，即通过对城市现实状况的调查，分析未来发展的可能，预测城市中各类要素的关系，然后根据这些分析和预测，制定规划方案（艾玉红，2011）。本讲在此基础上提出生态型绿道网络规划基本程序的 6 个步骤（图24.3）。

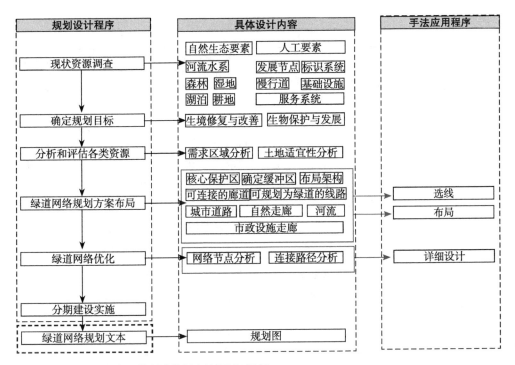

图 24.3 生态型绿道网络规划设计的程序

2. 生态型绿道网络规划设计的研究框架

生态型绿道网络规划设计通过国家、区域、市域和社区四个层面进行分析规划设计，提炼出对应解决现实环境问题的生态手法（图 24.4）。

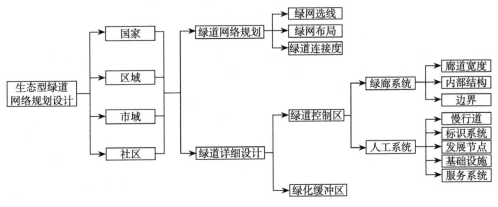

图 24.4 生态型绿道网络规划设计的研究框架

CASE
绿道网络案例解析

■ 多案例解析

本讲应用上述研究框架对多国内外 11 个不同尺度的案例进行解析，提出其中典型的生态设计手段（表 24.5）。

表 24.5 生态型绿道网络案例研究汇总

类型	名称	图纸	具体设计手段	解析 + 目标
国家	新加坡国家公园绿道	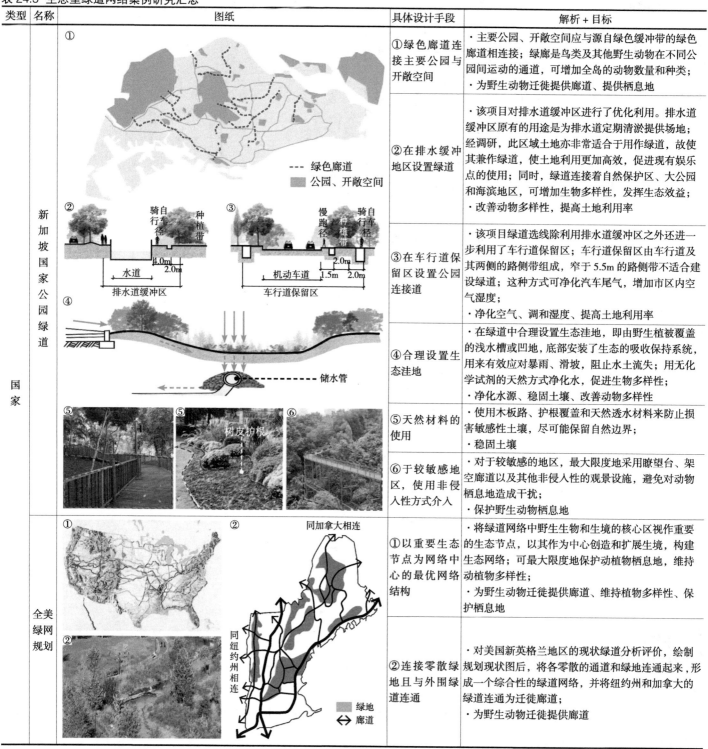	①绿色廊道连接主要公园与开敞空间	·主要公园、开敞空间应与源自绿色缓冲带的绿色廊道相连接；绿廊是鸟类及其他野生动物在不同公园间运动的通道，可增加全岛的动物数量和种类； ·为野生动物迁徙提供廊道、提供栖息地
			②在排水缓冲地区设置绿道	·该项目对排水道缓冲区进行了优化利用。排水道缓冲区原有的用途是为排水道定期清淤提供场地；经调研，此区域土地亦非常适合于用作绿道，故使其兼作绿道，使土地利用更加高效，促进现有娱乐点的使用；同时，绿道连接着自然保护区、大公园和海滨地区，可增加生物多样性，发挥生态效益； ·改善动物多样性，提高土地利用率
			③在车行道保留区设置公园连接道	·该项目绿道选线除利用排水道缓冲区之外还进一步利用了车行道保留区；车行道保留区由车行道及其两侧的路侧带组成，窄于5.5m的路侧带不适合建设绿道；这种方式可净化汽车尾气，增加市区内空气湿度； ·净化空气、调和湿度、提高土地利用率
			④合理设置生态洼地	·在绿道中合理设置生态洼地，即由野生植被覆盖的浅水槽或凹地，底部安装了生态的吸收保持系统，用来有效应对暴雨、滑坡，阻止水土流失；用无化学试剂的天然方式净化水，促进生物多样性； ·净化水源、稳固土壤、改善动物多样性
			⑤天然材料的使用	·使用木板路、护根覆盖和天然透水材料来防止损害敏感性土壤，尽可能保留自然边界； ·稳固土壤
			⑥于较敏感地区，使用非侵入性方式介入	·对于较敏感的地区，最大限度地采用瞭望台、架空廊道以及其他非侵入性的观景设施，避免对动物栖息地造成干扰； ·保护野生动物栖息地
	全美绿网规划		①以重要生态节点为网络中心的最优网络结构	·将绿道网络中野生生物和生境的核心区视作重要的生态节点，以其作为中心创造和扩展生境，构建生态网络；可最大限度地保护动植物栖息地，维持动植物多样性； ·为野生动物迁徙提供廊道、维持植物多样性、保护栖息地
			②连接零散绿地且与外围绿道连通	·对美国新英格兰地区的现状绿道分析评价，绘制规划现状图后，将各零散的通道和绿地连通起来，形成一个综合性的绿道网络，并将纽约州和加拿大的绿道连通为迁徙廊道； ·为野生动物迁徙提供廊道

类型	名称	图纸	具体设计手段	解析 + 目标
区域	珠江三角洲地区绿道网	①② 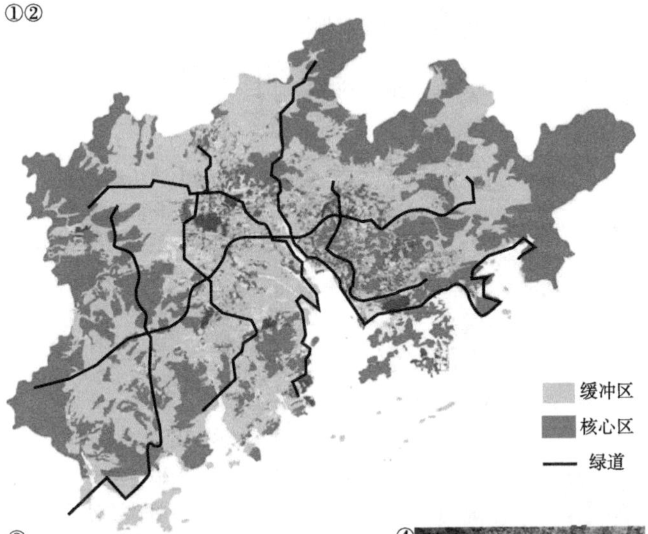 ③ ④ ⑤ ⑥ ⑦ ⑧	①串联起6条"各具特色"的区域绿道主线	·6条省立绿道主线，全长1690km，串联起广佛肇、深莞惠、珠中江三大都市区200多处主要发展节点，分别体现了珠三角"山、川、田、海和都市休闲"等特色；缓解热岛效应的同时，为野生动物迁徙提供廊道； ·调和温湿度、为野生动物提供迁徙廊道
			②确立绿道网络的缓冲区和核心区	·根据野生生物生存和繁衍的环境敏感地区，确立绿道网络中野生生物和生境的缓冲区和核心区；核心区的范围和结构应由生态准则和标准决定，确定好缓冲区和核心区的范围是构建最优生态网络的前提，有效保护野生动植物栖息地； ·维持植物多样性、保护栖息地
		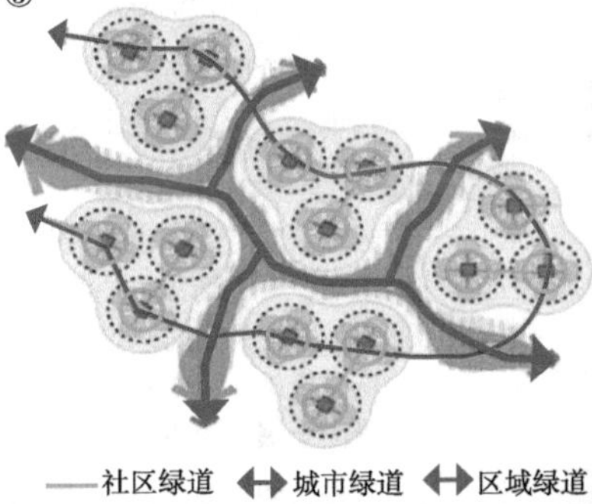	③区域—城市—社区多层次绿道网络	·从"区域—城市—社区"三个层次建立相互衔接的绿道网络；在珠三角绿道网建设基础上，逐步深入到各市、各社区的绿道网建设，可使绿道网络范围更全面，保护动物栖息地、为野生动物迁徙提供廊道； ·为野生动物迁徙提供廊道
			④设置不同宽度的廊道	·为满足不同生物需求，设置不同宽度的廊道，维持植物多样性；如动物迁徙通道的宽度为：爬行15~60m、无脊椎3~30m、大型哺乳动物200~600m； ·为野生动物提供廊道
			⑤重构城市绿地与建成区的公共交界面	·通过绿道来重新构筑城市绿地与建成区的公共交界面，可以营造充满人性关怀的城市界面，使有限空间创造出更大的价值，提高城市公共绿地和滨水空间的使用率和吸引力； ·提高土地利用率
			⑥植物种植为半封闭或全封闭状	·对于年限较长、生物种类丰富、动物栖息地较多的植物群予以严格保护，使其处于半封闭或全封闭状态；慢行系统一般不宜进入，保护动物栖息地； ·保护野生动物栖息地
			⑦在步行道或自行车道边设置绿化隔离带	·在城市步行道或自行车道边设置绿化隔离带，隔绝汽车尾气，调节热岛效应，保护行人健康； ·净化空气、调节湿度、保护身体健康
			⑧紧邻慢行道严禁种植有毒、有硬刺植物	·紧邻慢行道的植物应严禁选用危及游人生命安全的有毒植物；勿选用枝叶有硬刺或枝叶形状呈尖硬剑状、刺状的种类，保护行人健康； ·保护身体健康

图中图例：缓冲区、核心区、绿道

社区绿道　城市绿道　区域绿道

城市建成区　城市绿地　绿道

类型	名称	图纸	具体设计手段	解析＋目标
区域	珠江三角洲地区绿道网	⑨ 道路 ⑩ ⑪ ⑫ 高架道路 生态敏感区 ⑬ 垃圾处理站 ⑭ ⑮ 草坪 步行道边休息区 视线	⑨绿道规划根据河流的天然走向，应忌截弯取直	·应根据河流的天然走向进行区域绿道的规划设计，避免随意改变河流的自然形态，即不宜采用截弯取直、渠化、固化等方式破坏河流的生态环境； ·净化水质、涵养水源
			⑩慢行道边缘避免种植密集的植被	·在与慢行道边缘相邻并已明确划定的地表层区、休息区以及其他公共区域，避免种植密集、连续的灌木和地被，确保视线不被过度遮挡，保证游人安全； ·保护身体健康
			⑪设置多种水体深度	·水体的深度应多种多样，不同水深适合不同鸟类的觅食，为生物提供丰富的栖息环境； ·提供野生动物栖息地
			⑫在生态敏感区设置高架式道路	·通过生态敏感区时，应采用高架的形式，避免人为活动对敏感区的干扰； ·保护野生动物栖息地
			⑬固体废弃物集中处理	·集中处理固体废弃物，不得任意丢弃或直接埋入土壤，避免土壤污染； ·稳固土壤、减少土壤资源破坏
			⑭在边坡进行防护、截排水系统措施	·为缓解慢行道建设可能带来的绿廊环境的破坏，可在场地内慢行道周边采取必要的边坡防护和截排水措施，结合适当的植被恢复措施，以保护绿廊的自然地貌； ·稳固土壤、减少洪涝灾害
			⑮使用易降解的铺装材料	·慢行道的设置应遵循最低生态影响原则，避免干扰野生动植物的生境；选择与自然环境协调、容易降解的铺装，如碎纤维、颗粒石或者木塑复合材料等，可保护动植物的生存环境； ·保护野生动物栖息地、维持植物多样性
	英国东伦敦绿网	① 设施 河道 ② 泰晤士河 雨洪管理缓冲带	①离河道一定距离建设设施	·伦敦滨河带区域涵盖了泰晤士河两岸约12km²的土地，且设施建离河道有一定距离，保护了河道前滩、原生沼泽、溪流、水渠等场地要素的自然形态，提供多样栖息地； ·涵养水源、保护野生动物栖息地
			②将洪泛区作为雨洪管理的缓冲带	·泰晤士河及其支流的泛洪区不适合高强度的建设开发，东伦敦绿网将其作为洪水泛滥和暴雨时期蓄积水量的雨洪管理缓冲带，从而增加土地滞留、净化、疏导雨水的能力； ·净化水质、涵养水源、减少洪涝灾害

类型	名称	图纸	具体设计手段	解析 + 目标
区域	美国佛罗里达州绿道	① 生态战略点 ② ③ ④ ⑤	①通过识别生态战略点，确定景观生态安全格局	·通过识别生物显著性区域，选择生态的中心区域，识别生态战略点，确定佛罗里达景观生态安全格局；对关键生境进行优先保护分级，并保护原始的生境体系，将佛罗里达州 57.5% 的土地纳入生态网络保护之中； ·保护动物多样性、为野生动物迁徙提供廊道
			②在跨越山体的道路上方架设生态桥	·佛罗里达州公路以动物为主体，在公路上方架生态桥，桥面利用本土植物模仿自然生境，以保证动物栖息地的连通性，方便野生动物迁徙； ·为野生动物迁徙提供廊道
			③设置高速公路替代型的绿道网络	·佛罗里达州为了应对高速公路系统的飞速建设，一方面在高速公路修建时，避开重要的景观资源区域；另一方面对绿道系统规划寻求交通方式的多样性，以不同等级和类型的绿道网络作为高速公路的替代网络，为野生动物迁徙提供廊道； ·保护野生动物栖息地、为野生动物迁徙提供廊道
			④根据地区最小物种迁徙宽度，确定廊道最窄宽度	·在绿道网络规划中，充分考虑了动物的迁徙廊道，根据动物活动区域和范围划定了保护区和动物迁徙路线，并根据该地区最小物种的迁徙宽度，确定廊道的最窄宽度，为动物提供合适的迁徙路径； ·为野生动物迁徙提供廊道
			⑤路下式通道	·根据当地生物物种的生活习性和规律，道路通过水域、低谷时架桥，保证陆地连通，方便野生动物迁徙； ·为野生动物迁徙提供廊道
市域	厦门市生态网络规划	① ① ①	①在废弃铁路处建设绿道	·厦门市在废旧铁路基础上建设绿道，将废弃区域利用起来，提高了土地利用利用率，形成良好的慢行走廊，净化空气，调节市区湿度；既为周边居民服务，也可吸引休闲健身人群； ·净化空气、调和湿度、提高土地利用率
	天津市绿道网络	① 生态节点　主要生态廊道　最优绿道网络	①通过对廊道结构、网络结构的分析，构建绿道网络	·通过对网络的廊道结构（运用指数廊道数、廊道长度和廊道密度）和网络结构（点线率、连接度指数、成本比）进行分析，得到最优绿道网络，为动物提供充足的迁徙廊道，促进能量流通； ·提供迁徙廊道、加快系统内的能流和物流
	广州市绿道	① ←→绿道 ①	①于线性元素且自然资源丰富的区域，建设绿道	·绿道建设充分利用现有道路、林带等线性元素；在满足土地适应性和绿道使用需求的基础上，绿道多选于自然资源丰富的区域，可促进物种交流，提高植物群落的稳定性； ·为野生动物迁徙提供廊道、维持植物多样性、增加植物群落稳定性

续表

类型	名称	图纸	具体设计手段	解析＋目标
市域	深圳绿道	① ①	①组团－轴带式的绿道网络体系	·深圳构建总长 2000 km，由 2 条省立绿道、22 条城市绿道和 11 个社区绿道组团构成的"组团－轴带式"绿道网络体系，绿道与城市功能结构相契合，促进城乡一体化发展，构建和谐社区； ·保持身体健康
市域	山地城市绿道系统	① ② ③	①绿道系统呈口袋状或环状	·集中紧凑式山地城市绿道系统一般呈环状或口袋状布局，强调周边环境向城区内部的渗透； ·为野生动物提供栖息地
市域	山地城市绿道系统		②城市绿道系统呈"梯"形、扇形、车轮形	·轴向带状式山地城市绿道系统布局结构的关键是利用自然冲沟、渗入城区的山体等自然地貌，构建山水相通的绿道系统；其布局结构一般呈"梯"形、扇形、车轮形； ·保护栖息地、维持植物多样性
市域	山地城市绿道系统		③城市绿道系统呈掌形或树枝形布局	·组团式的山地城市受山体、陡坡和开敞水面等地形地貌的限制，不能集中连片发展；要合理利用山水自然条件，形成掌形或树枝形绿道系统布局； ·调和湿度、提高植被覆盖率
社区	日本筑波科学城绿道网	① ①	①沿相关市政设施走廊，建设绿道	·绿道结合城市市政走廊进行建设；沿着防护林带、高压线走廊、城市组团间隔离绿带、废弃铁路等相关市政设施走廊建设绿道，把原本破坏城市景观的市政走廊用绿化加以掩饰，为城市居民提供更多的游憩空间； ·调和市区温度、提高植被覆盖率
社区	山城绿道系统	①②	①打造生态型社区绿核	·在社区层面，可以将山地城市绿道系统渗透进入社区内，打造生态型社区绿核，同时山地城市社区绿道应与区域绿道、城区绿道相衔接，形成覆盖均匀的城市绿道网系统，缓解绿色斑块的破碎化； ·为野生动物提供栖息地、提高植被覆盖率
社区	山城绿道系统		②绿道系统宜采用多级结构	·居住区绿道系统宜采用多级结构，外连区域或者城区绿道，内部延伸连接居住单元或者居住组团，缓解城市热岛效应； ·调和湿度、调节市区温度、净化空气

MANNER
绿道网络的手法汇总

经过上文对案例的分析，提炼总结出绿道网络选线、布局、连接度和绿道控制区规划设计的 38 条生态设计手法（表 24.6、表 24.7）。

表 24.6 生态型绿道网络整体规划设计手法汇总

绿道网络选线	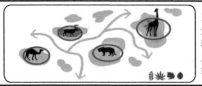 1. **确定生态节点** 选取绿地系统规划中面积相对较大的绿地作为生态网络的节点，为野生动物提供栖息地，维持植物多样性	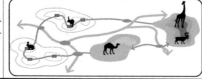 2. **连接绿色开敞空间** 主要公园与开敞空间应由源自绿色缓冲带的绿色廊道相连接，共同构成综合的网络系统，改善动物多样性

绿道网络选线		**3. 车行道保留区** 在车行道保留区设置绿道，提高土地利用率、缓解城市热岛效应、净化空气	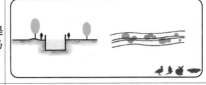 **4. 排水缓冲地区** 使排水缓冲区兼作绿道，提高土地利用率，为野生动物提供栖息地，改善动物多样性

5. 线性自然资源丰富区
在河流、生态廊道等线性自然资源丰富的区域建设绿道，促进物种交流，增加植物群落的稳定性

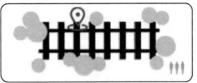

6. 结合废弃市政走廊
在废弃铁路等相关市政设施走廊建设绿道，提高土地利用率，净化空气，为市民提供舒适的慢行路线

7. 替代型绿道网络
以不同等级和类型的绿道网络作为高速公路的替代网络，为野生动物提供迁徙廊道，改善动物多样性

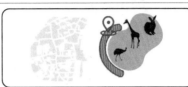

8. 线性防护绿地
依托城市组团间的隔离绿带、高速公路隔声林带建设都市绿道，沿着防护林带、高压线走廊建设特区管理线绿道，改善动植物多样性

9. 多层次绿道网络
从"区域 – 城市 – 社区"三个层次建立相互衔接的绿道网络，为野生动物提供迁徙廊道，改善动物多样性

10. "组团 – 轴带"式绿道网络
构筑与城市功能结构相契合的"组团 – 轴带"式绿道网络，衔接相关规划，健全生态功能，改善人类身心健康

11. 生态绿核
在社区层面，可以将山地城市绿道系统渗透进入社区内部，打造生态型社区绿核，为野生动物提供栖息地

12. 高密度闭合网络
通过对网络的廊道结构和网络结构进行分析，得到最优廊道结构，为野生动物提供迁徙廊道

绿道网络布局

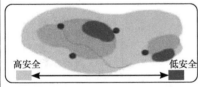

高安全 低安全

13. 景观生态安全格局
通过识别生物显著性区域，选择生态的中心区域，识别生态战略点，确定景观生态安全格局，改善生物多样性

14. 缓冲区和核心区
根据野生生物生存和繁衍的环境敏感地区，确立绿道网络中野生生物生境的缓冲区和核心区，保护野生动物栖息地

15. 多级结构的居住区绿道
社区层面，绿道系统宜采用多级结构，内外相连，调节市区温湿度、净化空气

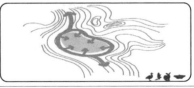

16. 环状、口袋状
集中紧凑式山地城市绿道系统的布局结构一般呈环状或口袋状，可为野生动物提供栖息地

17. "梯"形、扇形、车轮形
轴向带式山地城市一般位于狭窄河谷、多山湾河湾处，受地形条件的严格限制，沿自然生长轴发展，为野生动物提供迁徙廊道

18. 手掌形或树枝形
组团式的山地城市受地形地貌的限制，绿道呈手掌形或树枝形，为野生动物提供栖息地和迁徙廊道

连接度	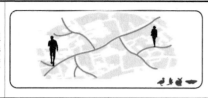	**19. 多方位连接** 将绿道与零散绿地、外围绿地连通，为野生动物提供可供迁徙的廊道	+	**20. 路上、路下绿道** 沿路型绿道一般和道路都有较大的高差，主要有两种形式：绿道在道路上和绿道在道路下，为野生动物提供迁徙廊道

表 24.7 生态型绿道网络详细设计生态手法汇总

绿道宽度	> 	**1. 多宽度廊道** 为满足不同生物需求，设置不同宽度的廊道，保障动物迁徙不受阻，改善动物多样性		**2. 最窄宽度法** 以该地区最小物种的宽度作为廊道的最窄宽度，为野生动物提供迁徙廊道
	>	**3. 绿化隔离带** 城市中，于步行道或自行车道边设置绿化隔离带，净化空气，保护行人身体健康	>	**4. 半封闭或全封闭植物** 使植物群年限较长、具备生物多样性意义、动物栖息地较多的植被处于半封闭或全封闭状态，保护动物栖息地
内部结构	> 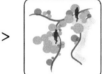	**5. 慢行道边避免密植** 在与慢行道边缘相邻的公共区域，避免种植密集、连续的灌木和地被，保证游人安全	>	**6. 禁有毒、有硬刺植物** 紧邻慢行道的植物严禁选用危及游人生命安全的有毒植物和有硬刺植物，避免损害行人身体健康
	>	**7. 忌截弯取直** 根据河流的天然走向进行区域绿道的规划设计，避免随意改变河流的自然形态，保护野生动物栖息地	>	**8. 多样水深** 水体的深度应多种多样，为野生动物提供多样栖息地，改善动物多样性
	 > 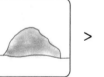	**9. 固体废弃物集中处理** 集中处理固体废弃物，避免直接埋入土壤，减少土壤资源破坏，保护土壤	>	**10. 隔距建设设施** 设施建设离河道有一定距离，保护河道边场地要素的自然形态，涵养水源，保护动物栖息地
	 > 	**11. 泛洪区规划** 若河流及其支流的泛洪区不适合高强度的建设开发，可作为洪水泛滥时期蓄积水量的缓冲带，涵养水源、减少洪涝灾害		**12. 生态洼地** 合理设置生态洼地，即由野生植物覆盖的浅水槽或凹地，为野生动物提供栖息地，净化水质
	+	**13. 路上、下式通道** 在道路的上方或下方设置动物迁徙通道，确保动物迁徙不受阻，改善动物多样性	>	**14. 高架步行道** 在通过生态敏感区时，应采用高架的形式，避免了人为活动对敏感区的干扰，保护野生动物栖息地

边界	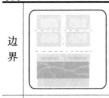	**15. 构筑公共交界面** 通过绿道来重新构筑城市绿地与建成区的公共交界面，可以营造充满人性关怀的城市界面，提高土地利用率		**16. 边坡防护、截排水** 在绿廊慢行道周边采取必要的边坡防护措施、截排水系统措施，结合适当的植被恢复措施，减少洪涝灾害、稳固土壤
慢行道		**17. 天然材料** 用天然材料防止损害敏感性土壤，尽可能保留自然边界，保护动物栖息地		**18. 易降解材料** 选用易降解的铺装，保护野生动物栖息地，维护植物多样性

■ 绿道网络的生态手法参考空间组合

依照绿道规划设计流程，通过对生态型绿道网络生态手法的组合，总结出了如下常见、具备明确生态效益且可实际操作的生态手法组合嵌套图（图 24.5、图 24.6）。

A ①依托线性防护绿地建设绿道 + ②多级结构的居住区绿道 + ③非侵入性方式介入 + ④易降解材料 + ⑤设置绿化隔离带
生态目标：净化空气、调节湿度、保护野生动物栖息地

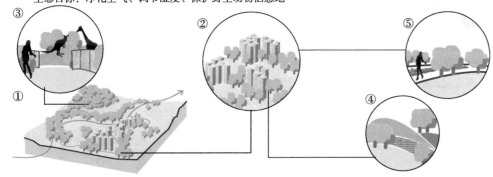

◀图 24.5 城市尺度生态型绿道网络空间嵌套图

B ①于线性自然资源丰富区域建设绿道 + ②多样水深设计 + ③高架步行道 + ④半封闭或全封闭植物种植 + ⑤路上式通道 + ⑥生态洼地
生态目标：为野生动物迁徙提供廊道、提供栖息地、净化水源、稳固土壤

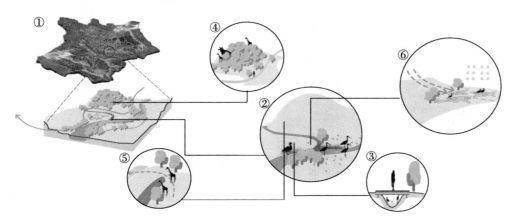

◀图 24.6 区域尺度生态型绿道网络空间嵌套图

■ 参考文献

LITTLE C E.1990.Greenways for America[M]. Baltimore and London: The Johns Hopkins University Press.

AHERN J.1995. Greenways as a planning strategy[J]. Landscape and Urban Planning, (33): 131–155.

郭栩东, 武春友 .2011. 休闲游憩绿道建设的理论与启示 —— 以广东珠三角九城市为例 [J]. 生态经济 ,(07):142–146.

于文雅 .2013. 城乡绿道规划研究 [D]. 河北农业大学 .

周年兴 , 俞孔坚 , 黄震方 .2006. 绿道及其研究进展 [J]. 生态学报 ,(09):3108–3116.

秦小萍 , 魏民 .2013. 中国绿道与美国 Greenway 的比较研究 [J]. 中国园林 , 29(04):119–124.

艾玉红 .2011. 绿道网络规划研究 [D]. 华中科技大学 .

■ 案例来源

张天洁 , 李泽 .2013. 高密度城市的多目标绿道网络 —— 新加坡公园连接道系统 [J]. 城市规划 , 37(05):67–73.

刘滨谊 , 余畅 .2001. 美国绿道网络规划的发展与启示 [J]. 中国园林 , 17(6):77–81.

林伟强 .2012. 珠江三角洲绿道网规划方法研究 [D]. 华南理工大学 .

艾玉红 .2011. 绿道网络规划研究 [D]. 华中科技大学 .

申超玲 .2011. 珠江三角洲城市群绿道典型设计模式设计 [D]. 广州大学 .

颜佩楠 , 叶木泉 .2012. 城市历史文化型绿道建设 —— 以厦门铁路文化绿道为例 [J]. 园林 ,(06):52–55.

马向明 .2012. 绿道在广东的兴起和创新 [J]. 风景园林 , (03):71–76.

何昉 , 康汉起 , 许新立 , 等 .2010. 珠三角绿道景观与物种多样性规划初探 : 以广州和深圳绿道为例 [J]. 风景园林 , (02):74–80.

马向明 , 程红宁 .2013. 广东绿道体系的构建 : 构思与创新 [J]. 城市规划 , 37(02):38–44.

刘家琳 , 李雄 .2013. 东伦敦绿网引导下的开放空间的保护与再生 [J]. 风景园林 , (03):90–96.

王云才 , 王敏 .2011. 美国生物多样性规划设计经验与启示 [J]. 中国园林 , 27(02):35–38.

左莉娜 .2012. 基于生物多样性理论的城市生态廊道系统构建研究 [D]. 西南交通大学 .

谭晓鸽 .2007. 绿道网络理论与实践 [D]. 天津大学 .

刘丽媛 .2016.《绿道规划设计导则》解读 [N]. 中国建设报 ,2016–10–14(002).

陈婷 .2012. 山地城市绿道系统规划设计研究 [D]. 重庆大学 .

■ 思想碰撞

　　生物多样性保护是当代人类需首要解决的问题。欧美国家早在 19 世纪 60 年代便开始了绿道建设的实践，如美国佛罗里达州建有基于生物多样性保护的绿道与生态网络。而国内的绿道多为游憩型车道、步道建设，虽然借鉴了国外的绿道规划建设经验，但是现阶段大多是在生搬硬套。国外建设经验能否适应我国国情？从国外案例中提炼出的生态手法应如何与我国国情相结合？

■ 专题编者

| 岳邦瑞 | 费凡 | 王楠 | 王佳楠 | 李艳平 |

生态基础设施

城市巨人的绿色下肢 25讲

在城市中，五花八门的建筑物和四通八达的道路似乎承载着我们生活的一切。然而，2008 年到 2018 年，我国 62% 的城市发生过内涝灾害（王炜 等，2012）。而"基础设施"最为完善的北京，在 2016 年特大暴雨中竟有 79 人遇难。现在，人们才清醒地意识到，除了这些钢筋混凝土构建的庞然大物，生态基础设施才是我们生存的保障。一片绿地，一个公园，一座山脉，一条河流 …… 都是我们幸福生活的基石。

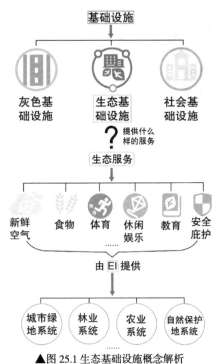

▲图 25.1 生态基础设施概念解析

■ 生态基础设施的内涵

　　设施指为某种需要而建立的机构、组织、建筑等，基础设施是用于保证社会经济活动正常进行的公共服务系统。我们所熟悉的基础设施一般有这两种：灰色基础设施（公路、铁路、机场等）和社会基础设施（教育、医疗卫生、文化等）。然而随着各种生态问题接踵而至，上述基础设施并不足以支撑起我们的幸福生活，自然系统所提供的"生态服务"对于城市生活的基本作用被逐渐认识，就这样生态基础设施应运而生。

　　生态基础设施（Ecological Infrastructure，EI）本质上讲是城市可持续发展所依赖的自然系统，是城市及其居民能持续获得自然服务的基础。这些生态服务包括提供新鲜空气、食物、体育、游憩、安全庇护以及审美和教育等。它包括城市绿地系统的概念，更广泛地包含一切能提供上述自然服务的城市绿地系统、林业及农业系统、自然保护地系统（刘海龙 等，2005）。生态基础设施不仅是自然系统的基础结构，同时包含"生态化"的人工基础设施，既强调系统性与完整性，也强调有生命的"绿色"基础设施与无生命的"灰色"基础设施的结合（图 25.1）。

■ 生态基础设施的发展与目标

　　1. 生态基础设施的发展历程

　　生态基础设施的发展大致可分为萌芽期、探索期、发展期（表 25.1）。

表 25.1　生态基础设施的发展历程（刘海龙 等，2005）

发展阶段	代表事件
萌芽期 （20世纪80年代）	·1984年联合国教科文组织提出"人与生物圈计划"（MAB），首次提出了 EI 的概念，强调自然景观和腹地对城市的持久支撑能力
探索期 （20世纪90年代）	·1986年理查德·福尔曼出版了《景观生态学》，书中提出"斑块、廊道、基质"是生态网络的基本构成，景观生态学至今仍是 EI 构建的基础理论； ·1995年泛欧洲生物与景观多样性战略提出建立跨洲的生物保护网络，以多角度、多层次考虑 EI 的构建
发展期 （20世纪90年代 至今）	·1995年美国可持续发展委员会提出"绿色基础设施（Green Infrastructure，GI）"，强调连通性的绿色空间网络，GIS 技术的高速发展掀起美国绿色空间系统构建的热潮； ·20世纪90年代末景观都市主义提倡人居环境与自然的和谐，为城市基础设施与景观的结合打下了基础； ·2005年俞孔坚团队出版《"反规划"途径》，书中提倡"反规划"思想，即优先控制城市中不建设的区域，达到对城市自然环境的保护；提出景观安全格局模式，成功指导了国内多个 EI 规划项目； ·《2012低碳城市与区域发展科技论坛》结合中国国情提出"海绵城市"概念，该概念成为指导城市水生态基础设施构建的重要途径

　　2. 生态基础设施的生态目标

　　快速的发展给我们的城市留下了太多的创伤，内涝、洪水、雾霾、极端天气接连不断地出现并挑战我们的城市生活。这时人们如梦方醒，意识到了构建系统性、多层级的生态基础设施是维护城市生态平衡的良药。笔者针对现阶段的生态问题进行整合与归纳，基于人类生态系统的总体目标得到了如下生态目标体系（表25.2）。

表 25.2 生态基础设施的生态目标

一级目标	二级目标	三级目标	四级目标
维持人工生态系统可持续性	生境修复与改善	调节气候	调节温度
			调节风速
		调蓄水文	净化水质
			涵养水源
			减少洪涝灾害
		土地保护	减少水土流失
	生物保护与发展	改善植物多样性	增加植物多样性
			提高植被覆盖率
		改善动物多样性	增加动物多样性
			保护动物栖息地
	提升人类其他福祉	提升舒适体验	提高人类文化遗产感知

■ 生态基础设施的设计程序及研究框架

1. 生态基础设施的规划设计程序

传统的城市规划思路从发展目标入手，确定分区规划与详细规划，城市绿地仅被作为次要考虑；而生态基础设施首先以土地的健康和安全为出发点，建造符合生态过程和格局的城市格局和形态（俞孔坚 等，2005）。笔者参考已有规划程序，得出如下规划设计步骤。与本章生态手法研究关联性较强的是景观改变中景观格局模式和斑块廊道的规划以及生态网络的组合模式，并以此形成生态基础设施的案例研究框架（图25.2）。

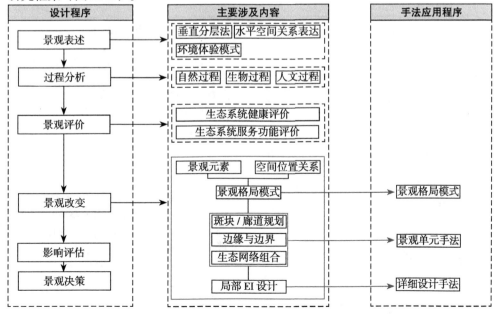

◀图 25.2 生态基础设施规划设计程序

273

2. 生态基础设施的研究框架

下文将对生态基础设施的格局到组成部分进行描述，依据理论解析案例，展示生态基础设施如何实现"空间化"，对理论与案例、宏观与中观进行知识整合，本讲的研究框架如图25.3所示。

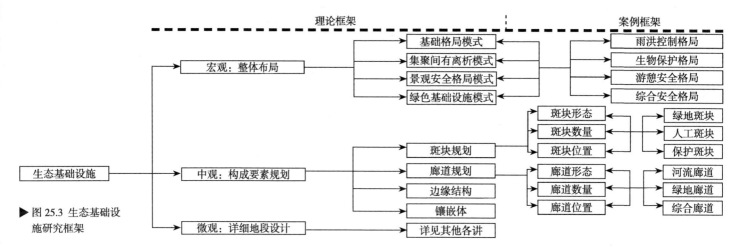

▶ 图 25.3 生态基础设施研究框架

CASE
生态基础设施案例剖析

本讲应用此框架进行跨案例研究解析，共研究案例 13 个，其中国内案例 5 个，国外案例 8 个，以获得全面的手法集合。以列表形式综述各案例及其手段，从宏观和中观尺度叙述生态基础设施的具体设计手法，具体内容详见表25.3。

表 25.3 生态基础设施案例研究汇总

名称	图纸	具体设计手段	解析 + 目标
浙江台州景观安全格局	①	①建立防洪安全格局	·在规划时预留出满足洪水自然宣泄的空间，即留出可供调、滞、蓄洪的湿地和河道缓冲区，可降低洪水侵袭强度并提升场地生态效益； ·调蓄雨洪、减少水土流失、减少洪涝灾害
	②	②建立生物安全格局	·从生物安全角度出发，还原生物喜好的环境，恢复其栖息地及活动过程；安全格局即是将人类活动控制在大型生物保护范围以外的区域，降低人们对生物的干扰； ·增加动物多样性、保护动物栖息地

名称	图示	具体设计手段	解析+目标
浙江台州景观安全格局	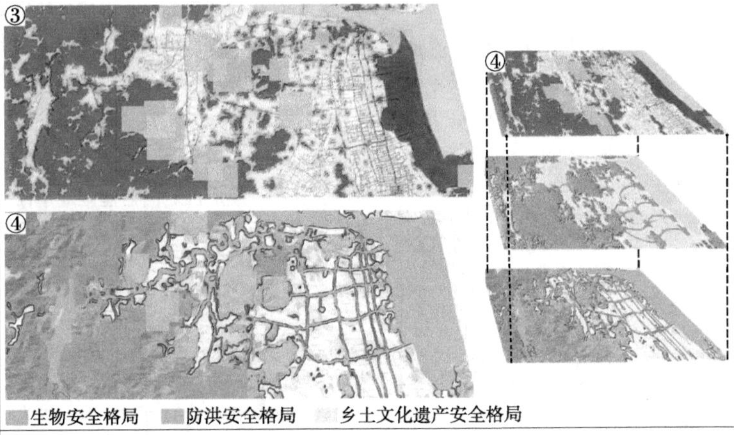 生物安全格局　　防洪安全格局　　乡土文化遗产安全格局	③建立文化遗产保护体系	·在新城规划中考虑对乡土景观与文化遗产的保护，将各个遗产点进行整合，相互串联，形成一个文化遗产网络，在维护生态系统服务的同时，满足人的游憩需求； ·保护文化遗产
		④构建综合的景观安全格局	·将各类安全格局进行叠加分析，得出一个综合的景观安全格局为城市提供生态服务，在规划层面由源、源间连接、辐射道、战略点、缓冲区等要素组成，此做法可将水平、垂直方向的景观单元进行组合，由此形成更加完整的景观单元，恢复其生态过程；此做法是福尔曼景观格局优化思想的有效实现途径； ·调蓄雨洪、减少洪涝灾害、增加动物多样性
美国 Food City 城市规划	 天然林　　农业用地	①农业用地置于建成区与天然林旁	·将大型农业用地分别置于建成区周边并与天然林相邻，此做法是针对可能的风险（自然灾害、病虫害等），以保证景观的生产力和对人的生态服务；在建成区预留出原本的自然绿地，增加景观异质性，促进自然物质传播与动物迁徙； ·增加动物多样性、保护动物栖息地、提高植被覆盖率
南京江心洲绿色基础设施	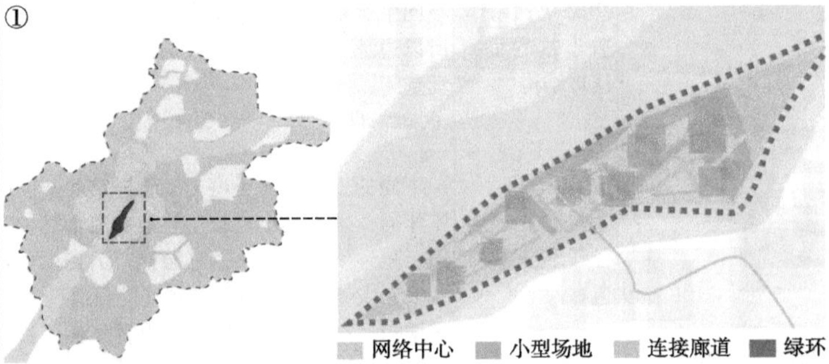 网络中心　　小型场地　　连接廊道　　绿环	①建设城市空间内绿色空间系统	·洲头、洲尾区域构建大型网络中心，水陆交错带为核心的环状绿色空间，区域内公园、湿地等作为小型场地，网络中心与小型场地作为动物迁徙和人类休憩的节点，环状空间作为良好的连接廊道，三者共同构成网络化的GI体系； ·增加动物多样性、保护动物栖息地、提高植被覆盖率
贵州遵义仁怀南部新城生态基础设施	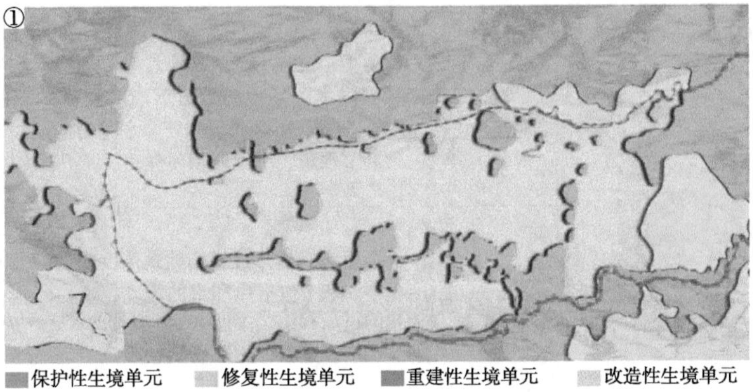 保护性生境单元　　修复性生境单元　　重建性生境单元　　改造性生境单元	①城市范围内划定控制性生境单元空间	·在新城规划中划定不同功能的生境单元，对用地分别进行保护、修复、重建和改造，各类单元通过廊道、踏脚石相连，满足了动物的栖息需求，增加了物种丰富度，完成了基础生态格局的构建； ·增加动物多样性、保护动物栖息地、提高植被覆盖率

续表

名称	图示	具体设计手段	解析 + 目标
贵州遵义仁怀南部新城生态基础设施		②大型自然斑块与小型斑块交错分布	·将大型植被斑块联系起来，形成自然生境延伸良好的生态空间；小型植被斑块作为生境网络体系的"踏脚石"，作为野生动植物由周边向建成区迁移、扩散的"跳板"； ·增加动物多样性、保护动物栖息地
		③在建成区边缘划定适宜缓冲带	·林地、水源、建成区之间营建湿地草甸—灌丛—乔木林构成的三带生态缓冲系统，多样的植物生境会增加水质净化效率； ·涵养水源、净化水质、调节水量
		④在道路与河流道节点处营造片林	·在所有延伸到鱼鳅河边的城市道路路口营造片林；片林作为城市中一个较大的斑块，提高了生产力水平，促进了能量和养分的流动，因此成为动物理想的栖息地； ·增加动物多样性、保护动物栖息地
美国马里兰州野生动物保护计划		①保留斑块边界的复杂性	·保留自然斑块复杂的边界形状，与基质进行更多的能量交换与物质流动，为生物的进化繁衍提供更多的可能性； ·增加动物多样性、保护动物栖息地
		②斑块边缘营造丰富的垂直植被结构	·保护计划强调斑块边缘植物配置的多样性，由于不同生态系统的边缘交界处的物种丰富程度更高，所以边缘丰富的垂直植被结构可为更多物种提供活动空间； ·增加动物多样性
	陆地最少消耗路径 湿地最少消耗路径 水域最少消耗路径	③最少消耗路径设置迁徙廊道	·不同的土地覆盖类型为动物迁移时造成的阻力也不相同，阻力大小比较：林地＜灌木林，草地＜水田＜旱地＜建成区＜高速公路。为提供更好的迁徙效果，应依照以上分析布置迁徙廊道； ·增加动物多样性、保护动物栖息地
武汉五里界生态城	120~150m 60~90m 20~30m 高层建筑 低层别墅 河流廊道	①城区内设置三个等级的生态廊道	·主廊道宽120～150m，调蓄雨洪的同时，为白鹭等鸟类提供栖息地；次级廊道宽60～90m，吸收降水时场地内部分流域的径流；三级廊道宽20～30m，可吸收低强度降水时的径流； ·调节水量、增加动物多样性、保护动物栖息地
		②生态廊道周围控制建筑高度和密度	·沿生态廊道形成城市建筑高度的低谷，可以使其生态过程（包括风和水的流动、生物栖息、乡土文化的沉淀和生态游憩）得到更好的维护； ·调节风速、保护动物栖息地

名称	图示	具体设计手段	解析 + 目标
勐腊勐养保护区	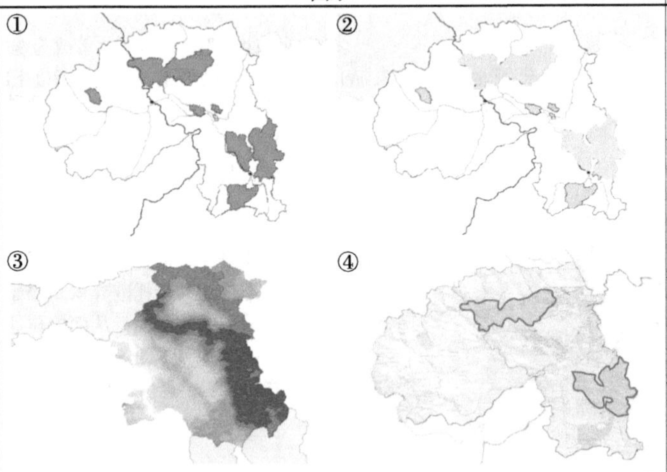 ① ② ③ ④	①保护区斑块临近	·生境破碎化影响了生物的扩散和迁移,保护区斑块相临近,可增加物种定居的机会与更高的物种丰度; ·增加动物多样性、保护动物栖息地
		②集中规划大面积保护区	·大面积保护区包含更多物种,以及更多的生境类型,并为关键物种亚洲象提供多样的生态功能、更低的物种灭绝率; ·增加动物多样性、保护动物栖息地
		③廊道走线靠近天然林	·野生动物迁移的过程需要水源和绿地,故廊道应靠近天然林斑块,为动物提供迁徙条件; ·增加动物多样性、保护动物栖息地
		④最优斑块形状	·核心区为圆形,有利于资源保护;边界为凹凸起伏的曲线形,利于物质能量交换; ·增加动物多样性、保护动物栖息地
黎里镇西片区绿色基础设施	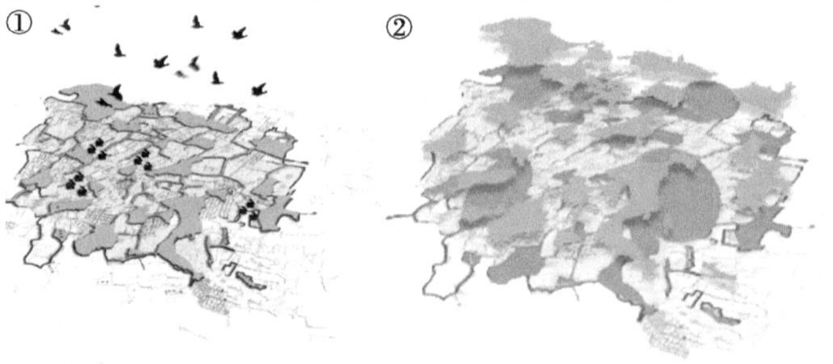 ① ②	①利用小型场地作为生态节点	·小型场地是独立于大型自然规划区之外的生境,连续的小型场地为动物的栖息和迁徙提供条件; ·增加动物多样性、保护动物栖息地
		②利用场地内镶嵌体斑块	·场地水网密布与陆地分隔且相互耦合,使各因子、生物联系更加顺畅,保证了生态的连贯性;要强调的是,因地形特殊,要注意场地内个别物种的栖息地保护; ·涵养水源、净化水质、调节水量、增加动物多样性
美国波士顿公园	 ①	①市区内廊道串联城市公园	·将富兰克林公园通过阿诺德公园、牙买加公园和波士顿公园以及其他的绿地系统联系起来,提高了景观连通性;公园体系成为城市的 EI 中心,既满足了净化水体与防洪功能,也承载了动物的栖息; ·调节水量、保护动物栖息地
荷兰海特高伊自然保护区	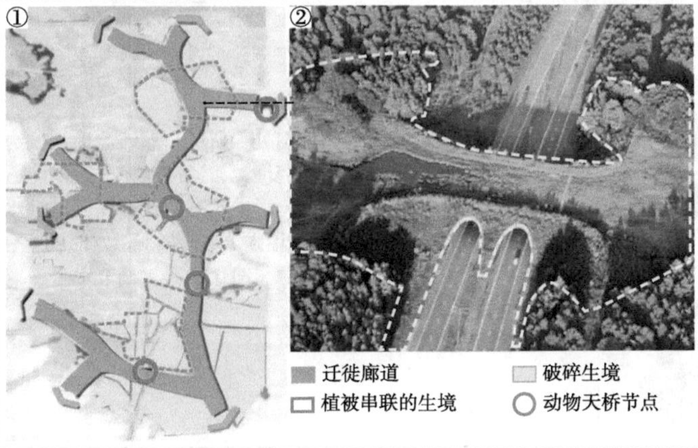 ① ② ■ 迁徙廊道　■ 破碎生境 □ 植被串联的生境　○ 动物天桥节点	①廊道植被串联破碎化小型生境	·海特高伊建立了结构完整的生物保护格局;通过廊道、植被缓冲区,连接孤立的栖息地、保护区,保护了麻鸦、水獭等物种,连接沼泽、芦苇地和林地等生境,提高国际型泥炭湿地沼泽的完整性; ·增加动物多样性、保护动物栖息地、提高植物覆盖率
		②保护区内建野生动物天桥走廊	·海特高伊自然保护区建立了长达 800m 的野生动物廊道,该廊道以天桥形式跨越各类人工设施,有利于物种的空间运动和孤立斑块内物种的生存和延续,将动物保护与城市发展有机结合; ·保护动物栖息地

续表

名称	图示	具体设计手段	解析＋目标
美国西雅图拉文纳溪改造	 ① 水管改造	①公园地下水管恢复为弯曲的溪流形态	·将公园内原有笔直的地下水管改为蜿蜒于地表的溪流；弯曲的形态能在一定程度上减弱非生物干扰的传播速度，并为城市提供蓄洪及净化水质的功能； ·净化水质、调节水量
厦门铁路文化公园	 ①	①沿废弃铁路修建带状公园	·利用土壤修复、轨道植物种植等手法恢复铁路沿线的生态功能；依托废弃铁路修建的带状公园连接了城市绿地空间，从而构建起城市廊道，最终使城市 EI 更加完整； ·保护动物栖息地、提高植被覆盖率
英国东伦敦绿网	 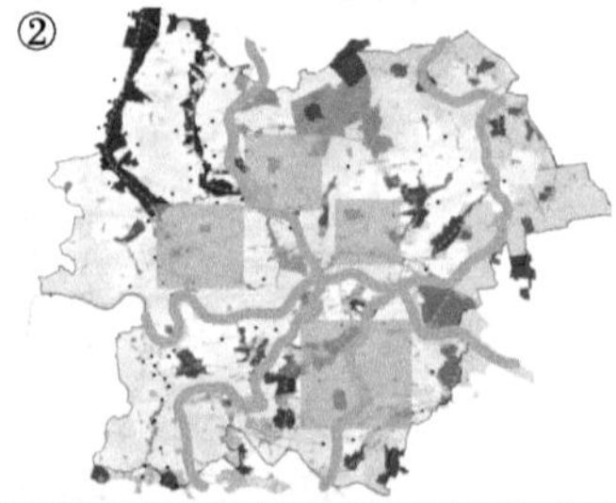 ① ②	①整合废弃地作为动物栖息地	·对原有棕地进行生态修复，设立都市级、区级等不同规模的野生动物栖息地，增加绿地面积，保护生物栖息地； ·保护动物栖息地、增加动物多样性
英国东伦敦绿网	 ③	②游憩路径串联开放空间	·从规划层面出发，东伦敦绿网将城市绿地、城市公园、滨水空间等城市开放空间相连，增加景观连通性，恢复场地生态过程，为人类的出行和动物的活动缝制一个绿色网络； ·保护动物栖息地、增加动物多样性
英国东伦敦绿网		③河流廊道划定禁建区	·为保护东伦敦沿河区域的生态完整性，人工设施与河道保持了相当的距离，降低人类活动对原本环境的破坏，维持了河道原本的自然形态； ·增加动物多样性、保护动物栖息地
重庆万州二桥滨水生态公园景观设计	 ① 连续河漫滩	①滨水地带设计连续的河漫滩	·公园滨河处保留了自然滩涂地，成为可被洪水淹没的河漫滩；河漫滩使公园能够适应多种水位状况，形成生态岸线，在面对洪水时呈现"弹性"，增强了城市面对洪水时的承受能力； ·涵养水源、净化水质、调节水量、减少洪涝灾害

续表

名称	图示	具体设计手段	解析 + 目标
美国密尔沃基市雨水管网系统	① 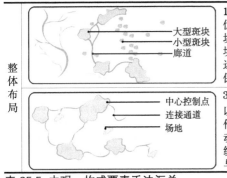 ▪ 绿色斑块 ▪ 雨水管网	①市区内绿色斑块结合灰色雨水设施	·密尔沃基市对城市低洼地、坑塘湿地进行建设，并与雨水管网设施结合，实现了灰色基础设施与绿色基础设施在空间上的相互耦合，形成完善的雨洪控制体系，起到了自然净化及防洪涝灾害等作用； ·减少洪涝灾害、减少水土流失

MANNER
生态基础设施的手法集合

通过上文各步骤对案例的剖析与验证，本部分对其中的具体设计手段进一步提炼，提出生态基础设施的生态手法集合（表 25.4、表 25.5）。

表 25.4 宏观：整体布局手法汇总

整体布局	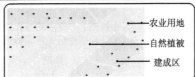 大型斑块 / 小型斑块 / 廊道	**1. 基础格局模式** 优先考虑保护大型自然植被斑块作为物种生存的栖息地环境；一定数目的廊道满足物种运动需要，一些小型自然斑块保证景观异质性	农业用地 / 自然植被 / 建成区	**2. 集聚间有离析模式** 相似用地类型集中规划，在建成区也可保留自然廊道及斑块；反之，大型自然植被斑块边缘也可有小范围人为活动斑块
	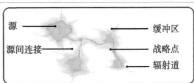 中心控制点 / 连接通道 / 场地	**3. 绿色基础设施模式** 以"中心控制点"及"场地"作为动物栖息地以及人类的活动场地，"连接通道"作为系统的纽带，将各个中心控制点与场地连接起来	源 / 源间连接 / 缓冲区 / 战略点 / 辐射道	**4. 景观安全格局模式** 针对具体目标，如调蓄雨洪、生物保护等逐一分析确定"源"，源间需连接并根据关键程度设置缓冲区，增加场地连通性，恢复景观格局与过程

表 25.5 中观：构成要素手法汇总

斑块规划		**1. 串联斑块** 以廊道将斑块串联起来，比孤立斑块有更多的物种交流与迁徙能力		**2. 废弃地恢复** 对受污染区域进行生态修复，设立不同规模的野生动物栖息地，为野生动物提供迁移的通道
		3. 大型自然斑块保护区 大斑块包含更多的生境类型并可提供多样的生态功能、更低的物种灭绝可能性		**4. 踏脚石体系** 高等级廊道周边设置小型斑块可为动物提供绿色、水源等条件，可作为栖息地或物种迁徙的踏脚石
		**5. 相近斑块** 栖息地斑块相邻或靠近可增加物种交流机会、减少物种灭绝概率，从而增加物种丰度		**6. 太空船斑块** 生态"最优"斑块形状，核心区为圆形，利于资源保护；边界为凹凸起伏的曲线形，利于物质能量交换，供物种扩散的指状延伸

廊道规划	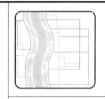	**7. 河流廊道禁建区** 河流及其支流可作为洪涝灾害积蓄水量的缓冲带,整合改造流域资源,保持并增加土地滞留、净化、疏导雨水的能力
		8. 连续河漫滩 保持河漫滩和潜在的蓄滞洪区的湿地、支流等地的连通;既保证自然河流地貌和生物过程所需的空间,又可减少洪泛威胁
		9. 多级廊道 根据洪水风险频率及不同生物的栖息喜好,建立多等级生态廊道;可增强景观连通性,增加物种交流,吸收地表径流,减少洪涝灾害
		10. 化直为曲 将笔直的廊道恢复成为弯曲的自然形态,能在一定程度上减弱非生物的干扰,增加养分的扩散,并提高净水能力
		11. 廊道低谷 主要生态廊道周边布置稀疏、高度低矮的建筑,可降低建成区对自然物质传播的干扰,维持场地生态过程
		12. 废弃设施绿廊 在废弃设施及周边进行植物种植,恢复废弃基础设施的生态功能,使其成为绿色网络的一部分,起到防火、防水、防水土流失和调节气候等作用
镶嵌体	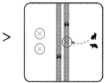	**13. 动物天桥** 路上式或路下式的野生动物走廊避免了人类活动与人工廊道(公路、铁路)对动物迁徙的干扰
		14. 廊道近林 将野生动物的迁徙廊道设置于天然林附近,天然林能满足野生动物取食和栖息的需要
		15. 变化水网 在生态网络规划中设置不同大小的水网面积可以提升物种丰富度
		16. 自然边界 自然形状的边界产生更多的跨边界运动,提供更多的生态效益、更少的土壤侵蚀以及更多的野生动物存活概率
		17. 密集河网 密集河网为动物提供可替代路径并降低污染、捕食者和人类活动等对物种运动的负面影响
		18. 串珠公园 结合湿地、集水池以及滩地上不规则的凹陷河床水系,连接城市公园,使其成为一个系统,加强城市防洪与净水功能
		19. 片林节点 在规划中预留大面积自然植被,片林中具有更丰富的物种和生境,并为动物提供栖息和迁徙的条件
		20. 灰绿网络 征地改建成雨水花园或湿地公园,林地、草场等自然保护区,结合城市排水管网发挥自然净化、生态保护、蓄滞洪水功能
边缘边界		**21. 边界植被丰富** 边缘区域采用垂直与水平结构更为丰富的植被组合形式
		22. 河岸缓冲带 河岸营造河地草甸、灌丛、乔木林、湿地等,可构成生态缓冲系统,控制污染物进入河流

■ 生态基础设施的生态手法参考空间组合

　　生态基础设施的手法组合是将适用条件相似的数条手法综合得到的空间组合方式。其相较于孤立的生态手法，能够更具体和系统地指导设计实践。我们在实践中发现，在某一限定条件下，生态手法通常以组合的形式应用在设计中，以更好地达到生态目标。故本讲以实践案例为基础，总结出了具备明确生态效益且可操作性强的典型手法组合（图 25.4）。

①景观安全格局模式 + ②大型自然斑块保护区 + ③迁徙廊道靠近天然林 + ④动物天桥 + ⑤多等级廊道 + ⑥踏脚石构成源间连接 + ⑦源间连接连续性高

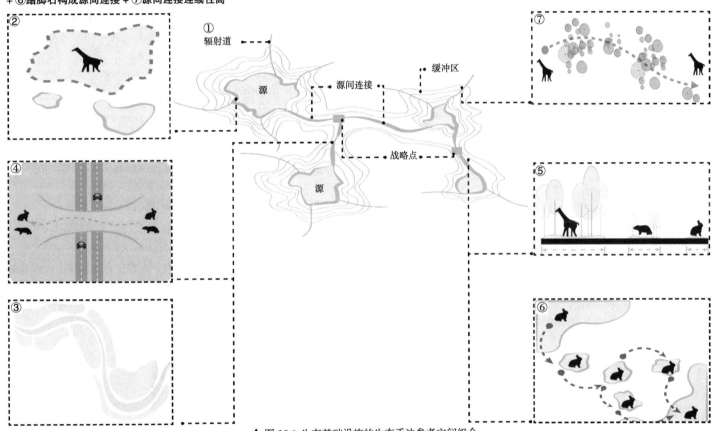

▲ 图 25.4 生态基础设施的生态手法参考空间组合

■ 参考文献

刘海龙，李迪华，韩西丽.2005.生态基础设施概念及其研究进展综述 [J].城市规划,29(9):70-75.

王炜，陈仁泽，刘毅，等.2012.大城市为何频频内涝 [N].人民日报,07-24(004).

俞孔坚，李迪华，刘海龙.2005."反规划"途径 [M].中国建筑工业出版社.

■ 案例来源

俞孔坚，李迪华，刘海龙.2005."反规划"途径 [M].中国建筑工业出版社.

曹静娜.2013.绿色基础设施规划与实施研究——以仁怀南部新城为例 [D].重庆大学.

付喜娥，吴人韦.2009.绿色基础设施评价 (GIA) 方法介绍——以美国马里兰州为例 [J].中国园林,25(9):41-45.

俞孔坚，张媛，刘云千.2013.生态基础设施先行:武汉五里界生态城设计案例 [J].北京规划建设,28(6):26-29.

郭贤明，王兰新，杨正斌，等.2015.大型野生动物迁徙廊道设计案例分析——以勐腊—勐养保护区间廊道设计为例 [J].山东林业科技,45(1):1-7.

丁金华，王梦雨.2016.水网乡村绿色基础设施网络规划——以黎里镇西片区为例 [J].中国园林,32(1):98-102.

刘海龙.2009.连接与合作:生态网络规划的欧洲及荷兰经验 [J].中国园林,25(9):31-35.

李雅.2018.绿色基础设施视角下城市河道生态修复理论与实践——以西雅图为例 [J].国际城市规划,33(03):41-47.

马源，江海燕，边宇.2015.韩国光州绿道公园废弃铁路的景观化路径 [J].工业建筑 (10):65-68.

刘家琳，李雄.2013.东伦敦绿网引导下的开放空间的保护与再生 [J].风景园林,(3):90-96.

李辉，李娜，俞茜，等.2017.海绵城市建设基本原则及灰色与绿色结合的案例浅析 [J].中国水利水电科学研究院学报,(1).

University of Arkansas Community Design Center，Fayetteville 2030: Food City Scenario，2015.https://www.gooood.cn/2015asla-fayetteville-2030-food-city-scenario.htm.

重庆浩丰规划设计集团股份有限公司，重庆万州长江二桥滨水生态公园景观设，2016.https://bbs.zhulong.com/101010_group_678/detail41055771/.

■ 思想碰撞

　　"生态基础设施""生态系统服务"等概念的提出，显示人与自然关系认识的新阶段，彰显出自然对于人类生存与发展不可或缺的价值认同。但"设施""服务"等概念难掩其背后的"人类中心主义"思想，其实质乃是人类凌驾于自然之上的功利主义与利己主义价值观，无视自然本身的内在价值及平等地位，从根本上无助于人与自然和谐关系的真正确立。基于此，你认为该如何超越"设施""服务"等用语，而提出更好的概念来彰显自然的价值?

■ 专题编者

岳邦瑞　　　　费凡　　　　聂移同　　　　唐崇铭　　　　刘彬

气候适应性设计

城在洪炉身在凉亭

　　"高温预警霸占头条，培根鸡蛋就差孜然，不小心摔跤就是个烫伤……一边哭着为了生活奔走街头……"这是武汉酷暑的真实写照。武汉是中国"四大火炉"之一，历史最高温度为1934年的41.3℃，每年连续3天以上达到39℃的高温。武汉的"热"还不仅在于温度极高，而且空气极为潮湿。另外，突如其来的一场暴雨就有可能瘫痪交通。目前，在中国不少地区夏季都有这样的感受：夏夜很少能再感受到凉风的吹拂，只有室内上百万台空调室外机的阵阵轰鸣和滚滚热浪，而室外则鲜有行人。城市气候问题已经迫在眉睫，向往的"凉亭"又在何方？

■ 城市气候适应性设计的内涵及类型

1. 城市气候适应性设计的相关概念

城市气候是指在宏观地域气候背景下，由于城市化过程中人类活动的影响，在城市的特殊下垫面形成的局地气候，包括城市覆盖层气候、城市边界层气候和城市尾羽层气候（周淑贞 等，1994）（图 26.1）。城市气候适应性设计，即基于气候适应性的城市设计，是指依据当地的气候特征，根据城市气候的原理来指导的城市空间形态设计，以达到充分利用城市的气候资源，改善城市气候环境的目的（沙鸥，2011）。与城市设计关系最为密切的是城市边界层和城市覆盖层。

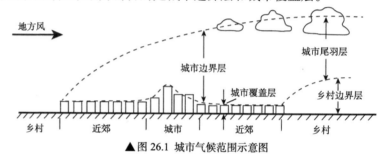

▲图 26.1 城市气候范围示意图

2. 城市气候适应性设计研究类型

1) 我国气候区划分

《民用建筑热工设计规范》GB 50176 把我国划分为严寒地区、寒冷地区、夏热冬冷地区、夏热冬暖地区和温和地区 5 个气候区。其中夏热冬冷地区由于夏天极端炎热和冬天极端寒冷的气候特征，使该类型地区夏冬两季用于防暑降温及采暖的能源消耗更多。同时，该气候的低舒适性造成公共空间的使用频率非常低，大量的公共服务设施闲置，人们的交往活动缺乏适宜的场所。本专题以夏热冬冷地区气候适应性设计为研究对象，研究集中在舒适性较低的冬季和夏季。

2) 夏热冬冷地区气候特征

夏热冬冷地区地域范围为陇海线以南，南岭以北，四川盆地以东。包括上海、重庆 2 个直辖市，湖北、湖南、江西、安徽、浙江 5 省全部，四川、贵州 2 省东部，江苏、河南 2 省南部，福建北部，陕西、甘肃 2 省南端，广东、广西 2 省北端，涉及 15 个省、市、自治区，覆盖面积大约占全境国土面积的 1/5。夏热冬冷地区最显著的气候特征为夏天热、冬天冷，且常年湿度极高。该区域冬、夏两季的主导风向不同，冬季的主导风向是北风，夏季则是东南风。

■ 城市气候适应性设计的研究发展与生态目标

1. 城市气候适应性设计的研究发展

现代的城市规划设计会对一个城市的空间形态特征的形成和发展产生巨大影响，进而对城市气候特别是局地小气候产生"作用"。在城市规划设计领域对于气候的专门研究虽尚未形成体系，但国内外很多学者、设计师在很多相关领域进行了大量的基础性研究和实践探索（表 26.1）。

表 26.1 城市气候适应性设计的研究发展（林波荣，2002；冷红，2007；柏春，2009）

发展阶段	代表事件	具体内容
萌芽阶段（20 世纪初~20 世纪中）	·维克托·奥吉尔等提出"生物气候地方主义"的设计理论； ·博塞尔曼开展街区小气候研究	该阶段主要基于城市气候学知识，开始涉及建筑和规划的问题： ·从人体对环境舒适性的要求及特定设计地域的气候条件出发，率先研究了适应气候的建筑设计； ·利用日光灯加实体模拟建筑日照遮蔽状况，风洞模拟开敞空间风的状况，对美国 4 个街区展开研究，讨论了不同空间形态对于城市小气候的影响及与人体室外环境舒适性的关系
探索阶段（20 世纪中~20 世纪末）	·Sasaki 台北车站特定专区规划设计； ·"热带滨海城市塑造"国际研讨会召开； ·巴鲁克·吉沃尼发表《建筑设计和城市设计中的气候因素》	该阶段开始将城市气候因素融入城市设计的考虑中： ·以 Sasaki 为首的规划顾问组将城市气候因素融入台北车站特定专区规划设计中去，注重联系户外开放空间，以提供一种气候庇护体系； ·"热带滨海城市塑造"国际研讨会针对海南的亚热带气候条件提出了创造舒适气候条件的城市设计应对策略以及具体的城市设计模式； ·吉沃尼在详细分析不同城市气候特点的基础上，给出了几种气候类型地区城市设计的建议
发展阶段（20 世纪末至今）	·林波荣等对小区热环境展开研究； ·冷红等对寒地城市气候展开研究	该阶段逐渐完善城市气候设计，适应性规划设计研究蓬勃发展 ·林波荣等利用改进的 CTTC（集总参数）模型并结合计算流体力学模拟得到的小区风场，定量分析太阳辐射、绿化及建筑布局等因素对小区热环境的影响，并对小区不同区域内的热环境进行预测和评价； ·冷红等人针对寒地城市的城市规划、城市设计中的气候问题进行了专门研究

2. 城市气候适应性设计的生态目标体系

城市气候适应性设计的总体目标为营造良好的城市气候环境，包括两方面基本内容：一是缓解由于城市空间布局不当产生的各种气候环境问题，以达到城市气候环境"安全性"与"健康性"的创造；二是通过合理的城市开敞空间形态组织，优化夏热冬冷地区城市的小气候环境，以达到人居"舒适性"城市气候环境的创造。本专题以这两方面进行目标细化，建立了更为详细具体的生态目标体系（表 26.2）。

表 26.2 城市气候适应性设计的生态目标体系

一级目标	二级目标	三级目标	对应现状问题
营造良好的城市气候环境	营造健康、安全的城市气候环境	缓解热岛效应	城市热岛效应
		减少风害	城市次生风害
			灾害性风害经常发生
		减少污染	城市混浊岛效应
	营造舒适的城市气候环境	改善风环境	城市通风情况差、闷热少风
		调节不同季节温度	城市夏季炎热
			冬季寒冷
		调节湿度	夏季潮湿，冬季干燥

■ 城市气候适应性设计研究框架

　　根据对城市空间形态等相关理论的研究（柏春，2009；刘天竹，2013），"城市空间形态"是指城市的下垫面的几何形态特征，包括两个部分：一是指城市的实体形式：包括城市的几何形状与面积、城市的形态分布特征、城市的肌理等；二是指城市的空间形式：包括街道空间形态、广场空间形态、节点空间形态、绿地空间形态、天然廊道空间形态等。本讲将城市空间形态分为城市的整体形态、城市的户外开敞空间两个层次。前者是指宏观尺度上城市整体的景观形态特征，而后者则是指中观尺度上人所使用的城市空间（如广场、居住区等），并以此确定相应的气候适应性城市设计对策，具体研究框架如下（图 26.2）。

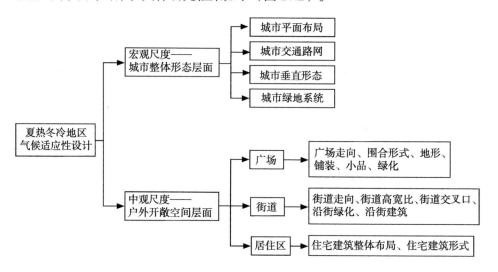

▲ 图 26.2 城市气候适应性设计案例解析及生态手法归纳框架

CASE
城市气候适应性设计案例剖析

从宏观层面的城市总体规划以及中观层面的广场、街道、居住区三类城市户外开敞空间入手，针对夏热冬冷地区气候适应性设计进行案例分析（表26.3）。

表26.3 夏热冬冷地区城市气候适应性设计案例研究汇总

类型	名称	图纸	具体设计手段	解析 + 目标
宏观尺度	福州市通风格局规划		①利用天然闽江开敞河道形成一级通风走廊	·福州市三面环山，整体为东南开口的半包围盆地地形；福州通风廊道利用自西向东汇入东海的闽江和乌龙江，以及莲花山、鼓山、旗山、五虎山围合的天然林带的地势地貌，使闽江河谷成为夏季风通行的主要路径，而闽江成了重要的一级通风廊道； ·缓解城市热岛效应、改善风环境、调节温湿度
			②利用围合的自然山林作为一级降温点	·一级降温节点主要为福州市内分布的各大山体；城市山林是提高大气质量，提供新鲜冷空气的载体，依靠风的传输功能能大幅增加生态效应的影响范围；降温节点与附近城市热岛区形成热力环流，将清新冷空气渗透到周边环境中，充分发挥通风格局的生态效应； ·缓解城市热岛效应、改善风环境、调节温湿度
	浙江丽水市规划		①"中心城区 + 双组团"城市结构发展模式	·通过优先发展水阁、城两个卫星城区，并加强开发水东、水南等片区来缓解中心城区的压力；这种"松散型"的城市结构可有效降低中心城区的建筑、人口密度，缓解夏季的高温； ·缓解热岛效应、降低空气污染、调节温湿度
			②以南北朝向的"短板式建筑组合"作为城市建筑基本模式	·以南北朝向的"短板式建筑组合"作为城市建筑的基本模式，不仅有利于夏季城市的有效通风，同时也会给城市开敞空间提供最好的太阳遮蔽保护；在城市设计和建筑设计中，应当尽量避免在城市空间中出现"院式""中庭式"等不利于城市通风的建筑组合模式； ·缓解热岛效应、调节风速、调节温湿度
			③在主城区周围和各卫星城区之间营造环绕森林带	·在未来丽水的城市建设中，应结合"多中心分散"的城市空间发展模式，充分利用丽水"山水城市"的特点，使主城区周围和各卫星城区之间的丘陵、山体、林带、溪流带等形成"生态分割带"，从而产生林地与各城区间的局地热力环流，缓解城区热岛效应； ·缓解热岛效应、调节风速、调节温湿度
			④路网结构整体为南北向正交式，局部有所变化	·丽水的城市路网结构基本为南北向正交网格，仅局部受地形条件影响有所变化；这种路网结构有利于城市通风以及在街道空间中的夏日日照遮蔽，以此来改善城市通风状况； ·缓解热岛效应、调节风速、调节夏季温度
			⑤东西向街道加宽，南北向街道宽度降低	·在丽水市未来的城市改造中，加宽与城市盛行风向平行道路的宽度，有利于改善城市通风；此外，应适当降低南北向的中山路步行街的宽度，有利于夏季日照遮蔽的形成，提升人们的出行舒适度； ·缓解热岛效应、调节风速、调节夏季温度

287

类型	名称	图纸	具体设计手段	解析 + 目标
宏观尺度	武汉四新地区	 ■ 城市主要风道口 ■ 东南风向城市主风道 ■ 西南风向城市主风道 风环境作用区　风环境作用区 四新地区 ②　"一脊"　"二廊"	①自然水体、绿带、开敞空间廊道和低密度开发带构成城市的广义通风廊道	·武汉市规划利用长江为主要开敞空间，辅以大东湖、汤逊湖、青菱湖等绿楔（六楔），以及大东湖绿道、湮水木兰山绿道和武湖涨渡湖绿道等（十带），这些绿道和开敞空间的布置都对武汉市的热环境和风环境的改善有显著的作用，构成武汉的通风格局； ·缓解热岛效应、降低空气污染、调节温湿度
			②武汉四新地区"一脊两廊"通风格局规划	·在四新地区城市设计提出了以"一脊两廊"为特色的用地布局规划方案；"一脊"：该脊是由城市主干道、流动水系、城市林荫带所构成的东西向城市广义通风道；"两廊"：由城市湿地廊道，公共交通廊道，滨水绿化廊道等构成的城市复合功能系统，利用南侧南太子湖、北太子湖自然风和水体的流动，将长江水体上部的冷空气和新鲜空气引入中心城区，达到缓解城市热岛效应，改善中心城区微气候和空气环境质量的目的； ·缓解热岛效应、降低空气污染、调节温湿度
中观尺度	长沙市规划	 圭塘河风光带 圭塘路　万家丽路	①风口处与市区呈犬牙交错状布置绿地系统	·长沙市为创造良好的城市风口，圭塘河西岸开设更多的绿地系统，与市区呈犬牙状交错布置，扩大绿地系统与城市内部接触面积，有利于将城市周边森林等绿地的冷空气引入城市内部，以缓解城市热岛效应，减少夏季暑热； ·缓解热岛效应、调节温湿度
	宜兴东方明珠花园小区	 通风轴 高层建筑	①建筑布局从南到北体型渐进	·宜兴东方明珠花园建筑布局从南到北呈现了体型渐进的、丰富的建筑群体变化；在夏日可以迎纳东南方向龙背山森林公园和太湖水面吹来的夏季风，而北侧连绵的商业建筑和板式小高层住宅则挡住了冬日凛冽的寒风，中部几栋点式小高层打破了多层住宅的单一高度，有利于改善局部地段静风状态时的风环境； ·缓解热岛效应、调节湿度、调节夏季温度
	武汉绿景苑住宅小区		①住宅一层架空	·绿景苑住区建筑一层架空，其空间多用来作为人们活动的场所；南向一般种植草地和低矮灌木，以利通风；北边一般种植中型乔木和灌木，以便抵挡冬季的寒风； ·缓解热岛效应、调节温湿度、冬季保温

类型	名称	图纸	具体设计手段	解析＋目标
中观尺度	浙江丽水丽阳街	① 倒梯形城市通风廊道	①沿街建筑顶部形成倒梯形断面空间	·丽阳街沿街建筑顶部后退，形成倒梯形断面空间，留出最大的通风截面，有利于街道通风散热以及街道空气的净化； ·缓解热岛效应、降低空气污染、调节夏季温度
	浙江丽水中山街步行商业街区	① ② N	①街道邻近"城市冷源"处，建筑采取架空、开口方式	·丽水市中山街步行商业街区充分利用步行街周围的有利城市气候资源，改善街道空间的小气候条件；中山街邻近"梅山背"这个"城市冷源"的道路界面处，其临街建筑采取架空、开口等方式，并尽可能将步行街中的休憩广场布置在其附近，希望将林地中产生的"清凉微风"引入步行街； ·缓解热岛效应、调节夏季温度
			②街道交叉口利用建筑形体引导风向	·丽水市中山街步行商业街区在街道的交叉口设计时，力图利用建筑形体组合来引导、改变城市风的方向（特别是夏季东西向的城市主导风），以加大中山街道空间内的风速； ·缓解热岛效应、降低空气污染
		③ ③ 柱廊 骑楼	③临街建筑底层界面设置柱廊、骑楼	·中山街在临街建筑的底层界面设计中，通过骑楼、架空、增加遮阳篷等方式来扩大夏季街道的有效遮阳面积；骑楼、柱廊的设置不仅可以遮挡夏季的太阳直射，还可以很好地利用临街店铺"逃逸"出的空调冷气，形成温度远低于街道的小气候环境，改善骑楼、柱廊内步行空间的气候舒适性； ·调节风速、调节夏季温度
	上海创智天地广场	① ①	①软硬地表交错排布	·创智天地广场软硬质地表交错排布，相对于绿色软质地表集中以及没有绿色软质地表的情况，交错排布方式产生的地表辐射差值可导致局部空气温度差，出现小型冷热源，从而促使空间内部的空气保持流动，以达到降温的作用； ·调节夏季温度
		② 主导风向 "L"形空间	②半围合"L"形空间与半覆盖"厂"形空间	·上海创智天地广场由半围合空间构成；其中，半围合"L"形空间与半覆盖"厂"形空间组合，开口朝向结合夏、冬季主导风向设计，可以形成最舒适的空间单元；完全围合"口"形空间和完全覆盖"门"形空间，不利于组织夏季通风，热舒适度欠佳；开敞型和开放型空间不利于组织遮阳和冬季挡风，也不利于热舒适环境的形成；由半围合、半覆盖的空间形式组合的多样化的空间最有利于微气候的调节； ·夏季降温、冬季保温

城市气候适应性设计的生态手法集合

通过对案例的剖析和对生态设计手段进行进一步提炼与归纳,分别从宏观尺度——城市整体形态、中观尺度——城市开敞空间两个层面总结夏热冬冷地区城市气候适应性设计的生态手法(表26.4、表26.5)。

表26.4 城市气候适应性设计的生态手法汇总——城市整体形态

城市平面布局	 	**1. 通风廊道顺应主导风向** 城市开发建设顺应城市主导风向,串联河流、公园、绿地及主要交通道路构成城市通风走廊,且集中廊道调节效果更好	城市平面布局	 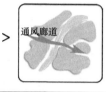	**2. 通风走廊依托天然开敞空间** 城市通风廊道规划结合城市中江河湖泊、森林绿带等,整合多类开敞空间,有利于形成足够宽度的城市风道,能使通风降温作用更为明显
	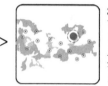	**3. "多中心分散"组团式** 可降低中心城区的建筑、人口密度,缓解热岛效应;并且依托周围山体、林带、河流等,有利于创造理想的城区小气候环境		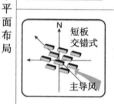	**4. "短板交错式"建筑布局** 南北向"短板交错式"城市建筑组合模式有利于改善城市通风,同时也给城市开敞空间提供更多荫蔽
城市路网		**5. 高密度正交方格路网** 简单的正交方格网的城市道路体系有利于改善城市通风以及遮蔽日照;而且,适度加大道路密度可增加通风效应,便捷交通	城市路网	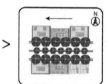	**6. 南北向城市街道** 南北向街道全年阳光充足,在夏热冬冷城市,如果城市步行街方位选择为基本南北向,则可以在冬、夏季都获得较好的室外日照舒适性
	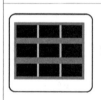 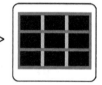	**7. 东西宽街,南北窄巷** 提高与城市盛行风向平行的东西向通风走廊的等级,加宽街道宽度,有利于改善城市热岛效应,而降低南北走向街道宽度利于夏季遮阴	城市垂直形态		**8. "金字塔形"城市天际线** 从城区中心到周边高度逐渐递减的"金字塔形"天际线,有利于夏季凉风深入城市内部空间,更好地除湿降温,减弱热岛效应
城市绿地系统	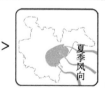	**9. "犬牙交错状"绿地** 在城市风口处"犬牙交错状"规划绿地系统,利于自然凉风向城市内部的传输,促进城市内部与周边自然环境进行热量交换,降温增湿	城市绿地系统	 	**10. 生态分隔带** 利用在主城区周围和各卫星城区之间的山体、林带、江湖等形成的"生态分割带",使各城区与自然林地间产生局部热力环流,缓解城区热岛效应
	 	**11. 防护林带** 在城市外围设置防护林带,可有效降低风速(一条宽30m的防护林带可使20～25倍树高距离内的风速降低至10%～50%),利于城市抵御寒风,增加冬季保温			**12. 带状绿地顺应夏季风向** 包括城市街道空间与滨水绿地的带状绿地,是城市的绿色通风渠道,当其走向与夏季主导风向一致时,可增大风速,改善城市风环境和空气污染

表 26.5 城市气候适应性设计的生态手法汇总——城市开敞空间

广场	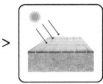	**1. 透水、冷却性广场铺装** 透水、冷却性能好的铺装能明显降低广场上空及表面温度，有利于改善城市市区热环境

2. 软硬质交错排布
软硬质地表交错排布产生的地表辐射差值，可导致局部空气温度差，出现小型冷热源，从而促使空间内部空气流动

3. 广场走向沿主导风向
在夏热冬冷地区的广场设计中，广场走向应尽量与城市夏季主导风向一致，有利于气流疏导，降温增风，从而改善夏季暑热环境

4. 半围合、半覆盖广场空间
半覆盖"厂"形与半围合"L"形空间组合，开口朝向结合夏、冬季主导风向利于组织遮阳和冬季挡风，形成最舒适的空间单元

 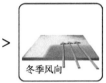

5. 设置地形阻挡冬季风
迎冬季风方位设置地形（高度宜超过人的视线1.5～2.5m），并结合植物，形成寒风"屏障"；而夏季时形成南向开敞、北向封闭的空间，有利于通风排热

6. 可变化水池设计
采用可变化的设计策略，将水池边缘设计成台阶或缓坡延伸至池底；冬季将池内水排干，可成为享受阳光的下沉活动空间，满足冬夏两季对热舒适的要求

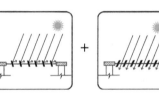

7. 可调节遮阳廊架设施
休息廊和花架顶部设计成可调节的百叶遮阳板，百叶旋转轴为东西向；夏季，使百叶与旋转轴水平面北向约呈45°，可遮挡直射阳光；冬季，使百叶与旋转轴水平面北向约呈135°，以提供阳光直射的温暖休息空间（杨卓琼,2013）

8. 可调节遮阳休息设施
根据冬夏两季对热舒适的要求进行休息设施可变化设计，夏季滑动遮阳板至顶部，调节百叶角度阻挡太阳直射光；冬季弧形靠背阻挡冬季不利风，同时将遮阳板复位，可充分享受冬季阳光

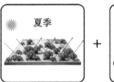

9. 落叶乔木
落叶植物在夏季枝繁叶茂，可遮挡烈日；在冬季枝叶凋敝可以增大太阳直射，从而调节广场的太阳辐射情况

10. 空间北侧种植常绿乔木
为遮挡北向的冬季寒风，活动空间的北侧应当种植高大、郁闭度高的常绿乔木

居住区		**11. 阶梯状建筑群体** 建筑群体高度和长度依据主导风向布置：最北侧布置最高且长的建筑，群体南面布置体量最小的独立建筑，以遮挡冬季北风及迎合夏季东南风，利于改善城区小气候

12. 住宅墙面立体绿化
在夏热冬冷地区，建筑外墙东、西、北三向为常绿树种，南向则为落叶树种；墙面绿化不但可减弱近墙面风速，阻滞空气的湍流作用，而且增加了滞尘面积

 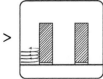

13. 住宅底层架空
底层架空利于住宅之间形成穿越式通风，有效降低室外温度及空气湿度；在冬季主导风向处种植常绿灌木，防止冬季冷风入侵架空空间

14. 住宅错列式布局
综合来看，错列式布局微气候环境最优，平均日照时长较长，且风速适当

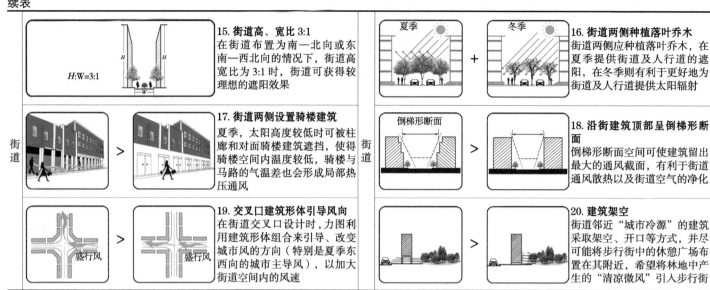

15. **街道高、宽比 3:1** 在街道布置为南—北向或东南—西北向的情况下，街道高宽比为 3:1 时，街道可获得较理想的遮阳效果	16. **街道两侧种植落叶乔木** 街道两侧应种植落叶乔木，在夏季提供街道及人行道的遮阳，在冬季则有利于更好地为街道及人行道提供太阳辐射
17. **街道两侧设置骑楼建筑** 夏季，太阳高度较低时可被柱廊和对面骑楼建筑遮挡，使得骑楼空间内温度较低，骑楼与马路的气温差也会形成局部热压通风	18. **沿街建筑顶部呈倒梯形断面** 倒梯形断面空间可使建筑留出最大的通风截面，有利于街道通风散热以及街道空气的净化
19. **交叉口建筑形体引导风向** 在街道交叉口设计时，力图利用建筑形体组合来引导、改变城市风的方向（特别是夏季东西向的城市主导风），以加大街道空间内的风速	20. **建筑架空** 街道邻近"城市冷源"的建筑采取架空、开口等方式，并尽可能将步行街中的休憩广场布置在其附近，希望将林地中产生的"清凉微风"引入步行街

■ 城市气候适应性设计生态手法参考空间组合

城市气候适应性设计生态手法参考空间组合是综合数条生态手法，以得到较优空间组合模式，能够更具体和系统地指导设计实践。针对不同尺度和不同类型城市开敞空间，笔者总结出 4 个典型手法组合，具体内容见图 26.3 ~ 图 26.6。

A ①天然开敞空间形成通风走廊 + ②主城和卫星城环绕森林带 + ③东西宽街，南北窄巷 + ④高密度正交方格路网体系
生态目标：降温、增温、除湿、降低空气污染、缓解热岛效应

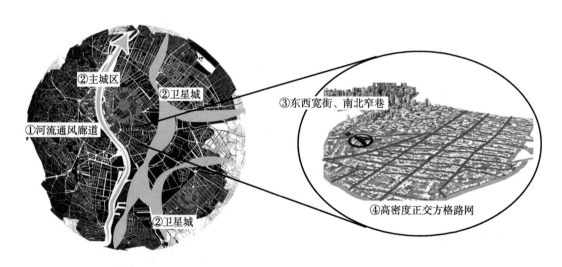

▲ 图 26.3 城市整体层面气候适应性设计生态手法参考空间组合

B ①广场走向沿主导风向 + ②半围合、半覆盖式广场空间 + ③透水、冷却性广场铺装 + ④设置地形阻挡冬季风
生态目标：降温、增温、保温、除湿、缓解热岛效应

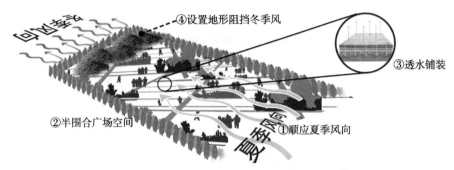

▲图 26.4　广场气候适应性设计生态手法参考空间组合

C ①交叉口建筑形体引导风向 + ②街道两侧设置骑楼建筑 + ③沿街建筑顶部呈倒梯形断面 + ④街道两侧种植落叶乔木
生态目标：降温、增温、除湿、降低空气污染、缓解热岛效应

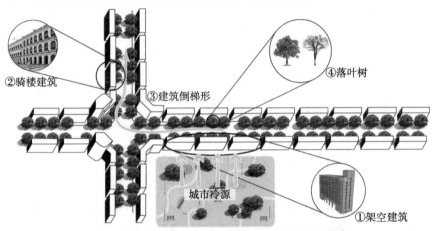

▲图 26.5 街道气候适应性设计生态手法参考空间组合

D ①北侧高长，南侧低矮独栋 + ②住宅错列式布局 + ③住宅底层架空 + ④住宅墙面立体绿化
生态目标：降温、除湿、增温、保湿、减少风害、降低空气污染、缓解热岛效应

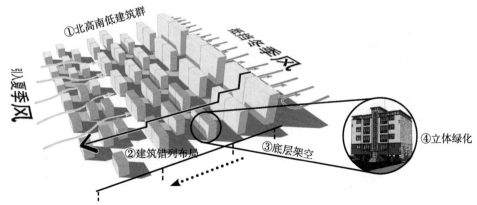

▲图 26.6 居住区气候适应性设计生态手法参考空间组合

■ 参考文献

周淑贞，束炯 .1994. 城市气候学 [M]. 北京：气象出版社，5–6.

沙鸥 .2011. 适应夏热冬冷地区气候的城市设计策略研究 [D]. 中南大学 .

林波荣，李莹，赵彬，等 .2002. 居住区室外热环境的预测、评价与城市环境建设 [J]. 城市环境与城市生态 , (01):43–45.

冷红，袁青，郭恩章 .2007. 基于"冬季友好"的宜居寒地城市设计策略研究 [J]. 建筑学报 , (09):18–22.

柏春 .2009. 城市气候设计 —— 城市空间形态气候合理性实现的途径 [M]. 北京：中国建筑工业出版社 .

刘天竹 .2013. 城市规划与设计角度的城市小气候研究进展 [J]. 天津城市建设学院学报 ,19(03):157–164.

杨卓琼 .2013. 夏热冬冷地区住区外部空间环境日照优化设计研究 [D]. 武汉理工大学 .

■ 案例来源

徐瑶璐 .2016. 基于热岛效应的福州市主城区通风格局规划策略研究 [D]. 福建农林大学 .

李英汉，张成扬，靳明 .2015. 福州市城市通风格局规划研究 [A]. 中国环境科学学会（Chinese Society For Environmental Sciences）.2015 年中国环境科学学会学术年会论文集（第一卷）[C]. 中国环境科学学会（Chinese Society For Environmental Sciences）:10.

柏春 .2009. 城市气候设计 —— 城市空间形态气候合理性实现的途径 [M]. 北京：中国建筑工业出版社 .

洪亮平，余庄，李鹍 .2011. 夏热冬冷地区城市广义通风道规划探析 —— 以武汉四新地区城市设计为例 [J]. 中国园林 ,27(02):39–43.

李军，荣颖 .2014. 武汉市城市风道构建及其设计控制引导 [J]. 规划师 ,30(08):115–120.

席宏正，焦胜，鲁利宇 .2010. 夏热冬冷地区城市自然通风廊道营造模式研究 —— 以长沙为例 [J]. 华中建筑 ,28(06):106–107.

徐小东 .2006. 基于生物气候条件的城市设计生态策略研究 —— 以冬冷夏热地区城市设计为例 [J]. 城市建筑 , (07):22–25.

李珊珊 .2006. 夏热冬冷地区居住社区公共空间气候适应性设计策略研究 [D]. 华中科技大学 .

沙鸥 .2011. 适应夏热冬冷地区气候的城市设计策略研究 [D]. 中南大学 .

张顺尧，陈易 .2016. 基于城市微气候测析的建筑外部空间围合度研究 —— 以上海市大连路总部研发集聚区国歌广场为例 [J]. 华东师范大学学报 (自然科学版),(06):1–26.

刘滨谊，梅欹，匡纬 .2016. 上海城市居住区风景园林空间小气候要素与人群行为关系测析 [J]. 中国园林 ,32(01):5–9.

■ 思想碰撞

　　如今在城市整体规划中"绿廊""绿轴"的思路很常见。一些学者认为考虑"城市通风廊道"的建设并没有很大必要性，一是，虽然对于一些具有特殊地理条件（比如盆地、山谷）的城市，留出通风廊道对城市空气交换的确有很大帮助，但对于局部温度的影响可能只有上下一两度，对气流降雨或气候的影响则可忽略不计；二是，在空间上形成通道，也就意味着低容积率、低建筑高度，而大大加深了土地利益与城市环境之间的矛盾。我们应该如何看待这个问题？

■ 专题编者

岳邦瑞　　　　　费凡　　　　　王梦琪　　　　　胡根柱

山体生态修复

青丝如绢待日还 27讲

不知何时才能重现当年青山绿水的景象啊！

在人定胜天的号召下，我的衣装被一层层剥去，从外套到夹衣再到内饰……于是，风起的日子，失去绿色外衣的我倍感裸露的凄凉和仓皇；雨起的日子，我只能任由尘土沙石混合着雨水冲向溪涧、冲向田园；雪起的日子，不再温馨如常，剩下的只有刺骨冰凉。打量现在的自己，我几乎要顾影自怜了，我该如何才能恢复清秀俊朗？如何才能让苍松翠竹从脚下蔓延滋长，一直攀爬到颈项？

(a) 矿山采石场废弃地

(b) 遗留边坡地

(c) 震损山体

▲ 图 27.1 不同类型的破损山体

■ 山体生态修复的内涵与破损山体的类型

1. 山体生态修复的内涵

山体生态修复对象是破损山体。破损山体是指人类长期无序的开山采石形成裸露的崖壁，经过长时间的侵蚀和风化，变成岩石，导致表层土壤的物理结构改变、土壤保湿功能丧失、植物无法定居生长（王金马，2016）。山体生态修复是指针对山地生态环境退化问题，通过规划管控和生态工程修复，消减山体的安全隐患和解决地质灾害、水土流失、植被破坏等生态问题，改善山区的生态环境，恢复山体生态系统的服务功能（王玉圳，2018）。

2. 破损山体的类型

依据破损山体形成原因，可将破损山体分为人为原因形成的破损山体和自然地质灾害形成的破损山体（表 27.1，图 27.1）。

表 27.1 破损山体的类型（赵入臻，2012；沈烈风，2012）

形成原因	破损山体类型	特征	修复难度
人为原因	矿山采石场废弃地	对自然山体景观破坏较大，有一定污染，破损面是由于人为开山采石而导致，岩石面不规则，坡度较大，裂缝少，无土壤	修复较难
	遗留边坡地	遗留边坡地对自然山体景观破坏性相对较小，有一定污染，由于建设公路、水库等工程对山体破坏形成的破损面，坡面较短，坡度较小，裂缝多，局部有残积土壤	修复相对较容易
自然原因	震损山体	其对自然山体景观破坏性相对较大，污染较少，破损面是由于自然地质灾害导致，裂缝多，有残余土壤与植被	修复较难

■ 山体生态修复的发展历程与生态目标

1. 山体生态修复发展历程

山体生态修复的发展历程可分为萌芽、探索和发展三个阶段（表 27.2）。

表 27.2 山体生态修复的发展历程（彭娟，2010；王金马，2016）

发展阶段	代表事件	具体内容
萌芽阶段 （19 世纪 80 年代 ~ 20 世纪 40 年代）	· 对矿区废弃地的绿色廊道与生物多样性保护的关系研究	19 世纪 80 年代，美国、澳大利亚等国家对矿区废弃地的绿色廊道与生物多样性保护的关系作了大量研究；自 20 世纪 20 年代起，德国政府对矿山废弃地修复治理的做法是借助各种先进的科技手段对破损山体进行生态修复和治理
探索阶段 （20 世纪 40 ~ 70 年代）	· 美国艺术家哈维·菲特将采石废弃地改造成为石雕式风景公园； · 1918 年印第安纳州山体生态修复实际案例	20 世纪 40 年代，哈维·菲特根据采石废弃地的现状地形条件，将纽约州伍德托克的一座 2.4hm² 的采石废弃地改造成石雕式风景公园；欧美国家在 20 世纪 50 年代发明了植生盆技术，通过液压喷播等方法实现了悬崖生态系统的植被恢复
发展阶段 （20 世纪 70 年代至今）	· 针对"受损生态系统修复"的研究	20 世纪 70 年代初，国外的生态学者们开展了一系列关于"受损生态系统修复"的研究

2. 山体生态修复的生态目标

在山体生态修复中，针对破损山体带来的生态问题（图 27.2）提出生境修复与改善、生物保护与发展，以及保障人类安全三方面基本目标（表 27.3）。生境修复与改善主要针对环境污染、地质地貌被破坏、水土流失等问题；生物保护与发展主要针对植被破坏、群落结构不稳定、生物多样性降低等问题；保障人类安全主要针对解决地表塌陷、泥石流、山体滑坡等地质灾害问题。

表 27.3 山体生态修复的生态目标

一级目标	二级目标	三级目标	现状问题
恢复和改善山体生态系统	生境修复与改善	改善空气质量	粉尘污染、大气污染、废弃物污染
		改良土壤性状	土壤污染（重金属、有机物）、土壤贫瘠
		防止水土流失	水土流失严重
		改善水体质量	水体污染
		增加边坡稳定性	边坡不稳定
		改善栽植基础	地质地貌被破坏、缺乏植物种植基础
		营造与改善生境	生物栖息地被破坏、生境破碎化
	生物保护与发展	增加植被覆盖率	植被面积减少
		增加生物多样性	山体生物多样性减少
		增加群落结构稳定性	群落结构单一、不稳定
	保障人类安全	减少安全隐患	地表塌陷、泥石流、山体滑坡、淤积河道与水道

■ 山体生态修复的设计程序与研究框架

1. 山体生态修复的设计程序

对于破损山体而言，其修复规划基本程序为现状调查及分析（地质结构、植被群落、植物种类、土壤情况、水文情况等）—总体规划（规划范围、规划时间、修复场地分类、分区）—修复设计（土壤、绿化、排灌）（王金马，2016）。笔者将修复程序与既有研究中山体生态修复的具体内容相结合，得出了如下生态修复程序，用以指导山体生态修复（图 27.3）。

(a) 土壤污染

(b) 山体滑坡

(c) 生境破碎

(d) 泥石流

▲ 图 27.2 各类生态问题

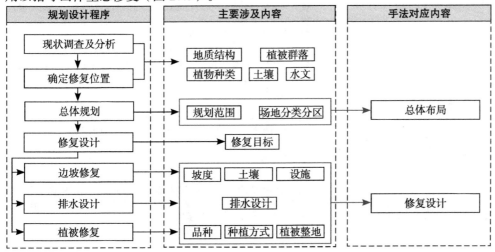

◀ 图 27.3 山体生态修复程序及其与生态手法的关系

2. 山体生态修复的研究框架

结合上述自然保护区生态规划设计程序，制定了相对应的研究框架，主要从总体布局和修复设计两个方面展开案例研究（图27.4）。

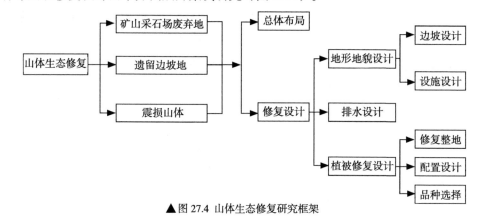

▲ 图 27.4 山体生态修复研究框架

CASE
山体生态修复案例解析

应用上述研究框架进行跨案例研究。本讲共研究案例11个，其中国内案例9个，国外案例2个，以列表形式综述各案例及其生态修复手段（表27.4）。

表 27.4 山体生态修复案例研究汇总

类型	名称	图纸	具体设计手段	解析 + 目标
矿山采石场废弃地	武汉凤凰山破损山体	①②③④⑤	①结合现有植被和生态条件划分植被种植区	·由于场地内生态条件差异较大，根据现场条件，结合现有植被，在规划中将山体划分为不同的种植区域，以期恢复形成常绿落叶阔叶混交林、常绿阔叶林、落叶阔叶林、针阔混交林、森林湿地、稀疏草地、灌丛林、垂直绿化区等植被类型；·增加群落结构稳定性
			②陡坡变缓	·对于局部坡度陡峭的坡面，通过爆破将其修整为缓坡，降低不稳定系数，增加坡面稳定性；·增加边坡稳定性、减少安全隐患
			③削坡开平台	·根据山体高差和设计要求，自破损面边缘垂直向下8 m，开出宽度4~6 m的平台，内覆种植土，平台外缘砌毛石挡土墙，在平台内种植绿化植物，遮挡破损立面；·增加边坡稳定性
			④台阶式挡土墙	·沿山脚、山腰、山坡高处修建挡土墙，挡土墙在2m左右，利用当地自然毛石砌筑，节约成本；挡土墙的修建可以形成缓冲区，有效缓冲浮土的下滑；·防止水土流失
			⑤根据岩石凹凸沟坡挂网	·挂网根据山体的具体情况用锚杆锚固在岩面上，选用钩花铁网，沿山体岩石凹凸沟坡的走势挂接；挂网随山势灵活布点，起牢固作用，并喷播客土，增加岩面生长基质；·增加边坡稳定性、改善栽植基础

类型	名称	图纸	具体设计手段	解析＋目标
	武汉凤凰山破损山体		⑥山坡顶部打造自然排水沟	·坡顶存在残积土层时，形成自然式排水边沟并种植地被植物，实现排水绿化有机结合； ·防止水土流失
			⑦凹坑、谷底汇水形成自然水源	·对凹坑进行改造，引导径流，在谷底回填土壤形成保水性良好的湿地，有效蓄水的同时，还能增加山地生物多样性，改善山体整体环境； ·增加生物多样性、改善水体质量
			⑧缓坡面栽植乡土草灌木	·缓坡地段主要采取植物栽植，以草灌木植物为先导，在今后长期自然条件下，随着植物群落自然演替，形成与当地植被混交的自然群种； ·增加植被覆盖率
	委内瑞拉古里采石场		①兴建梯田	·在土壤或岩石表面兴建梯田有助于改善地表水流的条件，防止水土流失，增加边坡的稳定性； ·防止水土流失、增加边坡稳定性
			②在平坦低洼地设置小型调节氧化塘	·在有雨水和大坝渗漏水的平坦低洼地内设立小型调节氧化塘，并在其中种植鱼类喜食植物，增加生物多样性； ·增加生物多样性
矿山采石场废弃地	济南奥体中心山体修复		①根据不同地理区位分区修复	·该项目形成丰富多样的景观与生态功能相结合的生态群落区，包括山顶常绿背景群落区、山腰混交林群落区、断崖攀缘植物群落区、山路旁乔灌木景观群落区、山体开采恢复群落区、山脚特色景观群落区； ·增强群落结构稳定性、增加生物多样性
			②削上角，填坡脚	·针对较陡的土质边坡，采用削坡法，首先对边坡进行整地的土石方工程，通过土方将坡顶的土消除并填到坡下部，减缓坡度，创造缓坡地形，在土坡的中下部用假山石叠砌挡土墙，回填种植土后栽植植被； ·增加边坡稳定性
			③陡长坡分层削坡砌台	·对于较陡较长的坡面则应当采用削坡砌台的修复方式，塑造地形后再进行绿化，山体破损面较陡，坡前平面部分面积较小，需要对顶部山体爆破作业，进行分层削坡，从而将边坡倾斜角度调整到70°以内； ·增加边坡稳定性、改善栽植基础
			④在坡顶修筑横向及纵向截水沟	·横向截水沟即一种据坡顶边缘约3m左右、排水坡度在2%~4%的截排水与植物种植带相结合的构筑物，在雨量较小时，收集雨水并通过反滤层为植物提供水分；纵向排水沟的作用是收集排泄坡面的雨水以及坡顶横向截水沟的部分水流，主要负责对雨量较大时径流的疏导； ·防止水土流失
			⑤利用微地形砌筑植生盆	·针对有裂缝或微凹的岩面，利用微地形在岩石边坡上的凹处砌筑植生盆，再回填种植土，增加有利于植物生长的水分和养分； ·改善栽植基础
			⑥"下垂—上爬—中连接"的绿化模式	·依据种植穴空间位置选择适宜性树种，叠石间预留较多的种植灌木，靠近山体边缘处栽植垂枝型植物，山体内侧栽植攀缘植物，靠近坡脚处栽植较大的乔木，进行平面绿化遮挡； ·增加植被覆盖率、增加生物多样性
	济南南部小北山		①山体基部回填斜面种植土	·根据需要在山体基部覆土回填渣土和种植土，回填出符合渣土和种植土的自然安息角，作为种植斜面，然后栽植绿化苗木遮挡破损面； ·改善栽植基础
			②"品"字形或自然式鱼鳞坑	·对于山体破损面坡度较陡的土层瘠薄面，坡面做多个内径2m左右的平台结构，平台周围砌筑接近半圆形挡土墙，平台内覆土并栽植植物； ·改善栽植基础、防止水土流失

类型	名称	图纸	具体设计手段	解析＋目标
矿山采石场废弃地	济南兴隆山	①	①台阶式布局挡土墙	·平台外缘砌挡土墙，挡土墙石料选择质地坚实、无风化剥落和裂纹的石块，如自然毛石，呈台阶式；台阶式布局的挡土墙可以防止雨水冲刷种植土造成水土流失，同时可以增强坡体的稳定程度； ·增加边坡稳定性、防止水土流失
	法国比维尔采石场	① ② ③	①金属网罩固定的石块保坎	·直线型的采石坑被改建为阶梯，方便游人从山谷顶部走到谷底，阶梯的每一个平台两旁都建有由金属网罩固定的石块保坎，保坎可以防止土石滑坡，节约了材料，体现了石料开采的历史痕迹； ·防止土石滑坡、防止水土流失
			②引水成湖	·设计了一系列引导水流的设施和设备，使其汇聚到谷底形成湖泊； ·增加生物多样性
			③边缘地带种植条带状高大乔木	·场地的每一部分根据其自然特色以及适地适树的原则，在边缘地带呈带状种植了许多高大的乔木，这样能够抵抗风的侵蚀； ·增加群落结构稳定性
	四川青岗树矿山	① 沙棘 乔灌林 草本植物 边界 重点恢复区域 一般恢复区域 次重点恢复区域 ② ③	①根据矿山环境现状，划分不同程度的恢复治理区域	·根据矿山地质环境现状评估以及矿山地质环境影响程度可以分为三层次，分别是严重、较严重和较轻，由此将矿区的恢复治理工作划分为三个区：重点恢复治理区域、次重点恢复治理区域及一般恢复治理区域，各个区域的恢复方式有所差异； ·增强群落结构稳定性、增加生物多样性
			②选择抗性强、繁殖能力强的植物种类	·需修复的山体边坡一般为瘠薄之地，选择抗瘠薄、抗旱等抗性强的植物种类可以增加植物的存活率，加速植物演替；繁殖能力强的植物能够通过风力传播种子或通过根茎蔓延，迁入、定居到矿岩山体上； ·增加群落结构稳定性、增加植被覆盖率
			③引入固氮植物	·植物的根系促使地表更加牢固，并形成表土层；最早引入的植被主要是金雀花和荆豆，因为它们不仅耐瘠薄土壤，根系还具有固氮功能，这就为以后引入的植物创造了更好的生态条件； ·改良土壤性状
遗留边坡地	贵州安顺西秀区喀斯特石漠化山体修复	① 海拔高度 植物群落 ② ③ ④ ⑤	①根据立地条件类型进行生态修复分区	·立地类型反映在小地形、岩性、土壤、水分条件、小气候及植物群落上；安顺市西秀区山体修复根据实施工程区域的海拔、土壤类型、土层厚度、坡位、坡度等调查资料，划分立地类型，然后进行生态修复，更利于充分发挥立地的自然生产力； ·增加群落结构稳定性
			②混交林造林模式	·多个树种混合种植能有效预防和控制病虫害的发生和蔓延，可以改良土壤，比如常绿和落叶搭配，树叶枯落后会被土壤微生物分解，形成矿物质归还土壤，矿物质又能促进植物的生长发育，相互之间形成良性循环，同时能增加抵御灾害的能力； ·改良土壤性状、增加群落结构稳定性
			③控制造林密度	·造林密度过大会引起林木个体之间对营养空间的恶性竞争，造林密度过小会引起地力资源的浪费；适当密度能充分利用林分空间，适宜密度范围内初植密度可适当大些；土层瘠薄地段、陡坡峡谷等生态环境脆弱地段初植密度也可适当大些； ·增加群落结构稳定性
			④坡地沿等高线种植	·沿等高线种植植物可以有效地减少水土流失； ·防止水土流失、增加边坡稳定性
			⑤风害严重地区，种植行列与主风向垂直	·在风害严重的地区，植物以与主风向垂直的方向成排种植，可以减少风害对植物的影响； ·增加群落结构稳定性

续表

类型	名称	图纸	具体设计手段	解析 + 目标
遗留边坡地	北京雁栖湖生态示范区	① ②	①台地续坡	·坡度较缓且土壤情况相对较好的土质边坡可以采用台地续坡的修复方式，首先依山势用假山石砌筑二层或者三层的高度，利用石头本身的重力做山体的挡土墙，进行渣土分层压实后再回填种植土； ·增加边坡稳定性、防止水土流失
			②立体网状绿化	·植生带的立体网状纤维结构能吸收雨水冲击所产生的能量，可以防止土壤侵蚀，有效阻止土壤颗粒移动，使植被种子保持稳定、均匀的分布状态，节约了种子播种量，从而改善了绿化效果； ·增加植被覆盖率、防止水土流失
震损山体	四川北川擂鼓镇石岩村山体	① ② ③ ④ ⑤	①设置钢铁框挡土墙	·钢铁框挡土墙的强度最高，因此主要分散在山体从上往下各个坡度变化较大、较容易发生垮塌滑坡的地方；钢铁框作为每段节点的基座，稳固渠道，同时起到分割整条排水渠的作用； ·防止水土流失
			②阶梯式铁丝笼挡土墙	·铁丝笼的网状设计更加便于藤蔓植物的生长，具有较强的生态功能，由于抗压力弱，因此在工程中修成阶梯式，以防止高度过高的土块冲击造成破坏，一般层与层间隔为 20 m； ·防止水土流失、增加植被覆盖率
			③本土材料的运用	·根据灾区当地竹子资源丰富这一特点而采用的边坡修复方法；由于北川盛产竹子，因此取材容易，用竹子代替原始的土袋，构建栅栏为植物生长提供保护，具有防止地表土壤流失和创造栽植基础等生态功能； ·防止水土流失
			④根据水量设置多样化排水设施	·为防止雨水冲刷造成水土流失，需要人工修建渠系工程，引导边坡上层雨水排放，通过汇集和排出地表水，发挥防止表层侵蚀的作用；流水侵蚀程度不严重的地方可用土袋建水路，水势强、水流多的地方应设计更坚固的铁丝笼水路工程； ·防止水土流失
			⑤分片分段排水	·排水设计遵循"高水高排、低水低排、分片分段排泄"的原则；由于山坡坡长较大，修筑时尽量使排水渠呈一条直线，并且将整体分为 6 段以缓冲水流速度，避免过快的水速和过大的水量冲击山体边坡引起山体滑坡、泥石流等地质灾害； ·防止水土流失、减少安全隐患
	四川汶川唐家山堰塞湖片区	① ② ③	①建立较大的截水沟和排水设施	·利用截排水措施建立较大的截水沟和排水沟，避免地面径流直接冲刷塌方堆积体，主要形式有地表截排水沟、明沟、暗沟、地下疏干排水孔等； ·防止水土流失、减少安全隐患
			②网格框土	·主要用在坡度比较大的陡坡，以稳固新增土壤，从而使无土的斜面也可以后期绿化； ·增强边坡稳定性
			③适宜性种植	·坡底乔灌草藤结合，坡底较阴潮，覆土较好，植物以耐荫耐潮湿习性为主；坡面灌草藤组合，坡面覆土较少，阳光照射充足，水分养分少，植物以固氮、保持水土的灌草为主；坡顶乔灌草组合，坡顶阳光充足，覆土较好，有水分养分，以固氮和防风固沙植物为主； ·增加群落结构稳定性

301

通过上文对山体生态修复案例的剖析与验证，本部分对其中的具体修复手段作进一步的提炼与归纳，提出生态修复手法集合（表27.5）。

表 27.5 山体生态修复手法集合

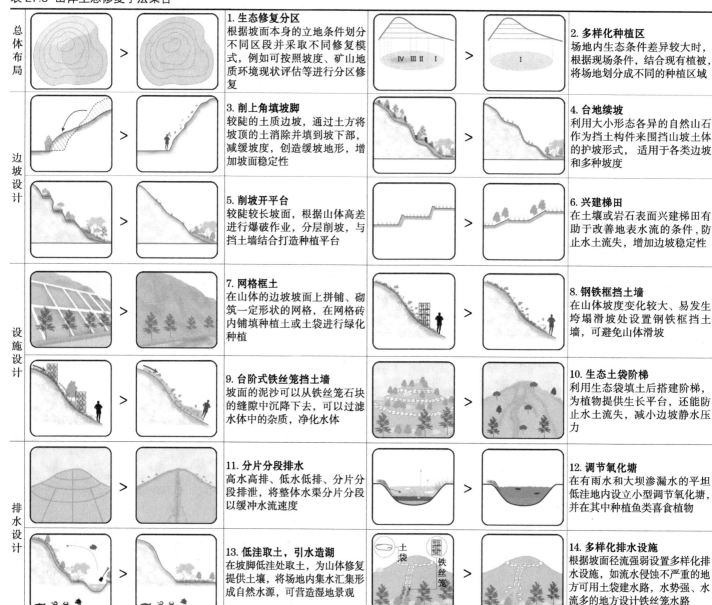

总体布局	**1. 生态修复分区** 根据坡面本身的立地条件划分不同区段并采取不同修复模式，例如可按照坡度、矿山地质环境现状评估等进行分区修复	**2. 多样化种植区** 场地内生态条件差异较大时，根据现场条件，结合现有植被，将场地划分成不同的种植区域
边坡设计	**3. 削上角填坡脚** 较陡的土质边坡，通过土方将坡顶的土消除并填到坡下部，减缓坡度，创造缓坡地形，增加坡面稳定性	**4. 台地续坡** 利用大小形态各异的自然山石作为挡土构件来围挡山坡土体的护坡形式，适用于各类边坡和多种坡度
	5. 削坡开平台 较陡较长坡面，根据山体高差进行爆破作业，分层削坡，与挡土墙结合打造种植平台	**6. 兴建梯田** 在土壤或岩石表面兴建梯田有助于改善地表水流的条件，防止水土流失，增加边坡稳定性
设施设计	**7. 网格框土** 在山体的边坡坡面上拼铺、砌筑一定形状的网格，在网格砖内铺填种植土或土袋进行绿化种植	**8. 钢铁框挡土墙** 在山体坡度变化较大、易发生垮塌滑坡处设置钢铁框挡土墙，可避免山体滑坡
	9. 台阶式铁丝笼挡土墙 坡面的泥沙可以从铁丝笼石块的缝隙中沉降下去，可以过滤水体中的杂质，净化水体	**10. 生态土袋阶梯** 利用生态袋填土后搭建阶梯，为植物提供生长平台，还能防止水土流失，减小边坡静水压力
排水设计	**11. 分片分段排水** 高水高排、低水低排、分片分段排泄，将整体水渠分片分段以缓冲水流速度	**12. 调节氧化塘** 在有雨水和大坝渗漏水的平坦低洼地内设立小型调节氧化塘，并在其中种植鱼类喜食植物
	13. 低洼取土，引水造湖 在坡脚低洼处取土，为山体修复提供土壤，将场地内集水汇集形成自然水源，可营造湿地景观	**14. 多样化排水设施** 根据坡面径流强弱设置多样化排水设施，如流水侵蚀不严重的地方可用土袋建水路，水势强、水流多的地方设计铁丝笼水路

续表

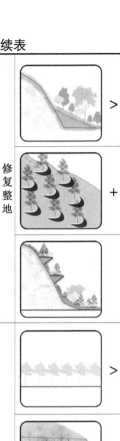 	**15. 坡底回填土微地形** 植物种植整地时回填的种植土要进行微地形处理，形成缓坡，以避免雨水冲刷造成种植土的流失	 **16. 坡脚挡墙绿化带** 利用挡墙回填土深厚的有利条件挖穴定植，构成过渡型的美化景观线，又是上边坡滑石隐患的绿色屏障
	17. 鱼鳞坑 适用于干旱、半干旱地区的陡坡地及需要蓄水保土的石质山地的造林整地，挖掘品字形或自然式鱼鳞坑	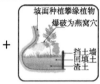 **18. 燕窝穴** 适用于较平缓的山地、水蚀和风蚀严重地带的造林整地，采用爆破等方法在石壁上定点开挖巢穴
	19. 植生盆 针对有裂缝或微凹中等坡度石壁，利用微地形在岩石边坡的凹处砌筑植生盆	—

修复整地

	20. 适宜造林密度 适当的密度能充分利用林分空间，土层瘠薄、岩溶、陡坡峡谷等生态环境脆弱地段初植密度可适当大些	 **21. 上垂 - 下爬 - 中连接** 靠近山体边缘处栽植垂枝型植物，山体内侧栽植攀缘植物，靠近坡脚处栽植较大的乔木
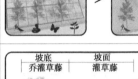	**22. 立体网状植生带** 植生带立体网状纤维结构可防止土壤侵蚀，阻止土壤颗粒移动，使植被种子保持稳定、均匀的分布状态	 **23. 边缘乔木带** 在边缘地带呈条带状种植了许多高大的乔木，它们能够抵抗风的侵蚀
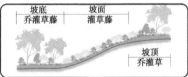	**24. 适宜性种植** 结合光照、覆土厚度，坡底乔灌草藤组合、坡面灌草藤组合、坡顶乔灌草组合	 **25. 先锋先行** 选择适应立地条件、生长迅速的先锋植物，可以改良土壤，为其他植物的生长创造基本的生长环境
 	**26. 深浅根植物结合** 乔灌草藤立体配置，深根和浅根植物相结合种植，使植被营养吸收更充分以及坡面的深浅层更稳定	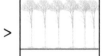 **27. 混交林造林模式** 促使森林更新和优化生态效益，充分利用光照、土壤肥力等环境条件

配置设计

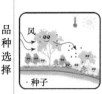 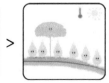	**28. 选择抗性强、繁殖能力强的植物种类** 选择抗瘠薄、抗旱等抗性强的植物种类，增加植物的存活率，加速植物演替；繁殖能力强的植物能够通过风力传播种子或通过根茎蔓延，迁入、定居到矿岩山体上	 **29. 根系发达的固氮植物** 发达根系及强固氮能力使根系与土壤接触面积大，可起到锚固作用，改善土壤性状，增加土壤肥力

品种选择

■ 山体生态修复的生态手法参考空间组合

　　山体生态修复手法组合是将数条生态修复手法综合的较优空间组合模式。相较于孤立的生态手法，手法组合能够更具体和系统地指导设计实践，更容易达到生态目标。本讲列举了4种山体生态修复手法组合（图27.5、图27.6）。

A ①适宜性种植 + ②土袋排水沟 + ③鱼鳞坑 + ④坡脚挡土墙绿化带 + ⑤低洼取土，引水造湖 + ⑥氧化塘
生态目标：改善生境、增加生物多样性、增加群落结构稳定性

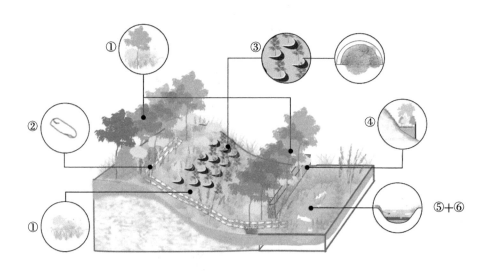

B ①削上角填坡脚 + ②台地续坡 + ③台阶式铁丝笼挡土墙 + ④坡底回填土微地形 + ⑤适宜性种植
生态目标：增加边坡稳定性、增加群落结构稳定性、改良土壤性状

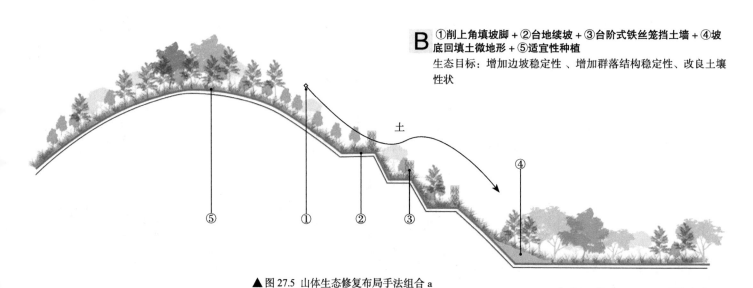

▲ 图 27.5 山体生态修复布局手法组合 a

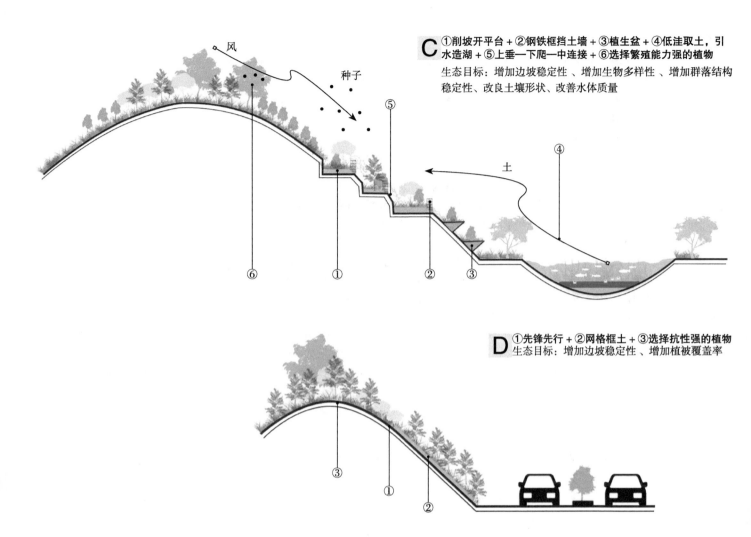

C ①削坡开平台＋②钢铁框挡土墙＋③植生盆＋④低洼取土，引水造湖＋⑤上垂—下爬—中连接＋⑥选择繁殖能力强的植物
生态目标：增加边坡稳定性、增加生物多样性、增加群落结构稳定性、改良土壤形状、改善水体质量

风

种子

土

D ①先锋先行＋②网格框土＋③选择抗性强的植物
生态目标：增加边坡稳定性、增加植被覆盖率

▲图 27.6 山体生态修复布局手法组合 b

305

■ 参考文献

王金马 . 2016. 秦岭北麓圭峰山典型地段破损山体修复策略及治理途径研究 [D]. 西安建筑科技大学 .

王玉圳 . 2018. 城市双修指导下的三亚山体修复规划探索 [C]. 中国城市规划年会 .

赵入臻 . 2012. 城市破损山体景观修复研究 [D]. 山东建筑大学 .

沈烈风 . 2012. 破损山体生态修复工程 [M]. 北京：中国林业出版社 .

彭娟 . 2010. 采石废弃地的景观恢复规划研究 [D]. 山东农业大学 .

■ 案例来源

沈烈风 . 2012. 破损山体生态修复工程 [M]. 北京：中国林业出版社 .

魏彤云，聂俊，易学峰 . 2014. 武汉凤凰山破损山体生态修复 [J]. 湖北林业科技，43(4):80–82.

陈波，包志毅 . 2003. 国外采石场的生态和景观恢复 [J]. 水土保持学报，17(5):71–73.

赵入臻 . 2012. 城市破损山体景观修复研究 [D]. 山东建筑大学 .

刘高鹏，金章利，牛海波，等 . 2010. 济南奥体中心山体边坡断崖面生态修复模式及效果 [J]. 中国水土保持，(7):26–28.

赵入臻，赵鹏，赵环金 . 2012. 济南破损山体概况及生态修复技术研究 [J]. 山东国土资源，28(9).

杨庆贺 . 2012. 济南南部山区破损山体生态修复技术研究 [D]. 山东农业大学 .

张生 . 2016. 北川矿山生态修复研究 [D]. 绵阳师范学院 .

赖力，刘静，刘玉洁，幸宏伟 . 2018. 安顺市西秀区荒漠化山体生态修复方案探讨 [J]. 南方农业，12(28):103–107.

刘晶，刘杰 . 2016. 山体景观生态修复技术及运用浅议 —— 以雁栖湖生态发展示范区山体修复为例 [J]. 北京园林，(1):24–30.

付诗雨，辜彬 . 2015. 震损山体边坡生态恢复的有效途径 —— 以北川羌族自治县擂鼓镇石岩村山体边坡为例 [J]. 安徽农业科学，(1):204–208.

杨剑，彭勃，赵敏 . 2014. 汶川地震灾区生态修复技术研究 —— 以唐家山堰塞湖片区为例 [J]. 四川建筑科学研究 (2):164–167.

■ 思想碰撞

在山体生态修复过程中，设置各种形式的挡土墙可以有效防止山坡填土或土体变形失衡，减少山体滑坡事故及水土流失的情况发生。但是，横亘于山体之间的大片挡土墙在一定程度上也影响了整个山体生物物质与能量的交换，影响了自然过程的连续性。在作山体生态修复的时候，你认为应如何权衡这两者之间的关系？

■ 专题编者

岳邦瑞　　　　　费凡　　　　　黄曦娇　　　　　李思良

河流生态修复

织补生命的摇篮 28讲 ▢

人类逐水而居，鱼虾游戏于水中，草木有水而葱郁……

　　司马相如在《上林赋》中写道"……荡荡乎八川分流，相背而异态"。这里的"八川"是指泾、渭、灞、浐、沣、滈、潏、潦八条河流，因其地理分布而形成了"八水绕长安"之势。历朝历代众多君主建都于此，享受着秦岭脚下的山水润泽。然而，近几个世纪以来，随着城市化进程的快速发展，河流空间被侵占、破坏，水资源短缺、水环境恶化、水生态脆弱等问题日益突出；人们愈发重视"八水"的保护和修复，希望重现"八水润长安"的生机景象，以求泽被万物，福荫后代。

■ 河流生态修复的内涵

基于生态修复、恢复、重建等相关概念的辨析（表28.1），笔者认为，河流生态修复是指对已经受到污染、破坏的河流生态系统进行人工干预，以恢复其生态过程、生产力和服务功能而使其具有可持续发展潜力的过程。

表28.1 生态修复相关概念辨析

相关概念	对象	目标	方向	人为干预
生态修复	受损生态系统	恢复生态系统过程、生产力和服务功能，使之具备可持续发展的潜力	不限定	有
生态恢复	受损生态系统	使生态系统恢复初始状态或原来的发展轨迹	原始方向	有
生态重建	受损生态系统	建造一个可持续的生态系统	不限定	有
生态改建	受损生态系统	提升生态系统部分功能和结构，增加人类所期望的"人造"特点	其他方向	有
生态复垦	受损生态系统（非生物环境遭到破坏）	使土地恢复到对人有益的状态	不限定	有
生态保护	受损或易损的高价值生态系统、目标物种	保护目标免受干扰	不限定	有/无
生态保育	受损或易损的高价值生态系统、目标物种	使目标具备可持续发展的潜力	不限定	有
生态封育	受损或易损的高价值生态系统	使生态系统恢复初始状态	原始方向	无

根据对河流空间结构关系的廓清（表28.2），结合学者们提出的河流生态系统的研究尺度、划分方法以及理论（董哲仁，2013；王敬儒，2019），笔者认为，河流生态系统的研究可以从流域、廊道、河段三个尺度展开，从而开展河流生态修复。

表28.2 河流空间结构示意图（杜凌霄，2018）

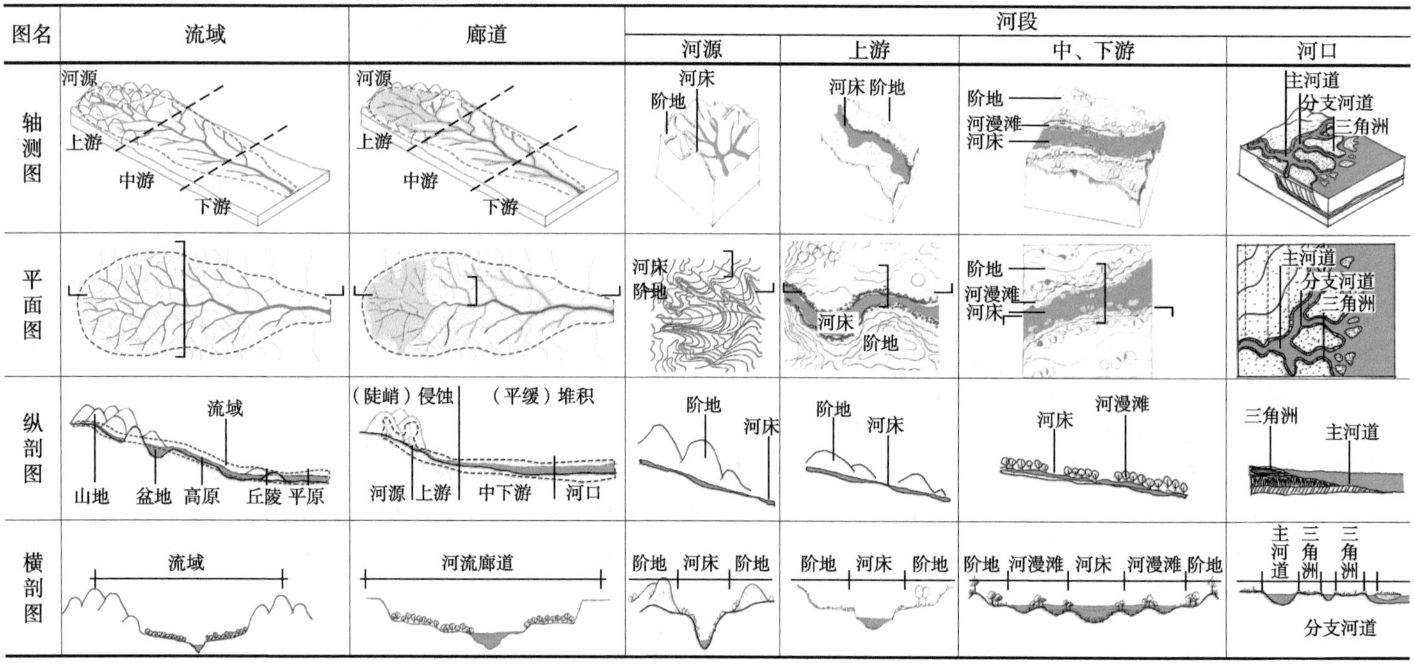

■ 河流生态修复的发展与生态目标

1. 河流生态修复的发展历程

以修复理念和目标的不同为线索，从国内和国外两个角度，梳理河流生态修复方面的发展历程，将国外的历程划分为萌芽、探索、发展三个阶段；将国内历程划分为河道治理时期、生态水工学时期、景观生态规划设计时期（表28.3、表28.4）。

表28.3 国外河流生态修复的发展历程（王文君 等，2012; 张振兴，2012）

发展阶段	代表事件	具体内容
萌芽阶段 河流水质恢复时期 （20世纪30~50年代）	·"近自然河溪治理"概念	1938年德国Seifert首先提出"近自然河溪治理"的概念，标志着河流生态修复研究的开端；"近自然河溪治理"是指能够在完成传统河道治理任务的基础上达到近自然、经济并保持景观美的一种治理方案，但是西方国家对河流治理的重点仍主要是放在污水处理和河流水质保护上
探索阶段 近自然河流生态修复时期 （20世纪50~90年代）	·德国莱茵河； ·瑞士苏黎世河； ·日本城市河道	20世纪50年代，德国创立"近自然河道治理工程学"，提出要在工程设计理念中吸收生态学的原理和知识，改变传统的工程设计理念和技术方法，使河流的整治符合植物化和生命化的原理；瑞士提出"多自然工法""河流再自然化"，日本提出"多自然型河道生态修复技术"
发展阶段 流域尺度生态修复时期 （20世纪90年代至今）	·德国莱茵河"鲑鱼-2000计划"； ·美国密西西比河、基西米河	流域尺度河流生态修复，以恢复生物多样性为修复目标；20世纪80年代开始的莱茵河治理得到了该流域各国和欧共体的一致支持，到2000年莱茵河全面实现了预定目标，沿河森林茂密，湿地发育，鲑鱼、鸟类和两栖动物重返莱茵河

表28.4 国内河流生态修复的发展历程（陈兴茹，2011）

发展阶段	代表事件	具体内容
河道治理时期 （20世纪后期）	·传统水利工程	以防洪、水资源利用为主要目标，通过建设各种水利设施调蓄雨洪，促进水资源的开发利用；通过硬化渠化河道的方式疏通河道，提升河水流速
生态水工学时期 （21世纪初）	·丽江市水生态修复工程	以河流水质恢复为主要目的，同时考虑水生态相关内容，包括在规划前开展河流健康评价和生态需水量估算，采取划定保护范围、河流沿岸退耕还林等措施
景观生态规划设计时期 （21世纪初至今）	·迁安三里河生态廊道	考虑整体河流生态系统，以河流水质恢复、生物多样性提高为主要目标；通过构建河流廊道、人工湿地等方式进行生境营造，采取生态护坡、生态河床等措施营造河流生态景观

2. 河流生态修复的生态目标

当今河流生态系统面临的主要生态问题包括水文条件恶化、水质条件恶化、生物多样性下降等，这正是河流生态修复重点考虑的问题。笔者以现状问题为导向，进行体系化、多层次的归纳总结，提出河流生态修复的生态目标体系（表28.5）。

表28.5 河流生态修复的生态目标体系

一级目标	二级目标	三级目标	对应现状问题
提高河流生态系统的可持续性	改善水量条件	增加基流量	过量抽取地下水以及雨水下渗的减少导致地下水位下降，河流常水位低、基流量小
		调蓄雨洪	河流的硬化工程以及河漫滩被侵占，导致河流蓄洪能力下降，易发生河流洪泛
	改善水文条件	涵养水源	硬质下垫面增加，透水性变差，导致雨水下渗减少、地下水位下降，以致河流基流量减小
		调节水深	基流量小导致水文变化大，不利于水生动物栖息
		调节流速	截弯取直的人工河道使河水流速过快，不利于水生动物栖息
	改善水质条件	净化水质	生活污水、工业污水、农业污水直接或简单处理后排入河流，污染水质
	增加生物多样性	改善栖息地条件	河流驳岸及河床硬化工程，导致"三面光"现象，破坏河流自然形态
		改善迁徙条件	水利工程阻断野生动物迁徙廊道

■ 河流生态修复的设计程序与研究框架

1.河流生态修复的设计程序

总结归纳已有的流域规划及河流生态修复的规划设计程序（董哲仁，2008；唐利文，2010；唐常春，2011；刘玉玉，2015），得到本文的河流生态修复规划设计程序（图28.1）。其中，与本文研究的生态手法相关的内容主要包括流域及廊道尺度的总体格局、主体功能区、景观格局，以及河段尺度的河流各空间组成部分等内容。

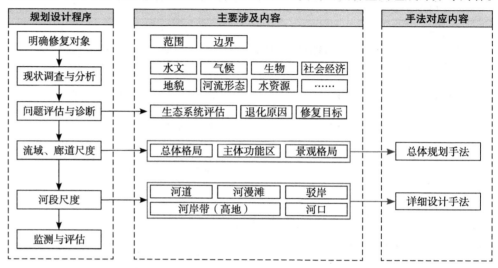

▲ 图28.1 河流生态修复的设计程序及其与生态手法的关系

2.河流生态修复的研究框架

以上述河流生态修复程序为线索，结合其研究尺度、要素关系等内容，总结归纳了河流生态修复的研究框架（图28.2）。本研究框架既用于案例分析研究，同时也可作为生态手法归纳框架。

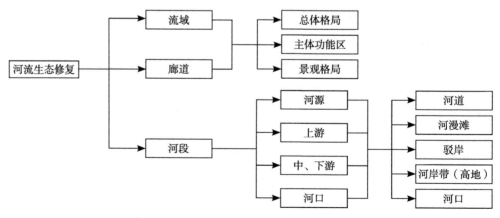

▲ 图28.2 河流生态修复案例解析及生态手法归纳框架

CASE
河流生态修复案例解析

应用上述研究框架进行跨案例研究，解析共计 11 个案例，其中国内案例 6 个，国外案例 5 个，并以列表形式综述各案例及其规划设计手段（表 28.6、表 28.7）。

表 28.6 流域尺度河流生态修复案例研究汇总

案例	图纸	具体设计手段	解析 + 目标
中国海河流域水资源保护规划	①②③ 乌兰察布 燕山—太行山水源涵养区 中部平原湿地保护区 平原地下水漏斗恢复区 滨海湿地保护区 大黄堡 湿地系统 重点地区 主要功能区划	①河源、上游及大型自然斑块划定水源涵养区	·水源涵养工程主要集中在源头保护区和水源涵养区，其中源头保护区主要包括内蒙古乌兰察布饮马河、二道河水源涵养工程，水源涵养区主要包括山西桑干河、滹沱河、漳卫新河和南运河水源涵养工程； ·提高水量、改善栖息地条件
		②恢复和完善江河湖库水系连通	·以大中型调蓄工程和连通工程为依托，将自然水体联系起来，增加水流连通性，增强水体交换能力，提高自然水体环境的承载力和水生态系统的自我修复能力，同时为水生动物创造良好的栖息地环境和迁徙条件； ·净化水质、改善栖息地条件
		③湿地恢复与重建	·天津市重点修复七里海、大黄堡和黄庄洼湿地；河北省进行白洋淀绿色输水廊道建设、衡水湖滨湖河道治理等工程，同时修复南大港和永年洼； ·净化水质、改善栖息地条件
德国莱茵河	① 干流 ② 河流廊道	①划定生态功能控制区	·在"莱茵河 2020 计划"中明确了实施恢复干流在整个流域生态系统中的主导作用；恢复主要支流作为莱茵河洄游鱼类栖息地的功能；保护、改善和扩大具有重要生态功能的区域； ·改善栖息地条件
		②联通河流廊道	·采取"鲑鱼 2000 计划"，通过拆除大坝、建设鱼道等方式，将河流上下游联通起来，提高纵向连续性； ·改善迁徙条件
中国湘江流域科学发展规划	① ② 下游 中游 上游 中度开发区 适度开发区 生态保护区	①流域范围内划分主体功能区，采用圈层式开发	·以河流为中心，圈层式划分主体功能区，内圈层作为生态保护育区、中圈层为农产品主产区、外圈层为主要城市化地区，以协调城市发展与自然环境保护； ·净化水质、改善栖息地条件
		②梯度开发	·对河流进行分段，划定梯度开发强度后，再展开规划设计，上游作为生态保护保育区、中游为农产品主产区，下游为主要城市化地区，以协调城市发展与自然环境保护； ·涵养水源、改善栖息地条件、净化水质
美国基西米河生态修复	① 基西米河 S-65B S-65C ②	①联通河流廊道	通过拆除 S-65B 和 S-65C 两处拦河坝，加强河流上下游的连通性，提高纵向连续性，改善水生动物的迁徙条件； ·改善栖息地条件、改善迁徙条件
		②湿地恢复与重建	·加上上游来水的调整，重新形成原有的季节性水位浮动，营造一个水流能漫没的沼泽湿地生态系统，最终达到全面重塑基西米河生态系统的目的； ·调蓄雨洪、改善栖息地条件

表 28.7 河段尺度河流生态修复案例研究汇总

案例	图纸	具体设计手段	解析 + 目标
河北迁安三里河绿道项目		①塑造蜿蜒河道	·拆除河流两侧洪水墙,将原有的笔直河道改为蜿蜒曲折河道,提供多样的水流环境,为水生动物提供多样的栖息环境; ·改善栖息地条件
		②河心树岛	·原干涸河道中有较多乔木,该项目保留了场地中原有树木,形成众多树岛,成为河心植被岛,为水生动物提供栖息环境; ·改善栖息地条件
		③改建自然驳岸	·拆除原有的垂直混凝土驳岸,改为自然草坡,结合乡土植被,营建复合植被群落,为水生动物提供丰富的栖息地; ·改善栖息地条件
		④河漫滩增设串珠式人工湿地泡	·在河漫滩设置串珠状的湿地,并且结合雨水收集和中水的生态净化、回收利用,提升绿地调节雨洪的能力;深浅不一、蜿蜒多变的近自然河道设计,营造多样生物栖息地; ·净化水质、改善栖息地条件
		⑤高地设置下凹绿地	·河岸带设置草滩结合的下凹绿地,下凹绿地面积比为10%~30%;下凹深度为0.1~0.3m;滞留地表径流,吸附污染; ·净化水质、调蓄雨洪
宁波生态走廊		①漫滩增设梯级池塘净化链	·在河漫滩设置多层洼地,形成池塘—湿地链,雨水径流经过集中收集以及多层池塘链处理后排入主河道,净化径流; ·净化水质
		②生态浮岛	·河道中设置生态浮岛,以处理湿地链末端排出的水体,再次进行径流中污染物的吸附和处理,并为水生动物提供良好的栖息地; ·净化水质、改善栖息地条件
		③河漫滩增设湿地	·在河漫滩新建净水湿地系统,使漫滩重新回归,恢复其雨洪调节功能;同时,提供浅水区,营造多样化的生物栖息地; ·净化水质、改善栖息地条件
		④河心岛	·在河道较宽区域设置密集的河心岛,配置净污能力强的植物,与河漫滩湿地结合净化水体,同时为水生动物提供栖息地; ·净化水质、改善栖息地条件
美国圣安东尼奥河滨水区域设计		①塑造蜿蜒河道	·拆除河流两侧洪水墙,将原笔直河道改造为蜿蜒曲折河道,提供多样的水流环境,为水生动物提供多样栖息环境; ·改善栖息地条件
		②改建自然缓坡驳岸	·在河岸带用地较宽河段拆除原混凝土垂直护堤,改建自然缓坡驳岸,利于净化地表径流,为水生动物提供栖息场所; ·净化水质、改善栖息地条件
		③河道增设人工鱼巢	·在河道底部依靠驳岸构建石块填充的洞穴,并在洞穴上方堆放大漂石及水生植物; ·净化水质、改善栖息地条件
		④改建卵石河床	·将原混凝土浇筑的不透水光滑河床破碎,改建为卵石铺砌的透水河床,为水生动物提供多样的栖息地环境; ·改善栖息地条件
		⑤增设回水湾以及蓄水湖	·在河岸带较宽空间的河段开挖大水面,增设回水湾,并配植乔灌木及水生植物,创造流速较缓的环境,利于鱼类洄游; ·改善迁徙条件

案例	图纸	具体设计手段	解析 + 目标
新加坡加冷河道修复	原址→重塑蜿蜒→改造后	①塑造蜿蜒河道	·拆除河流两侧洪水墙，将原本笔直河道改为蜿蜒曲折、宽窄相间河道，提供多样的水流环境，为水生动物提供多样的栖息环境； ·改善栖息地条件
		②改建梯级河漫滩，拓宽河道	·漫滩横截面宽度扩大 15～150m，并将原本平地形式的漫滩改建为梯级形式的漫滩，以季节性洪水、三十年一遇、五十年一遇和百年一遇洪水线作为梯级漫滩的高差，并配置乔灌草结合、水生—湿生—中生搭配的植物群落； ·调蓄雨洪、改善栖息地条件
		③改建岩石、植物驳岸	·拆除混凝土堤岸，在防洪改造要求高且坡度较陡或腹地较小的河段改建为岩石砌筑，并配植驳岸植物的生态防护型驳岸； ·净化水质、改善栖息地条件
		④改建自然草坡驳岸	·拆除垂直混凝土堤岸，在防洪要求低且坡度较缓或腹地较大的河段改建为草坡驳岸； ·净化水质、改善栖息地条件
		⑤改建卵石河床	·将原有硬质混凝土河床改造为卵石、碎石河床，提高河流垂向连续性，为水生动物营造多样的栖息地环境； ·改善栖息地条件
	漫滩梯级池塘 湿地	⑥漫滩增设梯级池塘—湿地链	·在漫滩中利用高差增设由沉淀池塘和人工增设湿地组成的小型生态梯级系统，池塘和湿地均由池塘水、水生生物以及间歇或永久地处于水饱和状态的基质组成，均呈近自然状； ·净化水质
浙江浦阳江生态廊道	河流沿线拓宽绿地分布	①拓宽河道绿地	·拓宽河道，新建湿地，新增湿地水域面积约为 29.4hm²；发挥水体净化功效并提供市民游憩的湿地公园的总面积 166hm²，占生态廊道总面积的 84%； ·调蓄雨洪
		②自然缓坡驳岸	·硬化的堤面被破碎并种植深根性的乔木和地被，废弃的混凝土块就地做抛石护坡，尽量减少对河道行洪功能的阻碍，同时又能满足两栖类生物的栖息和自由迁移； ·净化水质、改善栖息地条件
		③河漫滩新建湿地	·规划增加翠湖湿地公园、运动公园湿地净化斑块、湖山桥湿地净化斑块、冯村污水处理厂尾水湿地净化公园、彭村湿地净化斑块、第二医院湿地净化斑块；实施完成的滞留湿地增加蓄水量约 290 万 m³，按照可淹没 50cm 设计计算，则可增加蓄洪量约 150 万 m³； ·净化水质、改善栖息地条件、调蓄雨洪
	原有渠化河道绿地	④在河道交汇处设置湿地岛群	·在支流与浦阳江的交汇处设置湿地，将原来直接排水入江的方式改为引水入湿地，增加了水体在湿地中的净化停留时间；同时拓宽的湿地加强了河道应对洪水的弹性； ·净化水质、改善栖息地条件、调蓄雨洪
	拓宽河道绿地	⑤在河道两侧高地设植被缓冲带	·在河流与农业生产、乡村聚居间设置植被缓冲带，提高植被覆盖率，以净化地表径流、为动物提供栖息地环境； ·净化水质、改善栖息地条件

续表

案例	图纸	具体设计手段	解析 + 目标
德国伊萨河慕尼黑河段自然化修复项目		①拓宽河道	·在河岸绿地空间较宽河段适当拓宽河道，有利于增加蓄水量，降低洪峰值； ·调蓄雨洪
		②自然缓坡驳岸	·在临近城市绿地等周边河岸空间，将垂直硬质驳岸改造为自然缓坡驳岸，结合植被，为近岸处的动物提供栖息地； ·改善栖息地条件
		③河滩后方设强渗透性防洪带	·在前滩后方挖出一条防护沟，沟内置入直径 20～60cm 的石块，其上覆土并加盖植被或道路铺装，形成一条"隐形防洪带"，阻止洪水蔓延，从而保护后方区域不受洪水侵蚀； ·调蓄雨洪
		④改建卵石河床	·提高河流垂向连续性，为水生动物营造多样的栖息地环境； ·改善栖息地条件
		⑤河道中增设石块	·在河道中增设阻流石块，提高河床地貌多样性，减缓流速，为鱼类提供临时避难场所和微型栖息地，改善栖息地条件； ·改善栖息地条件
		⑥将滚水堰改建为缓坡	·将原有的滚水堰拆除，改为连续的碎石缓坡，降低水流的垂直坡度，便于鱼类上下游迁徙； ·改善迁徙条件
		⑦鱼道	·在拦水大坝一侧的河漫滩挖开沟渠，作为过鱼设施，即鱼道，有利于水生动物在河流上下游的迁徙，提高纵向连续性； ·改善迁徙条件
		⑧营造浅滩—深潭序列	·通过局部挖深与堆填，将原有的平整河床改造为浅滩与深潭交错序列，提高河床的地貌多样性，营造多样的栖息地环境； ·改善栖息地条件
山东小清河东营广饶段景观工程设计		①湿地净水系统	·在河岸带新建净水湿地系统，使绿带具有雨洪调节功能，同时提供浅水区，与河道共同营造一个多样化的生物栖息地； ·净化水质、改善栖息地环境
		②植物扦插驳岸	·在用地较紧张且河水流速缓缓和的河段，将原有垂直硬质驳岸改造为较陡的自然驳岸，采用植物扦插的方式进行加固，可以净化河水，同时为水生动物提供栖息地； ·净化水质、改善栖息地环境
		③河心岛	·在水面较宽阔的河段增设河心岛，并配置灌木、草本，水生湿生等多样植物； ·改善栖息地条件

MANNER
河流生态修复的生态手法集合

■ 河流生态修复的手法集合

通过对案例的剖析与验证（吴丹子，2018），本部分对其中的具体设计手段进行进一步的提炼与归纳，提出河流生态修复的生态手法集合（表 28.8、表 28.9）。

表 28.8 流域及廊道尺度生态手法汇总

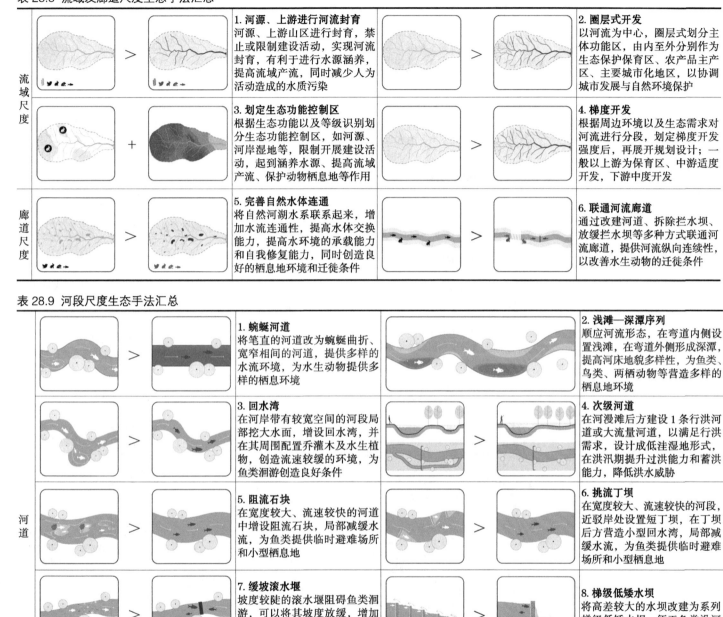

流域尺度			**1. 河源、上游进行河流封育** 河源、上游山区进行封育，禁止或限制建设活动，实现河流封育，有利于进行水源涵养，提高流域产流，同时减少人为活动造成的水质污染			**2. 圈层式开发** 以河流为中心，圈层式划分主体功能区，由内至外分别作为生态保护保育区、农产品主产区、主要城市化地区，以协调城市发展与自然环境保护
			3. 划定生态功能控制区 根据生态功能以及等级识别划分生态功能控制区，如河源、河岸湿地等，限制开展建设活动，起到涵养水源、提高流域产流、保护动物栖息地等作用			**4. 梯度开发** 根据周边环境以及生态需求对河流进行分段，划定梯度开发强度后，再展开规划设计；一般以上游为保育区、中游适度开发，下游中度开发
廊道尺度			**5. 完善自然水体连通** 将自然河湖水系联系起来，增加水流连通性，提高水体交换能力，提高水环境的承载能力和自我修复能力，同时创造良好的栖息地环境和迁徙条件			**6. 联通河流廊道** 通过改建河道、拆除拦水坝、放缓拦水坝等多种方式联通河流廊道，提供河流纵向连续性，以改善水生动物的迁徙条件

表 28.9 河段尺度生态手法汇总

河道			**1. 蜿蜒河道** 将笔直的河道改为蜿蜒曲折、宽窄相间的河道，提供多样的水流环境，为水生动物提供多样的栖息环境			**2. 浅滩—深潭序列** 顺应河流形态，在弯道内侧设置浅滩，在弯道外侧形成深潭，提高河床地貌多样性，为鱼类、鸟类、两栖动物等营造多样的栖息地环境
			3. 回水湾 在河岸带有较宽空间的河段局部挖大水面，增设回水湾，并在其周围配置乔灌木及水生植物，创造流速较缓的环境，为鱼类洄游创造良好条件			**4. 次级河道** 在河漫滩后方建设1条行洪河道或大流量河道，以满足行洪需求，设计成低洼湿地形式，在洪汛期提升过洪能力和蓄洪能力，降低洪水威胁
			5. 阻流石块 在宽度较大、流速较快的河道中增设阻流石块，局部减缓水流，为鱼类提供临时避难场所和小型栖息地			**6. 挑流丁坝** 在宽度较大、流速较快的河段，近驳岸处设置短丁坝，在丁坝后方营造小型回水湾，局部减缓水流，为鱼类提供临时避难场所和小型栖息地
			7. 缓坡滚水堰 坡度较陡的滚水堰阻碍鱼类洄游，可以将其坡度放缓，增加碎石块，减缓流速，便于鱼类上下游迁徙			**8. 梯级低矮水坝** 将高差较大的水坝改建为系列梯级低矮水坝，便于鱼类沿河流纵向迁徙
			9. 卵石河床 将原混凝土河床改建为卵石河床，提高透水性，以提高垂向连续性，同时创造多样的水流小环境，为水生动物营造多样的栖息地环境			**10. 人工鱼巢** 将原混凝土浇筑的不透水光滑河床破碎，改建为卵石铺砌的透水河床，为水生动物提供多样的栖息地环境

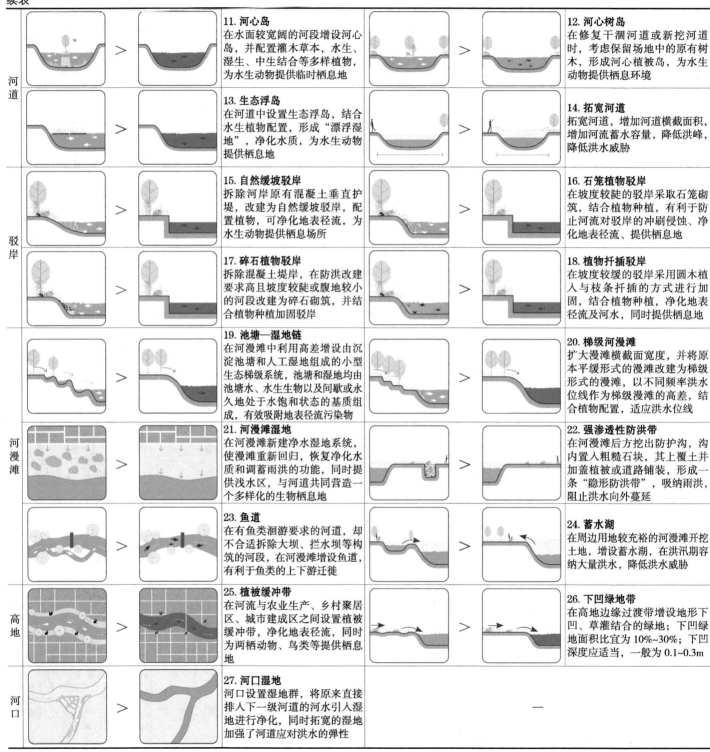

河道	**11. 河心岛** 在水面较宽阔的河段增设河心岛，并配置灌木草本，水生、湿生、中生结合等多样植物，为水生动物提供临时栖息地	**12. 河心树岛** 在修复干涸河道或新挖河道时，考虑保留场地中的原有树木，形成河心植被岛，为水生动物提供栖息环境
	13. 生态浮岛 在河道中设置生态浮岛，结合水生植物配置，形成"漂浮湿地"，净化水质，为水生动物提供栖息地	**14. 拓宽河道** 拓宽河道，增加河道横截面积，增加河流蓄水容量，降低洪峰，降低洪水威胁
驳岸	**15. 自然缓坡驳岸** 拆除河岸原有混凝土垂直护堤，改建为自然缓坡驳岸，配置植物，可净化地表径流，为水生动物提供栖息场所	**16. 石笼植物驳岸** 在坡度较陡的驳岸采取石笼砌筑，结合植物种植，有利于防止河流对驳岸的冲刷侵蚀、净化地表径流、提供栖息地
	17. 碎石植物驳岸 拆除混凝土堤岸，在防洪改建要求高且坡度较陡或腹地较小的河段改建为碎石砌筑，并结合植物种植加固驳岸	**18. 植物扦插驳岸** 在坡度较缓的驳岸采用圆木植入与枝条扦插的方式进行加固，结合植物种植，净化地表径流及河水，同时提供栖息地
河漫滩	**19. 池塘—湿地链** 在河漫滩中利用高差增设由沉淀池塘和人工湿地组成的小型生态梯级系统，池塘和湿地均由池塘水、水生生物以及间歇或永久地处于水饱和状态的基质组成，有效吸附地表径流污染物	**20. 梯级河漫滩** 扩大漫滩横截面宽度，并将原本平缓形式的漫滩改建为梯级形式的漫滩，以不同频率洪水位线作为梯级漫滩的高差，结合植物配置，适应洪水位线
	21. 河漫滩湿地 在河漫滩新建净水湿地系统，使漫滩重新回归，恢复净化水质和调蓄雨洪的功能，同时提供浅水区，与河道共同营造一个多样化的生物栖息地	**22. 强渗透性防洪带** 在河漫滩后方挖出防护沟，沟内置入粗糙石块，其上覆土并加盖植被或道路铺装，形成一条"隐形防洪带"，吸纳雨洪，阻止洪水向外蔓延
	23. 鱼道 在有鱼类洄游要求的河道，却不合适拆除大坝、拦水坝等构筑的河段，在河漫滩增设鱼道，有利于鱼类的上下游迁徙	**24. 蓄水湖** 在周边用地较充裕的河漫滩开挖土地，增设蓄水湖，在洪汛期容纳大量洪水，降低洪水威胁
高地	**25. 植被缓冲带** 在河流与农业生产、乡村聚居区、城市建成区之间设置植被缓冲带，净化地表径流，同时为两栖动物、鸟类等提供栖息地	**26. 下凹绿地带** 在高地边缘过渡带增设地形下凹、草灌结合的绿地；下凹绿地面积比宜为 10%~30%；下凹深度应适当，一般为 0.1~0.3m
河口	**27. 河口湿地** 河口设置湿地群，将原来直接排入下一级河道的河水引入湿地进行净化，同时拓宽的湿地加强了河道应对洪水的弹性	—

■ 河流修复的生态手法参考空间组合

以实践案例为基础，根据适用条件的不同，对河流生态修复手法进行组合，总结出以下具备明确生态效益且可操作性较强的典型手法组合，详见图28.3、图28.4。

一、流域尺度

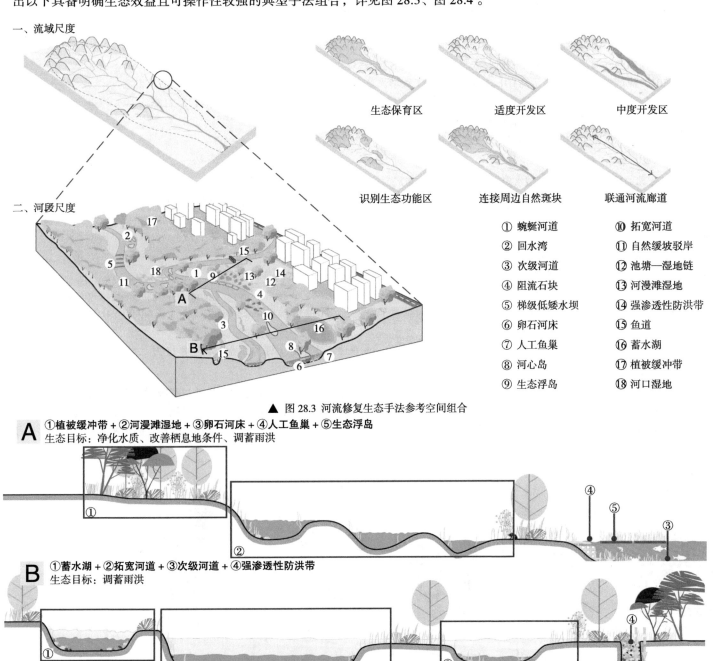

生态保育区　　适度开发区　　中度开发区

识别生态功能区　　连接周边自然斑块　　联通河流廊道

二、河段尺度

① 蜿蜒河道　　　　⑩ 拓宽河道
② 回水湾　　　　　⑪ 自然缓坡驳岸
③ 次级河道　　　　⑫ 池塘—湿地链
④ 阻流石块　　　　⑬ 河漫滩湿地
⑤ 梯级低矮水坝　　⑭ 强渗透性防洪带
⑥ 卵石河床　　　　⑮ 鱼道
⑦ 人工鱼巢　　　　⑯ 蓄水湖
⑧ 河心岛　　　　　⑰ 植被缓冲带
⑨ 生态浮岛　　　　⑱ 河口湿地

▲ 图28.3 河流修复生态手法参考空间组合

A ①植被缓冲带 + ②河漫滩湿地 + ③卵石河床 + ④人工鱼巢 + ⑤生态浮岛
生态目标：净化水质、改善栖息地条件、调蓄雨洪

B ①蓄水湖 + ②拓宽河道 + ③次级河道 + ④强渗透性防洪带
生态目标：调蓄雨洪

▲ 图28.4 具有明确生态目标的河流修复生态手法参考空间组合

317

■ **参考文献**

董哲仁 .2009. 河流生态系统研究的理论框架 [J]. 水利学报 ,40(02):129–137.

董哲仁 等 . 2013. 河流生态修复 [M]. 北京 : 水利水电出版社 .

王敬儒,岳邦瑞,兰泽青 .2019.从自然科学技术原理向风景园林设计语言转译——河段尺度下的生态设计手法研究[J].风景园林,26(08):111–115.

杜凌霄 . 2018. 河流生态修复的设计手法图解研究 [D]. 西安 : 西安建筑科技大学 .

王文君 . 2012. 国内外河流生态修复研究进展 [J]. 水生态学 , 33(4):142–146.

陈兴茹 . 2011. 国内外河流生态修复相关研究进展 [J]. 水生态学杂志 ,32(05):122–128.

唐利文 . 2010. 流域规划内容体系研究 [D]. 成都 : 成都理工大学 .

唐常春 . 2011. 流域主体功能区划方法与指标体系构建 —— 以长江流域为例 [J]. 地理研究 , 30(12):2173–2185.

刘玉玉 . 2015. 河流系统结构与功能耦合修复研究 [D]. 大连 : 大连理工大学 .

吴丹子 . 2018. 河段尺度下的城市渠化河道近自然化策略研究 [J]. 风景园林 ,25(12):99–104.

■ **案例来源**

郭勇 , 于卉 , 郭丽峰 .2016.海河流域水资源保护规划总体布局研究 [J]. 水资源开发与管理 , (7).

王思凯 , 张婷婷 , 高宇 , 等 . 2018. 莱茵河流域综合管理和生态修复模式及其启示 [J]. 长江流域资源与环境 .

董哲仁 . 美国基西米河生态恢复工程的启示 [J]. 水利水电技术 ,2004(09):8–12+19.

杜凌霄 . 2018. 河流生态修复的设计手法图解研究 [D]. 西安 : 西安建筑科技大学 .

SWA. San Antonio river improvements project concept design & design guidelines，1998.

谢雨婷 , 林晖 . 2015. 城市河流景观的自然化修复 —— 以慕尼黑 "伊萨河计划" 为例 [J]. 中国园林 , 31(1):55–59.

北京土人景观与建筑规划设计研究院，浙江浦阳江生态廊道，2016.https://www.gooood.cn/puyangjiang–river–corridor–by–turenscape.htm

北京土人景观与建筑规划设计研究院，小清河东营广饶段景观工程设计，2012.https://wenku.baidu.com/view/8d800cc4b9f67c1cfad6195f312b3169a451eac6.html.

中国湘江流域科学发展规划：西安建筑科技大学 2014 级本科生《景观生态学基础》课程作业 ,2017 年 11 月 .

■ **思想碰撞**

　　本讲以净化水质为目标的修复手法众多，其净水作用主要依靠植物的净污能力和下垫面基质的过滤吸附能力。但是，在面对污染较严重或者水量很大的河流时，这些手法能够发挥的作用非常有限，甚至植物都无法良好生长，出现死亡腐败等情况，促进河流污染的 "正反馈" 机制，使河流水质愈加恶化。那么，要实现河流水质的改善，是否应该首先考虑采用高效稳定的污水处理技术？生态手法能够正常发挥作用的污染程度阈值又如何判断呢？

■ **专题编者**

岳邦瑞　　　　费凡　　　　梁锐　　　　王敬儒　　　　胡根柱

棕地修复

医治大地的疥疮 29讲

　　疥疮是由疥螨在人体皮肤表皮层内引起的传染性皮肤病，被疥螨感染后，患者会出现皮肤瘙痒的症状，如未得到及时治疗，会引发剧烈瘙痒的同时，会扩大感染面积，使人疼痛难忍。自然环境有时也会像人体一样患上此类疾病，人类的污染会像"疥螨"一样感染自然，然而引发的症状不止会反馈给自然界，对人类的影响则更甚。如1977年的拉夫运河事件，工业垃圾的污染使得这里的居民不断发生各种怪病，孕妇流产、儿童夭折、婴儿畸形、癫痫等病症频频发生，这样的生态"疥疮"使人们饱受折磨。皮肤上的疥疮是可以被治疗的，那么对于生态"疥疮"，我们又当如何给予治疗？

■ 棕地修复的内涵与类型

1. 棕地修复的内涵

棕地（brownfield site）泛指因人类活动而存在已知或潜在污染的场地，其再利用需要建立在基于目标用途的场地风险评估和修复基础之上（郑晓笛，2014）。各国对棕地有不同的定义，但对其特点可以归纳为①可能存在一定污染和环境问题；②未充分利用的；③其用地性质可以是工业用地、商业用地或其他用地，但是以工业用地居多；④具有一定的开发再利用潜力（宋飔，2019）。棕地修复在当下没有一个统一概念；笔者定义为：在实际操作上，以发挥场地原有资源生产潜力为目标，需根据场地诉求制定修复策略，在认知与修复上需要多专业人员协同合作。基于以上，笔者根据"棕色土方"（郑晓笛，2014）概念分析风景园林学与其他专业在棕地修复上所担任的角色（图29.1）。

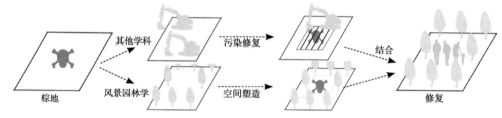

▶图 29.1 棕地修复过程示意（改绘自郑晓笛，2014）

2. 棕地的类型

棕地分类标准多元，本文主要针对按区位划分所产生的棕地进行研究（表29.1）。此外，依照生产原因可划分为：城市内部活动停止所产生棕地、资源枯竭或功能衰退遗留的生产棕地、配套服务附属用地转型场地；依照用地性质划分为：工业用地、商业用地、仓储用地、市政设施用地、交通设施用地；依照场地污染源划分为：重金属污染棕地、有机物污染棕地、放射性污染棕地。

表 29.1 按照区位划分的棕地类型

区位	原用途	特征
城市内部棕地	垃圾处理点、汽车站、火车站等交通枢纽、老工厂等	周边人类活动较多，属于高度敏感区，棕地对城市居民影响较大
城市郊区棕地	化工厂、纺织厂、钢铁厂、垃圾处理厂等	距城市人口集中区域有一定距离，对居民的活动影响一般，周边环境属于中度敏感区
城市外部棕地	采矿场、矿厂等	根据具体位置可分为3种类型：矿山棕地、敏感生态区棕地以及低敏感生态区棕地；不同区位的棕地所面临的环境敏感性不同，需区别对待
邻近水源棕地	化工厂、电镀厂、印染厂、酿造厂、皮革厂、炼油厂、造纸厂、垃圾处理厂等	该区位的棕地对人类活动和生态环境的影响都比较大

依据场地污染程度又可划分为轻度污染棕地、中度污染棕地和重度污染棕地。

▼表 29.2 土壤污染程度评价分级

其中土壤污染程度评价分级（表 29.2）是依据土壤中污染物的单项污染指数，其计算公式为：$P_{ip}=C_i/S_{ip}$

式中：P_{ip}—— 土壤中污染物 i 的单向污染指数；

C_i—— 调查点位土壤中污染物 i 的实测指数；

S_{ip}—— 污染物 i 的评价标准值或参考值。

在此，根据 P_{ip} 的大小，来定位污染评价（见表 29.2）。

表 29.2 土壤污染程度评价分级

等级	P_{ip} 值大小	污染评价
I	$1 < P_{ip} \leqslant 3$	轻度污染
II	$3 < P_{ip} \leqslant 5$	中度污染
III	$P_{ip} > 5$	重度污染

■ 棕地修复的发展历程与生态目标

1. 棕地修复的发展历程

随着工业活动的日益发展，涌现出大量的棕地，由此带来的环境问题越来越受到公众关注，关于棕地修复方法的研究和应用也在不断地发展（表 29.3）。

表 29.3 棕地修复的发展历程（孙国栋，2018）

发展阶段	代表事件
萌芽阶段 （19 世纪 60 年代 ~20 世纪 70 年代）	·1863 年法国比绍特蒙公园：由垃圾填埋场改造而成的比绍特蒙公园是世界上最早的棕地景观改造案例，至今仍是当地居民参与公共活动和休闲娱乐的理想场地
探索阶段 （20 世纪 70 年代 ~21 世纪初）	·1977 年美国拉芙运河事件：该事件的发生成为刺激学者和设计师探索此类景观的重要助推力； ·1980 年美国环保署 (EPA)"超级基金"计划：工业化已经达到相当高的水平，工业化的历史遗存带来大批的棕地，如荒废的矿区、停产的工厂、废弃的城市滨水空间等，对于生活环境的追求使得人们开始关注棕地所带来的社会及环境影响
发展阶段 （21 世纪初至今）	·2007 年法国圣纳泽尔潜艇基地的屋顶改造：设计师克莱门特巧妙地利用自然的力量修复棕地，把废弃的军事基地变为了自然选择的花园；在此项目中，人类和所有植物、风、阳光等一样，都是生态系统的参与者；目前，国外的棕地改造研究经过理论、实践的发展，已经形成较成熟的体系；棕地改造不仅可以解决紧张的人地矛盾，还具有改善周边区域环境的作用

2. 棕地修复的生态目标

棕地导致的主要生态问题包括影响土壤生态健康、污染自然河流、破坏生态平衡等，使脚下的土地无法利用。因此，本文以现实问题为导向，提出棕地修复的生态目标体系（表 29.4）。

表 29.4 棕地修复的生态目标体系

一级目标	二级目标	三级目标	现实问题
棕地修复	恢复土壤生态系统健康	减少土壤污染物含量	土壤污染物超标，无法利用
		阻止土壤污染物扩散	土壤中污染物对周边环境造成威胁
		恢复土壤肥力	土壤肥力下降
		增加土壤净化能力	土壤净化能力下降
		改善土壤结构	土壤受到不同程度的破坏
		提升土壤稳定性	地表塌陷或沉降
		培育维持表土	表层土壤受到污染破坏
	恢复水体生态系统健康	减少水体污染物含量	水体污染物超标，无法利用
		阻止水体污染物扩散	水体中的污染物会影响周边环境
		提升水体自净能力	水体自净能力下降
	恢复植物生态系统健康	提升植被覆盖率	植物在"毒土"上难以存活
		提升植物净化能力	植物吸附有害物质的能力下降
		提升植物修复效率	植被修复效率下降

■ 棕地修复的程序与框架

1. 棕地修复的程序

由于棕地的污染情况较为复杂，需要经过详细的前期调查分析和修复目标来选择和制定修复策略。在此将棕地前期的调研分析到制定生态目标这段程序归为规划策略，用来指导规划设计人员根据场地情况展开分析，并以此来选择合适的修复策略（图 29.2）；之后采取的场地修复策略是对场地进行的空间改变，进而转化为生态手法。

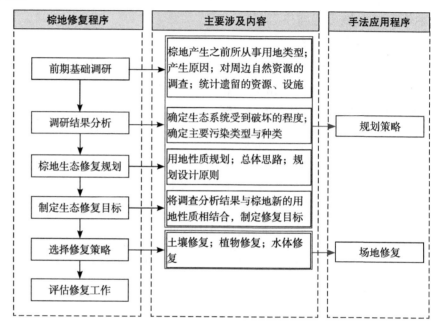

▶图 29.2 棕地生态修复的程序及其与生态手法的关系

2. 棕地生态修复的研究框架

根据以上修复程序，结合棕地修复生态目标，制定了以下棕地生态修复的研究框架，用以指导生态手法的提出和运用（图 29.3）。

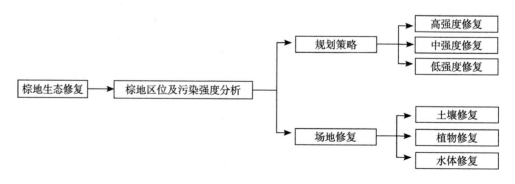

▶图 29.3 棕地生态修复研究框架

322

CASE
棕地修复案例解析

　　根据上述研究框架，将棕地修复的相关案例以及其中的设计手段整理为下表，具体内容详见表 29.5。本部分共研究案例 15 个，其中国内案例 5 个，国外案例 10 个；并从中提取了具备生态目标的规划设计手段，具体内容将由下一部分进行总结。

表 29.5　棕地修复案例研究汇总——土壤修复

名称	图纸	具体设计手段	解释 + 目标
美国普罗维登斯钢铁厂庭院	① ② ③	①使用污染土壤塑造地形	·被污染的土壤采用基于原址的策略，尽可能作保留封存处理并用以塑造地形； ·阻止土壤污染物扩散、提升土壤稳定性
		②人流密集区使用固化污染物的材质建设	·固化主要是利用水泥或某些胶凝材料，将污染土壤变成"固化块"，从而将污染物"固定"在土壤固体介质中，达到降低污染迁移和风险控制的目的； ·阻止污染物扩散、改善土壤结构
		③将原有路面换为渗透性路面	·使用具有渗透功能的铺装可过滤雨水中携带的污染物； ·培育维持表土、减少土壤污染物含量
韩国兰芝岛环境整治	① ②	①环绕垃圾山建设隔水墙	·为阻断垃圾渗滤液污染，环绕垃圾山建设了总长 6017m 的隔水墙；隔水墙地基坐落在地下的隔水岩层上，彻底阻断垃圾渗滤液对岛上的地下水及汉江河水、土壤的进一步污染； ·阻止土壤污染物扩散
		②在垃圾山上铺设隔离层	·在垃圾填埋层上面铺设防渗膜，防止雨水下渗到垃圾层产生沼气及垃圾渗滤液流出污染土壤，在垃圾层底部设置容器，收集并传导渗滤液到供热设施中二次利用； ·阻止土壤污染物扩散、培育维持表土、改善土壤结构
德国鲁尔工业区北杜伊斯堡公园	① ② ③	①保留场地原有植被	·在修复时保留场地原有植被，这些植物在生长过程中可以产生能够消化石油的酵素和有机物，可清除土壤中的石油，提升土壤的修复效果； ·培育维持表土
		②场地废物作为植物生长的介质或地面表层的材料	·利用废弃的熔渣铺地，并在上面种植植物，通过植物固定和降解有机物及重金属污染，从而达到降低土壤污染的作用； ·培育维持表土、阻止土壤污染物扩散
		③对污染严重的土壤进行覆土隔离	·将场地中污染严重的土壤集中放置于原料矿仓内，用混凝土层进行封盖，其上种植适宜性物种，游人仅可远观不可进入； ·阻止土壤污染物扩散、改善土壤结构

名称	图纸	具体设计手段	解析+目标
山东潍坊市首阳山公园棕地修复		①设置挡土墙	·针对低矮山体崖壁（高度小于 5 m），采用在山体底部平缓处进行阶梯状的台地式处理，设置多层挡墙，并在上面种植植物； ·提升土壤稳定性
		②山体设置挂网	·针对陡峭山体（高度 5~10 m），采用在崖壁上对山体坡面进行挂网加固，底部设计多层不同高度的挡墙，并在最底层的挡土墙一侧设置缓坡，不断延伸至路边； ·提升土壤稳定性
		③陡峭山体梯形种植	·针对大型山体崖壁（高度大于 10 m），采用对山体坡面进行分层处理的方式，同样在坡面上采用挂网加固； ·提升土壤稳定性
美国纽约清泉公园		①高密度聚乙烯复层隔离	·将受污染土壤与外环境受体隔开，阻断污染物对外环境受体的暴露途径；适用于重金属、有机物及重金属有机物复合污染土壤的阻隔填埋；不宜用于污染物水溶性强或渗透率高的污染土壤，不适用于地质活动频繁和地下水水位较高的地区； ·阻止土壤污染物扩散
		②在垃圾山上按照等高线种植	·垃圾山被隔离层与土壤覆盖之后，按照等高线种植植物，成为一种经济实用的农业方法，用以改善土壤状况； ·培育维持表土、增加土壤净化能力
		③分期修复	·每期工程为期 10 年，先完成垃圾山的处理与土地覆膜；二期基于并巩固一期修复成果，工程重点放在生态修复与项目设置；三期主要增加动物栖息地面积，合理利用垃圾填埋场原有设施； ·恢复土壤生态系统健康、恢复植物群落稳定性
湖北黄石国家矿山公园		①在矿坑上进行覆土种植	·选用土质肥沃，无毒害的生活垃圾进行场地覆盖，然后在其上方铺盖附近的人工矿土，后进行压实，覆耕植土，进行种植； ·改善土壤结构、提升土壤肥力
河北唐山南湖中央公园		①场地废物再次利用	·原厂地有大量的废弃粉煤灰，可作为场地建设的基础材料，如生产粉煤灰砖、粉煤灰水泥、煤灰加气混凝土等，并用作公园地基的基础材料和堆叠地形； ·提升土壤稳定性
		②以 ArcGIS 辅助进行生态适宜性评价	·以现状地貌、地表渗透指数、土壤生产力、现状绿地等进行叠加分析得出生态评价，合理利用城市资源进行建设； ·提升土壤稳定性、提升植被覆盖率
		③以 ArcGIS 辅助进行建设用地评价	·以地质承载力、地震断裂危险指数、煤矿影响、沉陷影响、地表坡度等叠加分析，得出应在哪些区位进行填土，稳固土壤； ·提升土壤稳定性、提升植被覆盖率

表 29.6 棕地修复案例研究汇总——植物修复

名称	图纸	具体设计手段	解释 + 目标
美国西雅图煤气厂公园	① ②	①土壤中添加淤泥、草末	·在土壤中添加淤泥、草末可以有效地对土壤中的污染物进行净化，使土壤和水体中的污染物得以消除，或将污染物浓度降低到可接受的安全水平； ·提升植物修复效率、提升植物净化能力
		②选择有净化土壤能力的植物品种	·选用具有高净化与高修复能力的植物是稳定植物群落最为经济的方式，并且高耐受性植物在被轻度污染的土壤中的存活力会更强； ·提升植物净化能力、提升植物修复效率、提升植被覆盖率
加拿大当斯维尔公园	① ②	①利用郊区生态系统为城市公园提供良好的模板	·当斯维尔公园将郊区的生态系统引入城市公园内部，这种方式加强了生态系统的连续性和稳定性；此外，当斯维尔公园与周边水体、山地和城市系统组合成了一个更加丰富的城市生态系统； ·提升植被覆盖率
		②划分土地等级，以改变现状条件	·设计师在设计前期通过对场地污染的分析，采用不同强度的修复方式与修复步骤，将污染物修复到植物可以降解的程度，在场地种植植物可以提升植物存活率和净化能力； ·提升植被覆盖率、提升植被修复效率
上海辰山植物园	①	①植物园外围种植绿环	·围绕矿区种植植物带，此做法可对场地内的污染流形成隔离带，避免对场地外围土地的污染；绿环上的各段将按照与上海相似的气候和地理环境，配置不同地理分区具代表性的引种植物； ·提升植被覆盖率、提升植物净化能力

表 29.7 棕地修复案例研究汇总——水体修复

名称	图纸	具体设计手段	解释 + 目标
贵州六盘水明湖湿地公园	① ②	①高敏感地区低影响介入	·在敏感地区设置高架桥，阻隔游人在场地内活动所产生的污染物进入水中； ·减少河流污染物
		②在驳岸处设置陂塘	·将原有瞬间下泄的溢水和汛期雨洪经过陂塘净化，可变为景观用水的资源；另一方面，湿地系统的建立可以过滤雨水中污染物的含量，从而减少对河道水质的影响，并且对河道部分水体进行净化； ·减少河流污染物、阻止水体污染物扩散
某钢铁厂项目	① 雨水花园　　透水铺装　　植物净化	①设置净水设施	·为阻止场地的地表径流流进城市的排水系统，设计者通过自然环境进行雨洪管理；提出一个由透水铺装、雨水花园、生态排水渠和植物修复场所组成的系统，可以将雨洪携带的污染物在地表径流到达水系统或邻近河道之前处理掉； ·减少河流污染物、阻止水体污染物扩散

名称	图名	具体设计手段	解析＋目标
上海世博后滩公园		①利用高差设置净化设施	·劣质水经过蓄水池、曝气跌水净化与景观墙、生态净化、重金属净化、病原体净化、营养物净化、综合净化、水质稳定和控制、清水蓄积、消毒加压输送，逐步净化成为可为场地使用的水； ·阻止水体污染物扩散、提升水体自净能力、减少水体污染物含量
		②设置预处理池	·采用浮床植物以及浮游动物降解污染物，使处理池具有蓄水、沉淀、过滤、生物降解等作用；处理池的过滤层采用土壤层、滤沙层、滤水砾石层进行多层净化，沉淀泥沙颗粒，去除蓝绿藻和有机腐屑，使水体澄清；过滤后的污泥外运或应用于后面梯田； ·减少水体污染物含量
		③搭配种植水生植物	·在浅水区种植挺水植物，中心区种植沉水植物、浮水植物进行点缀种植这样的组合种植模式，可提高持续净水时间，改善水质，并且水生植物和藻类具有克制作用； ·减少水体污染物含量
		④植物、鱼类、贝类生物群落合理组合	·利用鱼类、贝类、植物的生态生理特性，利用各自不同空间和营养生态位及其互利共生的种间关系，提高生物多样性，发挥协同作用，控制水体污染，促进水体生态修复，改善水质； ·减少水体污染物含量、提升水体自净能力
		⑤利用高差设置多层梯田景观带	·后滩公园的多层梯田可拦截不易被植物吸收的有机组织体，而且作为湿地系统的一部分，在自然净化中发挥了重要作用；灌溉时通过多层梯田，使污水经过曝气和逐级沉淀得以净化； ·减少水体中污染物含量
		⑥在水中设置生态浮岛	·应用无土栽培技术将水生、湿生、陆生植物移植到水面上种植，大大增加了生态水系的绿化覆盖量；植物发达的根系能吸附水中的悬浮颗粒及一些有害物质，水质指标得到有效的改善，特别是对藻类有很好的抑制效果； ·减少水体中污染物含量
海南三亚红树林生态公园		①生态驳岸	·指环相扣形状的驳岸可将海潮引进公园，降低了来自城市的径流污染；同时，自然形态可加强边缘效应，净化水质； ·减少水体污染物含量、提升水体自净能力
		②阶梯护坡	·阶梯驳岸可过滤来自城市的污染径流和自然降水的污染物质，并且在驳岸上种植植物可固化土地； ·减少水体污染物含量
英国斯道克利园区		①使污染物远离河流	·为了避免污染土壤对河流持续污染，将污染土壤移至离河流较远的地方堆叠成垃圾山，并应用场地内原有的黏土将垃圾隔离，避免垃圾渗滤液污染河流和对地面表土的侵蚀；此外，这种在场地内处理污染物的方式也减少了施工对河流的影响； ·减少水体污染物含量
		②雨污分离	·英国降雨频繁，为防止雨水将污染物带入河流中，在垃圾层设置隔离垃圾渗滤液的装置，并进行统一收集与处理；这样既能阻止雨水下渗，受到污染，又能有效处理垃圾堆叠产生的渗滤液； ·阻止水体污染物扩散、减少水体污染物含量

MANNER
棕地修复的生态手法集合

■ 棕地修复的规划策略

表 29.8 分区及定位策略

策略	修复建议及解析	图示	修复建议及解析	图示
分区策略	**1. 根据污染程度分区修复** 在开展修复工作之前，可根据污染程度分区治理场地污染；污染程度较高的区域优先采用高强度治理方法，污染程度较低的区域优先采用低强度治理方法		**2. 根据预建设功能分区修复** 根据场地将来要建成的项目的功能分区对污染场地进行分区治理，活动区或广场优先采用高强度修复；水景区也同样优先采用高强度修复；绿化景观区可优先考虑使用非辐射污染土壤来塑造景观地形	
定位策略	**3. 人口密集区优先考虑高强度修复** 位于城市内部或周边人口活动较密集的棕地应该优先识别，并选择修复效率迅速的高强度修复方式；当场地污染严重时，需要对污染物进行隔离或异位修复		**4. 敏感生态区优先考虑高强度修复** 邻近或位于敏感生态区的棕地应该优先识别治理，为避免污染物扩散或对场地产生持续污染，可采用异位修复或固化污染物；此外，结合生物修复方式缓慢修复	
	5. 水源区优先考虑高强度修复 邻近河流水源的棕地对生物和人类的影响较大，河流具有流动性，能够主动带走部分棕地污染物；河滩棕地既是污染源，又具有一定的自净功能，可优先考虑通过在污染场地与河流之间设置渗透反应墙来减少污染，但要谨慎采用化学修复方式		**6. 城市边缘及郊区优先考虑中强度修复** 位于城市边缘及郊区的棕地可按照不同诉求制定修复方式；同时结合城市发展需要，根据场地使用频次来选择高强度的修复方式，修复时间快但成本高；或是选择低成本修复方式，效率缓慢，但适于大面积修复的生物修复方式	
	7. 郊野矿山棕地优先考虑中强度修复 矿山棕地通常位于城市外部的郊野地区，对人类活动的干扰较小，且面临的主要问题多是地表塌陷、植被破坏等环境问题；在治理矿区棕地污染时，可优先采用植物修复，结合其他修复方式		**8. 低敏感生态区优先考虑低强度修复** 位于低敏感生态区的棕地由于对人类和自然环境的影响较小，在修复时建议首先采用成本较低的生物修复方式，使棕地进行自然演替，恢复原有状态	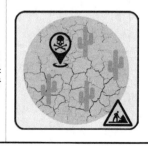

注： 表示高强度治理； 表示中强度治理； 表示低强度治理。

327

■ 棕地修复的生态手法集合

表 29.9 棕地修复的生态手法集合

土壤修复	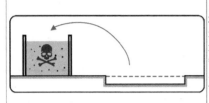**1. 受污土壤封闭** 将受污染土壤填埋入废弃建筑物内，阻断污染物对外界的影响；适用于重金属、有机物及重金属有机物复合污染土壤；不宜用于污染物水溶性强或渗透率高的污染土壤	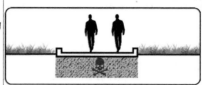**2. 表层混凝土隔离** 污染土壤埋入地下并用混凝土将其与外界隔离，适用于重金属、有机物及重金属有机物复合污染土壤；不宜用于污染物水溶性强或渗透率高的污染土壤
	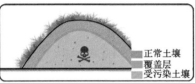**3. 高密度聚乙烯复层隔离** 适用于重金属、有机物及重金属有机物复合污染土壤的阻隔填埋；不宜用于污染物水溶性强或渗透率高的污染土壤，以及地质活动频繁和地下水水位较高的地区 正常土壤 覆盖层 受污染土壤	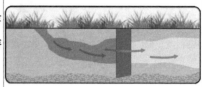**4. 渗透反应墙** 渗透反应墙在浅层土壤与地下水间构筑一个具有渗透性、含有反应材料的墙体，污染水体经过墙体时，其中的污染物与墙内反应材料发生物理、化学反应，而被净化除去
	**5. 固化污染物** 利用水泥或某些胶凝材料，将污染土壤变成"固化块"，从而将污染物"固定"在土壤固体介质中，达到降低污染迁移和风险控制的目的；修复量很大时，不适合采用固化处理方式	表层密封　排水管　底层密封 **6. 防渗系统** 为了防止污染物渗滤液污染土壤与地下水，同时防止场外水体与污染物接触，将污染物封存于防渗系统中，其结构层次为表层密封、底层密封、地下水收集导排系统
	**7. 污染土壤塑造地形** 将场地中的污染土壤用来堆砌微地形，隔离处理后在上面覆土种植高效累积植物，处理污染，以便防止污染物扩散并提高生态安全	**8. 废弃物循环应用** 利用废弃物的熔渣铺地，并在上面种植植物，通过植物固定和降解土壤中的有机物及重金属污染，从而达到降低土壤污染毒性的作用
	**9. 区域绿地围合污染源** 通过连片的再生绿地把污染源包围起来，实现区域生态系统的整体修复，以此来恢复土壤生态系统健康以及植物群落的稳定性	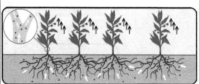**10. 高效累积植物** 对于开发使用力度小的地块，可利用高效累积植物的生长活动，将土壤污染吸收转移进入植物体，然后对植物进行收割和处理；植物修复的显著特点是费用低、速度慢
水体修复	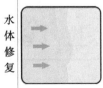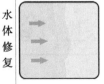**11. 生态湿地** 在污染场地与河道之间设置生态化自净湿地，通过人工设施与种植植物结合来过滤场地内的污染流，避免对河道造成生态污染，防止污染物沿河道扩散	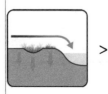**12. 净水系统** 为避免场地上的污水直接流入城市排水系统，可考虑使用透水铺装、雨水花园、生态排水渠和植物修复场所等，组成自净系统，净化场地污水

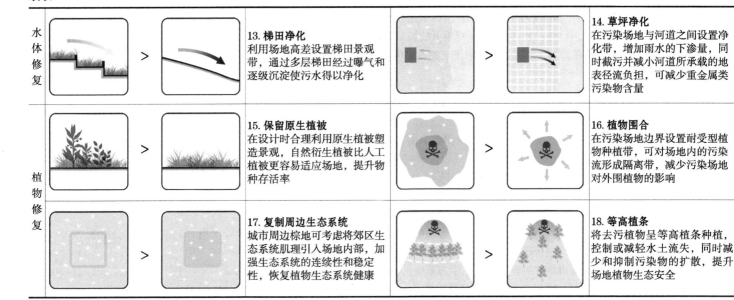

水体修复		**13. 梯田净化** 利用场地高差设置梯田景观带，通过多层梯田经过曝气和逐级沉淀使污水得以净化
		14. 草坪净化 在污染场地与河道之间设置净化带，增加雨水的下渗量，同时截污并减小河道所承载的地表径流负担，可减少重金属类污染物含量
植物修复		**15. 保留原生植被** 在设计时合理利用原生植被塑造景观，自然衍生植被比人工植被更容易适应场地，提升物种存活率
		16. 植物围合 在污染场地边界设置耐受型植物种植带，可对场地内的污染流形成隔离带，减少污染场地对外围植物的影响
		17. 复制周边生态系统 城市周边棕地可考虑将郊区生态系统肌理引入场地内部，加强生态系统的连续性和稳定性，恢复植物生态系统健康
		18. 等高植条 将去污植物呈等高植条种植，控制或减轻水土流失，同时减少和抑制污染物的扩散，提升场地植物生态安全

■ 棕地生态修复的典型情境及修复步骤

A ①识别污染物位置；②固化污染物；
③覆盖不少于 30cm 厚自然土壤；④种植高效累积植物

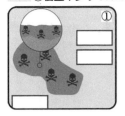

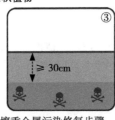

▲图 29.4 城市内部土壤重金属污染修复步骤

B ①在污染场地上设置地毯式透水铺装；
②引入排水渠；③种植水生植被

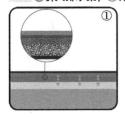
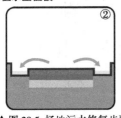
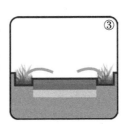

▲图 29.5 场地污水修复步骤

■ 参考文献

郑晓笛 .2014. 基于"棕色土方"概念的棕地再生风景园林学途径 [D]. 清华大学 .

宋飏 , 张新佳 , 吕扬 , 王士君 , 林慧颖 .2019. 地理学视角下的城市棕地研究综述与展望 [J]. 地理科学 ,39(06):886-897.

孙国栋 .2018. 第三景观理论在棕地景观改造中的应用与探究 [D]. 河南农业大学 .

■ 案例来源

康汉起 , 吴海泳 .2007. 寻找失落的家园 —— 韩国首尔市兰芝岛世界杯公园生态恢复设计 [J]. 中国园林 ,(08):55-61.

郑晓笛 .2015. 棕地再生的风景园林学探索 —— 以"棕色土方"联结污染治理与风景园林设计 [J]. 中国园林 ,31(04):10-15.

郑晓笛 .2014. 基于"棕色土方"概念的棕地再生风景园林学途径 [D]. 清华大学 .

梁彩彤 .2019. 基于生态修复理论的城市棕地景观规划设计研究 [D]. 山东建筑大学 .

虞莳君 , 丁绍刚 .2006. 生命景观：从垃圾填埋场到清泉公园 [J]. 风景园林 ,(06):26-31.

胡洁 .2014. 唐山南湖中央公园规划设计 [J]. 动感 (生态城市与绿色建筑),(04):110-116.

丁一巨 .2010. 上海辰山植物园规划设计 [J]. 中国园林 ,26(01):4-10.

李克林 , 李静 , 张浪 .2013. 上海世博园后滩公园水系生态系统的修复理论与技术 [J]. 安徽农业大学学报 (社会科学版),22(02):27-30.

陈计伟 , 王聪 , 张饮江 .2011. 上海世博园后滩公园湿地景观设计 [J]. 中国给水排水 ,27(16):42-46.

李克林 , 李静 , 张浪 .2013. 上海世博园后滩公园水系生态系统的修复理论与技术 [J]. 安徽农业大学学报 (社会科学版),22(02):27-30.

Klopfer Martin Design Group, 普罗维登斯钢铁厂庭院景观改造 , 2009.http://www.chla.com.cn/htm/2016/1011/254586.html.

哈克设计事务所 , 美国西雅图煤气场公园 , 1970.https://wenku.baidu.com/view/95653186c850ad02df804195.html.

土人景观设计事务所 , 六盘水明湖湿地公园生态修复 , 2012.https://www.turenscape.com/project/detail/4659.html.

土人景观设计事务所 , 三亚红树林生态修复工程 , 2019.https://www.turenscape.com/news/detail/2045.html.

■ 思想碰撞

目前，虽然中国学者已经对棕地进行了一定的探讨和框架性研究，但尚无公认定义和全国性的污染土壤修复标准。还有大量问题没有达成共识，例如："棕地是否必须处于闲置状态""污染多少算是有污染""清理多干净算是干净""如何判定是否有潜在污染"等 (郑晓笛 ,2015),正在阅读的你如何认为呢？

■ 专题编者

岳邦瑞　　　　费凡　　　　觅聚欣　　　　秦鸿飞　　　　刘彬

图 表 来 源

01 讲

图 1.1：
1.《营造法式》：引用自 https://baike.so.com/doc/5915880-6128793.
html；李诫．营造法式［M］．北京：中华书局，2015．
2.《园冶》：引用自 https://baike.so.com/doc/6154373-6367584.html；计成．园
冶注释[M]．陈植注释．北京：中国建筑工业出版社，1988．
3. 矶崎新作品：引用自 https://bbs.zhulong.com/102050_group_300170/
detail39414070/?f=jyrc.
4.《建筑空间组合论》：引用自 https://baike.baidu.com/item/ 建筑空间组合论；
彭一刚．建筑空间组合论（第二版）[M]．北京：中国建筑工业出版社,1998.
5.《现代建筑理论：建筑结合人文科学自然科学与技术科学的新成就》：
引用自 http://item.kongfz.com/book/45199372.html；刘先觉．现代建筑理论：
建筑结合人文科学自然科学与技术科学的新成就 [M].北京：中国建筑工
业出版社,1999.
6.《建筑设计手法》：引用自 http://img38.dangdang.com/37/8/8665408-1_
b.jpg；沈福煦．建筑设计手法 [M]．同济大学出版社，1999．
7.《建筑构成手法》：引用自 https://baike.baidu.com/item/ 建筑构成手
法 /7160694?fr=aladdin；（日）小林克弘．建筑构成手法 [M].中国建筑工业出
版社，2004．
8.《西方当代建筑设计手法剖析与研究》：引用自池丛文．西方当代建筑
设计手法剖析与研究 [D].浙江大学，2012．
9. 斯陀园：引用自 http://www.cqla.cn/chinese/news/news_view.asp?id=42916
10. 布伦海姆风景园：引用自 https://pixabay.com/zh/users/calipergraphics-1652559/.
11. 查兹沃斯风景园：引用自 http://bbs.zol.com.cn/dcbbs/d34019_6460.html.
12. 本特利树林：引用自 http://blog.sina.com.cn/s/blog_7574ebfc0100s9mv.
html.
13. 秦皇岛汤河公园：引用自 http://www.landscape.cn/landscape/9275.html.
14. 哈尔滨群力国家城市湿地公园：引用自 http://www.landscape.cn/
landscape/9252.html.
15. 阿普贝斯雨水花园：引用自 https://www.gooood.cn/rain-garden-ups.htm.
16. 万科雄安雨水街坊：引用自 http://ups2006.com/zh/projects/242.
表 1.1：
1. 新加坡加冷河：引用自 https://www.gooood.cn/2016-asla-bishan-ang-mo-
kio-park-by-ramboll-studio-dreiseitl.htm.
2. 美国弥尔河：引用自 https://www.gooood.cn/2015-asla-mill-river-park-
and-greenway-by-olin.htm.
图 1.3：引用自德拉姆施塔德.景观设计学和土地利用规划中的景观生态
原理 [M].中国建筑工业出版社，2010．
封面、图 1.2、图 1.4、表 1.2 均由作者自绘

02 讲

图 2.1：
1.《尔雅》：引用自 https://baike.so.com/doc/5329869-5565043.html.
2.《希波克拉底文集》：引用自 https://baike.so.com/doc/5565151-5780260.
html.
3. 希波克拉底：引用自 https://www.sohu.com/a/203106192_99994832.
4. 亚里士多德：引用自 https://baike.so.com/doc/5376880-5613007.html.
5.《管子地员篇》节选：引用自 http://www.timestablesong.com/
timestablesong_history.php.
6.《管子地员篇》封面：引用自 http://bq.kongfz.com/detail_17345579/.

7.《物种起源》：引用自 http://m.bookschina.com/1790557.htm.
8. 达尔文：引用自 https://m.sohu.com/a/336477589_407325.
9. 海克尔：引用自 http://dy.163.com/v2/article/detail/CJEBTPS5052182I6.
html.
10. 陆地森林群落：引用自 https://baike.baidu.com/item/ 生物群落 /853896?fr=aladdin.
11. 利奥波德：引用自 https://baike.baidu.com/item/ 奥尔多·利奥波德 .
12. 谢尔福德：引用自 https://www.answers.com/search?q=robert-walter-campbell-
shelford.
13. 谢尔福德耐受性定律图示：改绘自 http://blog.sina.com.cn/s/
blog_445dac3b0102wn7l.html.
14. 奥德姆：引用自 https://baike.baidu.com/item/ 奥德姆 /6257165?fr=aladdin.
15.《生态学基础》：引用自 https://baike.baidu.com/item/ 奥德姆 /6257165?fr=aladdin.
16.《系统分析及其在生态学上的应用》：http://book.kongfz.com/260172/1055394661/.
17. 帕克：引用自 https://baike.baidu.com/item/ 罗伯特·帕克 /63734.
18. 密茨：引用自 http://www.answers.com/topic/william-j-mitsch.
19. 福尔曼：引用自 http://www.landscape.cn/special/Richard/index.html.
20.《景观生态学》：引用自 http://www.landscape.cn/special/Richard/index.html.
21.《景观与恢复生态学》：引用自 https://baike.baidu.com/item/ 景观与恢复生态学：
跨学科的挑战 /15190057?fromtitle= 景观与恢复生态学 &fromid=8853553&fr=aladdin.
22. 王如松：引用自 https://baike.baidu.com/item/ 王如松 /1575618?fr=aladdin.
23.《城市生态调控原则与方法》：引用自 http://book.kongfz.com/211094/986171342/.
24.《人类生态学》：引用自 https://www.amazon.cn/gp/product/B0076UXE0U?psc=1.
封面、图 2.2 ~ 图 2.8、表 2.1、表 2.2 均由作者自绘

03 讲

图 3.1：
1. 沙利文：引用自 https://baike.baidu.com/item/ 路易斯·沙利文 /3283257?fromtitle=
沙利文 &fromid=3075004&fr=aladdin.
2. 密斯：引用自 http://www.cpp114.com/news/newsShow_119389_1.htm.
3. 范斯沃斯住宅：引用自 http://www.sohu.com/a/121877988_573428.
图 3.4：
1. 奥姆斯特德：引用自 https://baike.baidu.com/item/ 奥姆斯特德 /4811479?fr=aladdin.
2. 艾利奥特：引用自 https://www.ddove.com/old/artview.aspx?guid=a2874fa8-
3ab1-4e28-be71-946b958312fe.
3. 沃伦·曼宁：引用自 https://new.qq.com/omn/20180124/20180124G0PLIQ.
html.
4. 劳伦斯·哈普林：引用自 http://zhuanti.chla.com.cn/2014/03/lls/.
图 3.5：
1. 麦克哈格：引用自 https://baike.so.com/doc/6879768-7097221.html.
2. 卡尔·斯坦尼兹：引用自 https://baike.so.com/doc/130525-137855.html.
3. 福尔曼：引用自 http://www.landscape.cn/special/Richard/index.html.
图 3.8：改绘自 https://wenku.baidu.com/view/073c313df524ccbff12184ba.html.
图 3.10：改绘自麦克哈格
封面、图 3.2、图 3.3、图 3.6、图 3.7、图 3.9、图 3.11 均由作者自绘

04 讲

图 4.1：改绘自罗伯特·K. 殷 ,2010. 案例研究：设计与方法 [M]. 周海涛，

史少杰 译 .5 版 . 重庆大学出版社 .

表4.3:

1. 天津桥园：引用自 https://www.gooood.cn/the-adaptation-palettes-by-turenscape.htm.

2. 哈尔滨群力湿地公园：引用自 http://www.landscape.cn/landscape/9252.html.

3. 美国北格兰特公园：引用自（美）威廉·S.桑德斯.设计生态学：俞孔坚的景观[M].北京：中国建筑工业出版社，2013.2，54-57.

4. 自绘

封面、图 4.2 ~ 图 4.6、表 4.1、表 4.2 均由作者自绘

05 讲

图 5.1：图 (a) 引用自 http://www.juimg.com/tupian/201109/ziranfengjing_105167.html.

图 (b) 引用自 http://www.redocn.com/gongcheng/anli/1018.htm.

图 (c) 引用自 http://dy.163.com/v2/article/detail/DUPTAA5F0516ISUO.html.

图 5.2：图 (a) 引用自 http://tuchong.com/372963/15068278/.

图 (b) 引用自 https://t.zhulong.com/u11134481/weibo.

图 (c) 引用自 https://www.gooood.cn/the-adaptation-palettes-by-turenscape.htm.

图 (d) 引用自 http://bbs.mzsky.cc/thread-1772649-1.html.

图 (e) 引用自 http://www.tujiajia.com/zjp-233-2.

表 5.4：

1. 卢森堡 Lux-city 城市广场设计：改绘自 https://www.gooood.cn/lux-city-square-development-alleswirdgut.htm.

2. 美国格林斯堡市中心主街街景：改绘自 https://www.gooood.cn/greensburg-main-street.htm.

3. 美国莱斯大学 Brochstein 亭：改绘自 http://www.ideabooom.com/9610.

表 5.5：

1. 苏州狮山公园：改绘自 https://www.gooood.cn/winning-proposal-for-lion-mountain-park-suzhou-by-tls.htm.

2. 北京颐和园：改绘自 http://zby.ly.com/.

3. 西安大慈恩寺遗址公园：改绘自 http://www.tuxi.com.cn/view-b-138343619240320-13834361924032000020.html.

4. 苏州狮子林：改绘自 https://you.ctrip.com/travels/shanghai11/1076612.html.

5. 秦皇岛滨海景观带：改绘自 https://www.gooood.cn/the-qinhuangdao-beach-restoration-by-turenscape.htm.

6. 天津桥园：改绘自 http://blog.sina.com.cn/s/blog_d421d8330101onhj.html.

7. 纽约 Long Dock 码头公园：改绘自 https://www.asla.org.

表 5.6：

1. 希腊阿卡迪亚温嫩登气候适应型社区：改绘自 https://www.gooood.cn/community-aw-atelier-dreiseitl.htm.

2. 陕北窑洞下沉式庭院：改绘自：https://sns.91ddcc.com/t/77026.

3. 唐山师范学院：改绘自 http://www.sohu.com/a/134997899_710646.

4. 北京大兴公园（二期）：改绘自 https://www.gooood.cn.

5. 天津桥园：改绘自 www.turenscape.com .

表 5.7：

1. 北京大兴公园（社区公园）：改绘自 https://www.gooood.cn .

2. 美国哈德逊河公园：改绘自 https://www.gooood.cn .

3. 美国布法罗段绿道项目：改绘自 https://www.asla.org .

4. 浙江永宁公园：改绘自 http://www.sohu.com/a/154079093_655781.

5. 新加坡碧山宏茂桥公园：改绘自 http://www.u80news.cn/content.asp?id=154.

表 5.8：

1. 意大利法焦·托尔塞利别墅：改绘自 www.trovacasa.net .

2. 英国夏洛特·布罗迪探索花园：改绘自 www.landscapeperformance.org .

3. 浙江金华燕尾洲公园：改绘自 www.turenscape.comml&sec=1559579178&di=4a039a4b4b577976）.

封面、图 5.3、表 5.1~ 表 5.3 均由作者自绘

06 讲

表 6.4：

1. 美国 AMD&ART Park– 煤矿废水处理艺术公园：改绘自 https://amdandart.info/tour_begin.html.

2. 德国鲁尔工业区生态恢复：改绘自 http://www.landscape.cn/landscape/action/ShowInfo.php?classid=10&id=64964.

3. 河北坝上地区风电场水土保持项目：改绘自 http://blog.sina.com.cn/s/blog_a3f674660102woy6.html.

4. 上海世博会后滩湿地公园：改绘自 http://blog.sina.com.cn/s/blog_725a5f6d0101iux2.htm.

5. 西安曲江金地·湖城大境居住区雨水花园：改绘自弓亚栋.2015.建设海绵城市的研究与实践探索[D].长安大学.

6. 苏州留园：改绘自连先发.2017.苏州古典园林微气候营造分析研究——以留园为例[D].苏州大学.

7. 哈尔滨蓝岸青城小区：改绘自明雷.2012.绿化带对临街建筑声环境影响的实验研究[D].重庆大学.

8. 南京滨江公园：改绘自明雷.2012.绿化带对临街建筑声环境影响的实验研究[D].重庆大学.

9. 内蒙古乌兰浩特珲乌高速公路沿线林带设计：自绘

10. 南京瞻园扇亭：改绘自熊瑶，金梦玲.2017.浅析江南古典园林空间的微气候营造——以瞻园为例[J].中国园林，(4):35-39.

11. 北京莲石湖公园：改绘自马嘉，高宇，陈茜，张云路.2019.城市湿地公园的鸟类栖息地生境营造策略研究——以北京莲石湖公园为例[J].中国城市林业，17(05):69-73.

12. 辽宁锦州太和区女儿河乡土壤改良试验：改绘自封保根.2019.用于植物修复典型铬污染场地的富集植物筛选研究[D].吉林大学.

13. 长沙市中建·桂苑居住小区：改绘自巩爱娜，胡希军.2011.基于防灾避险功能的居住小区绿地植物配置探讨[J].北方园艺，(09):106–111；巩爱娜.2011.城市居住小区绿地防灾避险规划研究[D].中南林业科技大学.

14. 上海交通大学微型芳香康复花园：改绘自张高超，孙睦泓，吴亚妮.2016.具有改善人体亚健康状态功效的微型芳香康复花园设计建造及功效研究[J].中国园林，32(06):94–99.

封面、图 6.1、表 6.1~ 表 6.3 均由作者自绘

07 讲

图 7.1(a) 引用自 http://news.sina.com.cn/s/2006-12-28/090210880677s.shtml.

图 7.1(b) 引用自 http://travel.sina.com.cn/china/2014-10-08/1036279730.shtml.

图 7.1(c) 引用自 http://news.e23.cn/redian/2018-05-30/2018053000370.html.

图 7.1(d) 引用自 http://jz.docin.com/buildingwechat/index.do?buildwechatId=8640.

图 7.1(e) 引用自 https://dp.pconline.com.cn/dphoto/list_3394666.html.

表 7.4（除案例图外均由作者自绘）：

1. 苏州留园：改绘自 https://k.zol-img.com.cn/dcbbs/22812/a22811886_01000.jpg

2. 新加坡碧山宏茂桥公园：改绘自 https://www.ddove.com/htmldatanew/20171117/4d935e6d39725496.html.

3. 河北承德避暑山庄：改绘自 http://ipad.weather.com.cn/pad.shtml?id=101070403.

4. 北京颐和园：改绘自 https://www.bbcyw.com/p-104937.html.

5. 西安大唐芙蓉园：改绘自 http://www.sohu.com/a/254335920_351304.

6. 咸阳渭柳湿地公园：改绘自 https://mp.weixin.qq.com/s?__biz=MzI4MDY5MDIzMQ==&mid=2247519211&#wechat_redirect.

7. 西安曲江遗址公园：改绘自 http://www.sohu.com/a/277015953_99909372.

表 7.5（除案例图外均由作者自绘）：

1. 新加坡碧山宏茂桥公园：改绘自 https://www.sohu.com/a/217439009_768354.

2. 深圳禾塘湿地公园：改绘自 http://www.landscape.cn/landscape/10669.html.

3. 美国 Tongva 公园：改绘自 http://www.360doc.com/content/15/0729/11/11009461_488112858.shtml.

4. 美国佩雷公园：改绘自 https://bbs.zhulong.com/101020_group_3007018/detail35282185/.

5. 山东泰山景区：改绘自 http://bbs.zol.com.cn/dcbbs/d657_349528.html.

6. 广州火车站 https://jibaoviewer.com/project/59a6981ea022aef63557da6e.

7. 美国唐纳喷泉：改绘自 http://www.360doc.com/conte.nt/16/1013/02/1219455 9_598002412.shtml.

8. 宝安中心区四季公园：改绘自 http://www.landscape.cn/landscape/10487.html.

9. 西安大雁塔广场：作者自摄

封面、图 7.2、表 7.1、表 7.2、表 7.3 均由作者自绘

08 讲

图 8.1(a) 改绘自 http://spro.so.com/searchthrow/api/midpage/throw?ls=s112c46189d&lm_extend=ctype:3&ctype=3&q=%E5%B9%BF%E5%9C%BA%E5%9C%B0%E9%9D%A2%E9%93%BA%E8%A3%85&rurl=http%3A%2F%2Finfo.b2b168.com%2Fs168-49205124.html&img=http%3A%2F%2Fl.b2b168.com%2F2015%2F08%2F22%2F11%2F20150822110704627144.jpg&key=t01aa9424416d9d9023.jpg&s=1566059050510.

图 8.1(b) 改绘自 http://spro.so.com/searchthrow/api/midpage/throw?ls=s112c46189d&lm_extend=ctype:3&ctype=3&q=%E9%80%8F%E6%B0%94%E5%879D%E5%9C%9F%E9%93%BA&rurl=http%3A%2F%2Fwww.jdzj.com%2Ftuzhi%2FClass411%2FClass499%2Fcp_today_232.html&img=http%3A%2F%2Fimg.jdzj.com%2FUserDocument%2F2012Y%2Flibotao%2FPicture%2F2012102710188.jpg&key=t0160bc4d4c6a0b0529.jpg&s=1566059693685.

图 8.1(c) http://spro.so.com/searchthrow/api/midpage/throw?ls=s112c46189d&lm_extend=ctype:3&ctype=3&q=%E6%99%AF%E8%A7%82%E7%A2%8E%E7%9F%B3%E9%93%BA&rurl=http%3A%2F%2Fwww.ddove.com%2Fdata%2Ftp_57775.html&img=http%3A%2F%2Fimg5.ddove.com%2Fupload%2F20160406%2F1039042491190.jpg&key=t01006daf080c233542.jpg&s=1566060243379.

表 8.4(表中除以下图片均为自绘或自摄)：

1. 多孔性混凝土：图（c）改绘自 http://www.ntjxdp.cn/html/2016/pr04_1004/16.html.

2. 透气型塑胶：图（b）改绘自 http://tz.img.dns4.cn/pic/237020/p29/20180717143225_2415_zs_sy.jpg.

3. 环氧树脂微孔透水材料：图（a）改绘自 http://www.kat58.com/upLoad/product/month_1404/20140415153604515.jpg.

表 8.5(表中除以下图片均为自绘或自摄)：

8. 缝隙式明沟盖板：图（a）园路左改绘自 https://huaban.com/boards/47472416/.

图（a）园路右改绘自 http://www.itavcn.com/jst/sriyatvsym/article-10687435.html.

表 8.6(表中除以下图片均为自绘或自摄)：

1. 青瓦碎片：图（a）改绘自 http://www.huitu.com/photo/show/20180523/085336940080.html.

2. 砂石、砾石、雨花石、破口石：图（a）园路改绘自 http://www.983188.com/chanye/show-76445.html.

图（b）小场地改绘自 http://kuaibao.qq.com/s/20180227B17C3I00?refer=spider.

3. 砾石、砂石与石板组合

图（a）园路右改绘自 https://huaban.com/boards/31515351.

4. 砾石、砂石与石块组合

图（a）园路左改绘自 https://huaban.com/boards/47156689.

图（a）园路右改绘自 https://www.sohu.com/a/220899162_780594.

5. 砾石、砂石与砖组合

图（a）园路改绘自 http://www.cnhubei.com/xw/wuhan/201709/t3990158.shtml.

封面、图 8.2、表 8.1、表 8.2、表 8.3 均由作者自绘

09 讲

封面：改绘自花瓣网 http://huaban.com/pins/798043577/ .；http://90sheji.com/yuansu/0-0-0-0-1.html?pid=14428176.

图 9.1(a) 引用自 http://tianqi.eastday.com/news/6062.html.

图 9.1(b) 引用自 http://blog.sina.com.cn/s/blog_6d203c7f0102vyvk.html.

图 9.2(a) 引用自 https://www.wowodx.com/liaoning/shenyangshifandaxue/ssdys/e02a07fcc7ca4cdda84553bfeb42eee5.html.

图 9.2(b) 引用自 http://www.51wendang.com/doc/5d4242a341370cb618fb9403/8.

图 9.3(a) 引用自 http://www.huitu.com/photo/show/20141101/205950088300.html.

图 9.3(b) 引用自 http://blog.sina.cn/dpool/blog/s/blog_723d633a0100yeew.html.

图 9.5、图 9.7：改绘自 https://www.gooood.cn/rain-garden-ups.htm.

图 9.6、图 9.8：改绘自 https://www.gooood.cn/vanke-rainwater-neighborhood-china-by-ups.htm.

图 9.9(a) 改绘自 https://www.gooood.cn/rain-garden-ups.htm.

图 9.9(b) 改绘自 https://www.sohu.com/a/260391059_99932382.

图 9.10(a)、(b) https://www.gooood.cn/vanke-rainwater-neighborhood-china-by-ups.htm.

图 9.11(a)、(b)、(c)、(d)、(e)、(f) 改绘自 https://www.gooood.cn/rain-garden-ups.htm.

图 9.12(a)、(b)、(c)、(d)、(e)、(f) 改绘自 https://www.gooood.cn/vanke-rainwater-neighborhood-china-by-ups.htm.

图 9.13、图 9.14：引用自陈坚 .2014. 苏州传统私家园林气候设计的历史经验研究 [D]. 西安建筑科技大学 .

图 9.15 拙政园平面：引用自 https://www.ddove.com/htmldatanew/20150407/38e8c6d3d9568f74.html.

图 9.15(a) 引用自 http://blog.sina.cn/dpool/blog/newblog/mblog/controllers/exception.php?sign=B00301&uid=1259295385.

图 9.15(b) 引用自 https://diyitui.com/content-1480739779.64665481.html.

图 9.15(c)、图 9.15(d) 自摄

图 9.16 留园平面图：改绘自 https://www.ddove.com/old/picview.aspx?id=297835.

图 9.16(a) 引用自 http://www.mafengwo.cn/photo/10207/.scenery_841073/4474744.html.

图 9.16(b) 引用自 http://www.huitu.com/photo/show/20131007/183242382134.html&querylist=&selected_tags=0.

图 9.16(c)、图 9.16(d) 自摄

图 9.17 留园平面图：改绘自 https://www.ddove.com/old/picview.aspx?id=297835.

图 9.17(a)、图 9.17(b) 自摄

图 9.17(c) 改绘自连先发 . 2017. 苏州古典园林微气候营造分析研究 [D]. 苏州大学 .

图 9.18: 改绘自 Dirtworks, 刘宪涛 .2006. 康复疗养空间: 伊丽莎白和诺那·埃文斯疗养花园 [J]. 景观设计 .

图 9.19: 改绘自梅瑶炯 .2008. 儿童乐园设计——自发空间与儿童型互动园林 [D]. 上海交通大学 .

图 9.20(a)、(b)、(c) 以及图 9.21(a)、(b)、(c)、(d) 均改绘自布莱恩·E. 贝森, 佘美萱 .2015. 美国当代康复花园设计 : 俄勒冈烧伤中心花园 [J]. 中国园林 .

图 9.22 平面图 : 改绘自伊丽莎白和诺娜·埃文斯疗养花园平面图 : 改绘自 Dirtworks, 刘宪涛 .2006. 康复疗养空间 : 伊丽莎白和诺那·埃文斯疗养花园 [J]. 景观设计 .

图 9.22(a)、(b) 改绘自大卫·坎普, 王玲 .2007. 每个人的花园——伊丽莎白和诺娜·埃文斯康复花园 [J]. 城市环境设计 .

图 9.22(c)、(d) 改绘自 Dirtworks, 刘宪涛 .2006. 康复疗养空间 : 伊丽莎白和诺娜·埃文斯疗养花园 [J]. 景观设计 .

图 9.23: 改绘自戴维·坎普, 杜雁, 达婷 .2015. 时间的校验 : 应对渐进性疾病危机——为艾滋病和痴呆症患者而建的两座康复花园 [J]. 中国园林 .

图 9.4、表 9.1 ~ 表 9.15 均由作者自绘

10 讲

表 10.3:

图 (a) 引用自 https://www.meipian.cn/1a0qcqy1.

图 (b) 引用自 http://www.huitu.com/photo/show/20140819/121700272144.html.

图 (c) 引用自 http://www.jy318.com/news/2420.

图 (d) 引用自 https://huaban.com/pins/1683640578/.

图 10.1:

图 (a) 引用自 http://www.lovfp.com/xueask-537-5374843.html.

图 (b) 引用自 http://www.flybridal.com/.

图 (c) 引用自 https://jingyan.baidu.com/article/154b46316722c628ca8f41e1.html.

图 (d) 引用自 http://www.showanywish.com/.

图 10.2、图 10.3 自绘

图 10.4(a)、(b) 根据地图自绘

图 10.5(a)、(b)、(c) 改绘自 https://www.gooood.cn/qunli-national-urban-wetland.htm.

图 10.6 根据地图自绘

图 10.7(a)~(d) 改绘自 https://www.turenscape.com/project/detail/4629.html.

表 10.10:

1. 哈尔滨文化中心湿地公园 :

图①~ 图③改绘自 https://www.pinterest.ru/visual-search/.

图④改绘自 https://www.turenscape.com/project/detail/4625.html.

图⑤改绘自 https://www.turenscape.com/project/detail/4625.html.

2. 美国橘子郡大公园 : 改绘自王云才 .2013. 景观生态规划设计案例评析 : 汉英对照 [M]. 同济大学出版社 .

图①改绘自 http://www.chla.com.cn/htm/2008/1127/22855_2.html.

图②改绘自 http://www.chla.com.cn/htm/2008/1127/22855.html.

3. 天津桥园 : 改绘自 http://blog.sina.com.cn/s/blog_d421d8330101onhj.html.

4. 苏州真山公园 : 改绘自 https://www.turenscape.com/project/detail/4691.html.

5. 美国布鲁克林桥公园 : 改绘自王云才 .2013. 景观生态规划设计案例评析 : 汉英对照 [M]. 同济大学出版社 .

图①、图②改绘自 https://www.360kuai.com/.

6. 浙江黄岩永宁公园 : 改绘自俞孔坚, 刘玉杰, 刘东云 .2005. 河流再生设计——浙江黄岩永宁公园生态设计 [J]. 中国园林 (05):1-7. https://www.turenscape.com/project/detail/323.html.

7. 河北秦皇岛汤河公园 : 改绘自绿荫里的红飘带——秦皇岛汤河公园 [J]. 风景园林 ,2007(02):52-https://www.turenscape.com/project/detail/336.html.

8. 浙江衢州鹿鸣公园 : 改绘自俞孔坚 .2016. 以山水为画布 : 衢州鹿鸣公园 [J]. 景观设计学 (05):102-115. https://www.turenscape.com/project/detail/4637.html.

9. 美国伊利西安公园 : 图①、图②改绘自王云才 .2013. 景观生态规划设计案例评析 : 汉英对照 [M]. 同济大学出版社 .

10. 美国纽约清水湾公园 : 图①~ 图③改绘自王云才 .2013. 景观生态规划设计案例评析 : 汉英对照 [M]. 同济大学出版社 .

11. 加拿大多伦多安大略公园 : 图①~图④改绘自王云才 .2013. 景观生态规划设计案例评析 : 汉英对照 [M]. 同济大学出版社 .

封面、表 10.1、表 10.2、表 10.4~ 表 10.9、表 10.11、表 10.12、图 10.8 ~ 图 10.11 均由作者自绘

11 讲

图 11.3: 图 (a) 改绘自 http://www.childhood-pics.com.

图 (b) 改绘自 https://www.nottingham.ac.uk/estates/development/developmentsatuon.aspx.

图 (c) 改绘自 http://onlineresize.club/pictures-club.html.

图 11.4: 图 (a) 改绘自 http://onlineresize.club/pictures-club.html.

图 (b) 改绘自 http://m.sohu.com/a/127135620_109028.

图 (c) 改绘自 http://www.gbwindows.cn/news/201606/11091.html.

图 11.5: 学生生活区 : 改绘自 http://mts.jk51.com/tushuo/1937239_p4.html.

体育运动区 : 改绘自 http://news.sohu.com/20040914/n222024248.shtml.

图 11.6: 图 (a)、图 (b) 改绘自百度卫星地图

图 (c) 改绘自 http://down.winshang.com/ghshow-2219-2.html.

图 (d) 改绘自 http://blog.sina.com.cn/s/blog_496a862f0102dye1.html.

图 (e)http://www.sohu.com/a/167883968_691607.

表 11.8:

1. 华中农业大学 : 图①、图②改绘自吴正旺 , 王伯伟 .2003. 大学校园规划的生态化趋势——华中农业大学校园规划 [J]. 新建筑 , (06):45-47.

2. 福建农林大学 :

图①、图②改绘自 http://net.fafu.edu.cn/3a/d4/c64a15060/page.htm.

图①、图②自摄

3. 辽宁公安司法管理干部学院新校区 :

图①、图②改绘自 http://www.chla.com.cn/html/2008-10/19670.html.

图③改绘自 http://m.5tu.cn/photo/201207/ziran-65065.html.

图④左改绘自 http://turenscape.com/en/project/detail/380.html.

图④右改绘自 http://m.jingdiao98.com/newnet/plus/view.php?aid=3772.

4. 重庆工学院花溪校区 :

图①改绘自 https://www.sohu.com/a/251162864_741845.

图②改绘自 https://www.cqut.edu.cn/xxgk/xxjj.htm.

5. 华侨大学厦门校区 :

图①、图②改绘自百度地图

图③改绘自 http://map.baidu.com/detail?third_party=seo&qt=ninf&uid=3a0a78bdba558cf96318093f&detail=education.

图④改绘自 http://mp.itfly.net/article/p-%E9%8F%8D%E2%80%B3%E5%B0%AF%E7%91%99%E5%8B%AB%E5%9E%9D+%E9%97%82%EE%87%80%EE%95%BD.html.

6. 沈阳建筑大学 : 改绘自 https://www.turenscape.com/project/detail/324.html

图①改绘自俞孔坚, 韩毅, 韩晓晔 .2005. 将稻香溶入书声——沈阳建筑大学校园环境设计 [J]. 中国园林 , (05):12-16.

图②改绘自 http://tupian.baike.com/a1_58_00_01300542655433140565005803956_jpg.html.

封面、图 11.1、图 11.2、图 11.5 分析图、表 11.1~ 表 11.7、表 11.9、表 11.10 均由作者自绘

12 讲

表 12.4：
1. 法国 La Mailler-aye 市广场：
图①、图④自绘
图②改绘自 http://www.chla.com.cn/htm/2015/1022/240695_6.html.
图③改绘自 http://www.chla.com.cn/htm/2015/1022/240695_5.html.
2. 德国弗莱堡市扎哈伦广场：
图①改绘自 https://www.gooood.cn/zollhallen-plaza-atelier-d.htm.
3. 荷兰鹿特丹市水广场：
图①左改绘自 http://www.chla.com.cn/htm/2016/0322/247542_2.html.
图②右改绘自 http://blog.sina.com.cn/s/blog_659b3be901012kcx.html.
4. 德国波茨坦广场：图①左改绘自 https://www.wendangwang.com/.
doc/481a194413b91fd8f26d174f；图①中、图①右改绘自 http://www.szpark.com.cn/newsinfo_2_1387.html.
5. 北京朝阳亿利生态广场：图①~图⑧均改绘自 http://www.sohu.com/a/215677324_656548.
封面、图 12.1~图 12.4、表 12.1~表 12.3、表 12.5、表 12.6、表 12.7 均由作者自绘

13 讲

表 13.4：
1. 德国阿卡迪亚温嫩登气候适应型社区：
图①、图②改绘自 http://cn.architectsense.com/_2180/community-aw-atelier-dreiseitl.htm.
图③改绘自 http://www.sohu.com/a/280554866_720401.
2. 英国贝丁顿零碳社区：
图①改绘自 https://wenku.baidu.com/view/24dc895d08a1284ac85043a0.html.
图②改绘自 http://www.chla.com.cn/htm/2015/0206/229105_4.html.
3. 武汉百步亭低碳社区：
图①~图④改绘自熊贝妮，2011. 低碳社区的规划与实践——以武汉百步亭社区建设为例 [C]// 转型与重构——2011 中国城市规划年会论文集 .
4. 德国慕尼黑里姆会展新城：
图①~图⑥改绘自王瀚卿 . 2015. 住区规划设计中的整体生态策略 [D]. 南京：南京工业大学 ;https://www.goooood.cn/architects.htm.
5. 泰国曼谷 Mori Haus 住宅区：图①~图⑤改绘自 https://www.goooood.cn/mori-haus-residential-garden-by-somdoon-architects.htm.
6. 日本东京世田谷区共生生态住宅：
图①~图③改绘自刘京华，刘加平 . 2010. 理解场地，尊重环境——世田谷区共生住宅生态设计方法解析 [J]. 华中建筑 .28(8):15-17.
7. 嘉兴平湖龙湫湾：
图①~图③改绘自 http://www.ph-fc.com/newhouse/73/index.shtml.
8. 合肥岸上玫瑰小区：
图①根据实际沙盘模型自绘
图②~图④改绘自刘岳坤 .2017. 城市住区景观微气候生态设计方法研究 [D]. 合肥：合肥工业大学 .
9. 天津中新生态城万科锦庐园：
图①、图②司丽娜 .2014. 基于绿色低碳理念的居住区规划设计研究 [D]. 天津：天津大学 .

10. 昆明世博生态社区：改绘自云南世博兴云房地产有限公司 .2003. 世博生态社区开发规划设计 . 昆明
11. 美国波特兰共生生态住区：图①、图②改绘自 https://www.goooood.cn/aecom.htm.
封面、图 13.1~图 13.4、表 13.1~表 13.3、表 13.5~表 13.7 均由作者自绘

14 讲

图 14.2：
图 (a) 改绘自 https://www.goooood.cn/2015-asla-mill-river-park-and-greenway-by-olin.htm.
图 (b) 改绘自 http://www.duitang.com/people/mblog/200270026/detail/.
图 14.3：
图 (a) 改绘自 http://qd.house.ifeng.com/detail/2017_03_01/51016557_0.shtml.
图 (b) 改绘自 http://www.soa.gov.cn/zwgk/hygb/zghyzhgb/zhgb/201303/t20130306_23232.html.
图 (c) 改绘自 https://www.goooood.cn/2015-asla-mill-river-park-and-greenway-by-olin.htm;https://www.goooood.cn/2017-asla-research-award-ofhonor-rendering-los-angeles-green-the-greenways-to-rivers-arterial-stormwater-system-grass-by-606-studio-cal-poly-pomona.htm.
图 14.6：圣安东尼奥河整体布局分析：自绘
图 14.7：
图 (a)、图 (b)、图 (d)：改绘自谷歌街景地图
图 (c)、图 (e)：改绘自 http://www.swagroup.com/projects/san-antonio-river-improvement-project/ .
图 (f)：改绘自 SWA. San Antonio river improvements project concept design & design guidelines.
表 14.5：遂宁市河东新区滨江景观带：改绘自 https://huaban.com/boards/44768476/.
美国弥尔河公园和绿色廊道：改绘自 https://www.goooood.cn/2015-asla-mill-river-park-and-greenway-by-olin.htm.
杨浦滨江公共空间示范段及二期：平面图、图①~图③ 改绘自 https://www.goooood.cn/demonstration-section-of-yangpu-riverside-public-space-by-original-design-studio.htm .
图④~图⑥改绘自 http://www.sohu.com/a/250065141_99921012 .
韩国清溪川改造：
图①改绘自 https://gs.ctrip.com/html5/you/travels/100042/1774802.html .
图②改绘自 http://pic.sogou.com/%C7%E5%CF%AA%B4%A85.jpg&flag=1 .
图③改绘自 https://www.vcg.com/creative/813552788.
表 14.6：俄罗斯喀山市卡班湖群滨水区：改绘自 https://gre4ark.livejournal.com/239721.html.
秦皇岛滨海景观带：图①~图④改绘自 https://www.goooood.cn/_d271008650.htm .
金海湾红树林生态旅游区：改绘自 http://www.beihaijhw.com/ .
图①改绘自 https://www.poco.cn/works/detail?works_id=1495021 .
图②改绘自 http://www.photophoto.cn/show/13987628.html.
丹麦奥尔堡海滨景观：改绘自 https://www.goooood.cn/aalborg-waterfront-phase-ii.htm.
封面、图 14.1、图 14.4、图 14.5、表 14.1~表 14.4、表 14.7~表 14.9、图 14.8~图 14.11 均由作者自绘

335

15 讲

图 15.1：图 (a) 引用自 https://map.baidu.com/；图（b）引用自文竹 .2015. 绿色街道——西雅图让雨水都慢下来 [C]// 中国城市规划年会 .

图 15.2：改绘自吴海俊，胡松，朱胜跃 等 .2011. 城市道路设计思路与技术要点 [J]. 城市交通，09(6):5-13.

表 15.5：

1. 西安市路网：图①改绘自 http://guihuayun.com/.
2. 重庆市路网：图①改绘自 http://guihuayun.com/.
3. 美国波特兰市路网：图①改绘自 http://guihuayun.com/.

图 15.4：

深圳滨海大道：图 (a)、(c) 改绘自 http://www.google.cn/.

图 (b) 改绘自 http://m.haiwainet.cn/middle/232588/2017/0919/content_31123664_1.html；动物孔：改绘自 http://blog.sina.com.cn/s/blog_5673be250100043v.html.

图 15.5：图 (a)、(b)、(c) 均改绘自 http://m.haiwainet.cn/middle/232588/2017/0919/content_31123664_1.html .

表 15.8：

西班牙巴塞罗那快速路：图①、图②改绘自李惊 .2017. 巴塞罗那城市快速路景观网络构建途径研究 [J]. 风景园林，(10):34-43；图③自绘

丹麦哥本哈根暴雨计划：图①改绘自 https://www.gooood.cn/2016-asla-copenhagen-cloudburst-formula-by-ramboll-and-ramboll-studio-dreiseitl.htm.

成都人民南路立交互通区：图①改绘自 http://weimeiba.com/so/%E9%8D%A5%E6%B6%98%E7%AA%9B%E7%80%9C%E6%BB%83%E7%9C%B3%E9%8D%A9%E5%BA%A1%E7%AB%B6%E7%80%9C%E6%A8%BB%E6%9F%9F%E9%8E%BA%E6%8E%91%E6%82%95.html.

表 15.9：美国西雅图 SEA 街道：图①~图③改绘自文竹 .2015. 绿色街道——西雅图让雨水都慢下来 [C]// 中国城市规划年会 .

上海市陆家嘴环路：图①、图②改绘自 http://blog.sina.com.cn/s/blog_51ed6db60101gqb3.html.

东京城市道路：图①~图③改绘自陈果 .2001. 东京城市道路景观设计特点 [J]. 新建筑，(1):60-63.

美国波特兰 NE 街道：图①~图③改绘自 http://bbs.zhulong.com/101020_group_201884/detail10023550/.

西安含光路：自绘

封面、图 15.3、图 15.6~图 15.8 均由作者自绘

表 15.1~表 15.4、表 15.6、表 15.7、表 15.10~表 15.12 均由作者自绘

16 讲

图 16.1(a)https://image.baidu.com/search/detail?ct=0&rpstart=0&rpnum=0&islist=&querylist=&force=undefined .

图 16.1(b)1.https://image.baidu.com/search/detail?ct=&force=undefined.

图 16.1(c)https://image.baidu.com/0&rpnum=0&islist=&querylist=&force=undefined .

图 16.1(d) 4.https://image.baidu.com/search/detail?ct=503316480&z=0&ipn0&rpnum=0&islist=&querylist=&force=undefined.

图 16.2：引用自刘骏、蒲蔚然 .2004. 城市绿地系统规划与设计 [M]. 北京：中国建筑工业出版社 .

图 16.4：改绘自朱喜钢 .2002. 城市空间集中与分散论 [M]. 北京：中国建筑工业出版社 .

表 16.6：1. 北京：

图①北京城乡一体划图 改绘自 https://wenku.baidu.com/view/927c9e09157917 11cc7931b765ce0508763275dc.html .

图②北京绿地系统布局图 改绘自 https://wenku.baidu.com/view/927c9e091579 1711cc7931b765ce0508763275dc.html.

图③改绘自 http://www.zgss.org.cn/zixun/xiangmu/2911.html .

图④改绘自 http://www.chla.com.cn/htm/2018/0704/268797.html .

图⑤改绘自 http://image.baidu.com/.

2. 上海：

图①王旭东，王鹏飞，杨秋生 .2014. 国内外环城绿带规划案例比较及其展望 [J]. 规划师，(12).

3. 武汉：

图①引用自 http://image.baidu.com/.

图②绿楔 http://gtghj.wuhan.gov.cn/pc-7-69129.html .

4. 莫斯科：自绘

5. 伦敦：

图①、图③自绘；绿环图自绘；图②改绘自 http://www.pinterest.com.

图④ 效果图改绘自 http://www.pasteurfood.com/ 农村屋后庭院菜园图片 / http://www.nipic.com/show/1/63/8502264k5ab52b85.html：http://m.baidu.com/tcredirect?1%2F61dff356f33c9b897738c97d30ef&et=0.

图⑤ 自绘

6. 乐山：图①改绘自 https://szjj.leshan.gov.cn/szjj/tszj/201706/877b68918d3f46 4da4ce4cb3c7a4413c.shtml.

图②气流图自绘；效果图改绘自 https://m.sohu.com/a/197230102_355537.

7. 晋中：图①、图③自绘

图②改绘自张云路，李雄 .2017. 基于城市绿地系统空间布局优化的城市通风廊道规划探索——以晋中市为例 [J]. 城市发展研究，(05):41-47.

表 16.7：

1. 广州：图①、图③改绘自徐英 .2005. 现代城市绿地系统布局多元化研究 [D]. 南京林业大学；效果图改绘自 http://photo.zjol.com.cn/shehui/201611/t20161125_2109418_4.shtml.

2. 深圳：图①改绘自 http://blog.sina.com.cn/s/blog_011e69800100thnz.html；效果图自绘

3. 哥本哈根：改绘自于晓萍，程建润 .2011. 哥本哈根 "指形规划" 的启示 [J]. 城市，(09):71-74.

4. 澳门：图①、图②改绘自肖希，李敏 .2017. 绿斑密度：高密度城市绿地规划布局适用指标研究——以澳门半岛为例 [J]. 中国园林，33(07):97-102.

5. 兰斯塔德：图①自绘

图②改绘自 https://www.zhihu.com/question/264949319/answer/290411581.

封面、表 16.1~表 16.5 、图 16.3、图 16.5 、表 16.8 均由作者自绘

17 讲

图 17.1：

图 (a) 引用自 http://www.xfrb.com.cn/html/redian/jinrikuaibao/difangkuaibao/30135.html.

图 (b) 引用自 https://www.sohu.com/a/274542113_768351.

图 17.2：

图 (a) 引用自 http://www.sxrb.com/sxxww/xwpd/tpxw/1598478.shtml.

图 (b) 引用自 http://www.gov.cn/govweb/jrzg/2012-06/25/content_2168602.htm.

图 (c) 自绘

图 (d) 改绘自 http://www.itfly.pc-fly.com/article/p-%E4%B8%A5%E9%87%8D E7%9A%84%E6%B0%B4%E5%9C%9F%E6%B5%81%E5%A4%B1.html.

图 17.3：改绘自吴海俊，胡松，朱胜跃，段铁铮 .2011. 城市道路设计思路与技术要点 [J]. 城市交通，9(06):5-13、49.

表 17.3：

1. 西安市长安区留村：图①~图⑩改绘自范小蒙 .2015. 秦岭北麓西安段乡土景观营造的环境学途径 [D]. 西安建筑科技大学 .

2. 西安市蓝田县石船沟村：图①~图⑦改绘自白宁，张豫东，吴锋 .2018. 蓝

田县石船沟村传统村落空间营建智慧研究与启示 [J]. 建筑与文化 ,(10):86–87; 宋龑.2017. 陕西石船沟村传统村落景观设计研究 [D]. 西安建筑科技大学 .
3. 咸阳市三原县新兴镇柏社村：
图①改绘自 https://www.sohu.com/a/151704497_100941 .
图②改绘自 http://t2.m.sohu.com/rewrite_a/213543362_559363.
图③自绘；图④改绘自 https://www.duitang.com/blog/?id=348110691.
图⑤改绘自 http://bbs.zol.com.cn/dcbbs/d167_107678.html .
图⑥改绘自陈勇越 . 2018. 基于治水节水的传统村落空间模式研究 [D]. 吉林建筑大学；李强 . 2016. 黄土原地坑窑居的生态价值研究——以三原县柏社村地坑院为例 [J]. 中国建筑教育 ,(03):105–111.
4. 渭南市合阳县灵泉村：图① ~ 图④改绘自段莹 . 2013. 景观生态学视角下关中渭北台塬区乡土景观营造模式研究 [D]. 西安建筑科技大学；图⑤自绘
5. 庆阳市塔山村：图① ~ 图③改绘自姜婧 . 2012. 地域资源约束下的陇东塔山村乡土景观特征研究 [D]. 西安建筑科技大学 .
图④左改绘自 http://www4.freep.cn/hot/1247055.html；图④右自绘
6. 韩城市党家村：
图①改绘自 http://bbs.zol.com.cn/dcbbs/d33511_31134_uid_wuming1303.html.
图② ~ 图③改绘自李洁洁, 李怡莹 . 2016. 古村落中的人居环境营造智慧——以陕西党家村为例 [J]. 现代园艺 ,(02):175.
封面、表 17.1、表 17.2、表 17.4 ~ 表 17.6、图 17.4 均由作者自绘

18 讲

图 18.1:
图 (a) 改绘自 http://www.360doc.com/content/18/0522/15/19306214_756103629.shtml.
图 (b) 改绘自 https://qwerboy.blogspot.com/2018/11/lavaux–express.html.
图 18.2: 改绘自吴人韦、杨建辉 .2004. 农业园区规划思路与方法研究 [J]. 城市规划学刊 ,(1):53–56；邹志荣 .2007. 农业园区规划与管理 [M]. 北京：中国农业出版社 .
表 18.3:
1. 南京傅家边农业科技园：
图①、图②改绘自百度地图
图③、图⑤改绘自谷歌地图
图④改绘自刘亚飞 .2015. 江苏省现代农业产业园区运营机制研究 [D]. 南京农业大学 .
图⑥改绘自 http://k.sina.com.cn/article_2077491865_7bd40299001002lf3.html.
2. 新西兰蒂普基猕猴桃小镇：
图①、图②改绘自谷歌地图
图③、图⑤改绘自 http://www.360doc.com/conte.nt/18/0522/15/19306214_756103629.shtml.
图④改绘自 https://www.tripadvisor.cn/Attraction_Review-g2435511-d12086621-Reviews-Kiwifruit_Country-Paengaroa_Bay_of_Plenty_Region_North_Island.html#photos;aggregationId=&albumid=101&filter=7.
3. 江苏虞山镇都市生态农业园：
图①改绘自谷歌地图
图② ~ 图④改绘自 https://mp.weixin.qq.com/s?src=11&timestamp=1550757286&ver=1442&signature=0QY2CStLslTt4kaky5Tm3yZy*uc8tvdT7crPqi7U–AaDDFdeHqcynxy94R2D0Hgi6L1NpYxE3r0XphMmUd2tT8RGFPyojECNnvkLTfsqgc8u5SFMmYirMxF2quaR0zTM&new=1.
4. 陕西周至猕猴桃创新示范园区：
图①改绘自《大秦岭保护利用总体规划》
图②、图③改绘自石素贤 .2017. 秦岭北麓周至猕猴桃创新示范园空间布局模式与优化策略研究 [D]. 西安建筑科技大学 .
5. 浙江奉化滕头村：

图①改绘自谷歌地图
图②改绘自 https://mp.weixin.qq.com/s?src=11×tamp=1550805072&ver=1443&signature=3MXKqM0uijOctwH2bpQL13*U34–F4XTF6Go0kmYQzbn6lCjlDqwj–ijkLyBa3mYpavUSSiS–TQ4H8dNIlNgO313kQQ7FdbLB2mGLqHlStNtTJHJCXSTfrSu0dGW66o5r&new=1.
图③改绘自 http://www.sohu.com/a/160338065_395038.
树林：改绘自 https://m.sohu.com/a/233924816_441377?_f=m–article_17_feeds_25.
竹笋：改绘自 https://image.baidu.com/search.
果树：改绘自 https://m.sohu.com/a/160338065_395038/?pvid=000115_3w_a.
图④改绘自 http://news.1nongjing.com/a/201511/119071.html.
改绘自 http://roll.sohu.com/20140331/n397516700.shtml.
6. 江苏泰州河横村：
图①改绘自谷歌地图
图②改绘自 http://roll.sohu.com/20140331/n397516700.shtml.
图③改绘自 https://mp.weixin.qq.com/s?src=11&timestamp=1550761451&ver=1442&signature=2PuE3lhVW42t–lYeew66VFRyrDdFW–T3*y*H5Tj2XjdeUPrIqBQZK5aA2c9zT3rpGf8hiXRidjYbuvr*MK4nshN7Tok1Obn30YKhHQ1vrXYd6DkGd2lyfcf8AA6iGbw7&new=1.
7. 瑞典罗森戴尔庄园：
图①左改绘自谷歌地图
图①右改绘自 http://www.shsee.com/zt/zyjj/904.html.
图②改绘自 http://www.shsee.com/zt/zyjj/904.html.
8. 德国艾策尔农场：
图①改绘自 http://blog.sina.com.cn/s/blog_dbf43dc50102vqok.html.
表 18.4:
9. 瑞士拉沃葡萄园：
图①、图③、图④改绘自 https://mp.weixin.qq.com/s?src=11&timestamp=1547545081&ver=1317&signature=GshdacLWJ8Enn8PDfGHRojGgSWw4tkzsRJFUoVMInwvKqC5Je1UIWfVkeWYLA4vlk1iei5My6j*eX6MwmarqzGrdR8kG9hrUX–f6iCIzpAr0YakeVsth–WoS1lrhqla47&new=1.
图②改绘自 https://www.myswitzerland.com/zh–hans/destinations/lavaux–vineyard–terraces/.
10. 甘肃庄浪县农业梯田：
图①、图②改绘自 https://mp.weixin.qq.com/s?src=11&timestamp=1551427323&ver=1457&signature=Gl6BJQCQd44Bd9M3vM–GlX2dnCNrh–EL3U0FS–bTfm12M6pNlqJmMGGo1UdzURa86LsG*9CWb4yIzjXEdhCEJKFRf0YrWvPP25qg*iL3L4sHJxe pvDUae*zSbkkBPX09&new=1.
11. 重庆江津猫山茶园：
图①、图②改绘自 https://mp.weixin.qq.com/s?src=11&timestamp=1550764959&ver=1442&signature=dwF4YPspmqYSAWJyK*C2T8cmL83–0lA–ifrvMjv3tFgVIYrCBnuD1wUhsrN1TDm4QHaGm82xC2hrmxquJFvQZ3C7XlNXpBCcnwqbjs44i0ZhmmuRvHQSax0A–7odi0q6&new=1.
12. 湖北秭归县梯田：
图①改绘自 https://www.bing.com/images/search?view=detailV2&insightstoken=bcid_T3ZwneWikwEBoF6vL–.MZ8OYhoLu.....94*ccid_dnCd5aKT&form=SBIIRP&iss=SBIUPLOADGET&sbisrc=ImgDropper&idpbck=1&sbifsz=500+x+313+%c2%b7+48.70+kB+%c2%b7+jpeg&sbifnm=139baee5f0ff4b85a06d8ff3ddf925be.jpg&thw=500&thh=313&ptime=97&dlen=66488&expw=500&exph=313&selectedindex=0&id=–1968362850&ccid=dnCd5aKT&vt=3&sim=1&cal=0.05&cab=0.95&cat=0.05&car=0.95.
图②改绘自 http://www.cpscp.cn/news/2017–07/05/content_39029447.shtml.
封面、表 18.1、表 18.2、图 18.3 ~ 图 18.5、表 18.5、表 18.6 均由作者自绘

19 讲

图 19.1：
图（a）引用自 http://www.limingziyuan.com.cn/；图（b）引用自 http://paper.ce.cn/jjrb/html/2016-05/23/content_301709.htm.
图 19.2：改绘自李铮生 .2006. 城市园林绿地规划与设计，第 2 版 [M]. 北京：中国建筑工业出版社；丁圆 .2010. 滨水景观设计 [M]. 北京：高等教育出版社 .
图 19.3：自绘
表 19.3：
1. 湖南常德华电火力发电厂：图①～图⑦改绘自周辉 .2017. 燃煤火力发电厂景观设计研究 [D]. 中南林业科技大学 .
2. 河南三门峡义马锦江矸石电厂：图①、图②、图④、图⑤自绘；图③改绘自苏维 .2008. 火电厂绿地建设研究 [D]. 西北农林科技大学 .
3. 东莞富马工业园区：图①、图②改绘自吴薇，郑勇 .2006. 基于可持续发展的现代工业园规划设计——虎门富马科技工业园范例 [J]. 工业建筑 ,07:97-99；图③改绘自百度地图；图④改绘自 https://www.sohu.com/a/194152550_173180.
4. 重庆龙桥工业园区：图①～图⑤改绘自孙念念 .2012. 山地城镇工业园区的用地选择与利用研究 [D]. 重庆大学；图⑥自绘
5. 北京中关村生命科学园：图①改绘自 http://jianzhu.gongye360.com/news_view.html?id=2647814；图②改绘自 http://guangzhou.baogaosu.com/xinwen/30992382/.
6. 北京中关村软件园：图①改绘自 http://www.zpark.com.cn/subjectInfo.aspx?id=5732&ClassID=255.
7. 山东威海南海信息产业园：图①、图②改绘自俞孔坚 .2001. 高科技园区景观设计——从硅谷到中关村 [M]. 中国建筑工业出版社；图③、图④自绘
8. 合肥柏堰科技园：图①、图②改绘自：李康淳，王贤铭，柏森，谷康 .2010. 高科技园区绿地系统规划——以柏堰科技园为例[J]. 林业科技开发,24(06):133-137.
9. 北京中关村西区规划：图①、图②改绘自俞孔坚 .2001. 高科技园区景观设计——从硅谷到中关村 [M]. 中国建筑工业出版社；图③改绘自 https://security.weibo.com/captcha/geetest?key=2YTheVqdgAAMjb6ObhcBUvKMef2fSHlMZC3BjX3JlZ2lzdGVy&c= ）.
封面、图 19.4、图 19.5、表 19.1、表 19.2、表 19.4、表 19.5 均由作者自绘

20 讲

图 20.1(a) 引用自 https://baike.baidu.com/item/ 北京松山国家级自然保护区 /1322639?fr=aladdin.
图 20.1(b) 引用自 http://www.sd.chinanews.com.cn/2/2017/1012/51262.html.
图 20.1(c) 引用自 http://www.ceh.com.cn/xwpd/2016/11/1015290.shtml.
图 20.4(a)、(c) 引用自 http://shzw.eastday.com/u1ai11136290.html.
图 20.4(b)、(d)、(e) 引用自 http://blog.sina.com.cn/s/blog_c96ece8a0102wcj6.html.
表 20.5：
1. 青海三江源国家级自然保护区：
图①改绘自武晓宇，董世魁，刘世梁，刘全儒，韩雨晖，张晓蕾，苏旭坤，赵海迪，冯憬 .2018. 基于 MaxEnt 模型的三江源区草地濒危保护植物热点区识别 [J]. 生物多样性 ,26(02):138-148.
图②改绘自邵全琴，樊江文，刘纪远，黄麟，曹巍，徐新良，葛劲松，吴丹，李志强，巩国丽，聂学敏，贺添，王立亚，邬龙飞，李其江，陈卓奇，张更权，张良侠，杨永顺，杨帆，周万福，刘璐璐，祁永刚，赵国松，李愈哲 .2016. 三江源生态保护和建设一期工程生态成效评估 [J]. 地理学报 ,71(01):3-20.
图③改绘自 http://www.geodata.cn.
图④改绘自 http://wenku.togod.com/jingguanyingxiao/9625201b6783.html.

图⑤改绘自 http://blog.163.com.
图⑥改绘自 http://xinhua-rss.zhongguowangshi.com/4376182.html.
2. 浙江天目山自然保护区：
总平面图：改绘自 http://www.bigemap.com.
3. 河北昌黎黄金海岸自然保护区：
图①改绘自 http://www.map1000.com/jingdian/north.asp?id=939 .
图②改绘自 http://www.oceanol.com/zhuanti/201701/10/c60440.html.
4. 江苏洪泽湖湿地自然保护区：
图①改绘自 https://baike.baidu.com/item/ 洪泽湖湿地自然保护区 /3196018?fr=aladdin.
5. 香港米埔红树林自然保护区：
总平面图①改绘自 https://baike.baidu.com/4454289?fr=aladdin.
图②改绘自 https://www.duitang.com/.
图③改绘自 http://2010.hnzqw.com/.
6. 北京松山自然保护区：
图①改绘自北京松山国家级自然保护区管理处
图②改绘自 https://dp.pconline.com.cn/dphoto/list_3654540.html.
图③改绘自 http://www.juimg.com/tupian/201705/daolusheying_1310966.html.
7. 西双版纳自然保护区：
图①、图②改绘自林柳，冯利民，赵建伟，郭贤明，刀剑红，张立 .2006. 在西双版纳国家级自然保护区用 3S 技术规划亚洲象生态走廊带初探 [J]. 北京师范大学学报（自然科学版）,(04):405-409.
图③改绘自 https://www.thepaper.cn/newsDetail_forward_2009825.
图④改绘自 http://pai.meishujia.com/app/245-view-8019.shtml.
图⑤改绘自 http://blog.sina.cn/dpool/blog/s/blog_e2e1a3770102v56o.html.
图⑥改绘自 http://xinhua-rss.zhongguowangshi.com.
8. 四川卧龙自然保护区：
图①改绘自 https://www.hk4wolong.hk/sc/intro/index.html；陈利顶，傅伯杰，刘雪华 .2000. 自然保护区景观结构设计与物种保护——以卧龙自然保护区为例 [J]. 自然资源学报 ,(02):164-169.
图②改绘自 http://blog.sina.cn/dpool/blog/s/blog_49cdf00e0102wc1y.html.
9. 黑龙江五大连池自然保护区：
图①改绘自 http://www.tjupdi.com/new/?classid=9127&id=172&t=show https://www.meipian.cn/1h3czvbt.
图②改绘自 http://www.sohu.com/a/115289767_475364.
封面、图 20.2、图 20.3、图 20.5、图 20.6、表 20.1～表 20.4、表 20.6、表 20.7 均由作者自绘

21 讲

封面：改绘自 https://huaban.com/pins/1843667213/.
图 21.1：
图 (a) 引用自 https://huodong.ctrip.com/ottd-activity/dest/t15109634.html.
图 (b) 引用自 http://tupian.baike.com/xgtupian/12/8.
图 (c) 引用自 https://www.turenscape.com/project/detail/4556.html.
表 21.7：
1. 美国黄石国家公园：
图①改绘自 https://www.fedgycc.org/about.
图②改绘自 https://mountainjournal.org.
图③～图⑤改绘自 http://www.mafengwo.cn/i/7807255.html；https://yellowstoneinsider.com/new-yellowstone-lewis-river-bridge-proposed/.
图⑥自绘
2. 美国优胜美地国家公园：
图①、图②改绘自 https://commons.wikimedia.org/Valley_Roads_Yosemite_National_Park.png.
3. 云南普达措国家公园：

图①改绘自叶文，沈超，李云龙. 2008. 香格里拉的眼睛：普达措国家公园规划和建设 [M]. 中国环境科学出版社.

图②自绘

图③改绘自 https://kknews.cc/zh-sg/travel/3xy5qka.html.

图④改绘自 http://travel.qunar.com/youji/6863731.

图⑤改绘自 http://slide.qcyn.sina.com.cn/slide_28_34868_84923.html#p=1.

4. 中国大熊猫国家公园：

图①改绘自 http://sc.sina.cn/3441879.d.html?vt=4.

图②改绘自 http://www.xinjiebiao.com/index.php.

图③改绘自 http://sc.sina.cn/3441879.d.html?vt=4.

5. 福建武夷山国家公园：

图①、图②改绘自 http://hikaru.tuchong.com/2340273/#image2340272.

6. 浙江钱江源国家公园：

图①改绘自 http://www.wenbor.net/article/1459.

图②、图③改绘自虞虎，陈田，钟林生. 2017. 钱江源国家公园体制试点区功能分区研究 [J]. 资源科学，(1).

肖练练，钟林生，虞虎. 2018. 功能约束条件下的钱江源国家公园体制试点区游憩利用适宜性评价研究 [J]. 生态学报，39(4).

图④改绘自 http://culture.ipanda.com/2017/03/28ARTI9rnT2EWDSnzq4qrQ7w4g170328.shtml.

7. 青海三江源国家公园：

图①改绘自 http://www.sohu.com/a/218363877_261762.

图②、图③改绘自 http://zrbhq.forestry.gov.cn/main/4048/20170602/991098.html.

图 21.2、表 21.1 ~ 表 21.6、表 21.8 ~ 表 21.10 均由作者自绘

22 讲

图 22.1：

图 (a) 改绘自 http://www.zjgrrb.com/zjzgol/system/2014/04/03/017851976.shtml.

图 (b) 改绘自 https://www.quanjing.com/imgbuy/ph1937-p02370.html.

图 (c) 改绘自 http://www.fzlol.com/redian/20170703/55930.html.

图 22.2：

图 (a) 改绘自 http://hunan.sina.com.cn/news/m/2017-06-22/detail-ifyhmtek7628307.shtml?from=hunan_ydph.

图 (b) 改绘自 http://hunan.sina.com.cn/news/m/2017-06-22/detail-ifyhmtek7628307.shtml?from=hunan_ydph.

图 (c) 改绘自 http://www.qtpep.com/do/bencandy.php?fid=80&id=1003.

图 (d) 改绘自 http://www.gov.cn/jrzg/2010-07/13/content_1653010.htm.

表 22.4：

1. 杭州西溪国家湿地公园：图①、图②改绘自成玉宁等. 2012. 湿地公园设计 [M]. 北京：中国建筑工业出版社.

图③改绘自汪娟. 2007. 城市湿地公园湿地景观研究 [D]. 浙江大学 2007.

图④ https://www.libaclub.com/t_7343_684389_1.htm；效果图自绘

图⑤、图⑥自绘

2. 沙家浜湿地公园：图①改绘自孙化蓉. 沙家浜湿地保护、恢复规划与探索 [J]. 湿地科学与管理，2011，07(4):11-14.

图②改绘自 http://www.quniaozhuangbei.com/show_1146.html；图③自绘

3. 上海崇明东滩国家湿地公园：

图①改绘自成玉宁等. 2012. 湿地公园设计 [M]. 北京：中国建筑工业出版社.

图②、图③自绘

4. 日本箱根湿地公园：图①、图②自绘

5. 浙江绍兴镜湖国家城市湿地公园：图①改绘自成玉宁等. 2012. 湿地公园设计 [M]. 北京：中国建筑工业出版社.

平面图、图②、图③改绘自王向荣，林箐，沈实现. 湿地景观的恢复与营造 浙江绍兴镜湖国家城市湿地公园及启动区规划设计 [J]. 风景园林，2006(4):18-23.

图④ 自绘

6. 北京翠湖国家城市湿地公园：图① http://bjcjh.org/look1.do?z.id=681.

图② http://bbs.zol.com.cn/dcbbs/d34048_6719.html.

图③、图④自绘

7. 西安浐灞国家湿地公园：

图①改绘自李梦丹. 2011. 西安浐灞湿地公园生境恢复营造技术途径研究 [D]. 西安建筑科技大学.

图②郑邦毅. 2014. 西安浐灞国家湿地公园水系设计方法与工程技术途径 [D]. 西安建筑科技大学.

8. 伦敦湿地公园：

图①、图②自绘

9. 唐山南湖湿地公园：图①、图②自绘；图③卜菁华，王洋. 2005. 伦敦湿地公园运作模式与设计概念 [J]. 华中建筑，2005，23(2).

封面、图 22.3 ~ 图 22.5、表 22.1~ 表 22.3、表 22.5 ~ 表 22.7 均由作者自绘

23 讲

图 23.1(a) 引用自 http://image.so.com/view?ie=utf-8&src=0&gn=0&kn=0&fsn=60&adstar=0#id=fe09f7e628409dfda5f34957281a7165&currsn=0&ps=60&pc=60.

图 23.1(b) 引用自 http://image.so.com/view?q=ist&cmsid=aab73c2aa058c0e6762f00bff511e4bc&cmran=0&cmras=0&cn=0&gn=0&kn=0&fsn=60&adstar=0#id=36bcf7afc45ed238e31398ac3f6faa9a&currsn=0&ps=57&pc=57.

图 23.1(c) 引用自 http://moban.tuxi.com.cn/viewq-162361983020623-232372.html.

图 23.5：

西安市曲江新区海绵城市建设专项规划：

图①、图②、图③、图④、图⑦、图⑧自绘

图⑤、图⑥改绘自《西安市曲江新区海绵城市建设专项规划》（2017-2030）

表 23.6：

1. 咸阳市沣润和园，2. 曲江同德佳苑，3. 咸阳市天福和园，4. 咸阳市康定和园：改绘自《基于雨洪管理的西安住区雨水景观生态设计手法研究》；此部分效果图改绘自 http://www.zgss.org.cn/xueshu/wenku/3916.html.

5. 上海大学校园规划：改绘自 http://yz.kaoyan.com/shu/tuimian/59bf39cb371e7.html.

6. 福田中学校园设计：改绘自 https://www.gooood.cn/futian-high-school-campus-by-remix-studio.htm.

7. 清华胜因院：改绘自 http://blog.sina.com.cn/s/blog_71a092210102w469.html.

8. 英国中环码头城市广场：改绘自 https://www.gooood.cn/central-pier-square-city-woodland-usa-by-reed-hildebrand.htm.

9. 德国弗莱堡市扎哈伦广场：改绘自 https://www.gooood.cn/zollhallen-plaza-atelier-d.htm.

10. 法国 La-Mai-lleraye 滨河广场：改绘自 http://www.chla.com.cn/htm/2015/1022/240695_2.html.

11. 美国格林斯堡市中心主街街景规划：改绘自 https://www.gooood.cn/greensburg-main-street.htm.

12. 美国 NE Siskiyou 街道：改绘自 http://www.zgss.org.cn/xueshu/wenku/3916.html.

13. 丹麦哥本哈根"暴雨具象规划"：改绘自 https://doc.docsou.com/b826d5434f6f0f37cda456af1-3.html.

封面、图 23.2、图 23.3、表 23.1~ 表 23.4、表 23.7 ~ 表 23.9、图 23.4 ~ 图 23.8 均由作者自绘

24 讲

图 24.2：图（a）改绘自 http://www.xmtv.cn/2014/04/29/ARTI1398763981262472.shtml.

图（b）改绘自 http://www.nipic.com/show/1/48/8b8427fcd656d5ad.html.

表 24.5：

1. 新加坡国家公园绿道：

图①改绘自 https://www.zaobao.com.sg/news/singapore/story20180417-851326.

图②、图③改绘自张天洁，李泽 .2013. 高密度城市的多目标绿道网络——新加坡公园连接道系统 [J]. 城市规划, 37(05):67-73.

图④改绘自 http://www.dwhbyssj.com/shownews.asp?id=863.

图⑤左改绘自 https://cn.tripadvisor.com/LocationPhotoDirectLink-g294265-d10106051-i232606987-Changi_Beach_Boardwalk-Singapore.html.

图⑤右改绘自 https://kuaibao.qq.com/s/20190819A06HMW00?refer=spider.

图⑥改绘自 http://world.people.com.cn/GB/157578/15964367.html.

2. 全美绿网规划：

图①改绘自 http://www.chinaup.com:8080/international/message/showmessage.asp?id=1065.

图②左改绘自 http://www.groundcontrol.design/mill-river.

图②右改绘自刘滨谊，余畅 .2001. 美国绿道网络规划的发展与启示 [J]. 中国园林, 17(6):77-81.

3. 珠江三角洲地区绿道网：

图①、图②：改绘自 http://www.ecourban2016.org/.

图③改绘自林伟强 .2012. 珠江三角洲绿道网规划方法研究 [D]. 华南理工大学 .

图④改绘自 http://www.gdnews163.com/tourism/2019/08/19/11608.html.

图⑤改绘自 https://www.fjshuchi.com/news/j8mdhejdblu9lhb.html.

图⑥改绘自 http://www.elitegarden.com/guonei/7863.html.

图⑦改绘自 https://www.sohu.com/a/257661139_726503.

图⑨改绘自 https://k.sina.cn/article_1895096900_70f4e24401900nsk3.html.

图⑩改绘自 http://www.hinews.cn/news/system/2019/03/28/032061089.shtml.

图⑪改绘自 http://news.10.0425/08/72FJU5RC00014JB5.html.

图⑫改绘自 https://www.hyljl.com/7621ce31652ade4b8586a0305429bf98/.

图⑬改绘自 https://www.gzqiaoyin.com/product/info_20.aspx?itemid=377&lcid=21.

图⑭改绘自 http://ahhpjnclgf.cn.biz72.com/offerlist/61899827.html.

图⑮改绘自 https://www.szhuodong.com/2019/11/3162.html.

4. 英国东伦敦绿网：

图①改绘自 https://architizer.com/projects/olympic-legacy-masterplan/.

图②改绘自刘家琳，李雄 .2013. 东伦敦绿网引导下的开放空间的保护与再生 [J]. 风景园林, (03):90-96.

5. 美国佛罗里达州绿道：

图①改绘自 http://www.youthla.org/2011/06/understanding-greenway-as-a-landscape-planning-strategy-2/.

图②改绘自 https://www.pinterest.es/pin/237283474094393768/?lp=true.

图③改绘自 https://floridapolitics.com/archives/240685-manley-fuller-fl-wildlife-crossings-work-safety-animals-people.

图④改绘自 https://www.thebiologistapprentice.com/blog/wildlife-crossing.

图⑤改绘自 https://blog.nature.org/science/2016/06/29/species-on-the-move-mapping-barriers-for-wildlife-in-a-warming-world/.

6. 厦门生态网络规划：

图①从左至右改绘自 https://new.qq.com/omn/20191014/20191014A07YTZ00.html.

https://mp.weixin.qq.com/s?__biz=MzAwMzM5OTE2Mw==&mid=2652586605&idx=1&sn=65f000a35b9e772bf5cc9b705e93b610&chksm=80d42ef9b7a3a7eff51188b8d0998ccd89219921485372c50378fc7ec315517cb2cbe7089&mpshare=1&scene=23&srcid=0226f1LBGgLT7iikTRUO5tsg&sharer_

sharetime=1582649396969&sharer_shareid=769d471b901aa47bad7f87dfe4b76810#rd.

https://new.qq.com/omn/20190316/20190316A0FPD0.html.

7. 天津绿道网络：

图①改绘自谭晓鸽 .2007. 绿道网络理论与实践 [D]. 天津大学 .

8. 广州市绿道：

图①改绘自林伟强 .2012. 珠江三角洲绿道网规划方法研究 [D]. 华南理工大学 .

图②改绘自 http://ehaizhu.shidi.org/sf_8E35776705D846D5BD5BEDDCAE8D49AE_151_EB94E922585.html.

9. 深圳绿道：

图①改绘自林伟强 .2012. 珠江三角洲绿道网规划方法研究 [D]. 华南理工大学 .

图②改绘自 https://jingyan.baidu.com/article/7908e85c9f0226af481a227.html?st=2&net_type=&bd_page_type=&os=&rst=.

10. 山地城市：

图①、图②、图③改绘自陈婷 .2012. 山地城市绿道系统规划设计研究 [D]. 重庆大学 .

11. 日本筑波科学城绿道网：

图①左改绘自 http://www.urbanchina.org/content/content_7290647.html.

图①右改绘自 https://m.sohu.com/a/241668840_425017.

12. 山城：

图①、图②改绘自陈婷 .2012. 山地城市绿道系统规划设计研究 [D]. 重庆大学 .

封面、图 24.1、图 24.3、图 24.4、图 24.5、图 24.6、表 24.1~ 表 24.4、表 24.6、表 24.7 均为作者自绘

25 讲

表 25.3：

1. 浙江台州景观安全格局：图①~图④改绘自俞孔坚，李迪华，刘海龙 .2005. "反规划"途径 [M]. 中国建筑工业出版社 .

2. 美国 Food City 城市规划：图①改绘自 https://www.gooood.cn/2015asla-fayetteville-2030-food-city-scenario.htm.

3. 南京江心洲绿色基础设施：图①自绘

4. 贵州遵义仁怀南部新城生态基础设施：图①改绘自曹静娜 .2013. 绿色基础设施规划与实施研究——以仁怀南部新城为例 [D]. 重庆大学；图②自绘

图③改绘自 http://bjwb.bjd.com.cnhtml2019-0418content_11879055.htm.

图④改绘自 httpt://ravel.qunar.comp-pl5455783.

5. 美国马里兰州野生动物保护计划：图①、图③改绘自付喜娥，吴人韦 .2009. 绿色基础设施评价 (GIA) 方法介绍——以美国马里兰州为例 [J]. 中国园林, 25(9):41-45；图②自绘

6. 武汉五里界生态城：图①改绘自俞孔坚，张媛，刘云千 .2013. 生态基础设施先行：武汉五里界生态城设计案例 [J]. 北京规划建设, 28(6):26-29；图②自绘

7. 勐腊勐养保护区：图①~图④改绘自郭贤明，王兰新，杨正斌 .2015. 大型野生动物迁徙廊道设计案例分析——以勐腊—勐养保护区间廊道设计为例 [J]. 山东林业科技, 45(1):1-7.

8. 黎里镇西片区绿色基础设施：图①、图②改绘自丁金华，王梦雨 .2016. 水网乡村绿色基础设施网络规划——以黎里镇西片区为例 [J]. 中国园林, 32(1):98-102.

9. 美国波士顿公园：图①改绘自 https://www.sohu.com/a/213009324_280164.

10. 荷兰海特高伊自然保护区：图①改绘自刘海龙 .2009. 连接与合作：生态网络规划的欧洲及荷兰经验 [J]. 中国园林, 25(9):31-35.

图②改绘自 http://k.sina.com.cn/article_6579760441_1882f2d3900100b1rh.html?cre=tianyi&mod=pcpager_china&loc=21&r=9&doct=0&rfunc=100&tj=none

&tr=9.

11. 美国西雅图拉文纳溪改造：图①自绘

12. 厦门铁路文化公园：图①左自绘；图①右改绘自 https://map.baidu.com/.

13. 英国东伦敦绿网：图①、图②改绘自刘家琳，李雄. 2013. 东伦敦绿网引导下的开放空间的保护与再生 [J]. 风景园林，(3):90–96；图③自绘

14. 重庆万州二桥滨水生态公园景观设计：图①自绘

15. 美国密尔沃基市雨水管网系统：图①自绘

封面、图 25.1～图 25.4、表 25.1、表 25.2、表 25.4、表 25.5 均由作者自绘

26 讲

封面：改绘自 https://huaban.com/boards/41736676/.

图 26.1：改绘自柏春. 2009. 城市气候设计——城市空间形态气候合理性实现的途径 [M]. 北京：中国建筑工业出版社.

表 26.3：

1. 福州市通风格局规划：改绘自 http://tushuo.jk51.com/tushuo/1310592.html.

2. 浙江丽水市规划：图①改绘自 http://www.zjplan.com/viewInfo.aspx?id=8AE64EA14E8CA4E4.
图②、图④自绘
图③改绘自柏春. 2009. 城市气候设计——城市空间形态气候合理性实现的途径 [M]. 北京：中国建筑工业出版社.

3. 武汉四新地区：图①改绘自李军，荣颖. 武汉市城市风道构建及其设计控制引导 [J]. 规划师，2014,30(08):115–120.
图②改绘自 http://showanywish.com/read/4121353200/.

4. 长沙市规划：图片自绘

5. 宜兴东方明珠花园小区：
改绘自徐小东. 2006. 基于生物气候条件的城市设计生态策略研究——以冬冷夏热地区城市设计为例 [J]. 城市建筑，(07):22–25.

6. 武汉绿景苑住宅小区：改绘自李珊珊. 2006. 夏热冬冷地区居住社区公共空间气候适应性设计策略研究 [D]. 华中科技大学.

7. 浙江丽水丽阳街：改绘自柏春. 2009. 城市气候设计——城市空间形态气候合理性实现的途径 [M]. 北京：中国建筑工业出版社.

8. 浙江丽水中山街步行商业街区：
图①、图②改绘自柏春著. 2009. 城市气候设计——城市空间形态气候合理性实现的途径 [M]. 北京：中国建筑工业出版社
图③左改绘自 http://www.azut.cn/product/showproduct.php?lang=cn&id=153；
图③右自绘

9. 上海创智天地广场：http://design.yuanlin.com/HTML/Opus/2014–11/Yuanlin_Design_8799.HTML.

图 26.2～图 26.6、表 26.1、表 26.2、表 26.4、表 26.5 均由作者自绘

27 讲

图 27.1：
图 (a) 引用自 http://roll.sohu.com/20130904/n385882528.shtml.
图 (b) 引用自 http://shop.ebdoor.com/Shops/974269/Products/12745698.aspx.
图 (c) 引用自 http://news.sina.com.cn/o/2014–08–09/130430658188.shtml.
图 27.2：
图 (a) 引用自 http://k.sina.com.cn/article_6545302791_18621650700100emgw.html.
图 (b) 引用自 http://cnews.chinadaily.com.cn/2018–04/10/content_36003165.htm.
图 (c) 引用自 https://t.zhulong.com/t/showt/tid/2479723.

图 (d) 引用自 http://p.weather.com.cn/gqt/08/903141.shtml?p=8#p=1.

图 27.3 山体生态修复程序及其与生态手法的关系：自绘

图 27.4 山体生态修复研究框架：自绘

表 27.4：

1. 武汉凤凰山破损山体：图①～图⑦均改绘自沈烈风. 破损山体生态修复工程 [M]. 中国林业出版社，2012；图⑧自绘

2. 委内瑞拉古里采石场：图①改绘自 http://lvyou.elong.com/.shelly1784206466/tour/a3b4sdq5.html；图②自绘

3. 济南奥体中心山体修复：图①、图②、图③改绘自赵入臻. 2012. 城市破损山体景观修复研究 [D]. 山东建筑大学；图④改绘制自 http://www.biketo.com/racing/31228.html；图⑤自绘；图⑥改绘自 http://www.jksd.com/news/show-385.html.

4. 济南南部小北山：图①自绘；图②改绘自 http://blog.sina.com.cn/s/blog_9265b87d0100zcl7.html.

5. 济南兴隆山：图①左改绘自杨庆贺. 2012. 济南南部山区破损山体生态修复技术研究 [D]. 山东农业大学；图①右改绘自 http://www.baike.com/wiki/%E6%99%AF%E8%A7%82%E9%AB%98%E5%B7%AE%E5%A4%84%E7%90%86%E6%89%8B%E6%B3%95&prd=so_1_pic.

6. 法国比维尔采石场：图①改绘自 http://www.exiufu.cn/show_152.html；图②改绘自 https://www.sohu.com/a/236911114_657688；图③改绘自 http://blog.sina.com.cn/s/blog_515359c40102ec9e.html.

7. 四川青岗树矿山：图①改绘自张生. 2016. 北川矿山生态修研究 [D]. 绵阳师范学院；图②改绘自 https://zhidao.baidu.com/question/43832856908829164.html?device=mobile&from=bd_graph_mm_tc&tj=tc；图③自绘

8. 贵州安顺西秀区喀斯特石漠化山体修复：图①改绘自 http://www.karstdata.cn/view.aspx?bh=127；图②改绘自 https://www.meipian.cn/1khp3jd；图③自绘；图④改绘自 http://www.qsxw.gov.cn/index.php?a=show&c=index&catid=42290&m=content；图⑤自绘

9. 北京雁栖湖生态示范区：图①自绘；图②改绘自 http://liuzhou.dm67.com/b2b/c2Rzamdj/4474252_4474252.html.

10. 四川北川擂鼓镇石岩村山体：图①、图③、图④、图⑤改绘自付诗雨，辜彬. 2015. 震损山体边坡生态恢复的有效途径——以北川羌族自治县擂鼓镇石岩村山体边坡为例 [J]. 安徽农业科学，(1):204–208.
图②改绘自 http://www.51sole.com/b2b/pd_132176804.htm.

11. 四川汶川唐家山堰塞湖片区：
图①自绘
图②改绘自 https://www.sohu.com/a/317655931_466952.
图③改绘自 http://www.workerbj.cn/index.php?m=content&c=index&a=show&catid=73&id=73291）.

封面、图 27.5、图 27.6、表 27.1～表 27.3、表 27.5 均由作者自绘

28 讲

封面：改绘自 https://www.veer.com/.

表 28.2：改绘自西安建筑科技大学 2014 级风景园林本科生《景观生态学基础》课程作业，2017 年 11 月.

表 28.6：

1. 中国海河流域水资源保护规划：乌兰察布：https://www.bilibili.com/video/av13005465/?redirectFrom=h5.
大黄堡湿地公园：改绘自 http://news.enorth.com.cn/.system/2018/09/07/036009044.shtml.

2. 德国莱茵河：改绘自 http://blog.sina.com.cn/s/blog_e82365900102w3zn.html.

3. 中国湘江流域科学发展规划：改绘自西安建筑科技大学 2014 级本科生《景观生态学基础》课程作业，2017 年 11 月.

4. 美国基西米河生态修复：改绘自 http://guihuayun.com/maps/index.php.

表 28.7：

1. 河北迁安三里河绿道项目：改绘自 https://www.gooood.cn/qian-an-sanlihe-greenway-turen.htm.

2. 宁波生态走廊：改绘自 https://www.gooood.cn/ningbo-eco-corridor-by-swa.htm；https://www.gooood.cn/2016-asla-general-design-awards-eco-corridor-resurrects-former-brownfield-by-swa.htm.

3. 美国圣安东尼奥河滨水区域设计：改绘自杜凌霄.2018.河流生态修复的设计手法图解研究 [D].西安：西安建筑科技大学.
http://www.swagroup.com/projects/san-antonio-river-improvement-project/.

4. 新加坡加冷河道修复：改绘自 https://www.gooood.cn/2016-asla-bishan-ang-mo-kio-park-by-ramboll-stu dio-dreiseitl.htm.
https://www.gooood.cn/river-restoration-singapore.htm.

5. 浙江浦阳江生态廊道：改绘自 http://www.xuejingguan.com/zyzx/thread-8569-1-1.html.
https://www.gooood.cn/puyangjiang-river-corridor-by-turenscape.htm.

6. 德国伊萨河慕尼黑河段自然化修复项目：改绘自 https://www.quanjing.com/category/103/19871.html；https://m.sohu.com/a/296568381_120092816.
改绘自谢雨婷，林晔.城市河流景观的自然化修复——以慕尼黑"伊萨河计划"为例 [J].中国园林，2015,31(1):55–59.

7. 山东小清河东营广饶段景观工程设计：改绘自土人规划设计研究所.小清河东营广饶段景观工程设计.2012；杜凌霄.2018.河流生态修复的设计手法图解研究 [D].西安：西安建筑科技大学.

图 28.1 ～图 28.4、表 28.1、表 28.3 ～表 28.5、表 28.8、表 28.9 均由作者自绘

29 讲

表 29.5：

1. 美国普罗维登斯钢铁厂庭院：图①～图③改绘自 http://plat.renew.sh.cn/default.aspx?g=posts2&t=5688.

2. 韩国兰芝岛环境整治：图①改绘自 https://you.ctrip.com/sight/tuscany21198/79851-dianping.html；图②自绘

3. 德国鲁尔工业区北杜伊斯堡公园：图①～图③自绘

4. 山东潍坊市首阳山公园棕地修复：图①～图③自绘

5. 美国纽约清泉公园：图①～图③改绘自 http://blog.sina.com.

6. 湖北黄石国家矿山公园：图①左、图①右自绘

7. 河北唐山南湖中央公园：图①～图③改绘自胡洁.2014.唐山南湖中央公园规划设计 [J].动感(生态城市与绿色建筑),(04):110–116.

表 29.6：

1. 美国西雅图煤气厂公园：图①、图②改绘自 http://bbs.zhulong.com/101020_group_689/detail9145706/.

2. 加拿大当斯维尔公园：图①改绘自 https://en.wikipedia.org/wiki/Downsview_Park；图②自绘

3. 上海辰山植物园：图①改绘自 http://www.pasteurfood.com/%E4%B8%8A%E6%B5%B7%E8%BE%B0%E5%B1%B1%E6%A4%8D%E7%89%A9%E5%9B%AD%E8%AE%BE%E8%AE%A1/2.html.

表 29.7：

1. 贵州六盘水明湖湿地公园：图①、图②改绘自 https://www.turenscape.com/project/detail/4659.html.

2. 某钢铁厂项目：图①改绘自 http://www.syd.com.cn/?_=63346.

3. 上海世博后滩公园：图①改绘自 https://turenscape.com/；图②～⑥自绘

4. 海南三亚红树林生态公园：图①、图②改绘自 https://www.turenscape.com/news/detail/2045.html.

5. 英国斯道克利园区：图①、图②自绘

封面、图 29.1 ～图 29.5、表 29.1 ～表 29.4、表 29.8～表 29.9 均由作者自绘